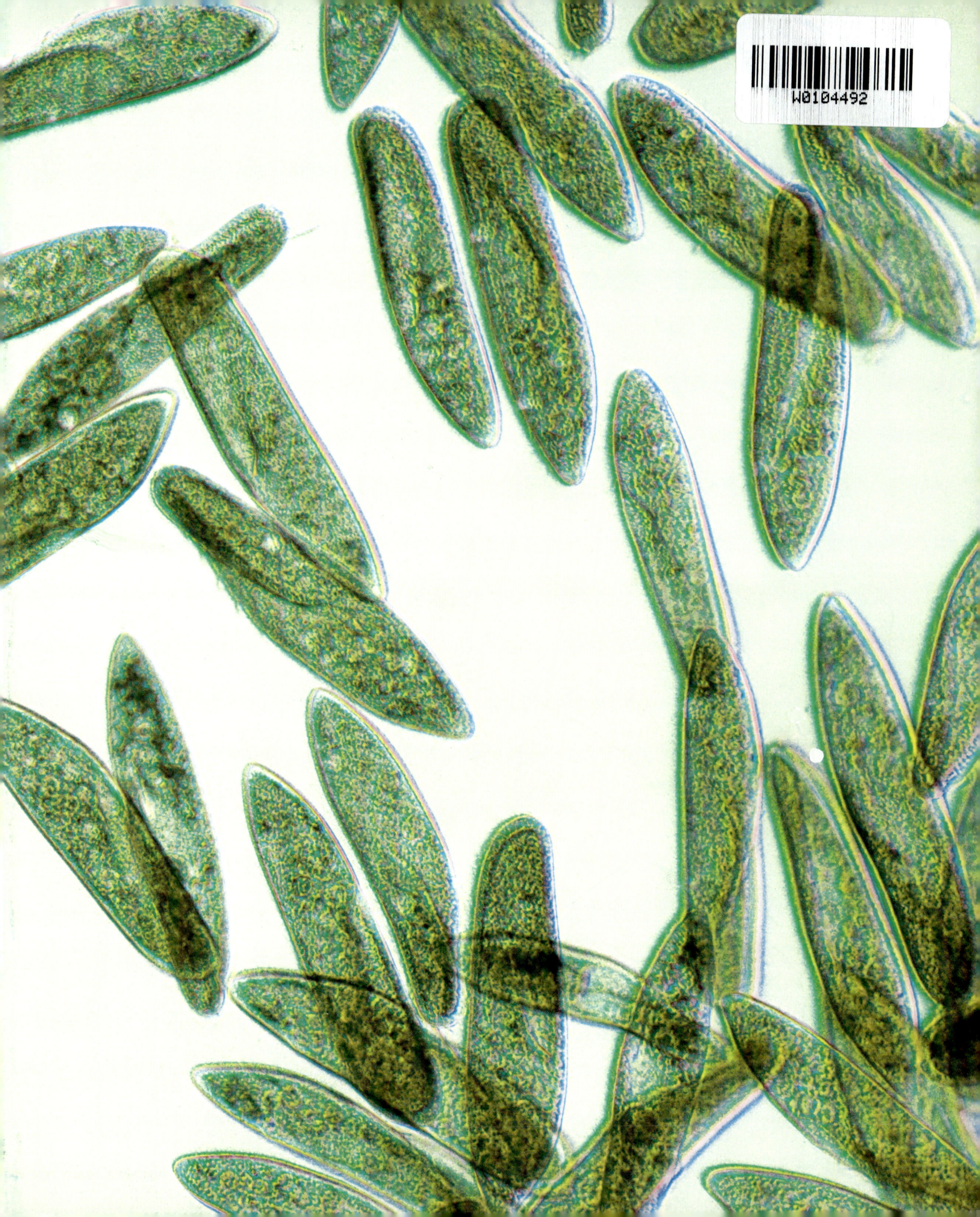

Das große Buch der

Evolution

Für Rainer, der mir die Bedeutung
der Selektion durch die Gefahr
der Antiselektion klarmachen konnte,
und Doretta, auf deren Auswahl
man sich verlassen kann.

© 2008 Fackelträger Verlag GmbH, Köln
Grafisches Konzept, Gestaltung und Satz:
Berndt & Fischer, Berlin GbR
Alle Rechte vorbehalten
Gesamtherstellung:
Verlags- und Medien AG, Köln
Printed in Germany

ISBN 978-3-7716-4373-7

www.fackeltraeger-verlag.de

Ernst Peter Fischer

Das große Buch der Evolution

Fackelträger

Die Schöpfung ist niemals vollendet.
Sie hat zwar einmal angefangen, aber sie wird niemals aufhören.
Sie ist immer geschäftig, mehr Auftritte der Natur, neue Dinge
und neue Welten hervorzubringen. IMMANUEL KANT

Sie stritten sich beim Wein herum,
Was das nun wieder wäre,
Das mit dem Darwin wär' gar zu dumm,
Und wider die menschliche Ehre.

Sie tranken noch manchen Humpen aus,
Sie stolperten aus den Türen,
Sie grunzten vernehmlich und kamen nach Haus
Gekrochen auf allen Vieren.

WILHELM BUSCH

I. Eine Sternstunde der Menschheit   16

1. Ein großer Gedanke und seine erbitterten Gegner   26
2. Darwins Vordenker   48
3. Die politischen Folgen der Evolutionstheorie   74
4. Anfang des 21. Jahrhunderts: 90
    Die Evolution geht weiter – mit und durch uns

II. Wunder der Natur   104

5. Vögel, Vielfalt und Schönheit   114
6. Der Untergang der Dinosaurier und andere Katastrophen   130
7. Nischen und ihre erfindungsreichen Bewohner   152
8. Die dynamischen Bausteine des Lebens   174
9. Niemand ist alleine auf der Welt   186
10. Im Reich der Sinne   208
11. Die Welt der Farben   230
12. Die Rolle des Zufalls   254

III. Der Mensch   272

13. Die Einzigartigkeit des *Homo sapiens*   284
14. Woher kommen wir?   298
15. Es lebe der kleine Unterschied   316
16. Die Kultur des Alltags   330

Essay: Wir sind nicht zum Sterben auf der Welt.   354
Der Tod im Bereich der Evolution

Nachwort   368

Glossar   370
Literatur   374
Register   388
Bildnachweis   392

Ein Blick auf die Insel Isabella, die zu den größeren Inseln des Galápagos-Archipels zählt. Die zahlreichen Galápagosinseln liegen im Pazifischen Ozean, 1000 Kilometer westlich von Ecuador, zu dessen Staatsgebiet sie gehören. Die Inseln sind vulkanischen Ursprungs, wie die vielen Krater erkennen lassen.

Eine Sternstunde
der Menschheit

Auf den Galápagosinseln leben
Blaufußtölpel in großer Zahl;
ihren Namen verdanken diese
Vögel den blauen Füßen, die mit
lederartigen Schwimmhäuten
ausgestattet sind.

Unten: Zu den bekanntesten
Tieren der Galápagosinseln
gehören die Riesenschildkröten.
Wie sie auf die isolierte Inselgruppe gelangt sind, ist nicht klar.

Eine Meerechse – ein Leguan oder
Iguana – auf den Meeresfelsen der
Galápagosinseln.

Ein Walhai nahe der Galápagosinseln, Ecuador; er gilt als der
größte der noch lebenden Haie,
ein besonderes Merkmal sind
die fluoreszierenden, waage- bzw.
senkrecht angeordneten Punkte
und Streifen auf seinem Rücken

Als ob es Augen wären: Die Raupe eines Schwärmers – in diesem Fall handelt es sich um einen sogenannten Linienschwärmer, der zu den Schmetterlingen zählt – erweckt durch die beiden dunklen Flecken den Eindruck, eine Schlange zu sein.

Eine als Gottesanbeterin bekannte Fangheuschrecke imitiert die weißen Blüten einer Orchidee (sie heißt deshalb Orchideenmantis). Sie kann von uns kaum und von ihrer Beute gar nicht wahrgenommen werden.

Der Steinfisch tarnt sich durch seine bräunliche Farbe gut; er lebt in flachen Küstengewässern und besitzt auf seinem Rücken giftige Dornen.

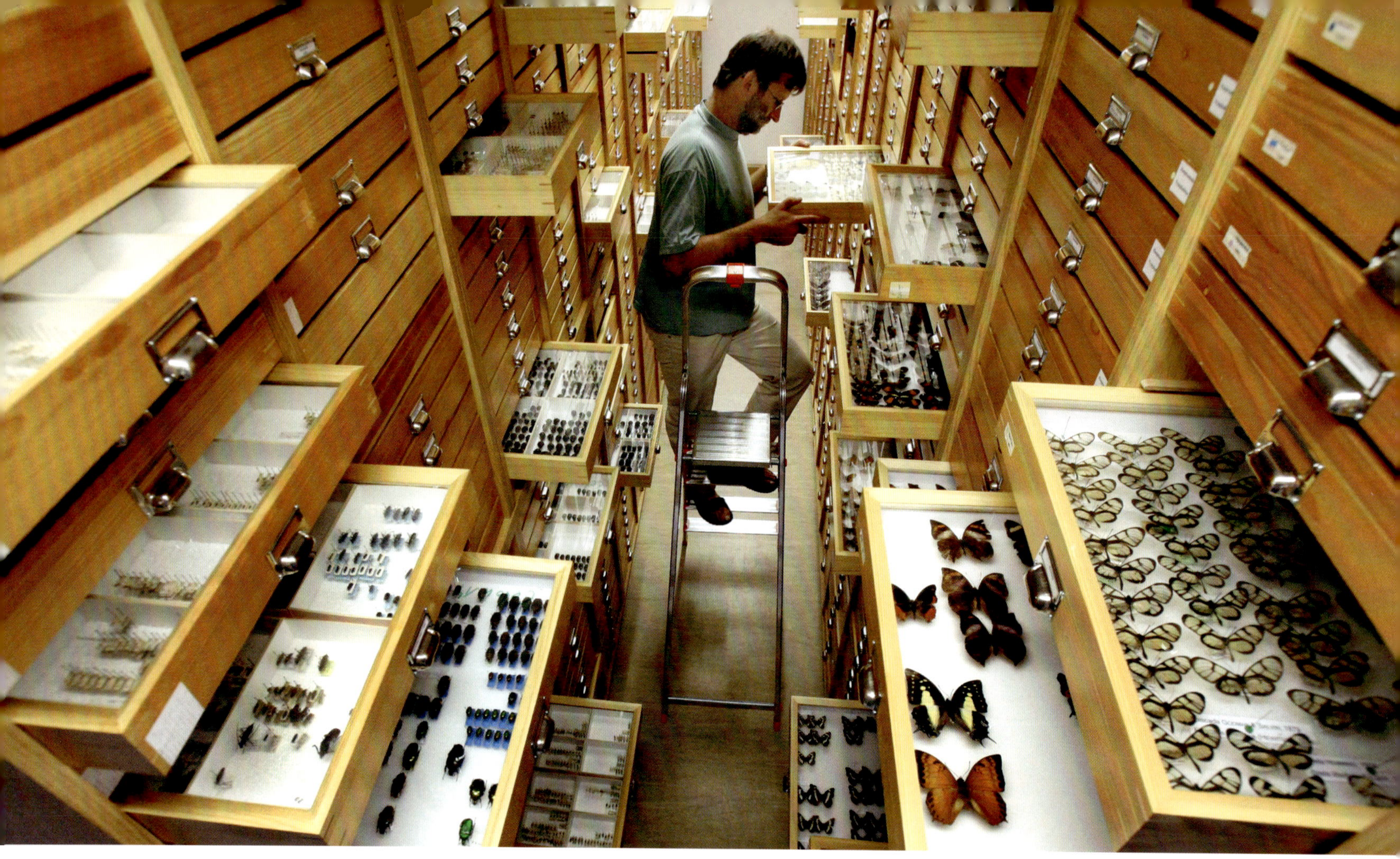

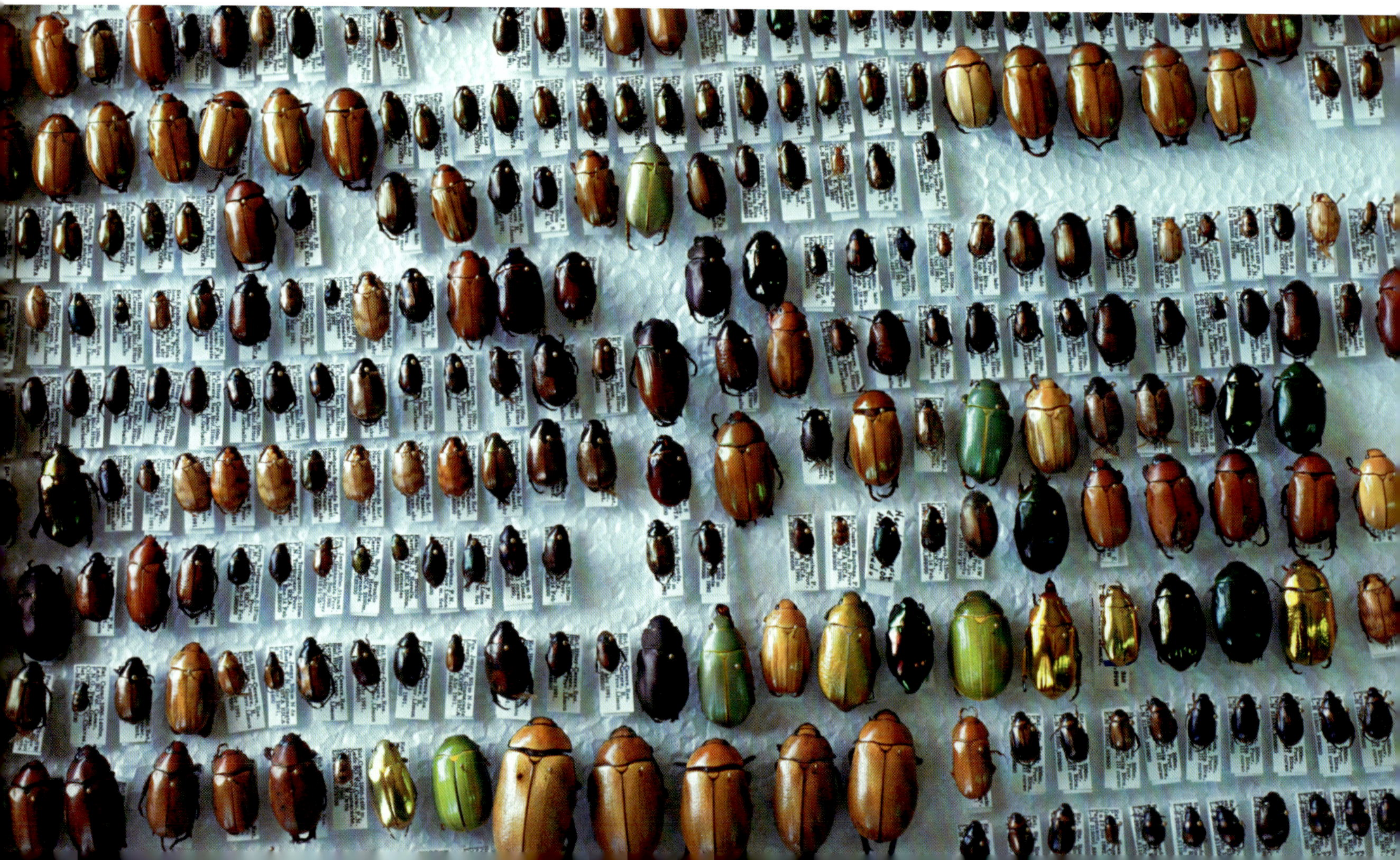

Linke Seite, oben:
Ein Blick in die Insektensammlung des Museums für Naturkunde und Vorgeschichte in Dessau (mit im Bild der Kurator Timm Karisch). Zur Sammlung gehören Tausende Schmetterlinge, Käfer und Zweiflügler aus Europa, Südamerika und Asien.

Linke Seite, unten:
Gott muss eine Vorliebe für Käfer gehabt haben, wie Darwin meinte, sonst hätte er nicht so viele davon geschaffen. Hier ein Blick in die riesige Sammlung des Instituts für Biodiversität, das in Costa Rica beheimatet ist.

Die Ausbeute eines Schmetterlingsfängers in Zentralafrika. Das Land ist reich an Schmetterlingen, und jede Sorte ist mit einem besonderen Baum verbunden. Die Schmetterlinge treten einmal pro Jahr in Erscheinung, wenn der Lebenszyklus ihres Baumes die Gelegenheit (Lebensbedingungen) dazu günstig erscheinen lässt.

Der afrikanische Goliathkäfer (Goliathus cacicus) wird rund zehn Zentimeter groß und wiegt dabei etwa hundert Gramm. Goliathkäfer sind nachtaktive Tiere, die sich von den Säften der Bäume ernähren.

Die Vielfalt der Fische, wie sie eine französische Enzyklopädie aus dem 19. Jahrhundert präsentiert.

Nichts ergibt in der Biologie einen Sinn,
außer man betrachtet es im Lichte der Evolution.

THEODOSIUS DOBZHANSKY

Ein großer Gedanke und seine erbitterten Gegner

Evolution
Das Wort »Evolution« kommt aus dem Lateinischen, und man kann das dazugehörige Verb mit »hervorrollen«, »abwickeln«, »auswickeln« oder »entwickeln« übersetzen. Evolution drückt also einen Vorgang aus, der im allgemeinen Verständnis allmählich stattfindet und nie zum Stillstand kommt – im doppelten Gegensatz zu Revolutionen, die schlagartig und plötzlich über uns einbrechen und irgendwann beendet sind. Mit Evolution meint man eine durchgängige und zumeist still und friedlich verlaufende Fortentwicklung ohne Ziel, und dabei beschränkt man sich heute nicht mehr nur auf die Biologie und das Leben, das diese Wissenschaft erforscht. In diesem Buch geht es jedoch um die biologische Evolution, deren Grundgedanke im Haupttext erläutert wird und die fest mit dem Namen von Charles Darwin verbunden ist.

Evolutionsforscher können keine Vorhersagen treffen – außer der, dass sich fast alles ändern wird. Sie können aber der Frage nachgehen, welche Kräfte – vor Millionen Jahren wie heute – die so zahlreichen Organismen geformt haben und wie es zu einer derartigen Vielfalt an Leben gekommen ist. Jeder neugierige Blick in die Natur lässt zahlreiche deutlich verschiedene Formen des Lebens erkennen – wir unterscheiden Vögel von Käfern und Fische von Seesternen –, die von der Wissenschaft in Arten eingeteilt werden, deren Bestimmung Fachleuten viel Freude, aber auch Arbeit bereitet. Wir lernen auf Inseln die Bandbreite dessen kennen, was dem Leben möglich ist, und begleiten Charles Darwin auf seiner Weltreise. Warum versteckte er seine Theorie mehrere Jahre, ehe er das »Geheimnis der Geheimnisse« lüftete? Und warum gelingt es seinen Deutern bis heute, die Theorie der natürlichen Selektion, den »struggle for existence«, zu einem blutrünstigen Kampf ums Überleben umzudeuten?

EVOLUTION – WAS SONST?

Mit welcher anderen Idee lässt sich verstehen, wie das Leben so herrlich vielfältig und variantenreich werden konnte, wie es sich heute zeigt?
Alles was kreucht und fleucht und Odem hat, bewegt und regt sich in einer Welt, die seit ihren Anfängen nichts anderes getan hat, als sich zu verändern: Das Klima wandelt sich, die Kontinente verschieben sich, Vulkane brechen aus, Gebirge erheben sich, Inseln tauchen auf. Neben diesen und anderen Wirkungen, die aus der Erde und ihren inneren Kräften selbst kommen, halten unseren Planeten auch kosmische Ereignisse auf Trab, die von außen Einfluss nehmen – und zwar gewaltig, wenn es sich etwa um Einschläge von Meteoriten handelt. Die Erde kann nur bewohnen, wer mit den immer wieder anderen Bedingungen zurechtkommt, die sich im Laufe langer Zeiten einstellen. Konkret heißt das, dass Organismen vor allem eines können müssen, nämlich sich anpassen an die Umwelt, in der sie leben wollen.

Die verschiedenen Zeitalter der Erde können an Schichten abgelesen werden, zu denen charakteristische Fossilien gehören.

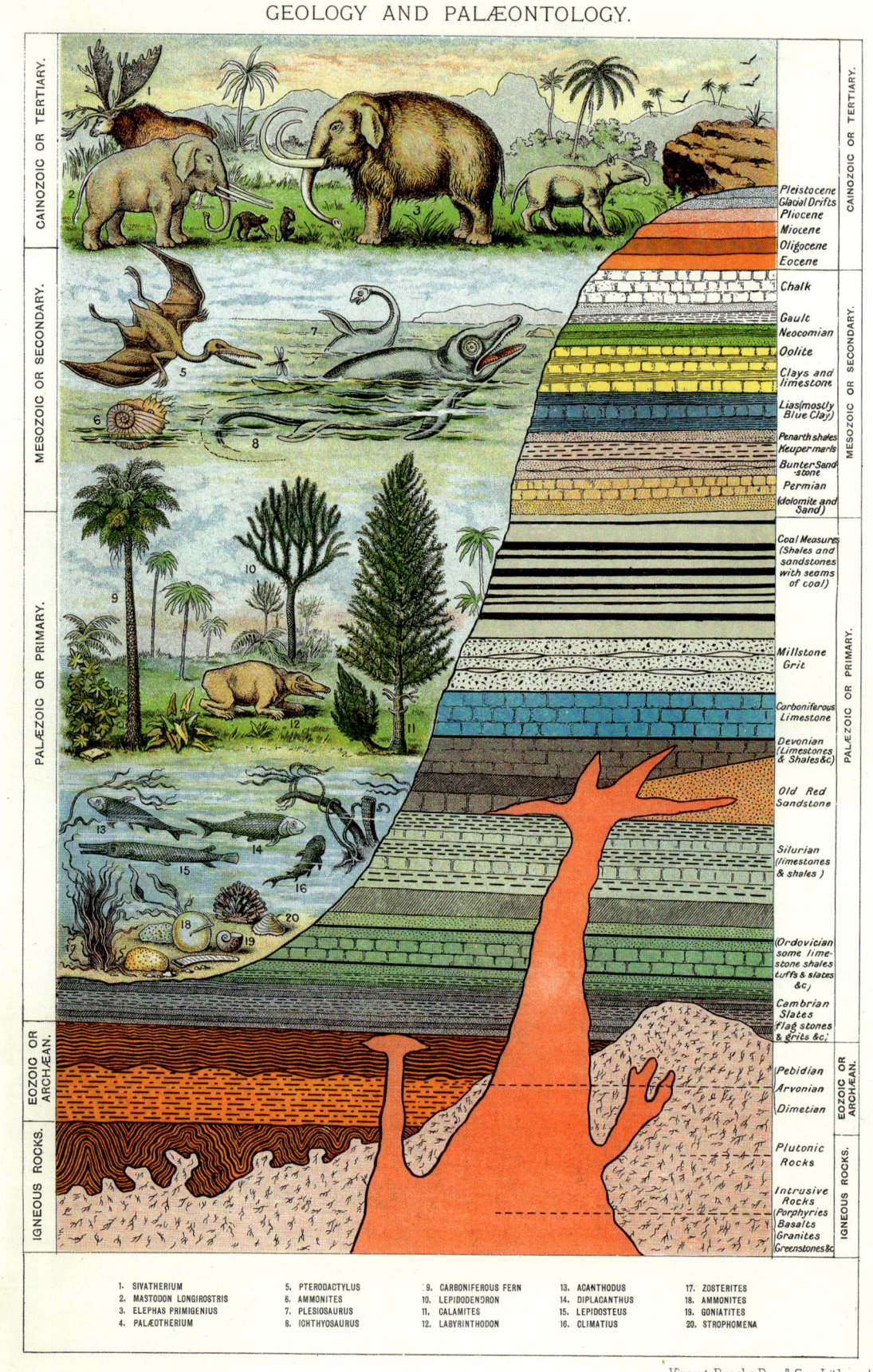

GEOLOGY AND PALÆONTOLOGY.

Vincent Brooks, Day & Son, Lith.

Der Birkenspanner: ein Beispiel für eine Anpassung

Es leuchtet ein, wenn man erfährt, dass die Flosse eines Fisches an das Wasser, der Flügel eines Vogels an die Luft und der Fuß eines Kamels an den Wüstenboden angepasst sind. Aber wir können nicht beobachten, wie dies von einem Tag auf den anderen, oder von einem Jahr zum nächsten, geschieht. Anpassungen erfolgen innerhalb von Arten, und die brauchen viele Generationen dafür.

Die Natur lässt sich Zeit, und nur manchmal passiert etwas so rasch, dass man dabei zusehen kann. Das Beispiel betrifft einen Nachtfalter namens Birkenspanner (Biston betularia). Birkenspanner sind gewöhnlich hell gefärbt und kaum zu erkennen, wenn sie auf der Rinde einer Birke sitzen. So werden sie leicht von ihren Fressfeinden übersehen. Dies gilt nicht für die ebenfalls existierende dunkle Variante.

Sie hätte Vorteile bei einer dunklen Rinde. Dunkle Birkenrinden gab es tatsächlich zu einer Zeit, als die Industrie dunkle Wolken Ruß aus den Fabrikschornsteinen blies. Im 19. Jahrhundert konnte tatsächlich beobachtet werden, dass die Zahl der dunklen Nachtfalter dort zunahm, wo die Birken verschmutzt waren. Als in den 1960er Jahren die Luft sauberer wurde und zugleich wieder mehr helle Birkenspanner zu sehen waren, meinte man, ein Paradebeispiel für die Anpassung von Arten gefunden zu haben. Das stimmt auch. Aber leider liegen die Dinge nicht ganz so einfach, wie man dachte, da der Birkenspanner sich nicht auf der Baumrinde niederlässt, sondern die Unterseite von kleinen Zweigen wählt und sich auf diese Weise vor seinen Feinden versteckt – zu ihnen gehören immerhin Rotkehlchen, Amseln, Elstern und

Blaumeisen. Wenn sich die Verteilung von hellen und dunklen Faltern ändert – und sie tut dies nachweislich unentwegt –, dann muss man nicht nur die Industrieanlagen, sondern auch die Vögel in der Umgebung ansehen, und vielleicht gibt es auch noch andere Faktoren, die die Häufigkeit der Falterfarbe beeinflussen.

Klar ist nach vielen Jahrzehnten des Beobachtens nur, dass sich der Anteil der dunklen bzw. hellen Form ändert, dass sich die Population der Birkenspanner immer wieder neu einstellt und sich durch diese Flexibilität den jeweils relevanten Lebensumständen anpasst, zu denen Schornsteinruß ebenso gehört wie die beutemachenden Vögel.

Die helle und die dunkle Form des Birkenspanners, die beide ihre Überlebenschance in einer sich wandelnden Umwelt haben.

Wenn wir von der Evolution des Lebens sprechen, dann meinen wir seine innen angelegte Fähigkeit, sich an äußere Umstände anzupassen. Wunderbar daran ist, dass die Wissenschaft damit begonnen hat, die dazu nötigen Mechanismen und Abläufe zu erfassen und zu erklären, auch wenn noch viele Details offen und zu erkunden bleiben.

Das Leben hat lange gebraucht, um die heutigen Formen hervorzubringen. Es hat mit dieser Bildung bereits angefangen, kaum dass es vor knapp vier Milliarden Jahren den richtigen Ort dafür gab – nämlich die Erde. Leben will also da sein, und wir erlauben uns, dies als ein Geschenk hinzunehmen. Was wir genauer verstehen wollen und können, ist seine Entwicklung, nachdem es einmal da war. Welche Kräfte haben die Organismen geformt, die entstanden sind und sich immer neu anpassen mussten?

DAS GEHEIMNIS DER GEHEIMNISSE

Das Wort »Leben« beziehen wir gewöhnlich auf ein Individuum. Wir haben unser eigenes Leben, und wir erfreuen uns am Leben unserer Kinder. Wir sprechen aber auch vom »Leben im Wald« oder vom »Leben im Meer«, und dann meinen wir die Gesamtheit der dort anzutreffenden Organismen aus Flora und Fauna. Von diesem breiten Spektrum des Lebens handelt die Evolutionsbiologie, die verstehen möchte, wie die dabei jeweils beobachtete Vielfalt entstehen konnte. Jeder neugierige Blick in die Natur lässt zahlreiche deutlich verschiedene Formen des Lebens erkennen – wir unterscheiden Vögel von Käfern und Fische von Seesternen –, die von der Wissenschaft genauer in Arten (Spezies) eingeteilt werden, deren Bestimmung Fachleuten viel Freude und Arbeit bereitet.

Flora vs. Fauna

Flora bezeichnet die Gesamtheit aller Pflanzen, die Fauna dagegen die Gesamtheit aller Tiere in einem bestimmten Gebiet der Erde. Beide können nochmals unterteilt werden, so zum Beispiel in lebende (rezente) bzw. ausgestorbene (fossile) Flora oder Fauna oder in geographische Bereiche. Die Fauna wird des Weiteren nach Lebensräumen in Land-, Süßwasser- und Meeresfauna aufgeteilt.

Die Art

Der wesentliche Begriff der Evolutionsbiologie ist die Art (Spezies). Sie ist das, was sich an die Umwelt anpassen kann, sie ist das, was neu entstehen kann. Immer wieder wird versucht, die Idee der Art genauer zu fassen. Individuelle Lebewesen, zum Beispiel ein Leopard, gehören zu einer Art, die gewöhnlich durch zwei Begriffe bezeichnet wird (Panthera pardus im Fall des Leoparden). Arten werden Gattungen zugeteilt, die wiederum zu Ordnungen gehören (Fleischfresser oder Carnivora), die dann Klassen bilden (Säugetiere oder Mammalia), aus denen Stämme werden (Chordata), die zuletzt Reiche (Tierreich) ergeben.

Der Wunsch der Wissenschaft besteht natürlich darin, eine objektive Definition der Art zu finden, und so bevorzugen viele Biologen den Hinweis darauf, dass nur zwei Vertreter einer Art fruchtbaren Nachwuchs zeugen können.

Es gibt mehrere Möglichkeiten, die Art als biologisch anwendbaren Begriff zu definieren: Die Festlegung von der Gestalt her (morphologisch) betont messbare anatomische Unterschiede; von der Lebensführung her (biologisch) wird die reproduktive Isolierung betont: Nur zwei Vertreter einer Art können fruchtbaren Nachwuchs produzieren. Und von der Wahrnehmung her (perzeptiv) kann man Mitglieder einer Art nach Merkmalskombinationen definieren, die den Paarungserfolg innerhalb einer Population optimieren; diese Bestimmung schließt die Fähigkeit zur Wahrnehmung ein.

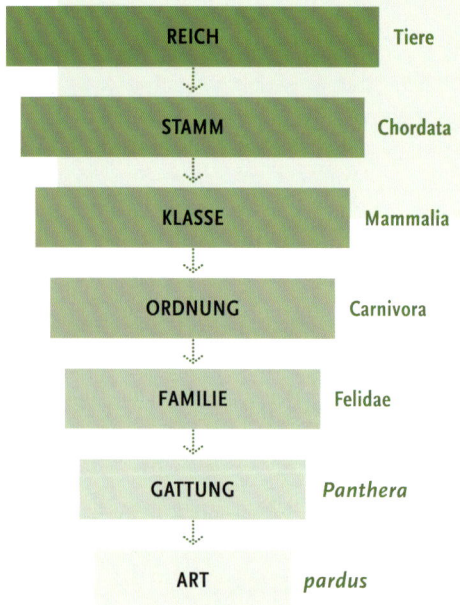

REICH	**Tiere**
STAMM	**Chordata**
KLASSE	**Mammalia**
ORDNUNG	**Carnivora**
FAMILIE	**Felidae**
GATTUNG	*Panthera*
ART	*pardus*

Ein Leopard wird von den Biologen als *Panthera pardus* klassifiziert. Hier ruht ein Exemplar dieser Art auf einem Baumstamm in einem Reservat in Kenia.

In der Evolutionsbiologie geht es um das Leben von Arten. Genauer genommen ist das Überleben der Arten gemeint. Bekanntlich sterben alle Lebewesen, aber die Art, zu der sie gehören, kann über einen sehr langen Zeitraum bestehen bleiben, wenn genügend Nachwuchs erzeugt oder wenn dieser geeignet verändert (modifiziert) wird. Eine Art überlebt dann, wenn ihre jeweils nachwachsenden Mitglieder an die jeweils neuen Umstände angepasst sind. Man könnte von einer »Anpassung durch Abstammung« sprechen, und entdeckt hat diesen Vorgang der Urvater des evolutionären Denkens, der Brite Charles Darwin. Veröffentlicht hat Darwin seine Einsichten in seinem berühmten Buch von 1859, das er üppig barock betitelt hat: »Von der Entstehung der Arten mit Hilfe der natürlichen Zuchtwahl oder Die Erhaltung von bevorzugten Rassen im Lebenskampf«. Im englischen Original klingt das so: »On the Origin of Species by Means of Natural Selection or The Preservation of Favoured Races in the Struggle for Life«.

Es ist zwar eine Menge Stoff, die Darwin vor seinen Lesern ausbreitet, aber »das Geheimnis der Geheimnisse«, wie der Autor das Erscheinen neuer Arten nennt, lüftet er bei aller Beredsamkeit nicht. Es bleibt bis heute rätselhaft, wie die Evolution Lebensformen in die Welt bringt, die nicht nur Varianten von vorhandenen, sondern völlig neuartige Spezies sind. Wir können etwas darüber sagen, wie aus einer Buntbarschart eine andere wird. Wir können aber (fast) nichts darüber sagen, wie aus einem Schimpansen ein Bonobo und aus beiden ein Mensch werden kann.

Das ist weder verwunderlich in Anbetracht der verwickelten und verwobenen Komplexität, die in der Natur verwirklicht ist, noch ein Argument gegen Darwins Grundidee, die uns eine Menge begrifflicher Werkzeuge liefert, um das evolutionäre Geschehen zu erfassen. Besonders wichtig ist dabei der Gedanke der natürlichen Auswahl (Selektion), den man sich am besten mit einem Beispiel aus dem humanen Bereich verdeutlicht. In den Kindertagen des Fernsehens gab es eine Sendung mit dem Titel »Journalisten fragen – Politiker antworten«. Ein Ziel der Sendung war es, neben der Information

Das Leben der Buntbarsche

Die Entstehung neuer Arten stellte für Darwin »das Geheimnis der Geheimnisse« dar, und die Evolutionsforscher, die sich darum kümmern, können ihm nur zustimmen. Inzwischen ist es immerhin gelungen, Lebensbedingungen und Umstände zu finden, unter denen sich die Entstehung neuer Arten sehr viel häufiger und nachweisbarer vollzieht, als sich die Experten jemals haben träumen lassen, und eine Bühne des Schauspiels findet sich in Ostafrika, genauer in den großen Seen, die dort zu finden sind, dem Malawisee, dem Tanganjikasee und dem Viktoriasee, um nur die größten zu nennen. In diesen riesigen Binnengewässern tummelt sich eine Riesenmenge von Buntbarschen, die unter Forschern auch Cichliden heißen. Selbst auf den ersten Blick fallen Ähnlichkeiten zwischen den Buntbarschen etwa aus dem Tanganjika- und dem Malawisee auf, wobei sich die gezeigten Exemplare unabhängig voneinander entwickelt haben, jedes in seiner ökologischen Nische.

Die Wissenschaft kennt inzwischen viele Tausend Buntbarscharten, und sie schreibt diesen Fischen zu, den Weltrekord in Sachen Vielfalt und Evolutionsgeschwindigkeit zu halten. Mit den Cichliden konnte mittlerweile eine alte Grundannahme der Biologie umgestoßen werden. Während es früher als sicher galt, dass eine geographische oder andere unüberwindbare Barriere für die Entstehung neuer Arten notwendig sei – das dafür geprägte Fachwort heißt allopatrische Speziation –, weiß man inzwischen, dass Darwins Geheimnis auch gelingt, wenn sich die Verbreitungsgebiete der Organismen überlappen (sympatrische Speziation).

Den Cichliden gelingt es im engen Neben- und Miteinander, sich rasch in neue Arten aufzuspalten, um jede ökologische Nische zu besiedeln, ein Vorgang, der als adaptive Radiation bekannt ist (und von vielen Arten praktiziert wird).

Die Buntbarsche helfen der Wissenschaft nicht nur, solche Probleme zu lösen, sie liefern zudem ein Modellsystem, um andere grundlegende Fragen zum biologischen Werden so zu stellen, dass sie mit Messmethoden beantwortet werden können. Warum gibt es überhaupt so viele Buntbarscharten? Und wie erreichen sie ihren evolutionären Erfolg?

Die Experten nennen drei Faktoren, Schlüsselinnovationen, die dafür ausschlaggebend sind. In aller Kürze: Die Cichliden verfügen über zwei Kieferapparate, die eine schnelle Anpassung erlauben, wenn sich das Nahrungsangebot ändert. Sie brüten ihre Eier (zum Teil) im Maul aus, was die Zahl der Nachkommen klein hält und es ermöglicht, neu gebildete Varianten allen Mitgliedern einer Population zukommen zu lassen, und sie praktizieren die selektive Partnerwahl, bei denen die Weibchen die Männchen nach ihren Farbnuancen auswählen.

Vor allem im Viktoriasee muss es so etwas wie eine Artenexplosion gegeben haben, womit die Evolutionsbiologie meint, dass die 100 000 Jahre seiner Existenz den in ihm lebenden Buntbarschen ausgereicht haben, um mehrere hundert Arten hervorzubringen. Hier könnte es gelingen, dem »Geheimnis der Geheimnisse« näher zu kommen.

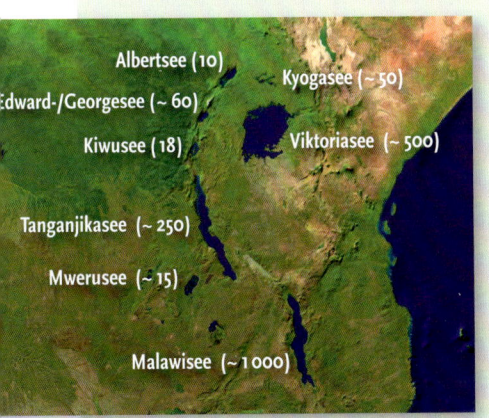

Die ostafrikanischen Seen und einige der Buntbarsche, die man in ihnen findet und die unabhängig voneinander entstanden sind. Es ist erstaunlich, wie ähnlich sich manche der Arten werden – als ob die Evolution Endpunkte hat, die sie anzusteuern versucht.

TANGANJIKASEE

Julidochromis ornatus

Tropheus brichardi

Bathybates farciatus

Cyphotilapia frontosa

Lobochilotes labiatus

MALAWISEE

Melanochromis auratus

Pseudotropheus microstoma

Ramphochromis longiceps

Cyrtocara moorei

Placidochromis milomo

Albertsee (10)
Kyogasee (~50)
Edward-/Georgesee (~60)
Kiwusee (18)
Viktoriasee (~500)
Tanganjikasee (~250)
Mwerusee (~15)
Malawisee (~1000)

der Zuschauer, einen Politiker durch eine Frage in Verlegenheit zu bringen. Das hat aber nie geklappt, und zwar aus einem einfachen Grund. Wer nämlich Berufs- oder Spitzenpolitiker werden will, muss vorher bereits auf alle denkbaren Fragen geantwortet haben. Sonst wird er nicht (aus-)gewählt. Mit anderen Worten, die Selektion bringt nur Politiker an die Spitze, die alle Fragen beantworten können, auch wenn sie von Journalisten kommen. Wer zögert oder ins Grübeln gerät, braucht kein schlechter Politiker zu sein. Die natürliche Selektion der Demokratie verschafft ihm nur kein Führungsamt, und dann bleibt auch die Einladung ins Fernsehen aus.

DER KAMPF UMS DASEIN

So klar Darwins Idee der Selektion ist, so missverständlich bleibt sein Hinweis auf die »Rassen im Lebenskampf«, der leider nicht sehr lange brauchte, um gesellschaftlich und politisch auf zum Teil schlimme Weise zweckentfremdet zu werden. Er verwirrt die Menschen bis heute. Dummerweise war es gerade diese Floskel, die zusammen mit dem englischen Schlagwort vom »Survival of the Fittest« in der öffentlichen Diskussion auftauchte und sich in den Köpfen festsetzte, und so entstand zum Unglück der biologischen Wissenschaft der Eindruck, als ob ihre Vertreter das Leben vor allem als einen Kampf um das Überleben verstehen, in dem der Stärkere siegt. In der Evolution, so die irrige Botschaft, lohne sich Brutalität in jeder Form, und die eigentliche Aufgabe des Menschen bestehe darin, sich in seinem Lebenskampf gewaltsam durchzusetzen und zu diesem Zweck erfolgreich und entschlossen Krieg zu führen.

Das ist Unsinn, wie sich leicht erkennen lässt, wenn man Darwin selbst zu Wort kommen lässt. Im dritten Kapitel seines Buches über »Die Entstehung der Arten« zum Beispiel bemüht er sich, ganz vorsichtig zu sagen, was er mit den Worten »Kampf ums Dasein« – »struggle for existence« – meint. Er benutzt sie nämlich »in einem weiten metaphorischen Sinne« und versucht behutsam, mit ihnen etwas von dem zu erfassen, was in der Natur durchgehend passiert und zu jeder Zeit in ihr zu beobachten ist. In den Worten von Darwin:

»Mit Recht kann man sagen, dass zwei hundeartige Raubtiere in Zeiten des Mangels um Nahrung und Dasein kämpfen; aber man kann auch sagen, eine Pflanze kämpfe am Rande der Wüste mit der Dürre ums Dasein, obwohl man das ebenso gut ausdrücken könnte: Sie hängt von der Feuchtigkeit ab. Von einer Pflanze, die jährlich Tausende von Samenkörnern erzeugt, von denen aber im Durchschnitt nur eines zur Entwicklung kommt, lässt sich noch mit viel größerem Recht sagen, sie kämpfe ums Dasein mit jenen Pflanzen ihrer oder anderer Art, die bereits den Boden bedecken. Die Mistel ist vom Apfelbaum und einigen anderen Baumarten abhängig, aber es kann von ihr nur in einem gewissen Sinn gesagt werden, sie kämpfe mit diesen Bäumen, denn wenn zu viele dieser Schmarotzer auf demselben Baum wachsen, so verdorrt er und geht ein. Wenn aber mehrere Mistelsämlinge auf demselben

---

Selektion

Die Selektion ist eine der Grundlagen der modernen Evolutionstheorie, und sie besteht aus drei Unterteilungen. Bei der natürlichen Selektion wird die Fortpflanzung bestimmter Individuen einer Population reduziert, die im Vergleich mit anderen weniger überlebensfähig sind, vor allem im Hinblick auf äußere Umwelteinflüsse. Die sexuelle Selektion bezeichnet die Auswahl des Sexualpartners mit dem Ziel, bestimmte Erbanlagen gezielt weiterzugeben. Die künstliche Selektion wird vom Menschen gesteuert, wie bei der Zucht wird die Fortpflanzung einzelner Individuen mit bestimmten Eigenschaften gezielt gefördert.

Antiselektion

Den Rückgriff auf den Alltag der Menschen bei der Selektion rechtfertigen wir durch den Hinweis, dass Darwin seinen großen Gedanken dieser Sphäre entliehen hat, wie in seiner Biographie erzählt wird. Im Alltag der Menschen gibt es auch das Gegenstück zur Selektion, die Antiselektion. Sie kann zur systematischen Anhäufung unerwünschter Ergebnisse führen. Versicherungsunternehmen fürchten zum Beispiel Antiselektion, wenn Kunden Informationen verschweigen (dürfen). Angenommen, man könnte über einen Test sein Risiko (an Krebs zu erkranken) genau erfahren, und der Gesetzgeber erlaubt, dass diese Kenntnisse nicht weitergegeben werden müssen. Dann schließen Personen mit hohem Risiko eine Versicherung ab und Personen mit geringem Risiko legen ihr Geld auf die Bank. Solch eine Antiselektion würde das Solidarprinzip der Versicherung untergraben.

Ast beisammen wachsen, so kann man schon mit mehr Grund sagen: Sie kämpfen miteinander. Da der Samen der Mistel durch Vögel verbreitet wird, so hängt ihr Dasein von diesen ab, und man könnte bildlich sagen, die Misteln kämpfen mit anderen fruchttragenden Pflanzen, um die Vögel zu verleiten, lieber ihren Samen zu fressen und zu verstreuen. In diesen verschiedenen Bedeutungen, die ineinander übergehen, gebrauche ich der Bequemlichkeit halber die allgemeine Bezeichnung ›Kampf ums Dasein‹«.

Der Preis für diese Bequemlichkeit ist allerdings sehr hoch geworden, denn Darwins Deuter haben sie genutzt, um mit der Vorgabe des »Überlebenskampfes« das Bild einer blutrünstigen Natur zu entwerfen, in der es überall ein Hauen und Stechen gibt und in der das Ausmerzen an der Tagesordnung ist. Wir können nicht sagen, ob die Natur – möglicherweise zumindest teilweise – so ist. Wir können aber sagen, dass Darwin sie im Ganzen nicht so gesehen hat. Sein »struggle for existence« meint weniger das brutale Bedürfnis, andere umzubringen, und mehr den unvermeidlichen Wunsch, etwas zu essen und trinken zu bekommen, und die Anstrengungen, die damit verbunden sind. Darwin drückt nur aus, was schon die Bibel dem Menschen prophezeit, dass wir nämlich unser Brot im Schweiße unseres Angesichts verdienen müssen. Und auf der trivialen Ebene gilt, dass wir selbst den Lebenskampf jeden Tag aufs Neue zu bestehen haben, etwa wenn wir es aus dem Bett schaffen und uns auf die Suche nach einem Frühstück machen. Das kann und wird in den meisten Fällen ganz friedlich ablaufen, aber Mühe macht es allemal.

DIE ENTSTEHUNG VON VARIANTEN

Der von Darwin beobachtete »Kampf ums Dasein ist die notwendige Folge des stark entwickelten Strebens aller Lebewesen, sich zu vermehren«, wie er im dritten Kapitel seines Hauptwerkes schreibt, und diese Feststellung steckt hinter jeder biologisch geführten Argumentation. Mit dieser Vorgabe können wir beginnen, den Grundgedanken zu erläutern, der dem Wort »Evolution« die Bedeutung gibt, in der es eingesetzt und zum Verständnis des Lebens genutzt werden kann.

Darwins Vorstellung einer Evolution durch natürliche Selektion kann in fünf Beobachtungen zusammengefasst werden, aus denen sich drei Folgerungen ziehen lassen, mit denen die evolutionäre Geschichte der Organismen erzählt werden kann. Dabei beginnt Darwin die Errichtung seines Gedankengebäudes mit einem Kunstgriff. Er ersinnt ein Konzept, mit dessen Hilfe er eine begriffliche Brücke zwischen der eher abstrakten Vorstellung von der Art und den konkreten Individuen herstellen kann, die man in der Natur antrifft. Darwin fällt auf, dass es in der Evolution und in der Wissenschaft auf kleinere Gruppen von Lebewesen ankommt, die in einem überschaubaren Rahmen angesiedelt sind, und er spricht bei diesen im Wechselspiel agierenden und der Beobachtung zugänglichen Einheiten von Populationen, die ihre jeweilige Nische besiedeln. Die Mitglieder einer Population gehören

Ein Mann sammelt Mistelzweige von einem Mistelbaum, wahrscheinlich ohne sich Gedanken um dessen Überlebenschancen zu machen. Der Mistelzweig gilt als Abwehrmittel gegen Krankheit, Blitz und Zauberei, gleichzeitig als Glücksbringer und Unsterblichkeitssymbol.

Inselbiogeographie

Es ist weitgehend bekannt, dass Darwin seine Einsichten in die Evolution dem Besuch einer Inselgruppe namens Galápagos verdankt. Tatsächlich kann man sagen, dass er zuerst Inselbiogeograph war, bevor er Evolutionsbiologe wurde. Das heißt, er notierte die Verteilung des Lebens auf Inseln, und dies ist der sicherste Weg, ein

Ein Dodo (auch als »Kapuze tragender Nachtvogel« bekannt), ein flugunfähiger Vogel, der sich lange auf Madagaskar halten konnte.

Population

In der Biologie bezeichnet Population die Gesamtheit aller Individuen derselben Art in einem abgegrenzten Lebensraum, die – durch das räumlich und zeitlich gemeinsame Leben – eine Fortpflanzungsgemeinschaft bilden.

Habitat

Ein Habitat ist ein für eine bestimmte Art charakteristischer Standort oder Lebensraum. Wenn eine bestimmte Art in verschiedenen Gebieten mit unterschiedlicher Struktur lebt, wie zum Beispiel Zugvögel oder wandernde Fische, dann spricht man von komplementären Habitaten. Auch bei Tieren, die mehrere Gebiete für unterschiedliche Funktionen nutzen (Rückzug, Fortpflanzung, Nahrungssuche), wird von komplementären Habitaten gesprochen.

Gefühl für die Fähigkeit des Lebens zu bekommen, Lebensräume auf seine Weise zu besetzen. Ein wunderbare »Reise durch die Evolution der Inselwelten« unternimmt David Quammen in seinem Buch, das dem »Gesang des Dodo« gewidmet ist, einer ausgestorbenen Art, die sich lange als flugunfähiger Vogel auf Madagaskar halten konnte. Wenn jemand lernen will, welche Geschöpfe die Evolution hervorbringen kann und welche Anpassungen möglich sind – aber auch, wie es ans Aussterben gehen kann –, der kann auf den Inseln der Welt das Staunen lernen. Quammen berichtet von Kängurus, die in Neu-

guinea leben und auf Bäume klettern; von großköpfigen, flugunfähigen Grillen auf Neuseeland, von rattenartigen Wesen mit Karottennasen auf Kuba, gelbbäuchigen gleitfähigen Beuteltieren in Australien, und sehr viel mehr. Dabei fallen so etwas wie Gesetzmäßigkeiten auf:
Kleine Inseln verlieren mehr Arten durch Aussterben, und auf sehr kleinen Inseln leben keine Schlangen. Säugetiere sind nur schwach vertreten, und wenn es sie gibt, bleiben sie klein. Offenbar kann man auf Inseln besonders gut lernen, was dem Leben möglich ist. Darwin hat den Anfang gemacht.

als Lebensgemeinschaft zusammen, sie sichern gemeinsam in einem Habitat die eigene Existenz und sorgen für Nachkommen. Es sind nämlich keinesfalls ganze Arten, die sich anpassen, sondern immer nur Populationen, und es lässt sich problemlos vorstellen, dass sich zwei oder mehr Populationen zum Beispiel geographisch voneinander trennen, dabei neue Lebensräume (Nischen) entdecken und sich den dabei vorgefundenen und erkundeten Gegebenheiten im Laufe der Zeit anpassen. Weiter ist leicht denkbar, dass die dabei jeweils auftretenden Variationen zu Anpassungen (Adaptionen) werden, sich im Laufe der Zeit anhäufen, sodass sich die ursprünglich gleichen Populationen unterschiedlich entwickeln, bis sie so verschieden sind, dass man bei ihren Mitgliedern von den ersten Exemplaren einer neuen Art reden muss. So viel zu den allgemeinen Vorstellungen, nun zu den fünf Beobachtungen:

Die erste Beobachtung betrifft die Fruchtbarkeit der Arten. Darwin bemerkte zunächst in seiner Jugend in England und später bei seinen Erkundungen in aller Welt, dass die Natur verschwenderisch vorgeht und ihre Geschöpfe äußerst fruchtbar macht. Wenn alle Individuen, die in einer Population zusammenleben, sich in aller Freizügigkeit vermehren würden, so stellte er fest, dann könnte ihre Zahl über alle Maßen zunehmen. Doch – und damit ergibt sich die zweite Beobachtung – dies passiert im Normalfall nicht, denn abgesehen von saisonalen Schwankungen bleiben Populationen stabil: Die Zahl ihrer Mitglieder hält sich konstant. Mit der dritten Beobachtung, dass die natürlichen Ressourcen in jeder Umgebung begrenzt sind und mit ihr in einem überschaubaren Zeitraum stabil bleiben, kann nun die erste Schlussfolgerung gezogen werden. Sie lautet:
Unter den Individuen einer Population muss es Auseinandersetzungen um die Lebensgrundlagen geben, und dieser Wettkampf gehört für Darwin zu dem täglichen Ringen um das Überleben. Er liefert die Begründung für den bereits erwähnten »struggle for existence«, mit dem jedes Tier und jede Pflanze beschäftigt ist (ohne dabei automatisch gewalttätig zu werden).

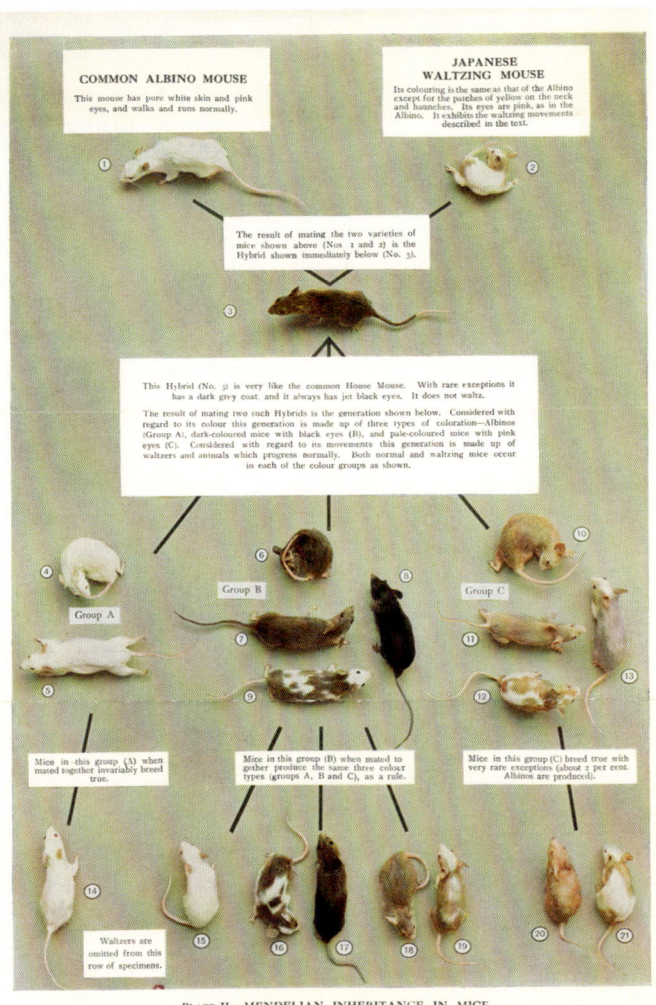

PLATE II.—MENDELIAN INHERITANCE IN MICE

The case of specimens, of which this is a direct photograph, was presented by the Author to the Natural History Museum, South Kensington, and is reproduced here by kind permission of the Director

PLATE III.—THE RESULT OF CROSSING A YELLOW WRINKLED WITH A GREEN ROUND PEA

(Top left) Yellow Wrinkled Parent.   (Top right) Round Parent.
(Five Peas in middle line) First Hybrid Generation.
(In the pods) Second Hybrid Generation.

Von den Individuen, die sich mit und in diesem »Lebenskampf« abmühen und innerhalb ihrer Lebensgemeinschaften mit- oder/und gegeneinander agieren, sind keine zwei identisch, wie die vierte Beobachtung festhält. Innerhalb einer Population zeigen sich dem genauen Blick zwischen den Mitgliedern sogar zahlreiche Unterschiede, die Darwin als Variationen bezeichnet und in den Mittelpunkt seines Denkens rückt, ohne die Ursachen für ihr Auftreten zu kennen. Dieser wichtige Punkt verdient eine kurze Anmerkung. Darwin lenkt seine Aufmerksamkeit weg von konstanten Erscheinungen der Natur hin zu den veränderlichen Größen, was voraussetzt, dass er erstens nicht nur ein Exemplar einer Art beobachtet, sondern viele, und dass er zweitens bei den vielen nach der Variation einer einzelnen Qualität Ausschau hält. Den gleichen Wechsel in der Perspektive vollzieht in etwa zum gleichen Zeitraum der Mönch Gregor Mendel, der dabei die Wissenschaft begründet, die heute Genetik heißt. Mendel untersucht Erbsen, und ihn kümmern nicht die vielen Eigenschaften einer Pflanze, ihn beschäftigen einige wenige Eigenschaften von sehr vielen Pflanzen. Er prüft, wie sie auf nachfolgende Generationen übertragen werden, und kommt dabei zu Ergebnissen, mit deren Hilfe die Regelmäßigkeiten erkennbar werden, die eine Wissenschaft von der Verer-

Die mendelschen Gesetze der Vererbung werden hier am Beispiel einer Kreuzung von zwei Mäusen mit auffälligen Merkmalen gezeigt – eine weiße Maus (Albino) wird mit einer (japanischen) Tanzmaus gekreuzt (links). Die Fellfarbe und die Verhaltensstörung tauchen in den nachfolgenden Generationen in allen Kombinationen auf. Die dazugehörigen Gene können sich offenbar unabhängig trennen und wieder zusammenfinden.
Mendel selbst hat mit Erbsen gearbeitet und dabei untersucht, wie sich die Eigenschaften der Farbe (gelb oder grün) und die der Form (glatt oder runzlig) vererben. Gezeigt wird das Ergebnis einer Kreuzung von gelb-runzligen mit grün-runden Erbsen (rechts).

bung ermöglichen. Mit anderen Worten: Darwin und Mendel gehen statistisch vor, und sie entdecken, dass die lebendige Natur nur verstehen kann, wer sich an die Idee der Wahrscheinlichkeit gewöhnt. Viele Abläufe liegen nicht fest – sie sind nicht determiniert –, sie sind nur mehr oder weniger wahrscheinlich. Wer über die Evolution spricht, wird also keine sicheren Vorhersagen machen können, was aber beruhigend ist. Die Zukunft bleibt damit offen. Wer Evolution verstehen will, muss über Variationen und ihre Wahrscheinlichkeiten nachdenken, und das war ungewohnt, als Darwin damit begann. Wir sollten heute allmählich daran gewöhnt sein.

Um sich mit den Variationen anzufreunden, lohnt der Hinweis auf die Musik, in der es oft Variationen zu einem Thema gibt – etwa die Variationen von Bach zu einem Thema von Goldberg. Auch die Natur kennt ihr Thema, das durch die Art bzw. die Population vorgegeben ist, und an ihm nimmt sie verschiedene Variationen vor. Das von einem Thema Ausgedrückte – also zum Beispiel »ein Pferd sein« oder »eine Rose sein« – bleibt dabei von Generation zu Generation erhalten und wird folglich vererbt. An dieser Stelle kommt die fünfte und letzte Beobachtung ins Spiel, die konstatiert, dass auch Variationen erblich sein können, zumindest ein Teil von ihnen. Auf sie kommt es für die Evolution an, und mit ihnen kann die gesamte Ernte von Darwins Gedanken eingefahren werden. Denn nun lassen sich zwei weitere Folgerungen ziehen. Da sich unter den verschiedenen Individuen nicht alle in gleicher Weise behaupten und es notwendigerweise zu einem Ausleseprozess kommt, lässt sich zunächst sagen, dass das Überleben von der erblichen Konstitution abhängig ist. Es kommt dabei – dies ist die dritte und letzte Schlussfolgerung – zu einer (natürlichen) Selektion von Variationen, die zum Wandel der Population führen. Auf diese Weise können sich Lebewesen an ihre Umwelt (Nische) anpassen, und es kann eine neue Art aus einer Population hervorgehen. Das ist mit Evolution gemeint. Nicht mehr, aber auch nicht weniger.

Determinismus
Laut diesem philosophischen Konzept sind alle Ereignisse immer nach feststehenden Regeln und Gesetzen vorbestimmt und damit unter Umständen vorhersehbar und berechenbar. Daraus ergeben sich wiederum weitere Fragen nach der Existenz eines Schöpfers, nach dem freien Willen des Menschen, der Macht des Zufalls und der Kausalität.

DIE GEGNER DES GEDANKENS UND SEINE GRENZEN

Wer die oben skizzierte Grundidee der auf Darwin zurückgehenden und von der überwiegenden Zahl der heute lebenden Biologen geteilten und weiter verfolgten evolutionären Vorstellungen über die Entwicklung des Lebens liest, in sich aufnimmt und über sie nachdenkt, der fragt sich bald zum Ersten, was daran so schwer und unbegreiflich sein soll, er wundert sich zum Zweiten, warum es so lange gedauert hat, bis jemand diesen Zusammenhang erkannt und ausgesprochen hat, und er möchte zum Dritten wissen, warum ein so einfaches Funktionsschema der Natur derart empörend wirken und heftige Glaubenskriege auslösen kann, die bis heute anhalten und viele Menschen erregen und in Wut versetzen.

Fangen wir mit der letzten Frage an. Als Darwin seine Gedanken von der natürlichen Entstehung der Arten vorstellte, wies er darauf hin, dass damit auch ein neues Licht auf die Herkunft des Menschen fallen werde. Wer drastisch ausdrücken möchte, was dabei sichtbar wird, spricht davon, dass Menschen von Affen abstammen, und es ist nachvollziehbar, dass sich einige seiner Zeitgenossen von dieser Behauptung beleidigt fühlten. Nach dem bekannten Motto, es kann nicht sein kann, was nicht sein darf, beharrten sie auf der Ansicht, dass der Weg zum Menschen über Gott führe, nicht über den Affen. Der Mensch als Ebenbild Gottes kann einfach nicht vom Affen abstammen, und tatsächlich ist es schwer vorstellbar, sich konkret Wesen vorzustellen, die auf der einen Seite von Biologen als Affen eingeordnet werden, deren Nachwuchs aber auf der anderen Seite alle Charakteristiken von Menschen aufweist.

Wie sich genau bzw. in welchen Stufen sich die Menschwerdung vollziehen kann und nachweislich vollzogen hat, wird in späteren Kapiteln erörtert. Wir verfügen heute über viel umfassendere Kenntnisse, um die Abstammung des Menschen ohne göttliche Gnade nachvollziehen zu können, und mit diesen Kenntnissen sind vor allem die Qualitäten der Tiere gemeint, deren Eigenschaften sich nicht nur anatomisch oder physiologisch im Menschen finden lassen, sondern deren Verhalten sogar in unseren Strategien oder Ritualen oder bei anderen Vorgehensweisen auftaucht bzw. beobachtbar ist. Wir haben noch viel Affe in uns, wobei genauer gesagt einer gemeint ist, nämlich neben den allseits bekannten Schimpansen die weniger beachteten Bonobos, wie noch erläutert wird. Heute besteht jedenfalls kein Anlass mehr, die beleidigte Leberwurst zu spielen, wenn wir versuchen, den Menschen dadurch zu verstehen, dass wir ihn mit Affen vergleichen. Kommen wir zu der zwei-

Das Altarbild »Der Garten der Lüste« von Hieronymus Bosch, um 1510 (Ausschnitt des linken Seitenflügels mit der Bezeichnung »Das Paradies«)

Eine Karikatur aus dem Jahr 1874, die als Reaktion auf Darwins Buch über die Abstammung des Menschen entstanden ist. Der Affe soll sich im Spiegel erkennen.

ten Frage, die zwar harmlos klingt, es aber in sich hat, weil sie ziemlich tief in der Geschichte des abendländischen Denkens verankert ist.

Wir begnügen uns mit einem Blick auf die griechischen Quellen unserer Wissenschaft und verharren bei Platon (427–348 v. Chr.) und Aristoteles (384–322 v. Chr.), bei deren Arbeit des Denkens. Während vielfach anerkannt wird, dass Aristoteles Verständnis für den quirligen Bereich des Lebendigen aufgebracht hat und zum Beispiel die Unterscheidung zwischen der (anorganischen) Materie und ihrer (organischen) Formung oder Gestaltung einführte, blieb Platon der strengen Geometrie verhaftet, die von idealen und unveränderlichen Gegenständen handelt. Wenn ein Mathematiker

Ein antikes Mosaik aus Pompeji, das den Philosophen Platon im Kreis seiner Schüler zeigt.

von einem Kreis spricht, meint er nicht die unvollkommenen Gebilde, die jemand an die Tafel gezeichnet hat. Er meint vielmehr die idealen Kreise, die wir nur als Idee verfügbar haben. Für Platon waren allein diese idealen Körper – die dazugehörigen Ideen – von Belang, und er verstand das menschliche Erkennen im Modell der Geometrie, indem er sagte, dass wir ein Pferd dadurch als Pferd oder eine Rose dadurch als Rose erkennen, dass wir versuchen, das unvollkommene Gebilde vor Augen so weit wie möglich mit der perfekten Idee im Kopf zur Deckung zu bringen. In Platons Denken geht es vor allem um diese unveränderlichen Ideen, die in seiner Sicht zudem ewig existieren, und er hält alle Sinneserfahrungen für zweitrangig, da sie ja mit den unvollkommenen Gebilden gemacht werden, wie sie entweder in der Natur zufällig vorliegen oder von uns mehr oder weniger ungeschickt produziert werden.

Natürlich stellt sich hier sofort die Frage, wer diese maßgeblichen Ideen bzw. idealen Formen in die Welt gebracht hat, wobei klar ist, dass es weder die Natur noch die Menschen waren, die je nur verzerrte Variationen zu schaffen vermögen. Platon stellt sich einen göttlichen Handwerker vor, einen Demiurgen, aus dem im nachfolgenden christlichen Denken der Schöpfergott wurde, der der Einfachheit halber beides gemacht hatte – die perfekten Ideen und ihre Abbilder in Form von Lebewesen. Platons Denken und christliche Konzeptionen fallen in diesem Punkt zusammen, und wenn man sich noch zusätzlich vorstellt, dass eine Welt mit einem grandiosen Schöpfer vor allem eine Welt der ewigen Ordnung ist, dann leuchtet die Stärke des Glaubens an konstante und von Anfang an fertige Arten unmittelbar ein. Er wird zudem durch den Augenschein bestätigt, der doch zeigt, dass Schweine Schweine hervorbringen, dass Pferde Pferde zeugen, dass Mäuse Mäuse als Nachwuchs haben, und er freut sich darüber, dass Gott zusätzlich jeder Kreatur ihren richtigen Platz zugewiesen hat.

Damit können wir zur ersten Frage kommen, die wissen will, warum der Gedanke der Evolution so schwer sein soll. Ihre Antwort lautet, dass Darwins Gedanke dem gesunden Menschenverstand widerspricht, und zwar aus zwei Gründen. Zum einen denken wir etwa bei einem Baum daran, was er ist – so sehen wir ihn doch in dem Augenblick, in dem wir auf ihn schauen. Wir sehen nicht, wie er geworden ist. Und zum anderen denken wir bei komplizierten Gegenständen immer sofort an einen Hersteller. Wenn wir eine Uhr oder einen Federhalter sehen, wissen wir, dass es jemanden gibt, der sie gemacht hat. Und wenn wir einem Menschen gegenüberstehen, dann wissen wir auf die gleiche Weise durch den gesunden Menschenverstand, dass es jemanden geben muss, der ihn gemacht hat, nämlich der Schöpfergott. Es scheint, als ob diejenigen, die sich bis in unsere Tage als Gegner der Vorstellung von einer evolutionären Herkunft des Menschen zeigen und sich durch ihr Reden von einem intelligenten Design der Natur als sogenannte Kreationisten zu erkennen geben, mehr dem gesunden Hausverstand als der wissenschaftlich vorgehenden Rationalität vertrauen. Sie verstehen nicht bzw. wollen nicht verstehen, dass sich wissenschaftliche Einsichten oft gerade dadurch auszeichnen, dass sie zu anderen Ergebnissen als dem Common Sense kommen. Außerdem will ein Kreationist darauf verzichten, seinen Verstand zu bemühen. Er überlässt das Denken und das Handeln einem anderen, eben dem großen unbekannten Verursacher aller Dinge, was uns weit in die Zeit vor der Aufklärung zurückwirft. In den kreationistischen Gegenentwürfen zu Darwins Gedanken steckt nichts, was einer ausführlichen Betrachtung wert wäre, weshalb dieses Thema an dieser Stelle beendet werden soll. Der Gedanke, dass das Vorhandensein einer Uhr die Existenz eines Uhrmachers – und das Vorhandensein von Menschen die Existenz eines Menschenmachers – beweist, heißt im Angelsächsischen manchmal das »argument from design«, und er war zu Beginn des 19. Jahrhunderts weit verbreitet, als Charles Darwin mit seinen Naturstudien begann. Der Gedanke der Evolution war damals bereits – wie das Wort selbst – im wissenschaftlichen Rahmen aufgetaucht. Allerdings hatte noch niemand erkannt, wie weitreichend diese Entdeckung war.

Kreationismus
Obwohl die Evolution längst als Tatsache angesehen werden kann, ist der Diskurs »Schöpfung oder Evolution« vor allem in den USA noch immer präsent. In einigen Schulen wird die Evolution sogar zusammen mit dem biblischen Schöpfungsbericht unterrichtet. Der Kreationismus, die dogmatische Verteidigung der Bibel, nimmt zuweilen aggressive Formen an und scheint dabei alle Errungenschaften der Aufklärung zunichtezumachen. Die Kreationisten gehen davon aus, dass die Erde gerade einmal 6000 Jahre alt ist und dass Tiere und Pflanzen in ihrer gegenwärtigen Form geschaffen worden sind.

Charles Darwin zu verschiedenen Zeiten seines Lebens (von links nach rechts): der siebenjährige Knabe, der Forscher als Twen vor seiner Weltreise, der entschlossene Evolutionist um 1854 und der weise Mann am Ende seines Lebens

CHARLES DARWIN

Charles Darwin wurde am 12. Februar 1809 in Shrewsbury in England geboren. Er ist am 19. April 1882 in seinem Haus in Down gestorben und wenige Tage später in der Londoner Westminster Abbey beigesetzt worden – in der Nähe der Gräber von Isaac Newton und Michael Faraday, der beiden großen britischen Physiker.

Darwins Vater Robert war zwar ein sehr wohlhabender Arzt, aber interessanter sind die Großväter. Da war auf der väterlichen Seite der lebenshungrige und intellektuelle Erasmus Darwin (1731–1802), der als Poet und Naturforscher bereits im 18. Jahrhundert evolutionäre Gedanken formulierte, etwa dass es für das Leben einen gemeinsamen Vorfahren gibt. Und da war auf der mütterlichen Seite Josiah Wedgwood (1769–1843), der zur aufstrebenden industriellen Elite Englands gehörte und eine Porzellanmanufaktur betrieb. Die Wedgwood-Linie sollte noch insofern ein Problem darstellen, als Darwin eine Tochter namens Emma aus dieser Familie – seine Cousine – geheiratet hat, allerdings nicht ohne sich grübelnd Gedanken über die Frage zu machen, wie sich solch eine Verwandtenehe auf die Kinder auswirken kann. Zwar waren Darwin und seinen Zeitgenossen die Gesetze der Genetik noch unbekannt, aber der Naturforscher wusste immer schon, dass Inzest Gefahren mit sich bringt. Tatsächlich beobachtete Darwin dann ängstlich, wie seine Kinder nur langsam lernten. Ihn wunderte vor allem, wie schwer es ihnen fiel, die Farbwörter richtig zuzuordnen, aber in alldem zeigt sich mehr ein besorgter Vater und weniger unbegabter Nachwuchs. Ernste Probleme bereitete nur seine Lieblingstochter Annie, die schon in sehr jungen Jahren anfing, über Übelkeit zu klagen und dann 1851 im Alter von zehn Jahren gestorben ist. Darwin war so erschüttert, dass er unfähig war, an Annies Begräbnis teilzunehmen, und als er aus seiner Depression erwachte, sagte er sich endgültig vom christlichen Glauben los.

Seine Abneigung gegen christliches Denken und die von ihm verbreitete Scheinsicherheit des Wissens hatte spätestens begonnen, als er mit dem Schiff HMS Beagle unterwegs war, dessen offizielle Aufgabe darin bestand, die Küsten von Südamerika zu vermessen und die Seekarten der britischen Admiralität zu präzisieren. Darwin hatte zunächst Medizin und Theologie

Die HMS Beagle 1841 vor Sydney (nach einem Bild von Owen Stanley). Bei dieser Fahrt war Darwin nicht mehr dabei, er bereiste die Welt mit der Beagle von 1832 bis 1836.

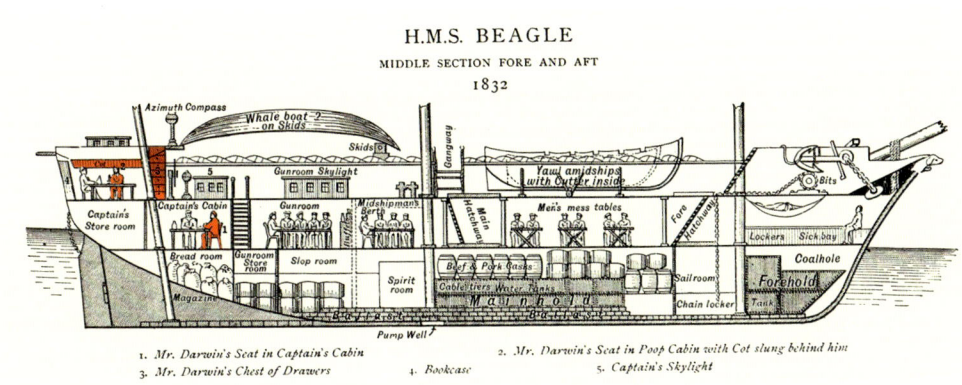

Die Deckaufteilung der HMS Beagle (Mitte) lässt erkennen, dass man die Reise keineswegs als Luxuskreuzfahrt unternommen hat.

Darwin hat sich auf den Galápagosinseln vor allen Dingen für die Riesenschildkröten interessiert und versucht, ihre Geschwindigkeit zu bestimmen (eine Illustration aus den 1830er Jahren von Meredith Nugent).

studiert, dann aber gemerkt, dass er weder Arzt noch Pfarrer werden wollte. Er liebte die Natur, sammelte Käfer, ritt über das Land und erkundete Botanisches und Geologisches. Geld verdienen musste er nicht. Die Familie verfügte über ausreichend Reserven, die sein ganzes Leben reichen würden. 1831 bekam der 22-jährige Darwin das Angebot, mit der Beagle auf Weltreise zu gehen, und am 27. Dezember stach das Schiff von Plymouth aus in See und kehrte knapp fünf Jahre später zurück – am 2. Oktober 1836. Diese Anschauung der Welt war entscheidend für die evolutionäre Weltanschauung, die Darwin in den folgenden Jahrzehnten entwickelte und 1859 schließlich publizierte. Zu der sinnlichen Erkundung der Erde trat bei Darwin noch eine tiefe Unzufriedenheit mit den Behauptungen der Naturtheologen, die es damals gab. Sie behaupteten, das genaue Datum zu kennen, an dem Gott die Welt mit all ihren Geschöpfen geschaffen habe, und zwar am 23. Oktober 4004 vor Christi Geburt um 9 Uhr vormittags.

So genau wollte man sein, so genau wollte Darwin es als Naturforscher auch wissen, nur merkte er, dass mit diesem Anspruch auf Präzision zugleich etwas verloren ging, nämlich der Platz für den Glauben und der Raum für den Schöpfer. Eine Uhrzeit glaubt man nicht, man prüft sie nach, und am Ende seiner Reise ahnte Darwin, dass er die Schiffsbibel, in die jemand den Zeitpunkt der Schöpfung eingetragen hatte, nicht nur über Bord werfen konnte, sondern auch musste. Zu dieser Zeit begannen dann auch seine Magenbeschwerden. Tatsächlich muss man sich klarmachen, dass Darwin seit seiner Rückkehr von der Weltreise ständigen körperlichen Qualen ausgesetzt blieb. Er hat seinen bemitleidenswerten Zustand einige Jahre nach der Veröffentlichung seines Hauptwerkes in allen schauerlichen Einzelheiten dargestellt:

»Alter 56–57. Seit 25 Jahren extreme, krampfartige tägliche und nächtliche Blähungen. Gelegentliches Erbrechen, zweimal monatelang anhaltend. Dem Erbrechen gehen Schüttelfrost, hysterisches Weinen, Sterbeempfindungen oder halbe Ohnmachten voraus, ferner reichlicher, sehr blasser Urin. Inzwischen vor jedem Erbrechen und jedem Abgang von Blähungen Ohrensausen, Schwindel, Sehstörungen und schwarze Punkte vor den Augen. Frische Luft ermüdet mich, besonders riskant, führt die Kopfsymptome herbei.«

Die Liste geht noch weiter, und sie machte nicht nur seinen Hausarzt rat- und hilflos. Zwar verordnet man dem englischen Patienten Eisbeutel für die Wirbelsäule und versetzt ihm dreimal täglich einen Kälteschock, um nur irgendetwas gegen die Leiden zu tun, aber Darwin hat nur einen Wunsch, nämlich den, dass »mein Leben sehr kurz sein möge«.

Seine Natur tut ihm den Gefallen nicht. Sie lässt ihn über siebzig Jahre alt werden, und er nutzt die Zeit in einer Weise, die man nur bestaunen und bewundern kann. Obwohl sich die oben geschilderten Symptome nicht ändern und er nur ein paar Stunden am Tag arbeitsfähig ist, schafft er es, nach dem oben zitierten Zustandsbericht folgende Werke zu verfassen:

Die von Darwin signierte Schiffsbibel, die er an Bord der HMS Beagle bei sich hatte.

»Die verschiedenen Einrichtungen, durch welche Orchideen von Insekten befruchtet werden«, »Die Variationen der Tiere und Pflanzen im Zustand der Domestikation«, »Die Bewegungen und Lebensweise der kletternden Pflanzen«, »Die Abstammung des Menschen«, »Der Ausdruck der Gemütsbewegungen bei Menschen und Tieren«, »Insektenfressende Pflanzen«, »Die Wirkungen der Kreuz- und Selbstbefruchtung im Pflanzenreich«, »Die verschiedenen Blütenformen an Pflanzen derselben Art«, »Das Bewegungsvermögen von Pflanzen« und zuletzt am Ende seines mühsamen Lebens unter besonderer Zuneigung »Die Bildung der Ackererde durch die Tätigkeit der Würmer – mit Beobachtungen über deren Lebensweise.«

Charles Darwin war zeit seines Lebens ein von einem Ordnungsdrang beseelter und besessener Naturliebhaber, und mit dieser Vorgabe hat er 1831 auch das Vermessungsschiff bestiegen und sich mit ihm auf Weltreise begeben. Als er an Bord stieg, muss sein Denken wohl fest verankert in der damaligen Grundüberzeugung gewesen sein, der zufolge die Arten als Gottes Schöpfung anzusehen waren, von denen jede den ihr zugewiesenen Platz in der Natur einnahm, die man als Nischen bezeichnete. Etwas anderes ist jedenfalls nicht bekannt. Auf der Schiffsreise und beim Durchstreifen ihm völlig neuartiger Lebensräume fiel Darwin dann aber nach und nach auf, dass diese Ansicht von geschaffenen und unwandelbaren Arten von Menschen stammte, die sich in der Welt nicht umgesehen hatten. Als er die Verbreitung von Tieren und Pflanzen in zahlreichen Vegetationszonen Südamerikas in Augenschein nahm, fiel ihm auf, dass sich die dort tummelnden Arten unterschieden, wenn sich ihre Lebensräume unterschieden. Und ihm kam der Gedanke, dass es etwas zu erklären gab, nämlich die Entstehung der Arten, was er bald »das Geheimnis der Geheimnisse« nennen sollte.

Im historischen Rückblick wird klar, dass es vor allem seine Beobachtungen und Funde auf den Galápagosinseln waren, die in ihm Zweifel an der Konstanz der Arten säten. So lautet ein Eintrag in eines seiner zahlreichen Notizbücher, den er während der Rückfahrt der Beagle 1836 machte:

»Wenn ich sehe, wie diese Inseln, die in Sichtweise beieinanderliegen und nur einen spärlichen Bestand an Tieren besitzen, von diesen Vögeln bewohnt sind, die sich in der Struktur nur geringfügig unterscheiden und denselben Platz in der Natur einnehmen, so muss ich den Verdacht haben, dass sie Varietäten sind. Wenn es auch nur das geringste Fundament für diese Bemerkung gibt, so ist die Zoologie des Archipels wohl der Untersuchung wert, denn solche Tatsachen würden die Stabilität der Arten unterminieren.«

Die Vögel, von denen Darwin spricht, werden gewöhnlich als die Finken identifiziert, die es auf den Galápagosinseln zu beobachten gab. Es scheint aber eher, dass der junge Weltumsegler sein Auge auf Spottdrosseln gelenkt hat, und mit Hilfe der von dieser Art existierenden Varianten wird Darwin der Vorgang klar, den die Lehrbücher heute als »geographische Speziation« bezeichnen. Darwin erkennt, dass es zwischen den beiden genannten Klassifizierungen noch eine weitere Form der Einteilung geben muss, für die wir

Eine Spottdrossel von den Galápagosinseln. In seinem Tagebuch schreibt Darwin, dass er auf den Inseln drei Arten der Spottdrossel gefunden hat und dass diese für Amerika typisch sind.

Wenn ich an das menschliche Auge denke,
bekomme ich Fieber. CHARLES DARWIN

Darwin experimentierte mit Tauben, um die Grenzen der Selektion zu testen. Ein Holzschnitt aus dem Jahr 1877

heute den Ausdruck Population nutzen, und er versteht, dass es unter den Mitgliedern von Populationen zu allmählichen Modifikationen kommen kann. Doch so schön der Gedanke auch ist, so hilflos steht er ihm zunächst gegenüber, denn wie sollen die Variationen zu Stande kommen und sich ausbreiten? Gibt es dafür Ursachen?

Die Idee, die Darwin zur Lösung und damit zu seiner Vorstellung von einer Anpassung bzw. Evolution der Arten brachte, ergab sich bei der Lektüre des »Essay on the Principle of Population«, den der Engländer Thomas Malthus kurz vor 1800 veröffentlicht hatte und in dem er darauf hinwies, dass eine Bevölkerungsgruppe dazu tendiert, die Zahl ihrer Mitglieder schneller zu vermehren als die Mittel, die man zu ihrer Ernährung benötigt. Darwin dazu:

»Fünfzehn Monate nachdem ich meine Untersuchungen systematisch angefangen hatte, las ich zufällig zur Unterhaltung Malthus und da ich hinreichend darauf vorbereitet war, den überall stattfindenden Kampf um die Existenz zu würdigen, namentlich durch lange fortgesetzte Beobachtung über die Lebensweisen von Tieren und Pflanzen, kam mir sofort der Gedanke, dass unter solchen Umständen günstige Abänderungen dazu neigen, erhalten zu werden, und ungünstige, zerstört zu werden. Das Resultat hiervon würde die Bildung neuer Arten sein. Hier hatte ich denn nun endlich eine Theorie, mit welcher ich arbeiten konnte.«

Von diesem Leseerlebnis ausgehend entwickelt Darwin bis um 1840 seine Idee, ohne daran zu denken, seine Theorie zu publizieren. Er hält sein schriftlich verfasstes Resümee sogar vor neugierigen Augen versteckt – verfügt allerdings, dass es im Falle seines Ablebens gedruckt wird. Es ist viel über die Motive für dieses Zögern spekuliert worden, und man kann auch lange über die Frage diskutieren, was Darwin genau meinte, als er die Niederschrift seiner evolutionären An- und Einsichten mit der Notiz begann, »Mir ist, als gestehe ich einen Mord.«

Einleuchtend erscheint auf jeden Fall, dass er Rücksicht auf die religiösen Gefühle seiner Frau nehmen wollte, aber es gab auch ganz konkrete wissenschaftliche Gründe, vorsichtig mit Behauptungen über die Abstammung und Anpassung der Arten zu sein. Zum einen bestimmte die newtonsche Physik das Modell einer erfolgreichen Naturerklärung, und diese Wissenschaft konnte exakte Vorhersagen machen. Darwin sah sich dazu ebenso wenig in der Lage wie zu einer Antwort auf die ihm sofort den Schlaf raubende Frage, wie sich jemals ein so kompliziertes Organ wie das menschliche Auge entwickeln könne. In einem Schritt gehe es sicher nicht, aber wie soll man den Vorteil von halben Augen verstehen? »Wenn ich an das menschliche Auge denke, bekomme ich Fieber«, bekennt Darwin in einem seiner Notizbücher. Er hat genau gewusst, dass er nur die Richtung gefunden hatte, in die man gehen musste, um die Natur zu erfassen, und ihm war klar, dass dieser Weg voller Hindernisse sein würde. Überall tauchten Fragen ohne Antwort auf: Können Lungen schon atmen, Hände schon greifen und Augen schon sehen, wenn sie noch nicht fertig sind und sich erst im Vorstadium ihres Entstehens befinden? Darwin litt mehr unter seiner Entdeckung, als dass sie ihn freute. Mit seinem Gedanken betrat eine neue Denkweise die Bühne der Wissenschaft, und sie vertrieb die Menschen aus dem Paradies der Trägheit, in dem man keine Überlegungen über das Wirken der Natur und ihrer Gesetze anstellte und stattdessen alles den Göttern überließ, die es schon richten würden.

In den 1840er Jahren kapitulierte Darwin vor den zwei übergroßen Schwierigkeiten, die Natur im Detail zu durchschauen und die Menschen im Ganzen zu überzeugen, und er lenkte sich selbst dadurch ab, dass er »Geologische Betrachtungen über vulkanische Inseln« zu Papier brachte und ein zweibändiges Werk über die Wunderwelt von winzigen Krebsen namens Rankenfüßer mit insgesamt weit über tausend Seiten verfasste. Er nahm sich seine Notizen zum Wandel der Arten erst in dem Augenblick wieder vor, als Konkurrenz drohte und er befürchten musste, dass ihm jemand zuvorkam. So unvollständig sein Verständnis der evolutionären Vorgänge auch war, Darwin wusste, er hatte einen Gedanken formuliert, der ihn berühmt machen würde, und sein Verlangen, der Welt klarzumachen, dass ihm dafür die Priorität gebührte, ließ alle anderen Bedenken gegen die Veröffentlichung verblassen und an Gewicht verlieren.

Der Konkurrent hieß Alfred Wallace – ein Globetrotter, der sich mit Insekten und exotischen Schmetterlingen vor allem auf der Insel Borneo beschäftigt hatte und dabei ebenfalls auf den Gedanken gekommen war, dass sich Arten entwickeln und anpassen können. 1858 hatte Wallace einen Text »Über die Tendenz von Varietäten, unbegrenzt vom Originaltypus abzuweichen« verfasst, den er Darwin mit der Bitte um kritische Durchsicht schickte. In seinem Begleitbrief sprach Wallace auch von Varianten im natürlichen Existenzkampf. Jetzt musste Darwin aus seiner Deckung herauskommen, was er auch tat, und er begann mit der Niederschrift seines großen Werks, das 1859 erschien.

Während er an dem Manuskript arbeitete, fühlte er sich doppelt schlecht. In der großen Sache der Evolution kam er sich vor »wie ein Kaplan des Teufels«. Darwin fühlte sich zudem schlecht, weil er von der Vorstellung nicht loskam, »dass ich schreibe, um mir das Urheberrecht zu erhalten«, und das war ihm »ziemlich zuwider«, obwohl er zugleich wusste, dass es ihn »ganz sicher ärgern« würde, »wenn jemand meine Lehren vor mir veröffentlichte«.

Im Jahr zuvor hatten die Mitglieder der Linné-Gesellschaft im Herzen Londons dafür gesorgt, dass in der letzten Sitzung vor der Sommerpause – am 30. Juni 1858 – zwei Texte von Wallace und Darwin verlesen wurden. Die Idee, dass Arten sich ändern und anpassen können, war nun öffentlich. Sie wurde ruhig aufgenommen, und Darwin konnte seinen Seelenfrieden bewahren.

Mir ist, als gestehe ich einen Mord.

CHARLES DARWIN

ALFRED WALLACE

Alfred Wallace (1823–1913) um 1860, also kurz nach der Publikation über die Idee der Evolution

Mimikry
Eine angeborene Form der Tarnung, mit dem Zweck, die Überlebenschancen der Art zu erhöhen. Bei der Mimikry werden andere Arten – meist wehrhafte oder ungenießbare Tiere bzw. Pflanzen – teils täuschend ähnlich nachgeahmt, um dem Gefressenwerden zu entgehen. So imitieren bspw. Schwebfliegen mit ihrer gelbschwarzen Hinterleibsfärbung die Wespen, um ihre Verfolger abzuschrecken, und der Hornissenschwärmer, eine Schmetterlingsart, sieht der echten Hornisse täuschend ähnlich. Im Gegensatz zu dieser Verteidigungsfunktion steht die aggressive Mimikry, bei der andere Arten gezielt angelockt werden, zur Jagd oder bei Pflanzen zur Fortpflanzung durch Bestäubung.

Alfred Wallace lebte von 1823 bis 1913, und er gehört zu den großen britischen Naturforschern, nur dass er im Schatten von Charles Darwin steht. Wallace hat sich schon in seiner frühen Jugend für Schmetterlinge interessiert und sich 1848 einer Expedition in das Amazonasgebiet angeschlossen. Er berichtet darüber in seiner »Narrative of Travels on the Amazon and River Negro« (1853). Danach hat er sich in einem anderen Teil der Welt umgetan, dem Malaysischen Archipel, in dem er in den Jahren bis 1860 weit über 100 000 Arten sammelte, präparierte und nach England schickte. Im Laufe seiner Untersuchungen fiel ihm unter anderem auf, dass es eine Trennlinie zwischen der Fauna Asiens und der Australiens gibt. Sie wird heute als Wallace Linie bezeichnet und verläuft durch den Malaysischen Archipel, entlang der keine dreißig Kilometer breiten Wasserstraße, die Lombok von Bali trennt. Die Frage, warum das so war, konnte Wallace nur stellen. Heute weist die Antwort auf die Wassertiefe der Meerenge und die Tatsache hin, dass sich Lombok gewissermaßen auf hoher See befindet, während Bali am Rand eines Schelfs liegt und einstmals eine Landverbindung nach Westen besaß.

Im Jahr 1858 erreichte Wallace die Molukken, und er begann mit der Niederschrift seines Essays »Über die Tendenz von Varietäten, unbegrenzt vom Originaltypus abzuweichen«. Auch nach der Präsentation der Idee von der Anpassung der Arten in einem Überlebenskampf suchte Wallace weiter nach Evidenz für das evolutionäre Geschehen in der Natur, und dabei sind ihm grundlegende Einsichten in den Vorgang gelungen, den wir als Mimikry kennen.

Wallace trat auch als aktiver Sozialist auf und unterstützte Landreformen und die Frauenbewegung. Was den Evolutionsbiologen Wallace angeht, so war er eher Darwinist als Darwin selbst, denn Wallace hegte keinen Zweifel daran, dass das Ausleseprinzip – die natürliche Zuchtwahl – gerade in freier Wildbahn realisiert sei, während Darwin eher vorsichtig prüfte, ob die Selektion bei Haustieren hinreichend wirksam ist. Grundsätzlich unterschiedlich haben sich die beiden Urheber des evolutionären Gedankens in Hinblick auf den Menschen geäußert. Während es für Darwin selbstverständlich war, dass die Kräfte der Natur bis zu unserer Art reichen und sie formen, bestand Wallace darauf, dass die spirituellen Fähigkeiten des Menschen unmöglich durch eine natürliche Selektion hervorgebracht werden können. Darwin kritisierte diese Verweigerung und mahnte seinen Konkurrenten in einem Brief, »Ich hoffe, Sie haben unser gemeinsames Kind damit nicht umgebracht.«

Darwin und Wallace haben nie akademische Positionen innegehabt. Nach 1848 fand Wallace überhaupt keine Anstellung mehr, er hoffte, seinen Lebensunterhalt mit den Sammlungen bestreiten zu können, die er vom Amazonas oder von Malaysia aus anlegte und abschickte. Leider sind einige der Schiffssendungen aus Südamerika untergegangen, und die Einnahmen aus dem asiatischen Raum hat er in ungeschickten Investitionen verspielt. Wal-

Eine gelb-schwarz gestreifte Fliege sitzt auf der Blüte eines Schmetterlingstrauches; die Fliege täuscht vor, eine Biene zu sein, und gibt damit ein markantes Beispiel für eine Mimikry ab.

lace war somit gezwungen, zu schreiben und Vorlesungen zu halten, und er hat dabei mindestens ein großes Werk herausgebracht, nämlich die »Geographical Distribution of Animals« von 1876.

Es fällt schwer, Wallace ausgewogen zu beurteilen, da sich bei ihm geniale Züge mit verrückten Elementen vermischen. Er hat viele Zeitgenossen wissenschaftlich überzeugt, sich aber mit religiösen und politischen Ansichten angreifbar gemacht. Die Frage, warum sein Name viele Jahrzehnte hindurch überhaupt nicht erwähnt wurde, wenn es um die Evolution des Lebens ging, und erst im späten 20. Jahrhundert wieder auftaucht, muss seiner Bescheidenheit und Großzügigkeit zugerechnet werden. So gab er seiner 1891 erschienenen Darstellung der Anpassung der Arten den Titel »Darwinismus«. Darwin hat ihm einmal geschrieben, dass Wallace »der einzige Mensch sei, der dauernd für andere Gerechtigkeit fordere«, während er selbst eine Ungerechtigkeit erleide – nämlich trotz seinen tiefen Einsichten in das Wirken der Natur von der Nachwelt vergessen zu werden.

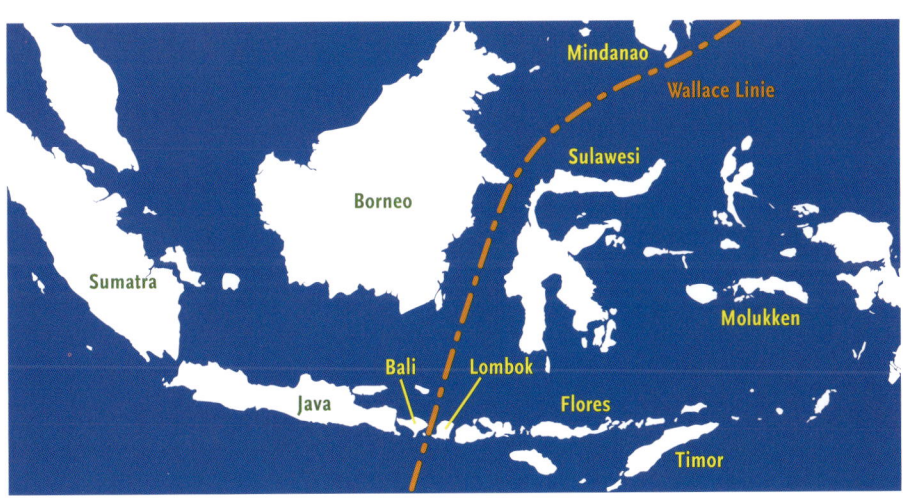

Die Wallace Linie – sie trennt die asiatische Flora und Fauna von der australischen. Die Linie verläuft zwischen Bali und Lombok.

*Wie anziehend ist es, ein mit verschiedenen Pflanzen bedecktes Stückchen Land
zu betrachten, mit singenden Vögeln in den Büschen, mit zahlreichen Insekten,
die durch die Luft schwirren, mit Würmern, die über den feuchten Erdboden
kriechen, und sich dabei zu überlegen, dass alle diese so kunstvoll gebauten, so
sehr verschiedenen und doch in so verzwickter Weise voneinander abhängigen
Geschöpfe durch Gesetze erzeugt worden sind, die noch rings um uns wirken.*

CHARLES DARWIN

Darwins Vordenker

Der Komet Hale-Bopp am Nachthimmel. Er wurde im Juli 1995
unabhängig von Alan Hale in New
Mexico und Thomas Bopp
in Arizona entdeckt. Er gilt als der
meistbeobachtete Komet des
20. Jahrhunderts, über 18 Monate
war er freiäugig zu sehen.

Als ich zur Schule ging, gehörte es noch zu den festen Bestandteilen des
Unterrichts, dass den Mädchen und Knaben in den Bänken vermittelt wurde, was Johann Wolfgang von Goethe im »Faust« durch den Teufel aus-
sprechen lässt. Gemeint ist die Einsicht, dass niemand mehr etwas Dummes
oder Kluges denken kann, was die Vorwelt nicht schon vor uns bedacht hat.
Trotzdem bleibt es natürlich eine spannende Aufgabe, den Ursprung von
Gedanken nachzuvollziehen, vor allem wenn sie das Attribut groß verdienen
und uns heute noch beschäftigen.

Dazu gehören die Evolution und die damit verbundene Vorstellung vom
Werden des Lebens. Wir können inzwischen diese Ideen nur noch erweitern,
aber es muss Naturforscher und Stubengelehrte gegeben haben, die mit dem
Vordenken beschäftigt waren, und einige von ihnen und einige ihrer Themen
wollen wir in diesem Kapitel kennenlernen – und mit ihnen die Schwierigkeiten, die sich dem Bemühen in den Weg stellten, die Natur so in den Blick
nehmen zu können, dass sie sich dem wahrnehmenden und forschenden
Geist verständlich darbietet, der dabei erfassen kann, wie sie wirklich funktioniert – von Anbeginn der Zeit bis heute.

ARGUMENTE FÜR DIE GESCHICHTE

Es lohnt sich aus mindestens drei Gründen, auf einige Aspekte des historischen Werdens der Evolution – der einzig grundlegenden Theorie der Lebenswissenschaft – näher einzugehen, da dieses Konzept trotz seines Alters – es
stammt ja aus dem 19. Jahrhundert – vielen Zeitgenossen immer noch Mühe
macht und Unbehagen bereitet.

Zum einen kommt es dem Autor dieser Zeilen immer ungeheuer spannend
vor, sich in eine Zeit zu versetzen, in der ein grundlegendes Muster des Verstehens oder eine fundamentale Einsicht noch nicht gegeben waren für die
Überlegung, ob und wie man selbst in so einem Fall weitergekommen oder
woran man hängen geblieben wäre. Als einfaches Beispiel kann man den
Blick an den Himmel wenden und sich die Frage stellen, ob die Sonne größer

49

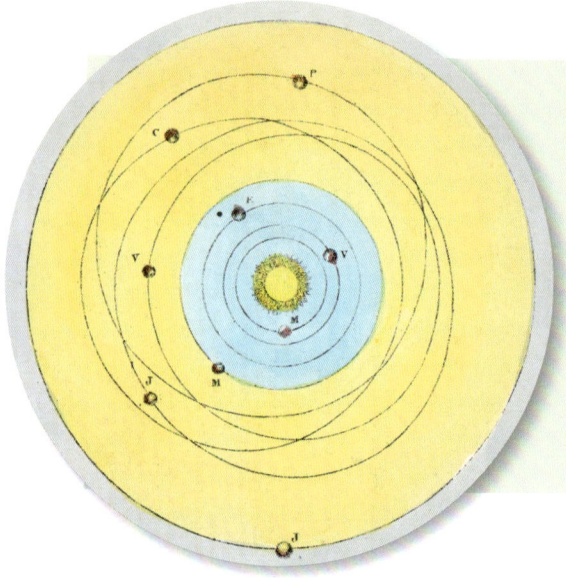

Die Erde in Relation zur Sonne sowie zu weiteren Planeten und Asteroiden. Zeichnung von Charles F. Blunt, 1849

Planetensystem und Zentralgestirn

Ein Planetensystem ist die Gesamtheit aller Himmelskörper, die sich um einen Einzelstern im Zentrum des Systems bewegen. Auf ihren Bahnen gehalten werden die Körper durch die vom Zentralgestirn ausgehende Gravitationskraft. Die größten dieser Körper werden Planeten genannt. Lange Zeit war unser Sonnensystem das einzige bekannte Planetensystem, ehe 1992 mit der Entdeckung der ersten Planeten außerhalb unseres Sonnensystems ein weiteres Planetensystem gefunden wurde. Bis Ende 2007 wurden insgesamt 26 weitere Systeme mit zwischen zwei und fünf Planeten entdeckt. Ein System mit mehr als fünf Planeten wurde – mit Ausnahme des unsrigen – bisher nicht entdeckt. Als Stern im Zentrum unseres Planetensystems ist die Sonne unser Zentralgestirn. Im allgemeinen Sprachgebrauch wird auch für die Zentralgestirne anderer Planetensysteme die Bezeichnung Sonne verwendet.

Zeit und Raum

Zeit und Raum sind grundlegende, messbare Größen, die gemeinsam das Kontinuum bilden, in das jedes Geschehen eingebunden ist. Anhand von Zeit und Raum lassen sich die Dauer und Reihenfolge, der Ablauf von Ereignissen messen. Das Fließen der Zeit ist im streng naturwissenschaftlichen Sinn nur eine Illusion: Ohne eine Alternative zum Zeitlauf und ohne ein zugrundeliegendes physikalisch belegbares Phänomen muss das Fließen mit dem Bewusstsein des Menschen verknüpft sein.

ist als die Erde bzw. der Mond. Natürlich weiß heute jedes Kind, dass das Zentralgestirn unseres Planetensystems sehr viel umfangreicher und enorm viel schwerer als die Erde ist. Aber wir glauben das eher, als dass wir es wissen bzw. uns selbst davon überzeugt haben, und wir stünden etwas verlegen da, wenn uns jemand um einen Nachweis bitten würde. Es gehört längst zum Allgemeinwissen, dass die Sonne weit weg und riesig ist. Aber wie und wann ist diese Kenntnis entstanden, und was mussten Menschen tun, um sie zu erwerben?

Während die Forscher der Antike die schwierige Aufgabe, den Raum zu vermessen, gut lösen konnten, blieb die Frage nach der Zeit fast zweitausend Jahre lang offen. Um Darwins Gedanken fassen zu können, muss man wenigstens annähernd angeben können, wie alt die Erde ist und wie viel Zeit damit für die Entwicklung des Lebens auf ihr zur Verfügung gestanden hat. Seit wann und wodurch wissen die Menschen die Antwort darauf bzw. seit wann haben sie eine Vorstellung von ihr?

Heute reden wir ganz selbstverständlich von einigen Milliarden Jahren, die unser Planet auf dem Buckel hat – und mit ihm auch das Leben –, aber wir wissen dies erst dank raffinierter Methoden der Physik. Ob wir selbst mit diesem vertrauenerweckenden Hintergrund wirklich verstehen, was mit dieser riesigen Zahl gemeint ist, bleibt offen. Wer kann denn schon den Unterschied zwischen Tausend, Millionen und Milliarden anschaulich machen?

Vor Darwins Jahrhundert galt es als ausgemacht, dass die Erde seit ein paar tausend Jahren existierte, was genau genommen zwar ebenso die naive Vorstellungskraft übersteigt, die bestenfalls mit den Jahrzehnten zurechtkommt, die unser Leben währt, was aber trotzdem akzeptiert wurde, weil es Bibelexperten und Schriftgelehrte in Amt und Würden ausgerechnet hatten. Wie sollte man auch einen Bischof widerlegen, wenn er sich so viel Mühe gemacht, um das ganze Leben als Schöpfungsakt deuten zu können?

Zum Zweiten scheint man generell gut beraten zu sein, komplizierte Ideen der Naturwissenschaften in ihrer Entwicklung darzustellen, da auf diese Weise die Hindernisse sichtbar werden, die das Denken als Ganzes überwinden musste und die vielleicht jeder Einzelne auf seine Weise zu nehmen und hinter sich zu lassen hat. Um erneut ein Beispiel aus der Physik zu nennen – was Albert Einstein im 20. Jahrhundert über Raum und Zeit gesagt hat, kann

nur verstehen, wer darüber informiert ist, wie Isaac Newton (1642–1727) um 1700 mit diesen Größen umging. Einstein selbst war ein großer Newtonkenner, und sein Denken setzte bei der von ihm bewunderten Vorgabe ein. Darwins Denken ist nicht irgendwo im leeren Raum entstanden, sondern in einem Umfeld von Ideen erfolgt, das es zu bestimmen gilt und das nicht auf das Wissenschaftliche beschränkt bleiben muss. Vielmehr ist zu erwarten, dass es durch soziale und politische Aspekte beeinflusst worden ist, wie ja auch Einsteins Bemühen um ein neues Verständnis von Raum und Zeit durch das alltägliche Treiben seiner Mitmenschen in Gang gekommen ist.

Im Verlauf des 19. Jahrhunderts war das Bedürfnis entstanden, das wir heute ganz selbstverständlich befriedigen, nämlich die Uhrzeit an allen Orten der Welt zu kennen – und zwar gleichzeitig. Als Einstein sich an diese Aufgabe machte, fielen ihm grundsätzliche Schwierigkeiten auf, in deren Folge die Theorie der Relativität entstanden ist, die ihn berühmt gemacht hat (was nicht verhindert, dass uns sein Denken – wie das von Darwin auch – bis heute Schwierigkeiten bereitet).

Und zum Dritten kann es sein, dass der Erfolg einer Idee Aspekte in Vergessenheit geraten lässt, die vor ihrem Aufkommen erörtert worden und möglicherweise relevant geblieben sind, selbst wenn sie eine Zeitlang eher ein Schattendasein gefristet haben. Wir müssen immer darauf gefasst sein, dass sich der wissenschaftliche Triumph von heute als der Irrtum von morgen erweist, und wir sollten ständig bereit sein, Ergänzungen in unserem Verstehen von Natur vorzunehmen, und zwar vor allem dort, wo wir ziemlich einseitig argumentieren.

Die darwinistische Deutung des Lebens wird uns Möglichkeiten bieten, die gebotene Vor- und Rücksicht walten zu lassen, da sie keine vollständige Theorie der Naturvorgänge darstellt und möglicherweise ein allzu großes Vertrauen in die Kraft der Kausalität zeigt. Sie übersieht dabei vielleicht, was mit dieser Kategorie des Denkens nicht erfasst werden kann, aber wesentlich zum Leben gehört, nämlich dessen Gestalt. Sie stand zum Beispiel noch bei dem von Darwin sehr bewunderten Weltreisenden Alexander von Humboldt (1769–1859) im Mittelpunkt der Betrachtung, dessen morphologische Naturbeschreibung auf der Suche nach Formverwandtschaft war.

Links oben:
Isaac Newton (1642–1727), der der Legende zufolge mit Blick auf einen fallenden Apfel die Idee der Schwerkraft entwickelt hat.
Rechts oben:
Albert Einstein (1879–1955) um 1930, als er dank seiner kosmologischen Theorien, die Raum und Zeit als eine Einheit – als Raumzeit – verstehen, weltberühmt war.

Einsteins Theorien zeigen, dass eine bestimmte Zeit nur an einem bestimmten Ort im Raum (auf der Welt) gemessen werden kann. Weltuhren, wie sie sich etwa an Flughäfen finden, verdeutlichen dies.

Zu den Vorläufern der Naturforscher, denen wir die Überlegungen zur Evolution verdanken, zählt der legendäre Weltreisende und Universalgelehrte Alexander von Humboldt (1769–1859). Zwischen 1799 und 1804 besuchte er die Gebiete der heutigen Staaten Venezuela, Kuba, Kolumbien, Ecuador, Peru, Mexiko und die USA. Das Bild zeigt ihn mit seinem Reisegefährten Aimé Bonpland in den Anden. Um 1845 hat Humboldt sein enormes Wissen in sein Werk »Kosmos« einfließen lassen, in dem die gesamte Natur – die am Himmel und auf der Erde – geschildert wird.

Wenn er dann zum Beispiel »Ideen zur Geographie der Pflanzen« vorstellt, geht es Humboldt um die Natur als ein durch innere Kräfte bewegtes Ganzes, in dem aber auch kausale Wirkungen ausgemacht werden können – etwa die des Klimas auf die Pflanzendecke, die wiederum das Leben von Tier und Mensch beeinflusst.

EIN WENDEPUNKT IM NATURVERSTÄNDNIS

Darwins Hauptwerk erscheint in Humboldts Todesjahr und lässt auf diese Weise erkennen, welchen Wendepunkt es markiert. Denn »in ihm wird der Gedanke der Kausalität in aller Schärfe in den Mittelpunkt der Entwicklungslehre gestellt, und es wird die Forderung erhoben, dass man den Kausalzusammenhang im Einzelnen nachweisen müsse. Darwin ist nicht mehr damit zufrieden, eine allgemeine Verbindung zwischen den Veränderungen des Klimas und der Entwicklung der Lebewesen herzustellen; sondern er will im Einzelnen verfolgen, wie neue Arten entstehen und wie sie sich auf der Erde durchsetzen.« Damit taucht ein Problem auf, denn nun »wird die Einheit der Natur immer weniger sichtbar«, wie der große Physiker Werner Heisenberg einmal in einem Vortrag über »Die Einheit der Natur bei Alexander von Humboldt und in der Gegenwart« formuliert hat. Natür-

Klima

Klima bezeichnet die Gesamtheit aller meteorologischen Erscheinungen, die den durchschnittlichen Zustand der Erdatmosphäre an einem bestimmten Ort kennzeichnen. Dabei wird das Klima nicht nur von Veränderungen innerhalb der Atmosphäre beeinflusst, also den Land- und Wassermassen und menschlichen Einflüssen, sondern auch von der Sonne. Auch die Witterung innerhalb eines bestimmten Zeitraumes und tages- und jahreszeitlich bedingte Schwankungen werden darunter zusammengefasst. Dabei ist vor allem die präzise Eingrenzung der lokalen wie zeitlichen Dimension die Grundlage für Forschung und Verständnis der Klimaveränderungen.

lich hat auch Darwin eine Einheit im Sinn, aber seine (dynamische) Einheit durch Abstammung »kann nicht mehr so unmittelbar erlebt werden« wie die (morphologische) Einheit, die Humboldt vorschwebte und die in der menschlichen Seele zum Ausdruck und zur Ruhe kommt. Es könnte sein, dass es nicht zuletzt deshalb ein Unverständnis für das evolutionäre Denken gibt, weil hierin keine anschauliche Einheit mehr zu erkennen ist. Darwin lenkt unsere Aufmerksamkeit auf einen Prozess, und wir schauen nur nach dem Ergebnis. Es könnte aber ebenso gut sein, dass eine künftige Evolutionsbiologie zu einem ästhetischen Gegenstand zurückfindet, wie wir ihn in einer Blume mit ihren Blättern vor unseren Augen haben und uns durch unsere Sinne zugänglich machen. Die Wissenschaft würde sich dann weniger dem Ineinandergreifen von biochemischen Details und mehr dem Werden von den Gestalten zuwenden, also der Morphologie. Dieser Optimismus rührt daher, dass die am weitesten fortgeschrittene Wissenschaft, die Physik der Atome, diesen Schritt schon hinter sich hat, wie nicht ausreichend bemerkt worden ist. Denn wie bei Heisenberg, einem ihrer Begründer und besten philosophischen Kenner der Materie, nachzulesen ist:

»In dem Moment, in dem die Naturforscher [begonnen haben], sich ernstlich mit der Physik der Atome zu befassen«, ist auch die Morphologie wieder zu ihrem Recht gekommen. Die Physiker haben zu Beginn des 20. Jahrhunderts erkannt, »dass mit jener Auffassung von Kausalität und Determinismus, die

Der Klimawandel zeigt sich deutlich in den Bergen, vor allem dadurch, dass die Gletscher über die Jahrzehnte immer mehr zurückgehen. Links ist der Rhonegletscher mit der Ortschaft Gletsch im Kanton Wallis, Schweiz, auf einer historischen Farbaufnahme von 1895 zu sehen, rechts auf einer Photographie aus dem Jahr 2005.

Werner Heisenberg (1901–1976), hier auf einem Foto aus dem Jahr 1932, gehört zu den bedeutendsten Physikern des 20. Jahrhunderts. Die von ihm mitentworfene Physik der Atome – die Quantenmechanik – gehört zudem zu den wichtigsten philosophischen Errungenschaften unserer Zeit. Von 1942 bis 1945 leitete er das Kaiser-Wilhelm-Institut in Berlin-Dahlem und lehrte an der Berliner Universität. Er war in dieser Zeit entscheidend am Uranprojekt des Heereswaffenamtes beteiligt.

seit Newton als Grundlage jeder exakten objektiven Naturwissenschaft galt, das Verhalten der Atome nicht verstanden werden kann«. Und wenn dies bereits für die Atome zutrifft, wie viel weniger ist beim Leben, seinem Ursprung und seinem Werden zu erwarten, dass eine kausal determinierte Betrachtungsweise der Wirklichkeit angemessen und zufriedenstellend gerecht wird.

KAUSALITÄT UND ZUFALL

Wie fest Darwin auf dem Boden der Kausalität steht und wie sicher er sich in eine Welt voller physikalischer Gesetzmäßigkeit eingebettet sieht, zeigt die berühmte Schlussbemerkung seines Buches über den »Ursprung der Arten«, in der er sich zugleich freimütig und elegant auf einen Schöpfer bezieht, den er wahrnimmt, wenn er die Natur und ihr Wirken in sich aufnimmt:

»Es ist wahrlich etwas Erhabenes an der Auffassung, dass der Schöpfer den Keim des Lebens, das uns umgibt, nur wenigen oder gar nur einer einzigen Form eingehaucht hat und dass, während sich unsere Erde nach den Gesetzen der Schwerkraft im Kreise bewegt, aus einem so schlichten Anfang eine unendliche Zahl der schönsten und wunderbarsten Formen entstand und noch weiter entsteht.«

»Endless forms most beautiful« – so heißt es höchst poetisch im englischen Original, und diese Worte beschreiben, was es eigentlich zu erklären gilt, nämlich die Formenvielfalt, den Gestaltenreichtum des Lebens, und die Frage lautet, ob die Wissenschaft der Lösung dieser Aufgabe näher gekommen ist und sie ausreichend ernsthaft zur Kenntnis nimmt. Darwin meinte in seiner Zeit offenbar, dass es Gesetze gibt, nach denen die Geschöpfe geformt in die Welt kommen und sich behaupten, und er dachte dabei ganz sicher an so etwas wie die Gesetze der Physik, mit denen sein Landsmann Newton sowohl die kosmischen Abläufe als auch die irdischen Prozesse erfasst hat, soweit sie mechanisch wie etwa die Gezeiten verliefen. Dieses Gesetz stellt für ihn die natürliche Auswahl (Selektion) dar, die das Überleben von Variationen in einem gegebenen Umfeld bestimmt, was die Frage offen lässt, wie sich die Abweichungen – die Varianten – erklären lassen bzw. durch welche Ursache sie in die Welt kommen. Darwinisten antworten an dieser Stelle ohne zu zögern und ohne zu zweifeln, dass es hier keine Kausalität,

Atomphysik
Der Aufbau der Atome aus Atomkern und Elektronenhülle und die Wechselwirkungen mit anderen Atomen, Körpern oder Stoffen sind das Feld der Atomphysik. Bereits in der Antike gab es erste Vermutungen über das »unteilbare Teilchen«, doch erst im 19. Jahrhundert wurde die Idee der Atome wieder aufgegriffen und weiter erforscht. Die Atomphysik wird häufig mit der Kernphysik verwechselt, die sich mit der Struktur des Atomkerns befasst.

Kausalität
Die Beziehung zwischen Ursache und Wirkung wird als Kausalität bezeichnet. Dabei liegt eine feste zeitliche Richtung zugrunde, da die Ursache der Wirkung vorausgeht. Die Kausalität ist also nicht wechselseitig. Unterschieden wird zwischen Monokausalität, einer Ursache mit einer oder mehreren Wirkungen, der Kausalkette, bei der jede Wirkung zur Ursache einer neuen Kausalität wird, und Multikausalität, bei der mehrere Ursachen zusammen oder nebeneinander mehrere Wirkungen hervorrufen.

Der Zyklus von Ebbe und Flut der großen Gewässer der Erde wird als Gezeiten bezeichnet. Hervorgerufen werden sie durch die Gravitationskräfte zwischen Mond und Erde sowie – in geringerem Maße – auch der Sonne. Hier die Szene aus dem US-amerikanischen Film »Deep Impact – Wenn der Himmel auf die Erde stürzt« aus dem Jahr 1998, in der eine gigantische Flutwelle über Manhattan hereinbricht.

sondern nur Zufälliges gibt. Dies kann man keinesfalls als frohe Botschaft bezeichnen, und so ist es kein Wunder, dass der Darwinismus vielen Menschen Mühe macht. Die Möglichkeit des Zufalls gehört aber wesentlich zur Konzeption Darwins, der sich dadurch entscheidend von Überlegungen distanziert, die Biologen vor ihm vorgelegt hatten und auf die wir gleich zu sprechen kommen.

Im Sprachgebrauch der modernen Genetik, die in einem eigenen Kapitel präsentiert wird, kommen Variationen durch Änderungen (Mutationen) im genetischen Material zu Stande, und sie treten im Verständnis der zeitgenössischen Wissenschaftler genau so auf, wie Darwin es gedacht hat, nämlich zufällig oder kontingent, wie es manchmal fachsprachlich heißt. Mutationen finden ohne lenkende Ursache statt, aber nachdem sie einmal vorliegen und sich auswirken, kann die natürliche Selektion zwischen ihren Trägern (Organismen) wählen und dafür sorgen, dass sich die einen mehr und die anderen weniger oder überhaupt nicht vermehren und ausbreiten.

Der Zufall stellt also einen wesentlichen Bestandteil der Konzeption namens Evolution dar, und dies hat mindestens eine besondere Konsequenz. Eine Theorie der Evolution kann niemals vollständig sein. Wenn Darwin aber davon schwärmt, mit der natürlichen Selektion ein Naturgesetz gefunden zu haben, und möglicherweise davon träumt, der »Newton des Grashalms« (Kant) geworden zu sein, dann entgeht ihm, dass er in Wirklichkeit eine viel größere Leistung vollbringt. Er macht nämlich klar, dass es neben den Naturgesetzen, die einen physikalischen oder chemischen Ablauf festlegen bzw. determinieren, auch solche gibt, die dies nicht tun. Mit anderen Worten: Darwin entdeckt, dass es eine zweite Form von Naturgesetzen gibt, nämlich die statistische. Er kann nicht sagen, was die Wirkung der Variation und Selektion in irgendeinem Einzelfall konkret sein wird, er zeigt aber, dass sich Lebewesen, auf lange Sicht gesehen, ihren Lebensumständen angepasst haben und auch anpassen werden, und jede Nische wahrscheinlich von dem Organismus besetzt wird, der sich ihr am besten anpassen konnte.

Zufall

»Zufall und Notwendigkeit« – so heißt das berühmte Buch des französischen Nobelpreisträgers Jacques Monod, das in den 1970er Jahren Furore machte, weil hier ein prominenter Nobelpreisträger wortgewaltig seiner Überzeugung Ausdruck verleiht, das Leben sei in allen Formen durch Zufall zu Stande gekommen. Dies sei das Primäre, und die Notwendigkeit, die wir als Kausalität kennen und erkunden, wirkt erst im Anschluss daran. Damit weiß der Mensch endlich, »dass er in der teilnahmslosen Unermesslichkeit des Universums allein ist, aus dem er zufällig hervortrat«.

Genetik

Die Genetik als Teilgebiet der Biologie beschäftigt sich mit Erbanlagen und deren Weitervererbung. Das Wissen, das bestimmte Merkmale vererbt werden, ist bereits seit Jahrhunderten bekannt und wird bei der Zucht von Tieren und Pflanzen praktisch angewendet. Die Grundlagen der modernen Genetik wurden in den 1860er Jahren vom österreichischen Augustinermönch Gregor Mendel gelegt, der anhand seiner Experimente mit Erbsen seine mendelschen Regeln formulierte.

Die Erhaltung einer jeden Spezies kann selten durch einen einzigen Vorteil bestimmt werden, wohl aber durch eine Vereinigung aller. CHARLES DARWIN

Giraffen

Bei Jean Baptiste Lamarck kann man in der 1809 erschienenen »Philosophie zoologique« Folgendes lesen:

»Es ist bekannt, dass [die Giraffe] in Gegenden lebt, wo der beinahe immer trockene und kräuterlose Boden sie zwingt, das Laub der Bäume abzufressen und sich beständig anzustrengen, dasselbe zu erreichen. Infolge dieser seit langer Zeit angenommenen Gewohnheit sind bei den Individuen ihrer Rasse die Vorderbeine länger als die Hinterbeine geworden, und ihr Hals hat sich dermaßen verlängert, dass die Giraffe, wenn sie ihren Kopf aufrichtet, ohne sich auf die Hinterbeine zu stellen, eine Höhe von sechs Metern erreicht.«

Mit anderen Worten, die Giraffe hat ihren Hals verlängert, weil sie ihren Kopf immer wieder gestreckt hat.

Bei Darwin wird das Phänomen anders gesehen. Er schreibt:

»So werden im Naturzustande, als die Giraffe entstand, diejenigen Individuen, welche am höchsten abweiden und in Zeiten der Hungersnöte im Stande waren, selbst nur einen oder zwei Zoll höher hinaufzureichen als die anderen, oft erhalten worden sein, denn sie werden die ganze Gegend beim Suchen von Nahrung durchstrichen haben … Diese werden sich gekreuzt und Nachkommen hinterlassen haben, welche entweder dieselben körperlichen Eigentümlichkeiten oder die Neigung, wieder in derselben Art und Weise zu variieren, erbten, während in demselben Punkte weniger begünstigte Individuen dem Aussterben am meisten ausgesetzt waren.«

So sieht es die Theorie der natürlichen Auslese vor: Es gibt Individuen, die durch zufällig aufgetretene erbliche Variationen im Vorteil sind, damit mehr Nachwuchs zeugen, der wiederum über bessere Chancen verfügt und auf diese Weise die Evolution – durch differentielle Reproduktion – voranbringt.

In der modernen Sicht der Dinge ist Darwins Ansatz der zutreffende, was aber die Frage nicht beantwortet, was tatsächlich der Vorteil von den langen Hälsen der Giraffen ist. Beobachtungen in freier Wildbahn zufolge nutzen die Tiere ihre Größe nicht unbedingt beim Fressen – sie scheinen eher den Kopf waagerecht zu halten. Möglicherweise erlaubt die Länge einen besseren Überblick über die betretene Landschaft, in der es Raubtiere zu entdecken gilt. Darüber hinaus verwenden männliche Giraffen ihren Hals als Waffe, wenn sie zur Fortpflanzungszeit gegen einen Kontrahenten antreten. Mit den Hälsen wird regelrecht gefochten, bis einer aufgibt.

Leider gibt die Beobachtung, wie ein Hals benutzt wird, nicht sofort eine Antwort auf die Frage, wie er den Zustand erreicht hat, in dem er verwendet wird. Wir müssen vorsichtig und bescheiden bleiben und an das denken, was Darwin geschrieben hat: »Die Erhaltung einer jeden Spezies kann selten durch einen einzigen Vorteil bestimmt werden, wohl aber durch eine Vereinigung aller.«

Ein Beispiel für die Anpassung an extreme Bedingungen: Eisbären benötigen ein dickes Fell in der Farbe des Schnees, von dem sie umgeben sind. Wir sehen eine Mutter mit zwei Jungen in einem Schneeloch im kanadischen Manitoba.

Ein Beispiel für die Anpassung an Hitze: der sogenannte Fennek, ein Wüstenfuchs, in einer Dünenlandschaft bei Dongela, Sudan. Die auffallend großen Ohren der nachtaktiven Tiere dienen der Wärmeregulation.

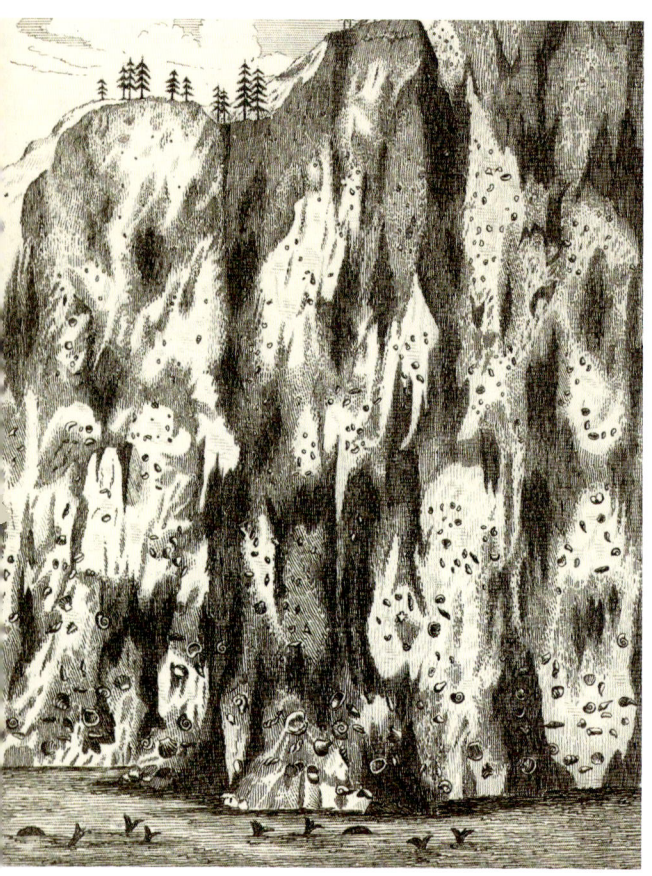

Ein Kupferstich aus dem 18. Jahrhundert, der eine Klippe mit zahlreichen Fossilien zeigt. Das Bild stammt aus dem Buch »The Natural History of Norway«, verfasst von dem norwegischen Bischof Erich Pontoppidan (1698–1764), das im Jahr 1755 auf Englisch erschienen ist.

DIE ENTDECKUNG DER »TIEFENZEIT«

Solche Vorgänge brauchen ihre Zeit, aber die stand Darwin zur Verfügung, denn im Jahrhundert vor ihm hatte die Wissenschaft die Vorstellung von den Zeiträumen gewaltig und entscheidend geändert. Während das 17. Jahrhundert bestenfalls ein paar tausend Jahre weit denken konnte und wollte, lieferten die Geologen des 18. Jahrhunderts Beweise für eine viel längere »Tiefenzeit« der Erde, in der sich verschiedene Epochen der Natur abgelöst haben mussten. Immanuel Kant kommt 1755 zum ersten Mal auf die Idee, von einer »Naturgeschichte« zu sprechen, und er räumt dem dazugehörenden Geschehen einen Zeitraum von rund 500 000 Jahren ein. Dabei geht es um die Vollendung der Schöpfung, wie er meint, wobei die göttliche Leistung selbst natürlich als unerschütterlich fest und unveränderlich gut betrachtet wird.

Es mag heute seltsam anmuten, aber im 19. Jahrhundert gab es – für das allgemeine Publikum – keine aufregendere Wissenschaft als die Erdkunde oder Geologie. Was uns im Schulunterricht oftmals eher langweilig präsentiert wird – die Gesteinsschichten mit ihren versteinerten Überresten (Fossilien), die Felsenformationen, die von Gletschern mitgeschleppten Ablagerungen (Moränen) –, im 18. Jahrhundert erregten die dazugehörigen Befunde und Feststellungen die Leute, die beispielsweise mit Spannung die Antwort auf die Frage erwarteten, warum sich auf Bergen häufig etwa Muschelschalen vorfinden. Dafür konnten natürlich die biblischen Sintfluten verantwortlich sein, wie sogenannte Neptunisten behaupteten. Es gab aber auch andere Theorien bzw. Spekulationen, die von sogenannten Plutonisten vertreten wurden, die auf Erdbeben und Aktivitäten von Vulkanen hinwiesen und meinten, dass es offenbar Triebkräfte der Erde gebe, mit deren Hilfe sich das Antlitz des Planeten ständig ändert und durch deren Wirken zum Beispiel Gebirge in die Höhe wachsen können. So könnten auch irgendwann Meeresbewohner auf Berggipfel gekommen sein, was natürlich nicht leicht zu beweisen war, vor allem weil das »irgendwann« höchst undeutlich blieb. Um die Dynamik der Erde und ihre Zeitskala bemühte sich neben vielen anderen Geologen besonders intensiv der Schotte James Hutton (1726–1797), der 1795 den ersten Band einer »Theorie der Erde« vorlegte und darin seine Beobachtungen über Erosionen von Steinen und Verschiebungen von Flussläufen vorstellte und dabei zweierlei klarstellen konnte. Zum einen gab es nahezu überall einen großräumigen geologischen Wandel, und die Landmassen konnten allmählich massiv verändert werden. Zum anderen hatten diese erdgeschichtlichen Änderungen so riesige Zeiträume beansprucht, dass man anfing, von der Tiefenzeit der Erde – und des Kosmos – zu sprechen, die es künftig abzuschätzen galt. Helfen sollten dabei die Gesteinsschichten, die älter waren, wenn sie tiefer lagen, aber das war zunächst leichter gesagt als getan.

Die erste von uns heute als wissenschaftlich bezeichnete (aber unzuverlässig bleibende) Bestimmung des Erdalters geht auf den Franzosen Georges-Louis Leclerc Buffon (1707–1788) zurück, der in den 1770er Jahren die

Darwins Geologe

Darwin war über die Fortschritte der Geologie durch seinen Landsmann Charles Lyell (1797–1875) informiert. Zu dessen wichtigsten Prinzipien gehörte, dass er sich gegen eine damals zirkulierende Vorstellung wandte, die den Verlauf der länger werdenden Erdgeschichte mit Katastrophen füllte, die sich nicht an physikalische Gesetze zu halten brauchten. Das war die Einführung von göttlichen Wundern durch die Hintertüre, und davon hielt Lyell nichts. Er ließ bei seinen Überlegungen über die Entstehung irdischer Formationen nur Ursachen bzw. Wirkkräfte zu, die auch in der Gegenwart beobachtbar sind, und er entwarf mit diesem als Uniformität bezeichnetem Standpunkt ein Bild von der Erde, auf deren Oberfläche es unter anderem zu Hebungen und Senkungen kommen kann, die sich langfristig zwar im Gleichge-wicht befinden, zwischendurch aber immer wieder für wechselnde Umweltbeschaffen-heiten gesorgt haben. Auf diese Weise blei-ben zwar die Lebensbedingungen für alle Organismen auf der Erde im Großen und Ganzen gesehen stabil. Lokal können sich aber derartig durchgreifende Änderungen einstellen, dass die an dem betroffenen Ort existierenden Arten diesen Wandel nicht überlebt haben und ausgestorben sind.

Die vier Millionen Jahre alten Fossilien von Austern und Kammmuschelschalen, Waitotara-Tal, Neuseeland

physikalische Tatsache ausnutzte, dass die Erde Wärme abstrahlt. Buffon erhitzte nun Metallkugeln und bemühte sich, deren Abkühlen wenigstens der Größenordnung nach abzuschätzen, um danach eine Hochrechnung auf die Erdkugel zu riskieren. Ein sowohl mutiges als auch phantasievolles Un-ternehmen, dass ihn zu einem Wert von rund 100 000 Jahren führte, was aus damaliger Sicht als hoffnungslos zu hoch galt.

Es gab andere Vorschläge, das Alter der Erde zu messen – etwa die Menge Salz in den Meeren bestimmen, dann prüfen, wie viel pro Jahr hinzukommt, und beide Zahlen dividieren –, und obwohl keiner von ihnen nicht einmal in die Nähe der uns bekannten Größenordnung von Milliarden Jahren heran-kam, ließen sie doch erkennen, dass die Welt in Wirklichkeit sehr viel länge-re Zeiträume erlebt und durchgemacht hatte, als sie bibelfeste und glaubens-treue Menschen zulassen wollten. So kam es, dass es in der Mitte des 19. Jahr-hunderts zum Kenntnisstand der meisten gebildeten Menschen gehörte, der Erde ein Alter von einigen Millionen Jahren zuzubilligen.

Einige Forscher trieben ihre Schätzungen etwas zu weit, und ausgerechnet Darwin behauptete in seiner »Entstehung der Arten«, es ganz genau zu wis-sen (ohne uns seine Quelle zu verraten). Eine von ihm besonders gründlich in Augenschein genommene Region im Süden Englands soll ganz genau 306 662 400 Jahre zu ihrer Entstehung gebraucht haben – eine merkwürdi-ge Information, die zum Glück in späteren Auflagen nicht mehr auftaucht.

Erosion

Durch Wasser und Wind an der Erdober-fläche ausgelöste Abtragung des Bodens, die durch Abholzung der Vegetation oder Aufbau von Weideflächen durch den Men-schen verstärkt wird. Es wird zwischen drei Arten von Erosion unterschieden: Die linienhafte Erosion, bei der Wasser in schmalen Rinnsalen abfließt, erzeugt Rinnen oder langfristig Schluchten im Gelände. Die flächenhafte Erosion wird auf offenem Gelände durch Regen oder oberflächlich abfließendes Wasser verur-sacht, dabei sinkt der Boden kontinuier-lich ab. Die Winderosion findet nur bei leichten Böden wie zum Beispiel Sand statt. Die oberen Schichten werden weggeweht und an anderer Stelle wieder abgelagert.

VERSTEINERTES LEBEN

Es dauerte eine lange Zeit, bis die Wandelbarkeit erst der Erde und dann der auf ihr lebenden Arten erkannt wurde. Tatsächlich öffnete sich der Blick auf das Wandelbare im organischen Leben erst beim Betrachten toter Formen, die man seit dem 16. Jahrhundert kannte und Fossilien nannte. Man meinte damit Reste von Pflanzen und/oder Tieren und ahnte, dass man Zeugnisse von längst vergangenen Zeiten in Händen hielt.

Die Geologen des 18. Jahrhunderts brachten bei ihren Grabungen nach der Tiefenzeit immer mehr versteinertes Leben in Form dieser Fossilien in die Museen, und je genauer sich ein wissenschaftlich geschulter Geist die Funde anschaute, desto deutlicher trat ihm die Idee vor Augen, dass es in der Vergangenheit der Erde andere Organismen und Gestalten gegeben haben muss. Mit anderen Worten: Man entdeckte Arten, die nicht mehr lebten und also ausgestorben sein mussten. Doch so selbstverständlich unsere aufgeklärte Zeit diesen Gedanken hinnimmt, für eine Epoche, in der selbst Kant noch mit Gott rechnete und seiner Weisheit vertraute, war diese Vorstellung äußerst erschütternd. Wie konnte Gott es in seiner große Güte und Weisheit zulassen, Leben aussterben zu lassen? Warum hat er es dann überhaupt in die Welt gesetzt?

In Paris gab es einen Naturforscher, der diese Frage sehr ernst nahm, der schwer unter ihr litt und sie deshalb dringend zu lösen versuchte, nämlich Jean Baptiste Lamarck (1744–1829). Wie konnte er die Befunde der Fossilien und die eindeutige Auskunft der Wissenschaft, dass Arten ausgestorben waren, mit seinem Vertrauen in Gott versöhnen?

Die Antwort fiel ihm rechtzeitig zum Jahrhundertwechsel 1800 ein, und sie war wunderbar einfach: Die Geologen hatten gezeigt, dass sich die Erde im Laufe von Jahrtausenden immer wieder geändert hatte. Dann müssen sich die Arten mit ihnen gewandelt haben, so Lamarcks anschließender und damals sensationeller Gedanke. Gott hat seine Geschöpfe nicht aussterben lassen, er hat sie vielmehr umgebildet und umgeformt. Sie sind nicht tot, sondern anders. Damit brachte Lamarck den Gedanken der biologischen Evolution in die Welt, den er – zunächst nur auf ein Reich der Biologie beschränkt – im Anschluss an den uralten Gedanken einer (statischen) Leiter des Lebens so formulierte: »Die Natur hat alle Tierarten nacheinander hervorgebracht. Sie hat mit den unvollkommenen begonnen und den vollkommenen aufgehört. Sie hat ihre Organisation graduell entwickelt.«

Wie groß die Leistung Lamarcks gewesen ist, zeigt sich darin, dass Darwin seine Weltreise 1831 noch im festen Glauben an die unwandelbare Konstanz der Arten antrat. Dieses unbeirrte Festhalten an unveränderlichen Formen hat sicher viele Ursachen. Eine davon steckt – wie erwähnt – in der Geistesgeschichte und ihrem griechischen Ausgangspunkt. Genauer ist die Philosophie Platons gemeint, und erst Lamarck brachte den Mut auf, die angeschaute Vielfalt der Natur in einen dynamischen Zusammenhang zu bringen. Leider verdunkelte Lamarck seine große Leistung durch den vergeblichen Versuch, einen Mechanismus für den Wandel anzugeben, den wir heute Evolution nennen. Er postulierte 1809 – also ein halbes Jahrhundert

Die Natur hat alle Tierarten nacheinander hervorgebracht. Sie hat mit den unvollkommenen begonnen und den vollkommenen aufgehört. Sie hat ihre Organisation graduell entwickelt.

JEAN BAPTISTE LAMARCK

Ein Fossil, das den Fisch *Mioplosus labracoides* zeigt, wie er einen anderen Fisch verschlingt. Es stammt aus Wyoming (USA) und ist dem Eozän (vor 52 Millionen Jahren) zuzurechnen.

Links: Das legendäre Fossil des Archaeopteryx, das 1860 im Solnhofer Plattenkalk gefunden wurde. Der Archaeopteryx hat vor rund 150 Millionen Jahren gelebt und war etwa so groß wie eine Taube.

Rechts: Fossilien aus dem Jura (vor 170 Millionen Jahren). Wir sehen eine Seelilie namens *Seirocrinus subangularis*.

In Ägypten hat man im Jahr 2007 etwa 150 Kilometer vor den Toren von Kairo in dem Wadi al-Hitan, seither »Tal des Wals«, Walskelette gefunden. Die Wale wurden auf das Alter von etwa 40 Millionen Jahren datiert.

Rechte Seite, oben:
In Arizona (USA) liegt der Petrified Forest Nationalpark, in dem sich versteinerte Baumreste finden. Das verkieselte Holz ist vor mehr als 200 Millionen Jahren entstanden.

Rechte Seite, unten:
Ein etwa zwei Meter großer fleischfressender Dinosaurier – ein Velociraptor – ist von Roy Chapman Andrews in den 1920er Jahren in der Mongolei gefunden worden.

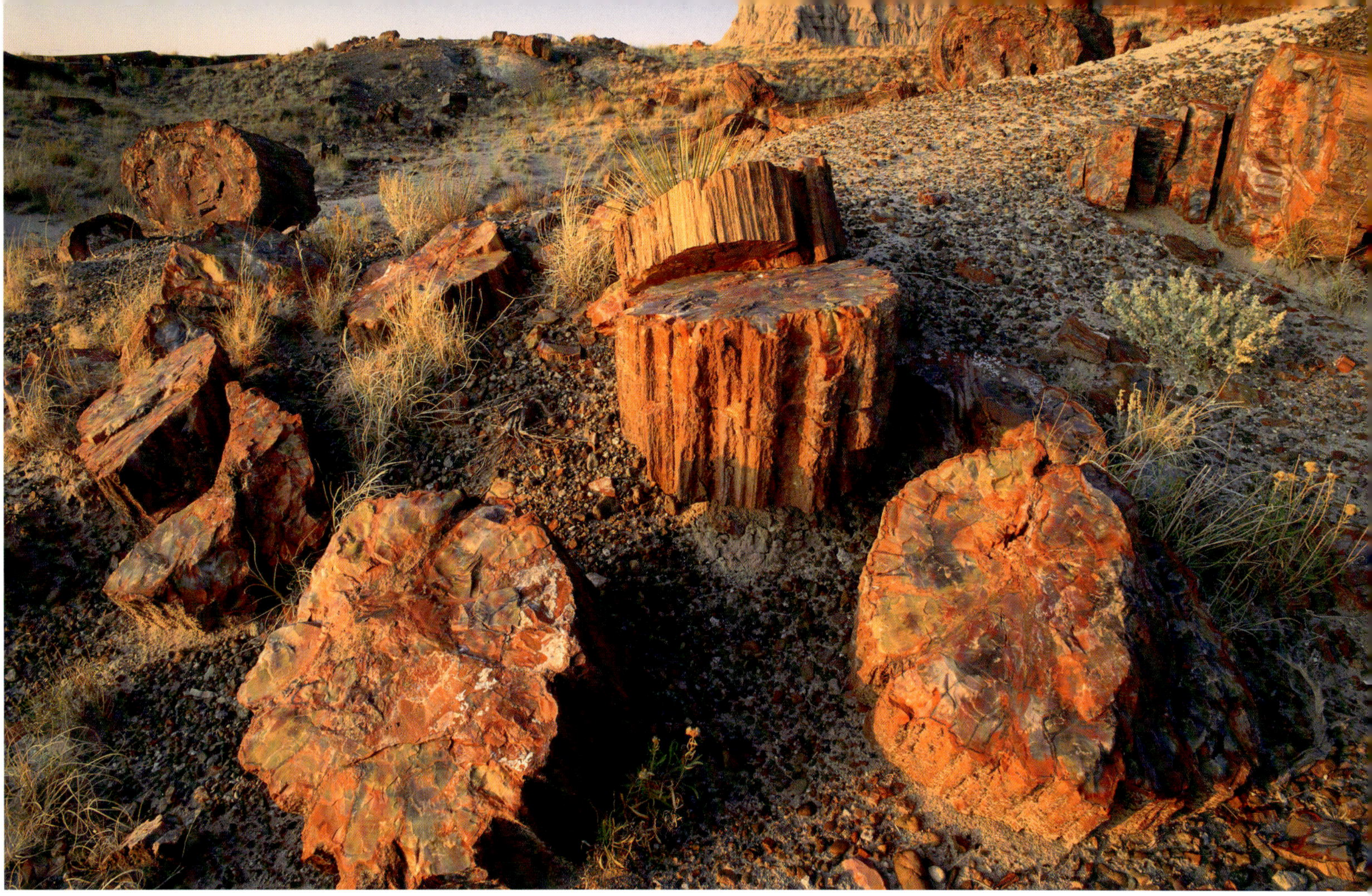

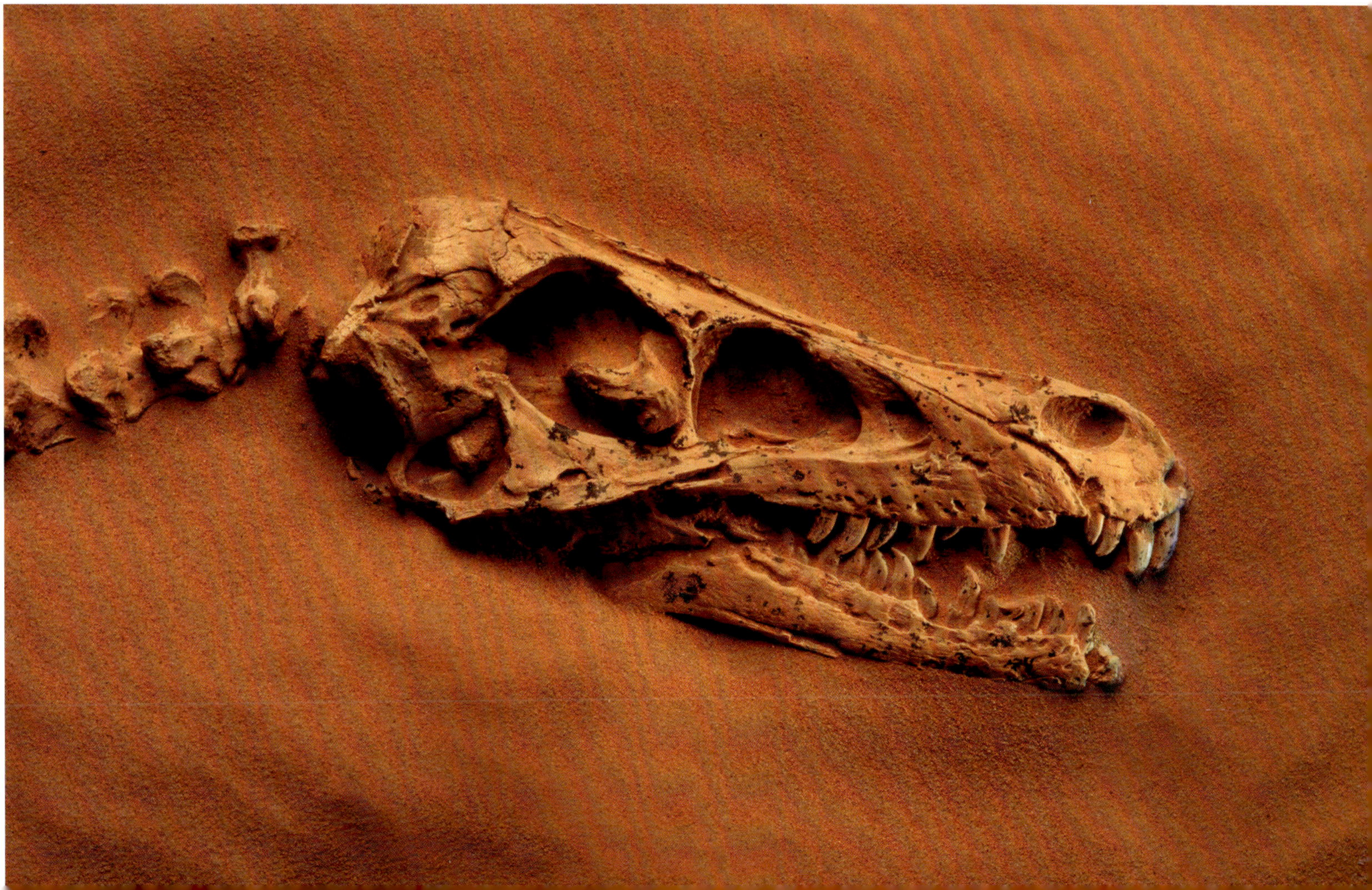

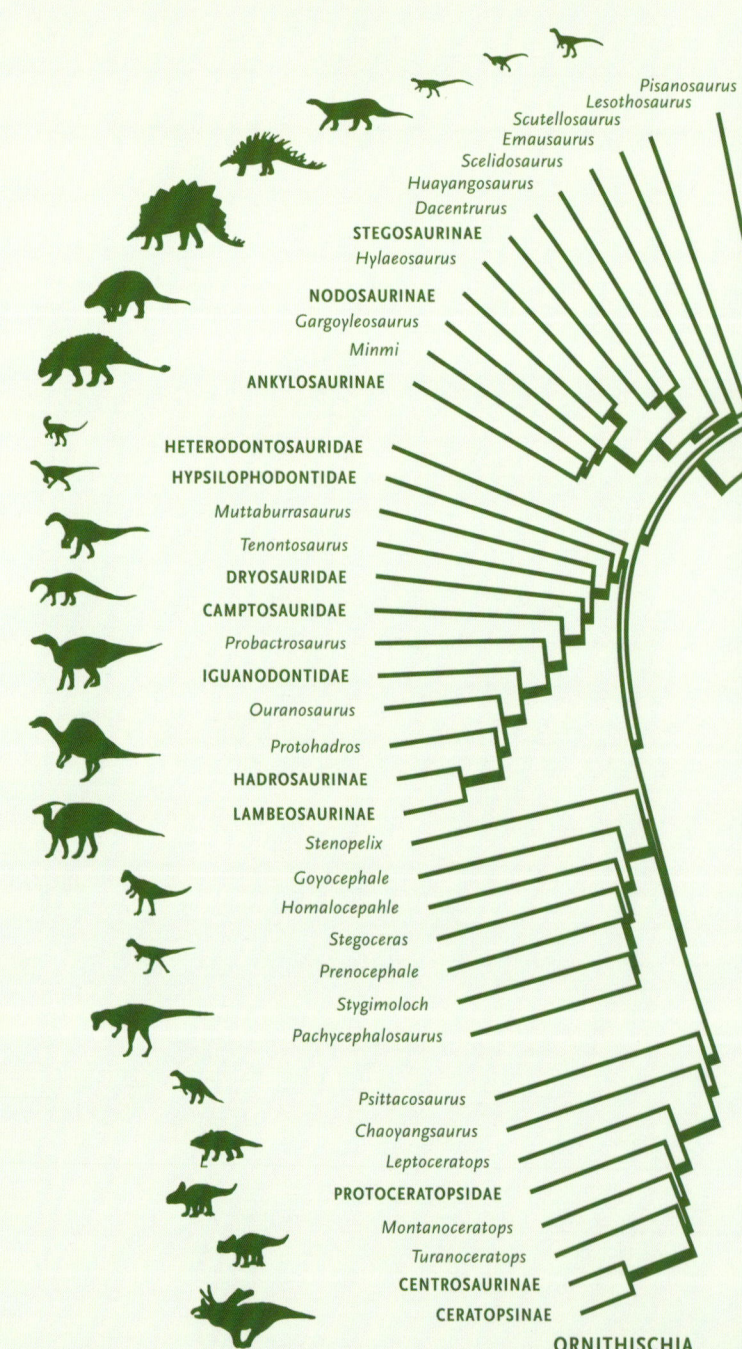

Der Stammbaum de

Das Schaubild zeigt die große Vielfalt an Sauriern über die Stammbäume von zwei Dinosaurier-Ordnungen. Zum einen die Ornithischia (Pflanzenfresser der Kreidezeit), zum anderen die Saurischia, deren Beckenknochen wie bei Reptilien angeordnet sind. Einige von ihnen waren Fleischfresser.

Pisanosaurus
Lesothosaurus
Scutellosaurus
Emausaurus
Scelidosaurus
Huayangosaurus
Dacentrurus
STEGOSAURINAE
Hylaeosaurus
NODOSAURINAE
Gargoyleosaurus
Minmi
ANKYLOSAURINAE
HETERODONTOSAURIDAE
HYPSILOPHODONTIDAE
Muttaburrasaurus
Tenontosaurus
DRYOSAURIDAE
CAMPTOSAURIDAE
Probactrosaurus
IGUANODONTIDAE
Ouranosaurus
Protohadros
HADROSAURINAE
LAMBEOSAURINAE
Stenopelix
Goyocephale
Homalocepahle
Stegoceras
Prenocephale
Stygimoloch
Pachycephalosaurus

Psittacosaurus
Chaoyangsaurus
Leptoceratops
PROTOCERATOPSIDAE
Montanoceratops
Turanoceratops
CENTROSAURINAE
CERATOPSINAE

ORNITHISCHIA

Das Skelett eines Triceratops, eines knapp zehn Meter langen Ceratopsiden, der vor rund 70 Millionen Jahren lebte.

Der Kopf eines Parasaurolophus, der in der späten Kreidezeit lebte und einen Knochenzapfen am Kopf trug.

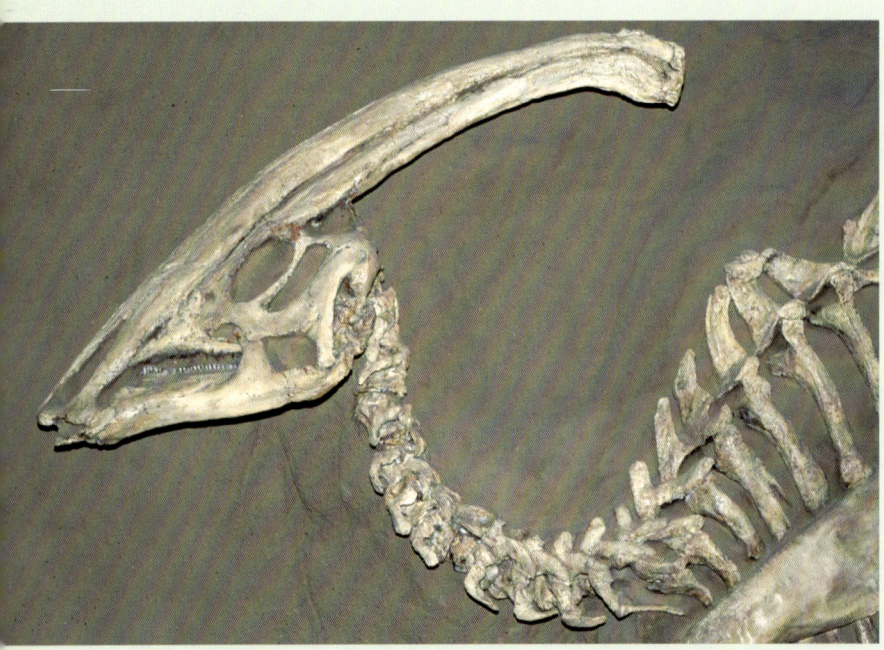

Dinosaurier

Ein Plateosaurus – eine »flache Echse« – aus dem Obertrias in Europa, also aus einer Zeit vor mehr als 200 Millionen Jahren.

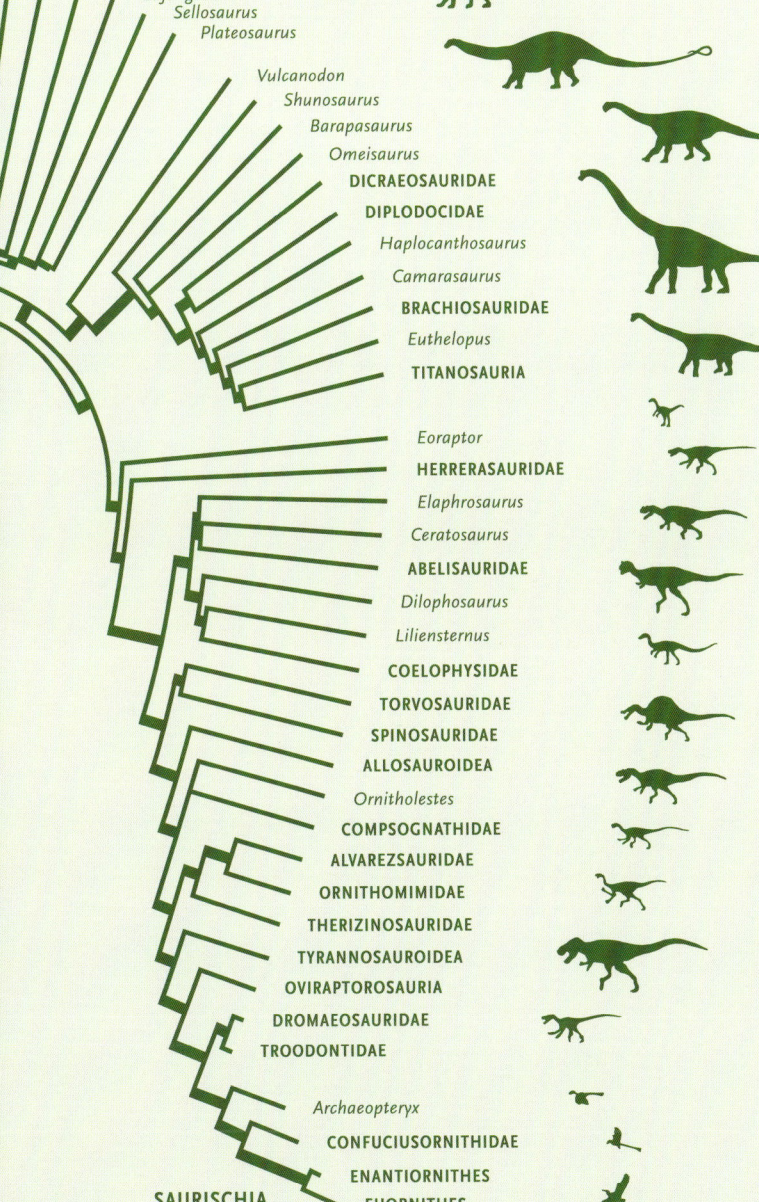

Riojasaurus
Yunnanosaurus
Massospondylus
Lufengosaurus
Sellosaurus
Plateosaurus

Vulcanodon
Shunosaurus
Barapasaurus
Omeisaurus
DICRAEOSAURIDAE
DIPLODOCIDAE
Haplocanthosaurus
Camarasaurus
BRACHIOSAURIDAE
Euthelopus
TITANOSAURIA

Eoraptor
HERRERASAURIDAE
Elaphrosaurus
Ceratosaurus
ABELISAURIDAE
Dilophosaurus
Liliensternus
COELOPHYSIDAE
TORVOSAURIDAE
SPINOSAURIDAE
ALLOSAUROIDEA
Ornitholestes
COMPSOGNATHIDAE
ALVAREZSAURIDAE
ORNITHOMIMIDAE
THERIZINOSAURIDAE
TYRANNOSAUROIDEA
OVIRAPTOROSAURIA
DROMAEOSAURIDAE
TROODONTIDAE
Archaeopteryx
CONFUCIUSORNITHIDAE
ENANTIORNITHES
SAURISCHIA   **EUORNITHES**

Ein Flugsaurier – ein Pterosaurus –, der vor 180 Millionen Jahren lebte (und in Holzmaden gefunden wurde).

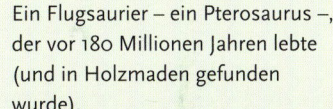

Modell des Tyrannosaurus Rex Stan
– des Königs der Dinosaurier –
in Denver, USA, ausgegraben und
präpariert vom »Black Hills
Institute« und benannt nach seinem Entdecker Stan Sacrison.

Jim Jensen und sein Fundstück, das Schulterblatt eines Ultrasaurus, in Colorado, USA (das Fossil wird von einem Kran gehalten); der Ultrasaurus ist wahrscheinlich das größte Tier, das sich jemals auf der Erde bewegte.

Ein Paläontologe bei der Ausgrabung eines Camarasaurus an einer Felssteilwand am »Dinosaur National Monument«, Utah, USA

Das Skelett des Kopfes eines Schnabeltier-Dinosauriers auf der einen und die drei Enten auf der anderen Seite verdeutlichen die Größenunterschiede zwischen den Dinosauriern und den Tieren der heutigen Zeit.

Das Ei eines Dinosauriers hat
in etwa die Größe einer Bowling-
kugel und beinhaltet über vier
Liter an Eigelb. Im Vergleich dazu
ein Frühstücksei

Die Skelettrekonstruktion eines Brachiosaurus, wie sie im Naturkundemuseum in Berlin zu sehen ist. Die Teile wurden in den Tendaguru-Schichten im heutigen Tansania entdeckt. Der Hals ist rund 8 Meter lang. Der Brachiosaurus lebte vor 135 Millionen Jahren.

vor Darwin –, dass Eigenschaften vererbt werden können, die im Laufe eines Lebens erworben worden sind. Das ist ganz naiv und gut gemeint. Eine Giraffe versucht an die süßen Früchte in der Höhe eines Baumes zu kommen und streckt dafür ihren Hals. Dabei wird er im Laufe des Lebens ein wenig länger, und diese Qualität bekommen die Kinder, die ihren Hals wiederum strecken und ihn auf diese Weise erneut verlängern, und so geht das immer weiter. In der offiziellen Lehre aber tritt die Idee der Vererbung erworbener Eigenschaften nur als Statthalter für einen grundlegenden Irrtum auf, der durch Darwins Einsichten überholt worden ist.

Im 18. Jahrhundert sind nicht nur zahlreiche Fossilien gefunden worden, sondern auch die ersten Knochen aufgetaucht, die keiner lebenden Art zuzuordnen waren und also die Gelegenheit boten, das Leben zu rekonstruieren, wie es früher einmal auf der Erde gewesen ist. Berühmt geworden ist ein riesiger Oberschenkelknochen, der zwar 1787 an der amerikanischen Ostküste aus einem Bachufer ragend entdeckt wurde, dort aber kein großes Interesse fand. Es war Georges Cuvier, der den Knochen übernahm, in seine Pariser Sammlung einfügte und mit ihrer Hilfe 1796 »Bemerkungen über die Arten lebender und fossiler Elefanten« publizierte, in denen zum ersten Mal ausdrücklich und überzeugend vom Aussterben die Rede ist.

Cuvier taufte das Riesentier, dem der Knochen einmal beim Laufen geholfen hatte, noch auf den Namen »Mastodon«, aber heute sagen wir, dass er den ersten Hinweis auf Dinosaurier vor Augen hatte. Derartige Knochen tauchten bald in Mengen auf, sodass man sagen kann, in den ersten Jahren des 19. Jahrhunderts stolperten einige Geologen fast über Dinosaurierreste, vor allem im amerikanischen Bundesstaat Montana. Das Wort Dinosaurier geht dabei auf den Briten Richard Owen (1804–1892) zurück, der nebenbei auch der Erste war, der den 1861 in Bayern entdeckten Archaeopteryx beschrieben hat. Es bedeutet »schreckliche Echse«, was leider doppelt falsch ist. Zum einen waren die meisten Dinosaurier eher schlau als schrecklich, und zum anderen waren sie keine Echsen, sondern Reptilien.

Die Dinosaurier beeindruckten die Forscher und die Öffentlichkeit von Anfang an, und mit dem Auftauchen dieser Riesenformen wurde die bis dahin übliche Einteilung der Erdzeitalter geändert.

Die Ausgrabung eines »Mastodon« (die Überreste eines Dinosauriers), Gemälde von Charles Wilson Peale, 1806/1807

Der John Day Fossil Beds Monument National Park im amerikanischen Bundesstaat Oregon. Der Ort gehört zu den bedeutendsten Fundstellen für Fossilien.

Die Erdzeitalter

Ursprünglich hatten die Geologen vier Etappen definiert und sie – von hinten nach vorne – Primär, Sekundär, Tertiär und Quartär benannt, wobei nur die letzten (jüngsten) beiden Bezeichnungen überlebt haben. Für die Phase nach den Dinosauriern führte Lyell in seinen Büchern Epochen mit Namen wie Pleistozän und Miozän, die von Anfang an wenig überzeugend waren und umstritten geblieben sind. Heute teilt man die Erdgeschichte in vier Abschnitte ein, die als Präkambrium,

Paläozoikum, Mesozoikum und Känozoikum bezeichnet werden. Sie können weiter unterteilt werden, etwa in das Holozän, in dem der Mensch auf die Bühne der Erde getreten ist. Auch seine eigene Geschichte wird im Grunde genommen in vier Teile untergliedert – die Antike, das Mittelalter, die Renaissance mit der Neuzeit und die Moderne. In dieser Phase befinden wir uns, und wir versuchen zu verstehen, wie unser Weg hierher ausgesehen hat. Er ist durch die Evolution geprägt, auch wenn wir diese Idee vielfach missverstanden haben.

Wir können sagen, Gott machte die Dinge nicht,
nein, Gott machte, dass sich die Dinge selbst machten.

FREDERICK TEMPLE

Die politischen Folgen der Evolutionstheorie

Ein nachdenklicher Schimpanse? Etwa darüber rätselnd, ob der Mensch vom Affen abstammt?

Darwin war so vorsichtig und unauffällig wie möglich vorgegangen. In seiner »Entstehung der Arten« ist er nur mit einem einzigen Satz auf die Spezies eingegangen, der er selbst angehört – *Homo sapiens* –, und selbst an dieser einen Stelle gab er sich Mühe, seine Ansicht so behutsam wie möglich zu formulieren. Der inzwischen legendäre Satz lautet: »Light will be thrown on the origin of man and his history.« Auf Deutsch etwa: »Licht wird fallen auf die Herkunft des Menschen und seine Geschichte«, nämlich dann, wenn man die Lampe der Evolution einschaltet und das Sein als Gewordenes und Werdendes versteht. Doch war es gerade diese zarte Andeutung einer natürlichen Abstammung des Menschen aus dem Tierreich, die nach Erscheinen des Buches den größten Wirbel um den evolutionären Gedanken auslöste.

DER BISCHOF UND DIE AFFEN

Zeitgenossen Darwins berichten, dass eine Dame den Gedanken, dass Menschen möglicherweise vom Affen abstammen, mit der Bemerkung kommentierte: »Lasst uns hoffen, dass es nicht wahr ist; und wenn es wahr ist, lasst uns hoffen, dass es sich nicht herumspricht.« So sprachen die Menschen im 19. Jahrhundert, als Naturforscher vielfach skurrile Randfiguren waren und an den Universitäten noch eine Dominanz der Theologie vorherrschte und sich zum Beispiel die Chemie noch als ein Unterfach in die philosophische Fakultät einzuordnen hatte. Eine quantitative Naturwissenschaft musste sich erst noch von der qualitativen Naturtheologie emanzipieren, und ohne Kampf wollte die predigende Kirche den prüfenden Wissenschaften das Feld auf keinen Fall überlassen. So konnte es nicht lange dauern, bis nach dem Erscheinen von Darwins Werk ein Streiten zwischen der Geistlichkeit und den Anhängern der neuen Wissenschaftlichkeit beginnen sollte. Die beiden Ansichten prallten dann in voller Stärke bei einem Treffen der »British Association for the Advancement of Science« aufeinander, das 1860 in Oxford stattfand – ein Jahr nach dem Erscheinen der evolutionären Gedanken in gedruckter Form. Dabei kam es zu der berühmten und bis heute nachhal-

Klerus
Im allgemeinen Sprachgebrauch bezeich-
net Klerus den geistlichen Stand. Nach
katholischem Kirchenrecht ist damit die
Gesamtheit des Priesterstandes ge-
meint, also alle Diakone, Priester und
Bischöfe. Die Bezeichnung existiert
seit dem 3. Jahrhundert und wurde vor
allem in der Abgrenzung gegenüber den
Laien, also den Gläubigen, die keine
geistlichen Ämter bekleiden, genutzt.

Eine Illustration aus dem Buch
»Anthropogenie«, das Ernst
Haeckel 1874 publiziert hat.
Sie zeigt die Skelette verschie-
dener Affenarten und das eines
Menschen. Haeckel hat die
Zeichnungen aus dem 1863
erschienenen Band »Man's Place
in Nature« von Thomas H. Huxley
übernommen.

lenden Konfrontation zwischen Bischof Samuel Wilberforce und dem aus London angereisten Professor für Naturgeschichte, Thomas Henry Huxley, der in die Annalen als »Darwins Dogge« eingehen sollte, weil er in zahlreichen Debatten starke Ansichten vertrat und seine scharfe Zunge nicht immer zügeln konnte.

Darwin selbst lag wie so oft kränkelnd zu Hause im Bett, als Bischof Wilberforce seine legendäre und sicher theatralisch in süffisantem Ton vorgetragene Frage stellte – wobei er vermutlich den Zeigefinger seiner ausgestreckten Hand auf seinen Gegenspieler richtete. Die Frage lautete, ob Huxley ihm verraten könne, ob er denn nun väterlicherseits oder mütterlicherseits von den Affen abstamme. Der Naturforscher antwortete schlagfertig, dass er dann, wenn er bei der Wahl seiner Vorfahren zu entscheiden hätte zwischen einem Affen und einem Mann, der sein Talent zur Rede nur nutze, um einen bescheidenen Sucher der Wahrheit zu verunglimpfen, dass er sich in diesem Fall frohen Herzens für den Affen entscheiden würde.

Diese erste Konfrontation zwischen Klerus und Biologie wirkt heute eher erheiternd. Sie ist als historisches Ereignis aber in höchstem Maße unglücklich verlaufen. Denn auf der einen Seite war Bischof Wilberforce schlecht präpariert, was die Tatsachen der Evolution anging – der Bischof hatte außer Rhetorik und dem dringenden Wunsch, dass Darwins Idee sich als Unsinn erweise, nichts zu bieten, was jemanden überzeugen konnte –, auf der anderen Seite stellte sich Huxley energisch als überzeugter Atheist vor – ohne

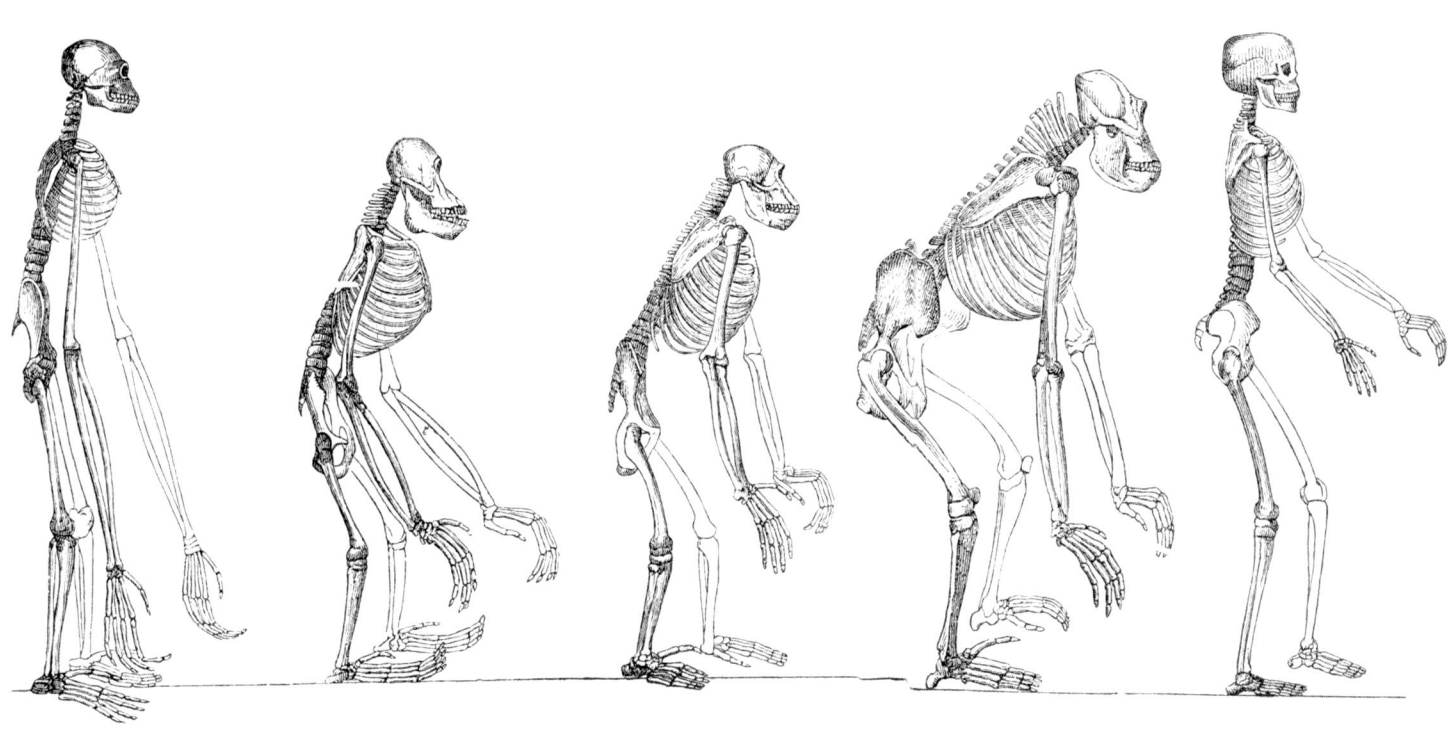

Fig. 333.
Gibbon
(*Hylobates*).

Fig. 334.
Orang
(*Satyrus*).

Fig. 335.
Schimpanse
(*Anthropithecus*).

Fig. 336.
Gorilla
(*Gorilla*).

Fig. 337.
Mensch
(*Homo*).

diesem Bekenntnis ein Argument an die Seite stellen zu können –, wodurch von Anfang an der falsche Eindruck erweckt wurde, die Debatte um die Evolution sei eine Auseinandersetzung zwischen Religion und Wissenschaft, bei der nur eine Denkrichtung überleben könne. Dies fand seinen Ausdruck unter anderem in der Schlussbemerkung des Treffens in Oxford, als der Versammlungsleiter die Frage stellte, »Ist der Mensch ein Affe oder ein Engel?«, aber nur um – sich selbst erhöhend – zu antworten, »Wir sind auf der Seite der Engel.«

Wenn es unsinnige und überflüssige Streitereien dieser Art bis heute noch gibt, dann zeigt dies vor allem, dass wir nach wie vor den grundlegenden Fehler der Einseitigkeit begehen und in der Kategorie eines Entweder-oder denken. Entweder ist der Mensch (nichts anderes als) ein Geschöpf Gottes und somit vor allem ein spirituelles Wesen voller Seelenkraft, oder der Mensch ist (nichts anderes als) ein zwar mit Körperkräften ausgestatteter, aber seelenloser Affe, der wiederum aus einem ebenso seelenlosen Zellhaufen besteht, wobei eine Zelle nichts weiter als ein seelenloser Sack von Molekülen ist. So kann man das Leben immer weiter in seine Bestandteile zerlegen, bis alles aufgelöst (statt erlöst) ist und nichts von Bedeutung zurückbleibt. Dabei sollte weder die religiöse noch die wissenschaftliche Komponente vernachlässigt werden; wer das eine oder das andere aus den Augen verliert, verheddert sich in triviale Widersprüche und erstickt in banalen Albernheiten, ohne selbst etwas erklären zu können.

Zum Glück begriffen einige Mitglieder der anglikanischen Kirche nach und nach, dass Darwin und seine Kollegen keineswegs durch antireligiöse Ideale motiviert waren. Etwa seit 1870 gab es keine billigen Polemiken mehr aus den geistlichen Kreisen, und als Darwin 1882 starb, beschloss man in England, ihn feierlich in Westminster Abbey beizusetzen. Bereits zwei Jahre danach gab das christliche Establishment seinen offiziellen Segen zur Evolution, als Frederick Temple, der später Erzbischof von Canterbury wurde, eine Reihe von Vorlesungen über das Verhältnis von Religion und Wissenschaft hielt, in denen er den Gedanken an den Uhrmacher überwand und ihn in Pension schickte: »Wir können sagen, Gott machte die Dinge nicht, nein, Gott machte, dass sich die Dinge selbst machten.«

Die Protagonisten des ersten Schlagabtausches zwischen Religion und Evolution: Samuel Wilberforce (links), Bischof von Oxford und Winchester und Gegner Darwins, und der Biologe Thomas Henry Huxley, Fürsprecher der Evolutionstheorie, wie sie um 1870 in der Zeitschrift »Vanity Fair« vorgestellt wurden.

GLÜHENDE ANHÄNGER

Wir wollen diese Auseinandersetzung verlassen und uns dem wissenschaftstheoretischen Aspekt zuwenden. Immerhin handelt es sich bei der Einführung der Evolution um einen grundlegenden Wandel im Denkstil, und wir möchten verstehen, wie sich solch ein Wandel in der Wissenschaft vollziehen kann.

Die Fragen lauten: Welche inneren und äußeren Faktoren spielen eine Rolle, damit sich ein wissenschaftlicher Umbruch vollziehen kann, damit jemand bereit ist, ein vertrautes Denkmuster (Paradigma) aufzugeben? Zu den inneren Faktoren gehören neue Daten und Beobachtungen, und zu den äußeren zählen zum Beispiel das Alter eines Forschers oder die geistige und materielle Umwelt, in der er aufwächst. Darwin selbst hat die Vermutung geäußert, dass die Alten mehr Mühe mit seiner Idee haben werden als die Jungen: »Obwohl ich von der Wahrheit meiner Ansicht überzeugt bin, erwarte ich keineswegs, die erfahrenen Naturalisten zu überzeugen, die ihren Kopf voller Tatsachen haben, die sie im Verlauf vieler Jahren von einem Standpunkt aus betrachten konnten, der meinem entgegengesetzt war. Ich schaue aber mit Zuversicht in die Zukunft, wenn junge und aufsteigende Naturforscher in der Lage sein werden, die beiden Sichtweisen ohne Vorurteil zu betrachten.«

Was Darwin gewundert hätte, ist die historisch nicht zu übersehende Tatsache, dass es nationale Unterschiede beim Umgang mit seiner Idee gab. So lagen in Deutschland im Jahr 1860 bereits fünf verschiedene Übersetzungen der »Entstehung der Arten« vor, als in Frankreich noch keine einzige in Arbeit war. Darwin mühte sich zwar sehr, einen Übersetzer für das Französische zu finden, aber dies sollte noch einige Jahre dauern. Und als es dann so weit war, wurde der Ausgabe ein Vorwort vorangestellt, das mehr eine antireligiöse Polemik als ein wissenschaftliches Werk erwarten ließ. Kein prominenter französischer Wissenschaftler erklärte sich bereit, auf Darwins Werk hinzuweisen. Der große Mikrobiologe Louis Pasteur informierte sein Publikum in einem Vortrag des Jahres 1864 sogar, warum er die »Entstehung der Arten« nicht unbedingt für wichtig hielt: »Es gibt heute viele Fragen, die nicht gelöst werden können. Ich nehme eine viel bescheidenere Rolle ein und kümmere mich nur um Probleme, die im Experiment gelöst werden können.«

In Deutschland reagierten die Wissenschaftler – wie gesagt – sehr viel rascher, und 1875 lag bereits eine Ausgabe der Gesammelten Werke von Darwin vor. Die frühen deutschen Darwinisten gingen auch gleich aufs Ganze, etwa in Person von Ludwig Büchner, des Bruders des Autors Georg Büchner,

Intelligente Infektionen

Wenn wir das Wort »Parasit« hören, denken wir an finstere Eindringlinge und Schmarotzer, an denen kein gutes Haar zu lassen ist und gegen die man sich wehren muss. In der Lebenswissenschaft sind damit meist Viren und Bakterien gemeint, und wenn sich auch in den letzten Jahrzehnten das Bild von Bakterien gewandelt hat und wir einige von ihnen weniger als krankheitserregende Keime und mehr als hilfreiche Assistenten bei überlebensnotwendigen Abläufen – wie etwa der Verdauung – ansehen, so stehen die Viren bislang nur in einem schlechten Licht da. Wir ängstigen uns vor Grippeviren und dem HIV, und wenn uns jemand sagen würde, dass es Viren gibt, die essentiell für unser Dasein und dessen Herkunft sind,

dann würden wir ihm nicht glauben bzw. das nicht verstehen. Doch in den letzten Jahren mehren sich die Anzeichen, dass ein Verdacht aus dem Jahr 1959 substanziell ist. Damals – vor fast einem halben Jahrhundert – vermutete der aus Italien stammende Virologe Salvatore Luria, der zehn Jahre später mit dem Nobelpreis für Medizin ausgezeichnet werden sollte, dass Viren in der Lage sind, »erfolgreiche genetische Muster« zu schaffen, die das Leben der Zelle befördern, in die sie ihr genetisches Material geschleust haben. Inzwischen gibt es Biologen wie den in Kalifornien tätigen Luis Villareal, die der Ansicht sind, dass Viren die Meister der Mutation sind, mit denen die Evolution befördert wird. Er denkt, dass sie sich auf

diese Weise dafür bedanken, dass sie in den Zellen eine kostenlose Lebensreise genießen können. Wir wissen inzwischen, dass knapp 10 Prozent des menschlichen Genoms aus Sequenzen bestehen, die von Viren stammen. Sie müssen uns irgendwann in unserer Geschichte infiziert haben. Konkret schaffen die Viren dabei neue Gene, indem sie in die gegebene DNA hineinspringen und sich irgendwo in den Chromosomen einen Platz suchen. Wenn das so zutrifft und die Evolution des Menschen durch die Hilfe von Viren gelungen ist, dann wäre das ein intelligentes Design, das die Natur durch Infektionen selbst vornimmt. Ganz schön kreativ, die Parasiten, bei ihrem infektiösen Design. Ob man damit Kreationisten anstecken kann?

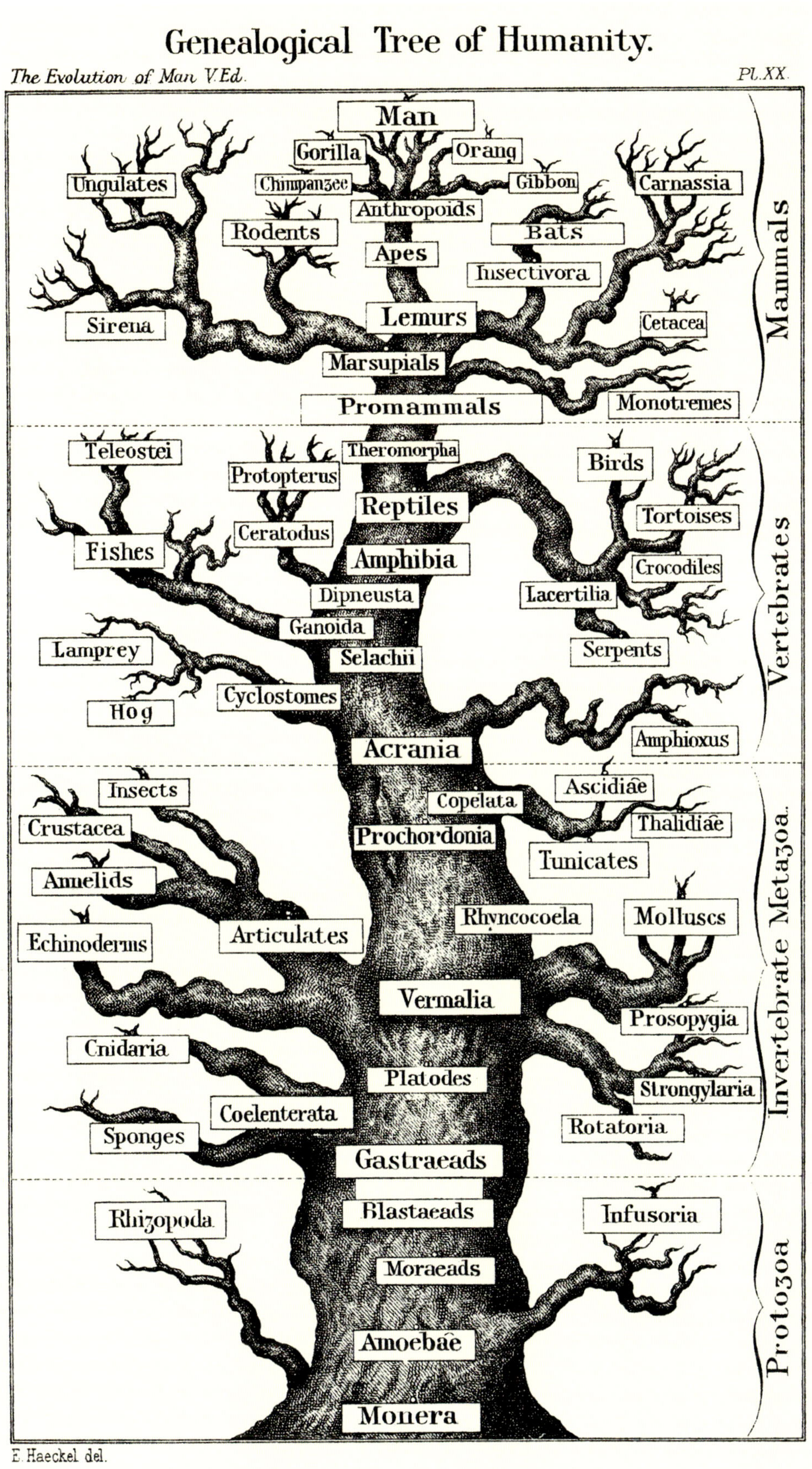

Genealogical Tree of Humanity.

The Evolution of Man V.Ed. — Pl. XX.

Man

Gorilla · Orang · Chimpanzee · Gibbon

Anthropoids · Bats

Ungulates · Rodents · Apes · Insectivora · Carnassia

Sirena · Lemurs · Cetacea

Marsupials

Promammals · Monotremes

Mammals

Teleostei · Theromorpha · Birds

Protopterus · Reptiles · Tortoises

Ceratodus · Amphibia · Crocodiles

Fishes · Dipneusta · Lacertilia

Ganoida · Serpents

Lamprey · Selachii

Hog · Cyclostomes · Amphioxus

Acrania

Vertebrates

Insects · Ascidiæ

Crustacea · Copelata · Thalidiæ

Annelids · Prochordonia · Tunicates

Echinoderms · Articulates · Rhyncocoela · Molluscs

Vermalia · Prosopygia

Cnidaria · Platodes · Strongylaria

Coelenterata · Rotatoria

Sponges · Gastraeads

Invertebrate Metazoa.

Rhizopoda · Blastaeads · Infusoria

Moraeads

Amoebæ

Monera

Protozoa

E. Haeckel del.

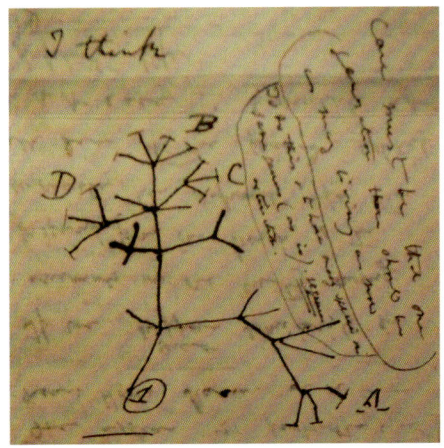

Aus einer kleinen Idee Darwins (oben rechts ein Tagebucheintrag, mit »I think« überschrieben) entwickelte Ernst Haeckel 1879 einen gigantischen Stammbaum, der den evolutionären Prozess als etwas darstellt, das immer höher hinauskommt, um mit dem Menschen (»Man«) abzuschließen. Seitdem hat sich uns das Bild vom Stammbaum als Bild der Evolution eingeprägt.

Baum vs. Koralle

Die berühmteste Skizze des evolutionären Werdens stammt von Darwin selbst, der eines Tages im Sommer 1837 sein braunes Notizbuch öffnet und – wie es sich gehört – oben links zu schreiben beginnt: »I think«. Nach diesen Worten folgt dann das immer wieder nachgedruckte und gedeutete Bild, das mit Ziffern und Buchstaben versehen ist und zeigt, wie aus einem Ursprung etwas herauswächst und sich mehrfach teilt. In dieser Skizze haben seine Zeitgenossen das Vorbild aller Bäume des Lebens gesehen, die immer wieder gemalt wurden (vielleicht allein deshalb, weil man damit

wieder im Paradies war, wo der Baum des Lebens neben dem der Erkenntnis steht, von dem genascht wurde).
Der Berliner Kulturwissenschaftler Horst Bredekamp sieht die Sachlage anders. Ihn erinnert die »wuchernde Struktur« weniger an einen Baum und mehr an eine Koralle, wie er in seinem Buch über »Darwins Korallen« schreibt. Als Beleg für diese Deutung zitiert Bredekamp Darwin selbst, der erneut in den Notizbüchern festgehalten hat: »Der Baum des Lebens sollte vielleicht die Koralle des Lebens genannt werden.«

Die maßstabsgetreue Überlagerung der Koralle *Amphiroa Orbignyana*, die Darwin 1834 in Argentinien gesammelt hat, mit dem rechten Arm des Evolutionsdiagramms aus »The Natural Selection« (1859) ergibt eine Treue, die über ein bloßes Verwandtschaftsverhältnis hinausgeht.

Ontogenese

In der Biologie bezeichnet Ontogenese die individuelle Entwicklung eines Organismus wie zum Beispiel von der befruchteten Eizelle zum erwachsenen Menschen.

Teleologie

Die Lehre der ziel- und zweckbestimmten Ordnung sowohl natürlicher Phänomene als auch des menschlichen Handelns, nach der allem eine innere Zweckgerichtetheit zu eigen ist. Die Naturwissenschaften wenden sich gegen diese Zielbestimmtheit als grundlegendes Prinzip und verweisen auf die Naturgesetze. Auch Veränderungen im Rahmen der Evolution (wie die Selektion) finden erst im Anschluss an eine Ursache statt und können daher nicht als zielgerichteter Prozess gesehen werden.

der die Bedeutung von Darwins Lehre für den Sozialismus aufgriff und ein Buch zum Thema »Der Kampf ums Dasein und die moderne Gesellschaft« schrieb. Dabei scheint es Büchner nicht klar gewesen zu sein, dass er die (verheerende) Floskel vom Kampf ums Dasein nur wieder dahin zurückbrachte, wo sie ursprünglich hergekommen war, nämlich in die gesellschaftliche Sphäre, in der Menschen sich um angemessene Lebensbedingungen bemühen.

Von den deutschen Beiträgen zum Verständnis und zur Verbreitung des evolutionären Gedankens soll vor allem der von Ernst Haeckel (1834–1919) hervorgehoben werden, der zuletzt in Jena tätig war und der in den späten sechziger Jahren des 19. Jahrhunderts publik wurde. Ein höchst streitbarer Biologe, der sich wie Huxley offen gegen das Christentum bzw. gegen Religion überhaupt aussprach und zugleich ein glühender Anhänger des Darwinismus war. Haeckel kann man als den Erfinder des Stammbaums betrachten, der zum eigentlichen Bild der Evolution werden und neben der Herkunft des Menschen auch dessen hohe Stellung plakativ verdeutlichen sollte. Mit ihm setzte sich das Bild des Stammbaums massiv durch, und es schaut uns bis heute aus sämtlichen Lehrbüchern an. Haeckel verteidigte auch die Biologie mit Darwins Hilfe als eine neue Art von Wissenschaft, nämlich als historische Wissenschaft. Die Übernahme einer historisch argumentierenden Art der Naturerklärung für aktuell existierende und beobachtbare Phänomene – darin zeigte sich der größte Einfluss, den Darwins Idee in der deutschen Biologie hinterließ.

Für Haeckel war der Darwinismus keine Hypothese, die Evidenz für den dazugehörigen Naturablauf beruhte vielmehr auf Tatsachen, die den Biologen vor Augen lagen. Der berühmteste Beitrag von Haeckel zum Verständnis der Entwicklung des Lebens allgemein liegt in dem von ihm formulierten »Biogenetischen Grundgesetz«, dem zufolge die individuelle Ontogenese die umfassende Phylogenese (Stammesgeschichte) wiederholt. Haeckel wusste zwar, dass seine Regel nicht durchgängig und auf keinen Fall überall glatt und problemlos gelten konnte, und heute weiß man auch, dass er bei sei-

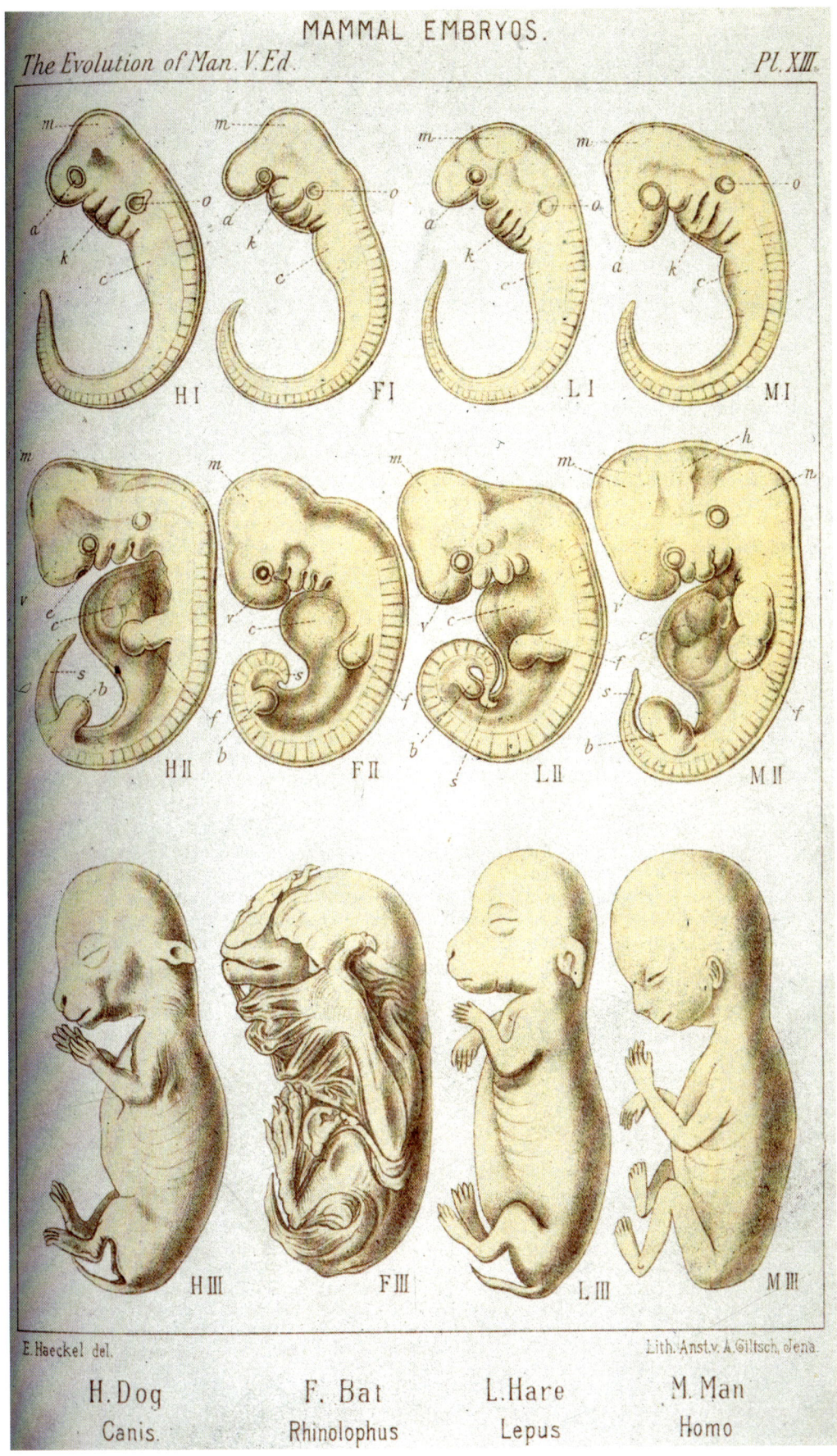

MAMMAL EMBRYOS.

The Evolution of Man. V. Ed.   Pl. XIII.

H I   F I   L I   M I

H II   F II   L II   M II

H III   F III   L III   M III

E. Haeckel del.   Lith. Anst. v. A. Giltsch, Jena.

H. Dog   F. Bat   L. Hare   M. Man
Canis.   Rhinolophus   Lepus   Homo

Eine Illustration des Biogenetischen Grundgesetzes, dem zufolge sich in der Ontogenese – der individuellen Entwicklung eines Lebewesens – die Phylogenese – die Stammesgeschichte – wiederholt. Der Gedanke ist Ernst Haeckel gekommen, als er, wie hier zu sehen, die embryonalen Stadien von Hunden, Fledermäusen, Hasen und Menschen miteinander verglich. Die Gene, die am Wachsen des Embryos teilhaben, müssen sich im Lauf der Evolution durchgesetzt haben, weshalb zu erwarten ist, dass individuelles und kollektives Werden verbunden sind und in der genetischen Tiefe zusammenhängen.

Sozialismus

Der Sozialismus entstand im 19. Jahrhundert im Umfeld der Arbeiterbewegung, vor allem im Gegenzug zur fortschreitenden Industrialisierung und zu der Ausbeutung der Arbeiter. Dabei zielte er auf eine grundlegende Veränderung der ganzen Gesellschaft. Der wissenschaftliche Sozialismus, geprägt durch Marx und Engels, entwickelte die Ideen des frühen Sozialismus weiter. Laut Marx' historischem Materialismus wird die Geschichte nicht von Ideen oder dem »Weltgeist« beeinflusst, sondern nur durch ökonomische Interessen und Interessenskonflikte. Veränderungen gibt es daher nicht aufgrund von Idealen, sondern durch den Klassenkampf, in dem die Konflikte ausgefochten werden. Der Marxismus führte zu kommunistischen Parteien und Staatsgründungen wie bspw. der Sowjetunion.

nen künstlerischen Darstellungen der Wahrheitsfindung etwas nachgeholfen und es mit der Präzision nicht so genau genommen hat. Doch er wollte keinen Platz für Zufälle lassen, und ihm schien Lamarcks Grundkonzept eine gute Idee zu sein. Haeckel vermischte stets ein wenig den Gedanken der natürlichen Selektion mit der Vorstellung, dass erworbene (und uns sinnvoll erscheinende) Eigenschaften vererbt werden können. Variationen konnten in Haeckels Vorstellungswelt nicht zufällig erscheinen. Sie mussten irgendwie verursacht worden sein, da teleologische Begründungen im Rahmen der Naturwissenschaften ebenso wenig denkbar waren.

Haeckels Bücher waren ungeheuer erfolgreich, und sein Denken wurde äußerst einflussreich. Seine Einstellung kam in der Öffentlichkeit und sogar bei den Arbeitern (bzw. ihren Führern) gut an, die vielfach etwas Anderes als Pfaffenglauben suchten und dies in Haeckels Wissenschaft fanden. Viele Sozialtheoretiker, die sich Gedanken über die gesellschaftlichen Abläufe im Rahmen der Industrialisierung machten, fanden ihren Weg bekanntlich zu den Werken von Karl Marx, aber sie sind zu diesem Ziel über Darwin gekommen. Als Beispiel sei Karl Kautsky (1854–1938) genannt, der sich als Theoretiker der deutschen Sozialdemokratie einen Namen machen konnte und der einmal bekannt hat, Darwins Buch von der »Abstammung des Menschen« sei für ihn eine Offenbarung gewesen, in deren Folge er die letzten Hindernisse für ein materialistisches Denken beiseiteräumen konnte. Kautsky war zudem von Darwins Versuch in seinen späteren Werken fasziniert, das ethische Wesen des Menschen aus den »sozialen Trieben« abzuleiten, die sich in Verhaltensweisen erkennen ließen, die sich im Reich der Tiere abspielten.

Der deutsche Philosoph Karl Marx (1818–1883), Verfasser von »Das Kapital« und »Das Manifest der Kommunistischen Partei« (zusammen mit Friedrich Engels)

Die unmenschlichen Arbeitsbedingungen in einem Eisenwalzwerk, wie sie der Maler Adolf Menzel 1875 festgehalten hat.

VON DER EUGENIK ZUM SOZIALDARWINISMUS

Trotz des starken wirtschaftlichen Wachstums mit dem dazugehörigen zunehmenden Wohlstand des Staates und einiger seiner Bürger und trotz Darwins Idee einer evolutionär möglichen Höherentwicklung – in der zweiten Hälfte des 19. Jahrhunderts scheinen es vor allem die Gedanken der Dekadenz gewesen zu sein, die sowohl im kulturellen als auch im politischen Diskurs präsent waren. Paradoxerweise war es gerade Darwins Gedanke, der dem Reden vom Verfall eine wissenschaftliche Grundlage zu geben schien, denn vieles von dem, was die Natur zur Weiterentwicklung ihrer Geschöpfe eingesetzt hatte, blieb in menschlichen Gemeinschaften wirkungslos. Hier gab es eher ein Überleben der Kranken und Schwachen als ein Überleben der Gesunden und Tüchtigen, und so fühlten sich einige Eiferer kurz nach dem Erscheinen von Darwins Werk aufgerufen, etwas für die Verbesserung der menschlichen Rasse zu tun, um ihre Degeneration zu verhindern. Die ersten konkreten Vorschläge kamen aus England, und zwar von Francis Galton (1822–1911), dessen Vetter Darwin war. Die Lektüre der »Entstehung der Arten« bezeichnete Galton als sein prägendes Schlüsselerlebnis, und er formulierte den Vorschlag einer praktischen Umsetzung des Selektionsprinzips. Galton sah vor, dass die Menschen durch Ausnutzung der von Darwin erkundeten Gesetzmäßigkeiten versuchen sollten, die Kontrolle über die eigene Evolution zu gewinnen und sie in Richtung einer biologischen Verbesserung zu lenken. Für sein Programm führte er 1883 den Begriff der »Eugenik« ein, und Galton wollte darin durch staatliche Förderung die geistige Elite seines Landes zu früher Heirat und zur Zeugung zahlreicher Kinder veranlassen.

Eugenik
Auch als Erbgesundheitslehre oder Erbhygienik bekannt. Das Ziel der von Francis Galton Ende des 19. Jahrhunderts eingeführten Eugenik ist die Förderung günstiger und die Eingrenzung negativer Erbanlagen. So sollen, anhand von genetischen Forschungserkenntnissen, die positiven Eigenschaften der menschlichen Bevölkerung verstärkt werden. Auch die Rassenhygiene der Nationalsozialisten beruhte auf Grundlagen der galtonschen Eugenik, erweiterte diese aber um Sterilisation und Mord von »minderwertigem Menschenmaterial« zum Wohl der arischen Rasse.

Das ärmliche Leben einer Großfamilie in einer Berliner Wohnung zu Beginn des 20. Jahrhunderts (die älteste Tochter der zehnköpfigen Familie fehlt auf dem Bild). Ohne die Großmutter (hinten vor dem Fenster) käme die Mutter nicht zurecht.

Damit sollte der Trend umgekehrt werden, wonach gerade die Armen – die niederen Klassen – sich stark vermehrten – ohne dass dies jemanden auf den Gedanken gebracht hätte, dass diese Tatsache unter dem Blickwinkel der Evolutionstheorie eigentlich auf die höhere Lebenstüchtigkeit der niederen Klassen hinweisen sollte.

In den 1890er Jahren kam der eugenische Gedanke nach Deutschland, wo er mit den sozialistischen Bemühungen zusammentraf, deren Vertreter von neuen Menschen voller Kraft und Gesundheit träumten:

»Ein neues Geschlecht wird entstehen«, schrieb zum Beispiel Kautsky, »stark und schön und lebensfreudig, wie die Helden der griechischen Heroenzeit, wie die germanischen Recken der Völkerwanderung.«

Das politische Denken konnte sich der Attraktivität der Eugenik nicht entziehen, und die optimistische Hoffnung auf Fortschritte der Menschheit

Ein Ausschnitt aus »Erblehre. Abstammungs- und Rassenkunde in bildlicher Darstellung« von Alfred Vogel aus dem Jahr 1938 als Beispiel für den Missbrauch der Theorien von Charles Darwin, insbesondere des »struggle for existence«, durch die Nationalsozialisten.

Ausmerzung des Kranken und Schwachen in der Natur

»Was nicht den Anforderungen des Seins genügt, das zerbricht« (Dr. Grohe)

ließ sich jetzt auf die Autorität der Wissenschaft und die biologische Natur gründen. Die Zustimmung zu Galtons Gedanke kam aus allen politischen Lagern und Ecken, und offenbar war zunächst kein Vorurteil mit ihm verbunden, das einige Gruppen ausgliederte und sie als minderwertig einstufte. Allerdings dauerte dies nicht allzu lange. Bald wurde die Eugenik zu einem Werkzeug von Rassisten und Reaktionären, die ganze Menschenrassen ohne den Hauch eines Beweises als unwert abstempelten und zu vernichten trachteten. »Im Endergebnis führte die Eugenik zu den Schrecken von Hitlers Holocaust«, wie der Evolutionsbiologe Ernst Mayr einmal geschrieben hat, und es ist immer wieder sinnvoll, sich daran zu erinnern, wenn andere Weltverbesserer mit ihren ach so einleuchtenden Vorschlägen kommen.

Zeitgleich mit der Eugenik und ihrem Versprechen, den Menschen (in kurzer Zeit) zu verbessern, entstand in Deutschland das als Sozialdarwinismus bekannte Gedankengebäude, in dem Darwins Theorie der natürlichen Selektion auf die Gesellschaft angewendet wurde. Seit 1865 lag unter dem Titel »Die Arbeiterfrage« eine erste systematisch gehaltene Theorie dieser Art vor. Ihr Verfasser Friedrich Lange sah in dem evolutionären Gedanken vor allem den Beweis für die Unaufhaltsamkeit des Fortschritts in der Natur und damit auch in der menschlichen Gesellschaft. Zwar machte die natürliche Selektion, die für dieses Fortschreiten zuständig war, eher einen grausamen und rücksichtslosen Eindruck, aber mit Hilfe von menschlichen Einwirkungen könne man, so die Hoffnung, die »rohe Natur« abmildern und alle Entwicklung in humane Bahnen lenken.

Derartige Ansichten riefen zahlreiche Kritiker auf den Plan, die sich konsequent auf Darwin beriefen und den Menschen als eine Spezies unter vielen betrachteten, vor dem das Naturgesetz der Selektion nicht haltmachen kann, was bedeutete, dass der Untergang von »Untüchtigen« nicht nur als notwendig, sondern sogar als gerecht angesehen wurde und also zu beför-

Degeneration und Dekadenz
Vom lateinischen »degenerare« für »aus der Art schlagen«; in der Biologie und Medizin die durch eine regressive Entwicklung bedingte Abweichung von der Norm im Sinne einer geringeren Leistungsfähigkeit (bspw. von Sinnesorganen) oder eines anormalen Erscheinungsbildes. Im philosophischen Sinn ist der Begriff eng mit dem der Dekadenz (lat. für »herabfallen«) verbunden, dem Niedergang und Verfall, insbesondere von menschlichen Gesellschaften.

Eine Bank in Deutschland um 1935 die nicht nur anzeigt, wie Darwins Recht des Stärkeren von den Nationalsozialisten auf die Konkurrenz zwischen den Völkern übertragen wurde, sondern den Holocaust an der jüdischen Bevölkerung und die Vernichtung zahlreicher weiterer Völker (etwa Sinti und Roma) evoziert.

dern sei. Die Kombination von Sozialdarwinismus und Eugenik sollte noch vielfach verheerende Konsequenzen haben – vor allem in Deutschland, als in den Jahren des Nationalsozialismus das Recht des Stärkeren als Naturgesetz verkündet und nicht zuletzt auf die Konkurrenz zwischen verschiedenen Völkern und Rassen übertragen wurde. Wir wollen in diesem Kapitel auf die Biopolitik der Herrenmenschen nur hinweisen, weil es dabei kaum wissenschaftliche Klarheit (in Hinblick auf das Konzept der Rasse) gibt und das gesamte Geschehen im Grunde genommen nichts mit Darwins Evolution zu tun hat. Wir wollen uns stattdessen abschließend um die langfristig wichtigere Frage kümmern, wie die Naturwissenschaft selbst in ihren Reihen den evolutionären Gedanken aufgenommen hat.

Man sollte nicht vergessen, dass es – als die »Entstehung der Arten« erschien – weder eine Wissenschaft von der Vererbung – eine Genetik – noch eine Biochemie gab, wobei diese beiden Disziplinen selbst schon wieder alte

1996 konnte der schottische Zellbiologe Ian Wilmut ein Schaf klonen. Er nannte es Dolly. Das Schaf zog lange Zeit die Aufmerksamkeit der Öffentlichkeit auf sich, es hat dann aber früh Arthritis entwickelt und ist 2003 an einer Lungenkrankheit gestorben.

Gene

Die Gene werden auch als Erbanlagen bezeichnet, da in ihnen die Informationen und Merkmale gespeichert sind, die durch Reproduktion an die Nachkommen weitergegeben werden. Die Ausprägung und Funktion jedes Gens ist dabei in der Zelle gespeichert. Genauer ist ein Gen ein bestimmter Abschnitt der DNS (Desoxyribonukleinsäure), aus dessen Information letztlich ein Protein entsteht, das im Körper eine bestimmte Funktion, das Merkmal dieses Gens, übernimmt.

Hüte sind und sich die aktuelle Aufmerksamkeit mehr der Molekularbiologie, der Gentechnik und der Biomedizin zuwendet. Die Idee der Evolution hat all diese Entwicklungen – und viel mehr – nicht nur überstanden, sie ist dabei immer nur stärker geworden. Das macht die große Stärke von Darwins Gedanken aus, weshalb wir uns ihm ruhig anvertrauen sollten. Wir wollen einige der Stufen beleuchten, die zum aktuellen Verständnis geführt haben, das noch lange nicht als abgeschlossen betrachtet werden kann.

Kurz nachdem Darwin seine An- und Einsichten über die »Entstehung der Arten« vorgelegt hatte, wurden die Erbelemente entdeckt, die wir heute als Gene bezeichnen. Darwin persönlich hat leider nie davon erfahren, obwohl man in seinen Unterlagen einen Sonderdruck der Arbeit von Gregor Mendel gefunden hat, in der der Mönch seine Experimente mit Pflanzen beschrieb, die das Walten von Erbregeln erkennen lassen. Allerdings mussten Sonderdrucke damals erst aufgeschnitten werden, und Darwins Exemplar von Mendels Arbeit war diesbezüglich unberührt und deshalb auch ungelesen. So erfuhr er nicht, dass es in den Zellen der Organismen Elemente – Gene – gibt, die sich auf der einen Seite unabhängig verteilen können, ohne sich zu vermischen, und die auf der anderen Seite stabile Variationen annehmen können.

Mit Hilfe der Arbeit von Mendel hätte man Darwin eine große Sorge nehmen können. Seiner Theorie der Evolution zufolge sollte die natürliche Selektion auf vererbbare Variationen wirken. Darwin zweifelte zwar nicht daran, dass es hinreichend viele solcher Änderungen gab, aber die Pflanzenzüchter seiner Zeit – Genetiker gab es definitionsgemäß noch nicht – blieben skeptisch. Ihnen kam es so vor, als ob sich zum einen Variationen vermischen, wenn sie weitergegeben (vererbt) werden, und dass sie zum anderen nie lange genug spürbar deutlich vorliegen, um der natürlichen Selektion eine Chance zu geben, mit ihrer Auswahlarbeit zu beginnen. Mendel konnte 1865 zeigen, dass die Erbfaktoren (und mit ihnen die entsprechenden Varianten) sich nicht vermischen, dass sie vielmehr immer präsent bleiben und dadurch der natürlichen Selektion unterliegen können.

Mendels Erbelemente brachten so gesehen zwar eine Erleichterung für die Darwinisten, sie lieferten zugleich aber auch ein neues Problem. Immerhin verlangten die Erbregeln der Gene als Konsequenz die Tatsache, dass die Vererbung zwar diskontinuierlich (unstetig) vor sich gehen, dass dieser Vorgang aber eine kontinuierliche (stetige) Evolution zur Folge haben sollte. Dass die Evolution tatsächlich gleichmäßig und allmählich – also auf keinen Fall sprunghaft – vor sich ging, diese Behauptung war der Stolz der Paläontologen in den 1920er und 1930er Jahren, und so baute sich langsam aber sicher ein Graben zwischen der Genetik und der Paläontologie auf, der nach und nach merkwürdige mystische Konzepte in die Wissenschaft brachte. Da war dann wieder die Rede von unerklärlichen (unnatürlichen) Lebenskräften, von einer Nomogenesis oder einer Entelechie beispielsweise und von vielen anderen Ideen, die dem Leben zu eigen sein sollten.

Erst in den 1930er Jahren traten Forscher auf den Plan, die sich an ihre naturwissenschaftliche Grundlage erinnerten und sie wertschätzten. 1937 erschien zum Beispiel in den USA das bis heute als Meilenstein geltende Buch »Genetics and the Origin of Species«, das der aus der Sowjetunion stammende Biologe Theodosius Dobzhansky geschrieben hat, der einmal die immer wieder zitierte Überzeugung geäußert hat, dass die Lebenswissenschaften ihre Objekte nur verstehen können, wenn sie im Lichte der Evolution auf sie schauen.

Entelechie
Mit Entelechie wird die Eigenschaft oder auch der Seinszustand beschrieben, sein Ziel in sich selbst zu haben. Aristoteles prägte den Begriff in seiner Metaphysik: Essentiell ist dabei die immanente Zielbestimmtheit in der Entwicklung des Individuums, ob Mensch, Tier oder Pflanze. Im Sinne der Eigenschaft ist zum Beispiel die Entelechie das Blühen einer Blume, im Sinne des Zustandes ist der Schmetterling die Entelechie der Raupe. In beiden Fällen wurde das immanente Ziel des Individuums erreicht.

1942 schließlich sammelten die Naturwissenschaftler ihre Kraft zu einer einheitlichen Deutung. Damals erschien ein Buch von Julian Huxley (1887–1975) mit dem Titel »Evolution – The Modern Synthesis«, das die verschiedenen Zweige der Wissenschaft zusammenführte, die den Gedanken der Evolution befördern und erläutern konnten. Der wesentliche Grund, auf den Julian Huxley, der Bruder des Schriftstellers Aldous Huxley (»Schöne neue Welt«), seine Synthese errichtete, war die Disziplin der Populationsgenetik, deren Vertreter die Verteilung von Erbfaktoren (Genen) in den von Darwin identifizierten Populationen unter dem Einfluss evolutionär wirkender Mechanismen (Mutation, Selektion) untersuchten. In den 1930er und 1940er Jahren konnte dabei gezeigt werden, dass Darwins Evolution und Mendels Genetik keine konträren Konzepte, sondern komplementäre Wege des Zugangs zum Lebendigen waren, die ihre volle Wirkung als Wissenschaften dann erreichen, wenn sie zusammengeführt werden. Mit der modernen Synthese ist es – trotz bleibender Unklarheiten und vieler offener Fragen – möglich, die Evolution als Hervorbringung eines Gehirns zu verstehen, was komplementär zu der wunderbaren Geschichte am Anfang der Bibel steht.

Ernst Haeckel hat sich nicht nur als Forscher, sondern auch als Künstler hervorgetan und herrlich symmetrische Naturdarstellungen hinterlassen. Hier sind die sogenannten Radiolarien zu sehen, die auch Strahlentierchen heißen. Es handelt sich um einzellige Meeresbewohner, die über glasartige Gehäuse verfügen.

ERNST HAECKEL (1834–1919)

Wenn man Ernst Haeckel durch einen Satz charakterisieren will, kann man sagen, »Er war der bedeutendste Verfechter der Evolutionstheorie Darwins«, und wenn man dem einen zweiten hinzufügen will, dann müsste der lauten, »Er trug durch seine populärwissenschaftlichen Werke zur Verbreitung einer naturwissenschaftlich-materialistischen Weltanschauung bei.« Unter Kollegen ist Haeckel berühmt wegen seiner »Generellen Morphologie der Organismen« aus dem Jahr 1866; um die Wende zum 20. Jahrhundert erschienen zum ersten Mal seine bis heute populären »Kunstformen der Natur« – auf zahlreichen Reisen unter anderem nach Ceylon, Java und Sumatra entstanden weit über 1000 Aquarelle, Skizzen und Ölbilder, die heute noch als Wandschmuck gefallen – und 1899 legte Haeckel seinen von ihm selbst als »Glaubensbekenntnis« verstandenen Bestseller »Die Welträtsel« vor, in dem er sich an die »denkenden, ehrlich die Wahrheit suchenden Gebildeten aller Stände« wendet, um ihnen von den »gewaltigen Fortschritten der empirischen Kenntnisse« im »Jahrhundert der Naturwissenschaft« zu berichten, das alle Vorgänger überflügelt und »Aufgaben gelöst hat, die in seinem Anfange unlösbar erschienen«.

Bei Haeckel geht es offenbar stets schwungvoll und kräftig dynamisch zu. Er ist 1834 in Potsdam geboren worden und 1919 in Jena gestorben. Nach botanischen und medizinischen Studien hat sich Haeckel früh für die Entwicklungsgeschichte niederer Seetiere interessiert und vergleichend anatomische Studien getrieben. 1861 konnte er sich an der medizinischen Fakultät der Universität Jena habilitieren, und 1865 wurde er dort zum ordentlichen Professor für Zoologie ernannt, was ihn zu einem Mitglied der philosophischen Fakultät machte.

Bis zur Lektüre von Darwins Hauptwerk war Haeckel von der Konstanz der Arten überzeugt, um sich dann spontan der zunächst umkämpften Theorie zuzuwenden und zu ihrem leidenschaftlichsten Vertreter zu werden.

Haeckel denkt radikaler als Darwin. Er unterscheidet sich von seinem großen Vorbild zum Beispiel dadurch, dass er selbst die Entstehung der ersten Urorganismen aus anorganischer Materie durch natürliche Prozesse erfassen will. Den Begriff eines Gottes, der persönlich in das Naturgeschehen eingreift, lehnt Haeckel rundweg ab. Er schreibt stattdessen eine »Natürliche Schöpfungsgeschichte« und identifiziert Gott mit einem allgemeinen Kausalgesetz bzw. mit der Natur selbst. Für Haeckel stellen Leib und Seele bzw. Geist und Körper untrennbare Gegebenheiten dar, und aus diesem Gedanken entwickelt er seine Philosophie des Monismus, die sein Schaffen prägt. Ein weiterer markanter Unterschied zu Charles Darwin ist das doch auffallende Herrenmenschendenken Haeckels, der von »niederen Menschenarten« spricht und meint, dass alle Versuche, ihnen Kultur beizubringen, gescheitert sind. Ja, es sei sogar »unmöglich, da menschliche Bildung pflanzen zu wollen, wo der nötige Boden dazu, die menschliche Gehirnvervollkommnung, noch fehlt«. Darwin schreibt hingegen, dass ihm bei allen Menschen »unaufhörlich kleine Charakterzüge auffallen, die mir ihre geistige Verwandtschaft mit uns beweisen«.

Prof. Ernst Häckel in Borneo 1880

Ernst Haeckel um 1880, posierend, als ob er in einem Dschungel wäre. Tatsächlich unternahm er zahlreiche Reisen nach Ceylon (das heutige Sri Lanka) und Indonesien, auf denen Hunderte von Zeichnungen zu den Formen der Natur entstanden.

*Menschen sind nicht das Endergebnis eines vorherseh-
baren Evolutionsfortschritts, sondern ein zufälliger
kosmischer Nachzügler, ein winzig kleiner Zweig an
dem unglaublich üppigen Busch des Lebens.*

STEPHEN J. GOULD

Anfang des 21. Jahrhunderts: Die Evolution geht weiter – mit und durch uns

Ein Feld mit Sojabohnen – kein Produkt mehr einer natürlichen Selektion, sondern Ergebnis der Auswahl von Menschen, die durch Landwirtschaft überleben.

Wie gehen wir am Anfang des 21. Jahrhunderts mit einem Gedanken aus dem 19. Jahrhundert – also aus fern scheinender Vergangenheit – um? Diese Frage weist auf die wahrhaft große und überzeugende Qualität der Evolution als theoretische Grundlage des Lebens und der dazugehörigen Wissenschaften hin, und diese Qualität zeigt sich darin, dass Darwins Grundidee die stürmischen wissenschaftlichen Entwicklungen der vergangenen 150 Jahre nicht nur überstanden hat, sondern für alle deutlich stärker dasteht als jemals zuvor.

DARWIN IN DER LANDWIRTSCHAFT

Beginnen wir mit den günstigeren Handlungsoptionen und erkunden sie in dem Bereich, dem Darwin seine theoretische Einsicht verdankt, nämlich der Produktion von Nahrungsmitteln, was konkret die Landwirtschaft meint. Wir erinnern uns, dass unser Wissenschaftler seine maßgebliche Inspiration über den Artenwandel und die Herkunft der Lebensvielfalt der Lektüre von Warnungen des Nationalökonomen und Sozialphilosophen Thomas Robert Malthus (1766–1834) verdankt. Er hat bereits Ende des 18. Jahrhunderts große Hungernöte vorhergesagt, weil er – aus welchen Gründen und mit welchen Daten auch immer – ein starkes Wachstum der Bevölkerung voraussah und gleichzeitig annahm, dass die landwirtschaftliche Leistungsfähigkeit damit überfordert sein und es irgendwann in nicht allzu ferner Zukunft zu wenig Nahrungsmittel geben würde. Zwar hat Malthus selbst zum Wachstum der Bevölkerung mit zahlreichen Kindern kräftig beigetragen, was dem schwungvollen Plädoyer für eine sexuelle Selbstbeschränkung, die

Rechte Seite, oben:
Ein Viehmarkt in der Nähe von Buenos Aires, einer der größten der Welt, auf dem das berühmte argentinische Rindfleisch ge- und verkauft wird.

Rechte Seite, unten:
Eine Hühnerfarm mit Bodenhaltung: katastrophale Bedingungen

Wer einen »Hamburger« zu sich nimmt, isst vor allem etwas, was durch Selektion verändert worden ist – das Fleisch, die Pommes frites, das Öl, der Ketchup. Dies alles stammt von Rohstoffen, die durch Züchtung massiv verändert worden sind.

Fast Food

Ein Begriff, der kaum positiv behaftet ist. Fast Food steht für schnell zubereitete Speisen, die noch schneller verzehrt werden, möglichst günstig produziert, und oft aus Fertig- oder Tiefkühlprodukten entstehen. Fast Food wird vor allem von jüngeren Konsumenten genutzt, die das schnelle, unkomplizierte Essen außerhalb des Rahmens der traditionellen Mahlzeiten schätzen. Kritiker warnen vor den langfristigen Folgen von übermäßigem Fast-Food-Konsum wie Übergewicht, Diabetes, Stoffwechselprobleme oder Allergien.

sich in seinem Buch findet, einen schalen Beigeschmack gibt. Aber es bleibt dabei trotzdem verständlich, wenn sich jemand Sorgen um die Versorgung seiner Kinder und Enkel macht. Wir sollten allerdings inzwischen erkennen, dass sie nahezu durchgängig an reich gedeckten Tischen sitzen konnten und können – dies trifft zumindest in Europa für die meisten von uns zu, also auf dem Kontinent, auf dem die Wissenschaft ihren Weg zum Wohle der Menschheit gehen konnte.

»Es ist eine historische Tatsache«, wie der amerikanische Evolutionsbiologe Michael Rose in seinem Buch über »Darwins Schatten« schreibt, »dass die landwirtschaftliche Produktivität mit dem exponentiellen Wachstum mehr als Schritt gehalten hat.« Und wir wissen auch, warum sie dies tun konnte, weil sie nämlich zum einen Darwins Forschungen und seine Einsichten in die Praxis der Landwirtschaft vom Aberglauben alter Jahrhunderte befreite und die Züchtung auf eine kalkulierbare (rationale) Basis stellte, und weil sie zum anderen auf die parallel zur Evolution aufkommende Wissenschaft der Genetik zurückgreifen konnte, die etwas mit den Varianten der Natur anzufangen und sie durch künstliche Zuchtwahl zu befördern wusste. In den zugleich knappen und eleganten Worten von Rose: »Es waren Darwin und Mendel, die letztlich dafür verantwortlich sind, dass Malthus widerlegt wurde.«

Heute sind »Evolution and Animal Breeding« – »Evolution und Tierzucht« – untrennbar miteinander verbunden, wie es der oben zitierte Titel des Buches andeutet, das W.G. Hill und T. Mackay 1989 herausgegeben haben und in dem sie und ihre Kollegen zeigen, dass wir das, was wir essen, einer systematischen und langfristigen Verknüpfung von Darwinismus, Vererbungslehre und landwirtschaftlicher Züchtungspraxis verdanken. Bei Rose liest sich das in einem konkreten – und vielen Lesern vertrauten – Beispiel so:

»Wenn man ein örtliches Fast-Food-Restaurant aufsucht – wie wir das alle ab und zu müssen – und dort einen jener Mega-Snacks zu sich nimmt, der aus Hamburger, Pommes frites und einem Milchshake besteht, dann ist kaum etwas von dem, was man isst, nicht durch Selektion verändert worden. Das Rind, von dem das Fleisch stammt, wurde gezüchtet in Richtung einer ›marmorierten Struktur‹ aus Muskeln und Fett, damit das Fleisch bei der Zubereitung zart bleibt. Den Kartoffeln, aus denen die Pommes frites bestehen, wurde eine erhöhte Resistenz gegen Pflanzenkrankheiten angezüchtet. Das Öl, in dem die Pommes frites gekocht werden, stammt von Getreide, dessen Ölgehalt durch Selektion erhöht wurde. Die Milch in dem Shake stammt von Kühen, die erheblich mehr Milch geben als Kühe um 1900. Selbst der Ketchup, den man über das Ganze gießt, stammt von Tomaten, die durch Züchtung massiv verändert wurden.«

Wir wundern uns schon lange nicht mehr über die Leistungen der Landwirtschaft, nehmen ihre Erträge ohne jede Aufmerksamkeit hin und machen uns selbstverständlich keine Gedanken über die Tatsache, dass ein großer Teil der derzeit lebenden Menschen gar nicht mehr auf der Welt wäre, wenn es nicht die darwinistisch geprägten und genetisch durchgeführten Zuchttechniken mit ihren sowohl anvisierten als auch überraschenden Erfolgen gegeben hätte.

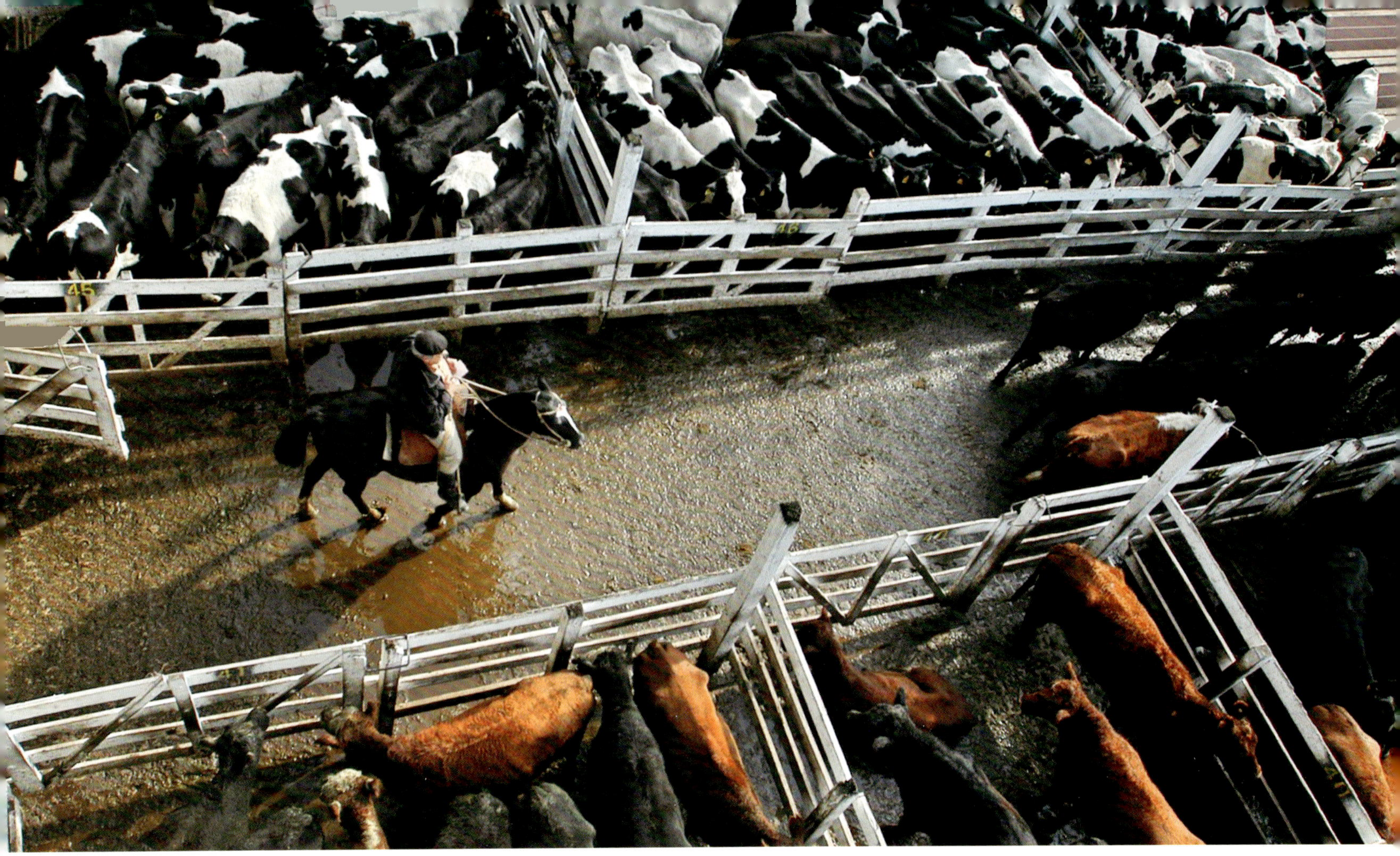

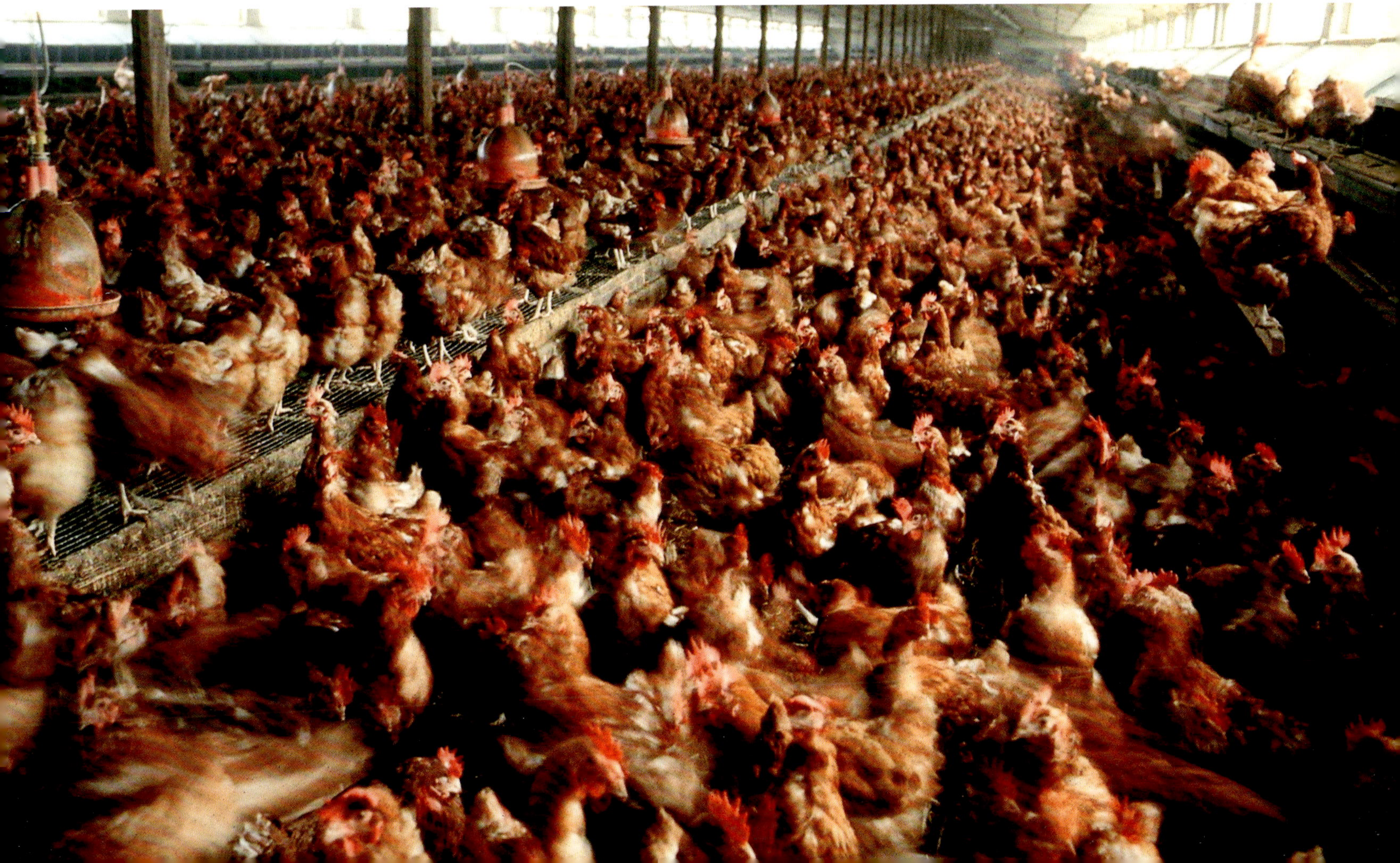

Die Vielfalt der Erreger
Wenn wir von einem krankheitserregenden Organismus ausreichend viele mit uns herumtragen, dann leiden wir unter einer Infektionskrankheit. Die Wissenschaft hat auf diese Entdeckungen von Erregern

Ein Küken, das keine Überlebenschance hat. Nachdem im Februar 2004 im chinesischen Tianjin (120 Kilometer südöstlich von Peking) die Vogelgrippe ausgebrochen war, wurden aus Sicherheitsgründen 200 000 Tiere getötet. 14 von den 31 chinesischen Provinzen bestätigten den Ausbruch einer Epidemie (bzw. hegten zumindest den Verdacht), die 19 Menschen das Leben kostete.

etwa für die Tuberkulose, die Lungenentzündung oder die Meningitis (Hirnhautentzündung) nach und nach mit der Entwicklung von Medikamenten reagiert, die allgemein als Antibiotika bezeichnet wurden und bei ihrem ersten Einsatz den behandelnden Ärzten wie »Zauberkugeln« erschienen, die gezielt eine Krankheit aus dem Weg räumen konnten. Als berühmtes Beispiel kennen die meisten das Penicillin, das noch in den Tagen des Zweiten Weltkriegs aufkam und vielen Menschen das Leben retten konnte.
In der Zwischenzeit haben zumindest einige der Antibiotika einen Teil ihrer Wirksamkeit eingebüßt, weil die Erreger, gegen

die sie gerichtet sind, ihren evolutionären Rahmen erweitert und etwas entwickelt haben, was man Antibiotika-Resistenz nennt und zu einem extrem schwerwiegenden Problem bei der Krankenversorgung in unseren Breiten werden kann. Wie bewirken die Medikamente die gefürchtete Resistenz? Kann man das Auftreten der Resistenz durch geringere Dosierungen verhindern oder wenigstens verzögern? Kann ein einzelner Patient dem Problem durch geeignetes Verhalten entgehen? Viele Fragen, die nur mit den Methoden und Prinzipien der Evolutionsbiologie beantwortet werden können und um die wir uns in diesem Buch bemühen wollen.

Nun könnte man an dieser Stelle den Einwand erheben, dass es trotzdem Hungersnöte gibt und gegeben hat, und als europäisches Beispiel wird gerne die Kartoffelpest angeführt, die Irland in der Mitte des 19. Jahrhunderts heimgesucht hat. Hier konnte der evolutionäre Gedanke den Opfern zwar noch nicht helfen, aber er kann im Rückblick erklären, wie es überhaupt zu der Katastrophe kommen konnte, ohne dabei eine Strafe Gottes zu vermuten oder ähnlichen Unsinn zu bemühen. Wissenschaftlich haltbar ist nämlich nur der Hinweis, dass die Kartoffel-Varietät, wie Darwin es ausgedrückt hätte, die den Iren als Nahrungsgrundlage diente, eine zu geringe (genetische) Vielfalt aufwies und es somit nur eine Frage der Zeit war, bis es Schädlingen gelingen würde, sich derartig (evolutionär) zu wandeln, dass eine Varietät die Kartoffelpflanze befallen konnte, ohne mit Gegenwehr rechnen zu müssen. Die moderne Landwirtschaft und ihre Vertreter werden sich dies vor Augen halten und sich für den Fall gewappnet haben, dass ein Erreger eintrifft, der unsere modernen Monokulturen nur als Schlaraffenland empfinden kann.

DIE UNIVERSELLE EVOLUTION

In den Medien kann leicht der Eindruck entstehen, dass es mehr Gegner als Freunde der Evolutionsidee gibt – wobei in diesem Zusammenhang oft das bedeutungsschwere Wort von der Evolutionslehre auftaucht, das man vermeiden sollte, weil es so klingt, als ob da jemand eine Heilslehre verkündet, die alles zum Guten wenden wird. Eine Lehre ist die Evolution nicht, aber das so bezeichnete Denken stellt ein mächtiges Instrument zum Verständnis der Welt um uns herum, das wir allein deshalb zu nutzen lernen sollten, weil die Welt, die uns hervorgebracht hat, niemals konstant bleibt und sich dauernd wandelt. Wenn dies der Fall ist, wenn also die Welt nicht so sehr etwas Feststehendes ist und vielmehr immer wieder etwas Neues wird, wenn also

Ein Orangenhain wird mit Insektiziden besprüht, um eine Missernte zu verhindern.

das eigentliche Sein das Werden ist, dann könnte man die Vermutung riskieren, dass die Evolution etwas anderes als eine Tatsache ist. Dieser Ausdruck trifft für Fakten der Art zu, dass es Bücher über die Evolution gibt und Leser dieser Bücher. In beiden Fällen hat jemand etwas getan, und daher können wir von einer Tatsache reden. Die Evolution ist nicht etwas, das jemand macht oder gemacht hat. Sie geschieht, sie läuft ab, weshalb es angemessen sein könnte, in der Evolution auch so etwas wie das Medium zu sehen, in dem wir uns aufhalten und in dem wir mitmachen.

Die Menschen haben viele Jahrhunderte gebraucht, um die konkrete Festlegung eines Ortes, den ein Gegenstand – etwa ein Baum – einnehmen kann, in die eher abstrakte Konzeption des Raumes zu überführen, in dem all diese Orte sein können. Und dasselbe gilt für die Bestimmung eines Augenblicks, in dem man sich treffen will, und dessen Ausweitung in die Konzeption der Zeit, in der alle Augenblicke enthalten sind. Es hat dann schließlich der kritischen Philosophie von Immanuel Kant bedurft, um zu erkennen, dass nicht nur wir Menschen im Raum bzw. in der Zeit umherlaufen, sondern dass auch umgekehrt Raum und Zeit in uns Menschen stecken – und zwar als Grundideen, als Kategorien, wie es in der Philosophie heißt, die uns mit auf den Lebensweg gegeben worden sind. Ohne die Vorgabe von Raum und Zeit können wir gar keine Auskunft über die Welt geben, wie die Philosophie lehrt, und vielleicht gilt dies auch für die Evolution, die sich in uns ausdrückt und uns beeindruckt.

Könnte es nicht sein, dass nicht nur wir Menschen in der grandiosen Bewegung der Evolution stecken und aus ihr hervorkommen, sondern dass auch umgekehrt die Evolution in uns steckt und wir die Welt nur mit dieser Kategorie des Denkens überhaupt erfassen und für uns ordnen können? Könnte es nicht sein, dass wir seit ein paar Jahrzehnten so langsam dazu gekommen sind, diese Möglichkeit einer universellen Evolution als durchgängige Verstehensgrundlage der Wirklichkeit zu begreifen und zu einem Weltbild zu nutzen?

Krankheit
Von althochdeutsch »kranc« (hinfällig, schwach) bezeichnet Krankheit eine Störung im Ablauf der normalen Lebensvorgänge und Befindlichkeiten. Dabei kann die Störung gleichermaßen körperlicher, psychischer oder auch sozialer Natur sein. Sie vermindert das Wohlbefinden des Individuums, führt oft auch zu körperlichen Einschränkungen und kann infolgedessen im Extremfall sogar zum Tod führen. Trotz dieser grundlegenden Definition wird Krankheit sehr unterschiedlich bewertet.

Verschiedene Sorten bzw. Züchtungen von Kartoffeln (oben), die sich über Farbe und Größe kennzeichnen. Die Biodiversität von Tomaten zeigt die Abbildung auf der nächsten Seite.

Diese Zeichnung aus »The Illustrated London News«, 1849 (rechts), illustriert die Armut und die Hungersnot, die in Irland Mitte des 19. Jahrhunderts herrschte, auf eindrucksvolle Weise. Die Felder sind bereits abgeerntet, sodass für die arbeitenden Kinder keine Chance besteht, eine ausreichende Menge an Kartoffeln zu finden.

Tatsächlich ist es doch für jedes reale System sinnvoll, nach seiner Entstehung, seinem Werden und seiner Entwicklung zu fragen. Wir sind, was wir geworden sind. Alles ist zeitlich, alles vergeht, alles geht vorüber, und von den Städten wird nur bleiben, was durch sie hindurchging, wie Bertolt Brecht einmal gedichtet hat, nämlich der Wind.

Wie gesagt, die Welt hat nie etwas anderes getan, als sich zu ändern, und ein Blick auf die Geschichte des abendländischen Denkens zeigt, wie der evolutionäre Gedanke in dieser Sphäre um sich gegriffen hat, und zwar nicht nur in dem Bereich, in dem Darwin tätig war. Am Ende des 20. Jahrhunderts konnten die verschiedenen Aspekte als Mosaiksteine zu einem Gesamtbild der Welt zusammengesetzt werden, das einen durchgehenden Evolutionsprozess bei der Entstehung der Welt erkennen lässt, und so ist heute von kosmischer, galaktischer, chemischer, molekularer, biologischer, psychologischer, psychosozialer, kultureller und wissenschaftlicher Evolution die Rede. Die Evolution – sie ist einfach überall, sie ist das Medium, in dem wir uns tummeln, und uns bleibt nur, zu ihm beizutragen, um uns besser darin zu fühlen. Die eben angedeutete aufsteigende Vielfalt bringt offenbar Stufe für Stufe aus einfachen Gebilden komplizierter werdende Systeme hervor, wobei auf jeder Sprosse neue Eigenschaften zu finden sind, die durch neue Gesetzmäßigkeiten erklärt werden können. Solch eine Schichtung der realen Welt ist zuerst von dem Philosophen Nicolai Hartmann beschrieben worden, der von seinem Standpunkt aus vier große Ebenen der realen Gegebenheiten unterscheidet, das Anorganische, das Organische, das Seelische und das Geistige.

Hormone

Hormone sind Botenstoffe, die im Körper Informationen vermitteln zwischen Organen oder auch dem Gewebe. Sie werden in Hormondrüsen gebildet und durch Blutbahnen an ihr entsprechendes Ziel weitergeleitet. Dort befinden sich spezielle Rezeptoren, die die Hormone binden und eine bestimmte Reaktion auslösen. Im Gegensatz zu den schnellen Nervenbahnen kann es bei Hormonen von einigen Sekunden bis zu mehreren Stunden dauern, bis die Wirkung einsetzt.

Das Schichtenmodell des Lebens

Die Grundidee dieses Schichtenmodells der lebendigen Wirklichkeit geht auf den Philosophen Nicolai Hartmann zurück, der in seinem Buch »Der Aufbau der realen Welt« vorgeschlagen hat, das, was wir vorfinden, auf Stufen zu verteilen, die auseinander hervorgehen und sich überformen.
Hartmann unterscheidet von unten nach oben kommend nur vier solcher Ebenen, und zwar das Anorganische, das Organische, das Seelische und das Geistige, aber es ist klar, dass sich sein Schema in viele Richtungen erweitern und verfeinern lässt. Es gehört zu den sicher maßgeblichen Tatsachen, dass die Welt in ihren Teilsystemen hierarchisch aufgebaut ist – und die Wissenschaften mit ihr.
Für den philosophischen Diskurs ist bei dieser Behandlung der Wirklichkeit von Bedeutung, dass jede Stufe eigene Kategorien und Denkregeln entwickelt und Vorsicht bei dem Wechsel von einer Ebene

Ebene	Repräsentant	Wissenschaft
Elementarteilchen	Elektron	Hochenergiephysik
Atom	Kohlenstoff	Atomphysik
Molekül	Wasser	Physikalische Chemie
Makromolekül	Gen	Biochemie
Zellstruktur (Organell)	Chromosom	Molekulare Biophysik
Zelle	Blutzelle	Zellbiologie
Gewebe	Muskel	Physiologie
Organ	Kleinhirn	Neurobiologie
Organsystem	Immunsystem	Immunologie
Organismus	Mensch	Anthropologie
Gemeinschaft	Schulklasse	Soziologie
Gesellschaft	Deutschland	Politikwissenschaft

zur anderen geboten ist. Sonst tauchen sogenannte Kategorienfehler auf, etwa dann, wenn die Eigenschaft von Menschen, egoistisch sein zu können, auf Moleküle übertragen wird, oder wenn die Zellen eines Körpers das Hormon, das sie an sich binden, dabei zugleich auch erkennen sollen.

Stephen J. Gould

Stephen J. Gould ist 1941 in New York geboren worden und in derselben Stadt im Jahr 2002 an Lungenkrebs gestorben. Er war Professor für Geologie an der Universität Harvard. In den 1970er Jahren hat er – gemeinsam mit seinem Kollegen Niles Eldredge – die Vorstellung eines »löchrigen Gleichgewichts« (»punctuated equilibrium«) entwickelt, was manchmal auch mit »unterbrochenes Gleichgewicht« übersetzt wird. Dieser Konzeption zufolge vollzieht sich das evolutionäre Geschehen nicht in stetigen kleinen Schritten (gradualistisch). Vielmehr wechseln sich kurze Phasen mit schnellen Veränderungen mit langen Phasen ohne spürbaren Wandel ab.

Dieser bis heute umstrittene »Punktualismus« erlaubte es Gould, seine Skepsis gegenüber einer omnipotenten natürlichen Selektion auf eine Basis zu stellen.

In seinem Buch »Der falsch vermessene Mensch« (»The Mismeasure of Man«) deckt er die Fehler der seit dem 19. Jahrhundert betriebenen Versuche auf, den Menschen durch Messungen erfassen zu wollen – erst durch den Umfang seines Schädels und dann durch den Quotienten seiner Intelligenz. Gould bezeichnet in diesem Zusammenhang den Menschen »als die arroganteste Spezies, die die Natur hervorgebracht hat ... jede Spezies ist auf ihre Art einzigartig; wer will zwischen dem Schwänzeltanz der Bienen, dem Gesang des Buckelwals und der menschlichen Intelligenz entscheiden?«

DIE DURCHGEHENDE EVOLUTION

Die Evolution wird gerne im Wechselspiel von Variation (Mutation) und Selektion verstanden, wie zwar oft genug gesagt wird, wie aber im Rahmen des Schichtenmodells neu bedacht werden muss. Denn wenn sich die Veränderung zuerst auf der Ebene der (genetischen) Variation zeigt, bringt sie zunächst strukturelle, zelluläre, physiologische und organische Folgen mit sich, die alle erst einmal zusammenfinden müssen, um zuletzt einen Organismus hervorzubringen, der sich den selektiven Prozessen stellen kann, die durch die Umgebung auf ihn einwirken. Wie die Natur dafür sorgt, dass eine Variation den Gang durch die Institutionen namens Schichten nicht nur übersteht, sondern am Ende produktiv und lebenssichernd wirken kann, bleibt alles deshalb ein Rätsel, weil diese Frage niemanden zu beschäftigen scheint. Die Zunft springt eher unbekümmert direkt von der Mutation zur Selektion, um dann bloß noch zu erörtern, wie weit dieser Gedanke trägt. Sie stellt dabei konkrete Fragen, zum Beispiel die, ob das Konzept einer biologischen Evolution mehr als den Körper und seine Eigenheiten erklärt und zum Beispiel auch zur Erklärung der menschlichen Psyche herangezogen werden kann.

Einer der prominentesten Evolutionsbiologen des letzten Jahrhunderts, der zu früh verstorbene Harvard-Professor Stephen J. Gould (1941–2002), hat eine allzu rasche Verwendung des darwinschen Gedankens zur Erklärung nicht nur der menschlichen Organe, sondern auch der menschlichen Psyche für verfehlt und überzogen gehalten und die Vertreter eines sich neu etablierenden Fachs namens »Evolutionäre Psychologie« mit beißendem Spott überzogen und alle entsprechenden Bemühungen als »Ultradarwinismus« verhöhnt. Eine nächste Frage will wissen, ob sämtliche Eigenschaften, die wir an Organismen beobachten können, als Ergebnis eines adaptiven Prozesses zu

Der amerikanische Paläontologe Stephen J. Gould (1941–2002) im Jahr 1982 vor einem Skelett im Museum für Naturkunde an der Harvard-Universität

Stande gekommen sind, oder ob es nicht auch Eigenschaften gibt, die ohne Grund so sind, wie sie sind. Die Zahl der Finger einer menschlichen Hand zum Beispiel, die Stellung des Daumens bei Menschen und Bären, die Farbe der Eisbären und des Blutes, die Streifen der Zebras, das Abfallen der Blätter im Herbst, die Empfindlichkeit unserer Augen oder die orangenfarbenen Punkte auf der hinteren Flosse eines Buntbarsches, um nur einige Beispiele zu nennen. Zu den besonders schwierigen Fragen, die hier auftauchen, gehört die nach der Herkunft des Sterbens bzw. des Todes. Hat die Evolution sich darum gekümmert oder handelt es sich dabei um etwas anderes, das einfach so – ohne selektiven Vorteil – entstanden ist?

Mit orangenfarbenen Punkten auf der Analflosse lockt das Buntbarschmännchen das Weibchen zu sich und entlässt Sperma, sobald das Weibchen die vermeintlichen Eier aufnehmen will.

Die Farbtupfer an der hinteren Flosse des Buntbarschmännchens scheinen auf den ersten Blick nur hübsch auszusehen, aber keine Anpassung zu sein. An was auch? Doch in jüngster Zeit ist der Gedanke aufgekommen, dass die Punkte doch dem Reproduktionserfolg auf die Sprünge helfen, und zwar auf merkwürdige Weise. Buntbarschweibchen brüten ihre Eier im Maul aus (was hier nicht evolutionär erklärt, sondern nur hingenommen wird). Wenn sie die Flossenpunkte sehen, schnappen sie danach – wohl in der Annahme, dass sie ihre Eier verloren hätten. In diesem Augenblick kann das Männchen seinen Samen in das Maul spritzen und durch die Befruchtung seine eigenen Gene erfolgreich in die nächste Generation bringen. Die Evolution hat ihr Ziel erreicht – durch die orangenfarbenen Tupfer.

Auch hier hat sich Gould früh festgelegt, nämlich durch die von ihm als feste Überzeugung vertretene Behauptung, dass sich nicht alle phänotypischen Eigenschaften von Organismen durch evolutionäre Anpassungen erklären lassen, sondern dass es einige Entwicklungen gibt, die als Nebenwirkungen von echten Anpassungen zu Stande gekommen sind. In der Evolutionsbiologie hat sich für diese Idee der Ausdruck der Spandrille etabliert, ein

Fachbegriff aus der Architektur bzw. Kunstgeschichte. Als Beispiel wird oft ein zylindrischer Hohlraum angeführt, über den Landschnecken verfügen und der Umbilicus genannt wird. Der Hohlraum entsteht zunächst als Folge des spiralenförmigen Wachsens des Schneckengehäuses, wird dann aber als Brutkammer genutzt. Diese Funktion scheint in zweiter Linie entstanden zu sein, vermutlich weil sich zufällig gezeigt hat, dass hier Eier geschützt gelagert werden können. In erster Linie kommt der Brutplatz allerdings durch geometrische Notwendigkeiten beim Gehäusebau zu Stande, weshalb es nicht überrascht, dass der Hohlraum bei einigen Schneckenarten verschlossen wird und ungenutzt bleibt.

Spandrille
Gould hatte vor allem die Spandrillen der Basilika San Marco in Venedig vor Augen, mit denen eine gekrümmte Fläche zwischen einem Fensterbogen und dem

Wir wenden uns einer weiteren Frage zu, die wissen will, ob die Evolution immer besser und ihre Hervorbringungen immer leistungsfähiger werden, was der uralten Vorstellung entspricht, dass es eine aktuelle Krone der Schöpfung geben muss, zum Beispiel den Menschen. Wenn er diesen Satz noch lesen könnte, würde Gould trotz aller Ironie wütend werden. Seine erwähnte Abneigung gegen eine evolutionäre Erklärung der Seele hat nämlich vor allem damit zu tun, dass er den Gedanken explizit und mit aller Wortgewalt ablehnt, dass der Mensch eine besondere Position im Reich der Natur einnimmt und so etwas wie die Krone der Schöpfung ist. Natürlich drücken sich die modernen Biologen heute nicht mehr so aus, aber Goulds Beobachtung zufolge meinen sie trotzdem nichts anderes, wenn sie sagen, dass Menschen die komplexesten Formen des Lebens sind, die im Laufe der Evolution entstanden sind. Dabei wird ganz selbstverständlich vorausgesetzt, dass dieser weit umfassende Prozess unserer Stammesgeschichte gerade diese Tendenz zur fortschreitenden Komplexität in und mit sich trägt (und uns selbst dabei als deren schönen Schlusspunkt herausbringt).

Dachbalken gemeint ist, die zuerst aus architektonischen Bedingungen heraus entsteht und dann künstlerisch genutzt werden kann. Seiner Ansicht nach sind diese Zwickel primär aus baustatischen Gründen entstanden, dann aber in einem zweiten Schritt als Flächen entdeckt worden, auf denen man Kunstformen präsentieren und entwickeln konnte. Sie wurden dann beibehalten, als der ursprüngliche Grund ihres Entstehens durch Fortschritte in der Statik hinfällig wurde. Analog dazu gibt es Gould zufolge in der Evolution nicht-adaptive Nebenprodukte, die einfach dadurch zu Stande gekommen sind, dass es einen Freiraum für sie gab, und sie sich später als brauchbar oder gar sinnvoll erwiesen haben.

Genau gegen diesen Gedanken wendet sich Gould zum Beispiel in einem Buch über die »vielfältigen Wege der Evolution«, das im Titel von der »Illusion Fortschritt« spricht und den Menschen zum bloßen Schaum auf der bewegten Geschichte der Bakterien degradiert, der auch ganz anders hätte werden können. Gould wird nicht müde, im Großen zu behaupten und im Kleinen zu belegen, dass Menschen zufällige Produkte der Evolution sind, und zwar in dem Sinne, dass eine Wiederholung der Geschichte des Lebens, die zu einem Zeitpunkt vor dem Auftreten des Menschen beginnt, mit höchster Wahrscheinlichkeit nicht noch einmal ein Wesen unserer Art hervorbringen würde. Was immer die Geschichte des Lebens bestimmt, was ihr eine Richtung gibt und unsere Eigenschaften vorzubereiten scheint – der Fortschritt kommt nach Goulds Ansicht dafür nicht in Frage. In einem seiner vielen »Streifzüge durch die Naturgeschichte« hat er diese Ansichten in der folgenden Form zusammengefasst, »die man sich wie ein Hare-Krishna-Mantra mehrmals am Tag vorsingen sollte, damit sie umso tiefer in die Seele eindringen: Menschen sind nicht das Endergebnis eines vorhersehbaren Evolutionsfortschritts, sondern ein zufälliger kosmischer Nachzügler, ein winzig kleiner Zweig an dem unglaublich üppigen Busch des Lebens, der, würde er ein zweites Mal aus dem Samen heranwachsen, mit ziemlicher Sicherheit nicht noch einmal diesen Zweig oder überhaupt einen Zweig mit einer Eigenschaft, die wir Bewusstsein nennen könnten, hervorbringen würde.«

Dank Gould haben einige Evolutionsbiologen tatsächlich den Mut bekommen, ganz keck zu behaupten: »Dass es uns Menschen gibt, ist reiner Zufall«, wie es zum Beispiel im ersten Satz des Buches »Wir sind alle Neandertaler« von Jürgen Brater heißt. Es ist vorhersehbar, dass starke Sprüche bzw. Ansprüche dieser Art Gegenmeinungen auslösen, und eine stammt von dem britischen Evolutionsbiologen Simon Conway Morris, der die Entwicklung des Menschen eher als unausweichlich ansieht. Er begründet diese Ansicht zum einen mit den zahlreichen Konvergenzen, die die Natur uns bietet – das

---

Synchronizität

Kann man den Zufall durch ein anderes Konzept ersetzen?

Darauf gibt es eine alte Antwort aus der Sphäre der Psychologie. Sie beginnt mit der Beobachtung, dass wir zwar Zufälligkeiten im Alltag zu akzeptieren bereit sind, dabei aber zugleich immer wieder Ereignisse registrieren, die sicher nicht kausal verbunden sind, die wir aber auch nicht als völlig zusammenhanglos deuten können. Der Psychologe Carl Gustav Jung (1875–1961) schreibt zum Beispiel in einem 1952 erschienenen Text über »Synchronizität als ein Prinzip akausaler Zusammenhänge« von Tagen, an denen sich das Auftreten des Themas »Fisch« so oft wiederholt, dass es

angezeigt zu sein scheint, mehr von sinngemäßen Koinzidenzen als von Zufälligkeit zu reden. Wir selbst kennen sicher aus dem eigenen Alltag Fälle, bei denen Nummern (Hotelzimmer, Zug, Theaterkarte, Datum) oder andere Informationen so übereinstimmten, dass man meint, nach einer Verursachung suchen zu müssen. Jung führt den Begriff der Synchronizität ein, um diese Gleichzeitigkeit des kausal Nichtzusammenhängenden – sonst als Zufall bezeichnet – auf einen besseren Begriff zu bringen, und er stellt diese Synchronizität der Kausalität komplementär gegenüber.

mehrfache Hervorbringen von Augen zum Beispiel, das uns noch ausführlich beschäftigen wird –, und zum anderen mit Hinweisen darauf, dass die Naturgesetze nicht alles erlauben, dass sie Einschränkungen erzwingen und somit die Zahl der evolutionären Zielpunkte begrenzt bleibt, die eine Entwicklung erreichen kann. Schweine werden niemals fliegen können, um ein plastisches Beispiel zu nennen, und Gemeinschaften werden immer so etwas wie eine Landwirtschaft hervorbringen müssen. Die Konvergenz wirkt sich stärker aus als die Kontingenz, die als Ausdruck der prinzipiellen Offenheit von unvorhersehbaren und überraschenden Entwicklungen hier besser zu passen scheint als das Zufällige, das eher beim abgeschlossenen Würfelspiel anzuwenden ist und sich an dieser Stelle höchst genau – in Form von Wahrscheinlichkeiten – berechnen lässt.

Offenbar gilt zu Beginn des 21. Jahrhunderts das Gleiche wie in der Mitte des 19. Jahrhunderts. Wir haben einen grandiosen Grundgedanken – den der Evolution –, um Ordnung in die wunderbare Vielfalt des Lebens zu bringen. Wir müssen aber immer noch lernen, ihn richtig anzuwenden.

Nach Stephen J. Gould ist der Mensch ein zufälliges Produkt der Evolution, eine Wiederholung der Geschichte des Lebens würde demnach nicht noch einmal ein Wesen unserer Art hervorbringen. Ganz im Gegensatz dazu Simon Conway Morris, der die Entwicklung des Menschen als unausweichlich betrachtet und festhält, dass es niemals fliegende Schweine geben wird.

Zwei Thomson-Gazellen beim
Kampf; die Thomson-Gazelle
ist die wohl bekannteste und
auch am häufigsten verbreitete
Gazellenart. Sie ist hauptsächlich
in Ostafrika beheimatet, hier im
»Masai Mara Reserve«, Kenia.

Wunder der Natur

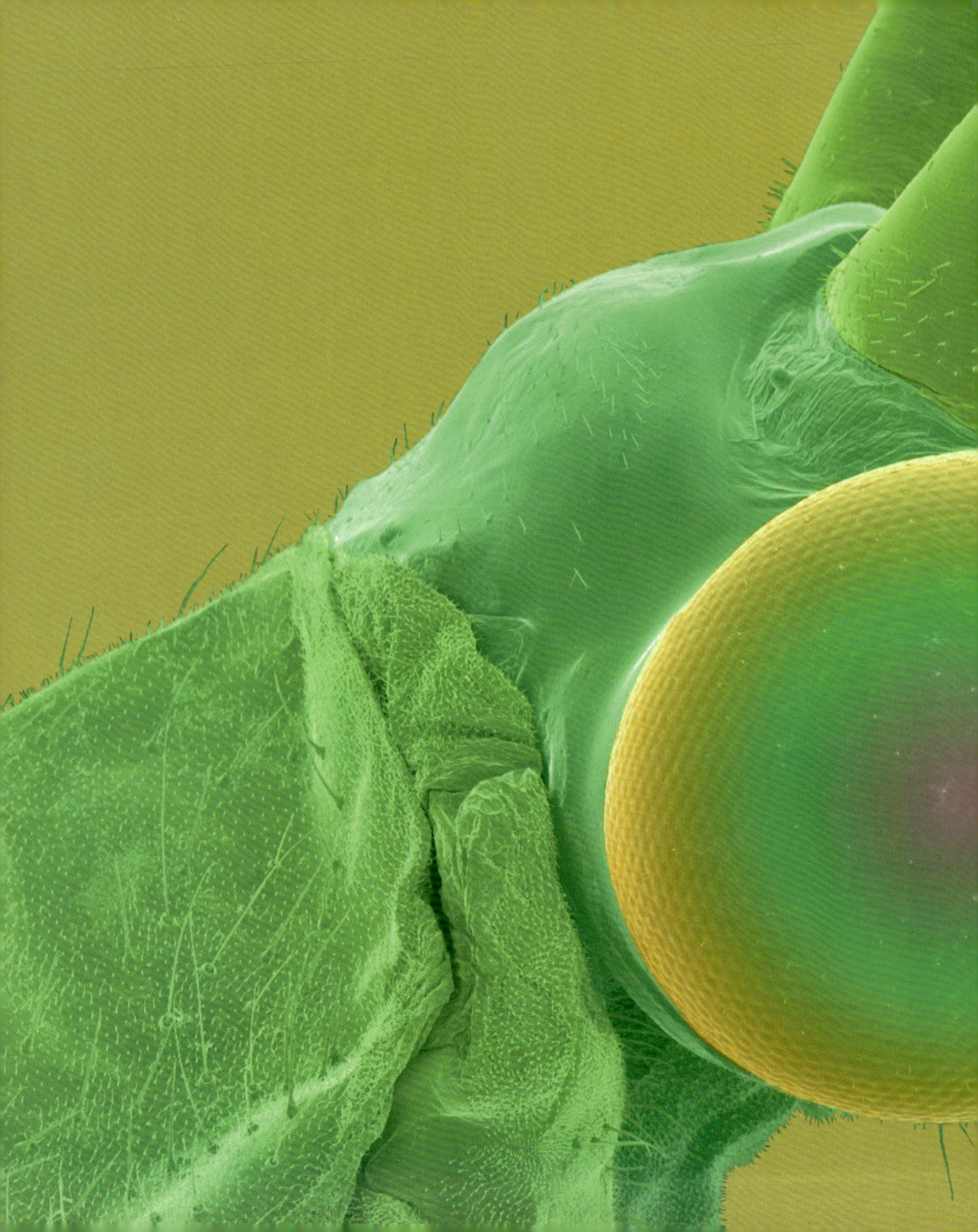

Der Kopf einer Florfliege in 12-facher Vergrößerung; die Facettenaugen einiger Arten glänzen metallisch-bronzen, weshalb die Florfliege auch Goldauge genannt wird.

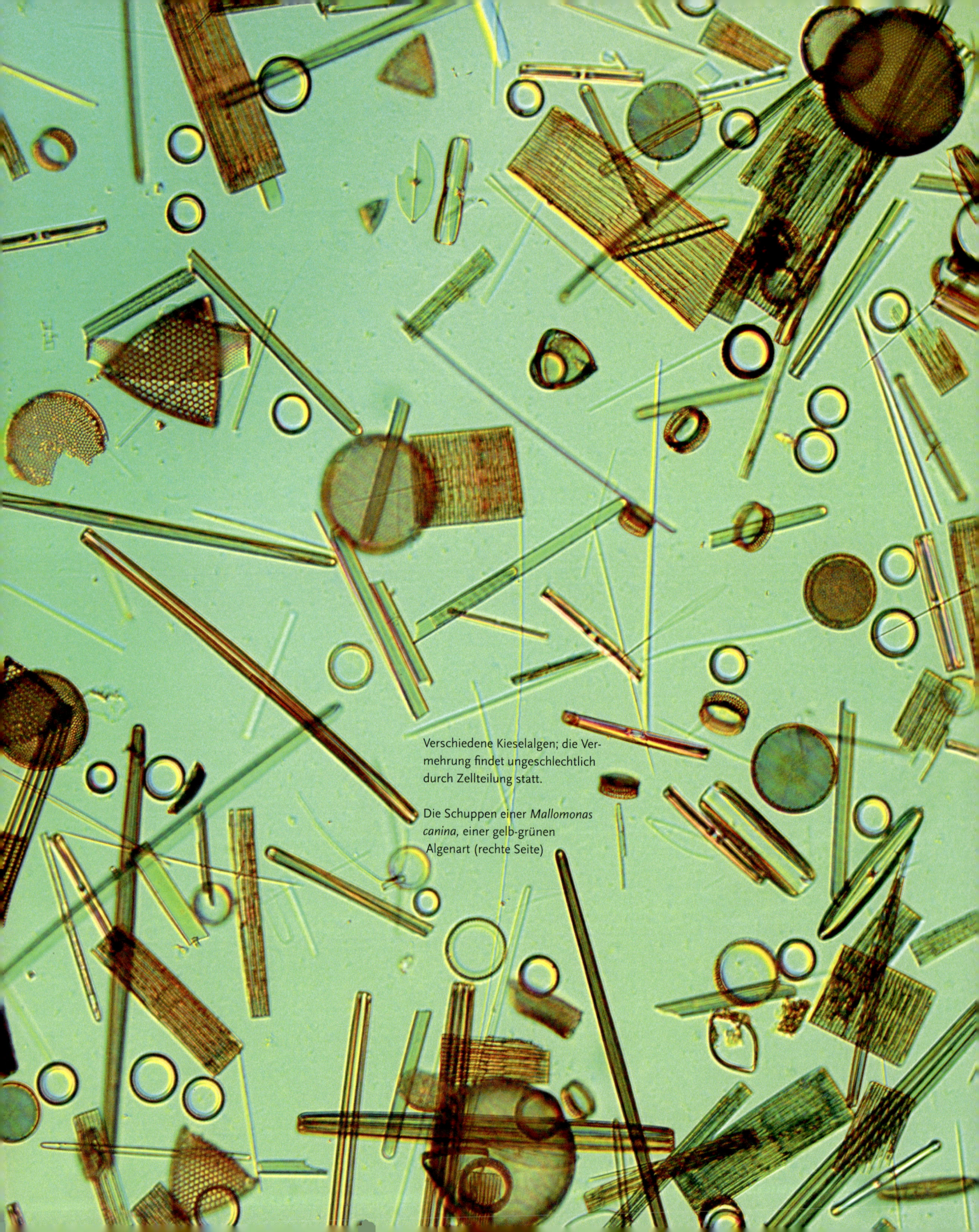

Verschiedene Kieselalgen; die Vermehrung findet ungeschlechtlich durch Zellteilung statt.

Die Schuppen einer *Mallomonas canina*, einer gelb-grünen Algenart (rechte Seite)

Unteransicht der Rochenart »Little Skate«, die hauptsächlich an der nordamerikanischen Ostküste beheimatet ist (hier Gloucester, USA)

Die Abbildung zeigt einen ozeanischen Oktopus im Roten Meer –
unter Wasser und bei Nacht.

Eine Qualle in der Antarktis
(1984), etwa zehn Zentimeter
lang; sie treibt sich selbst durch
Rudern ihrer Flimmerhärchen
voran, in einer Tiefe von fünf
Metern unterhalb der Eisschicht.

Das Imponiergehabe einer
Gruppe von Pinguinen

Ein Paradiesvogel, eine der bekanntesten und berühmtesten Vogelfamilien der indonesischen Provinz Papua auf der Insel Neuguinea. Die Insel wird auch »Insel der Paradiesvögel« genannt, sie ist Heimat von zahlreichen weiteren seltenen Tropenvögeln. Bei den Paradiesvögeln sind es vor allem die Männchen, die durch ein farbenprächtiges und imponierendes Federkleid auffallen.

Vögel, Vielfalt und Schönheit

Wenn die Prinzipien der Evolution ihre Auswahlarbeit verrichten, ist einiges in Bewegung. Die sexuelle Selektion sorgt dafür, dass all die Qualitäten sich entfalten, die wir so sehr schätzen, also Farbmuster, Schönheit, Mitgefühl und Anmut, um nur einige von ihnen zu nennen. Diese Richtung kann die Evolution natürlich nur dann einschlagen, wenn sie den Organismen die Fähigkeit gibt, den anderen wahrzunehmen und richtig einzuschätzen. Wie dies gelingt, wie Weibchen ihre Wahrnehmungsfähigkeiten steigern und Männchen im Gegenzug versuchen, sie zu überlisten, wie beispielsweise Beifußhühner ihre Partnerwahl gestalten und Guppys ihre Feinde hinters Licht führen, zeigt dieses Kapitel.

NACHWEISE FÜR DIE NATÜRLICHE SELEKTION

Die Finken der Galápagosinseln sind besonders fest mit dem Namen Darwin verbunden, aber die Darwin-Finken haben im Grunde genommen nur sehr wenig – wenn überhaupt – mit ihrem Namensgeber zu tun. Was wir über diese Vögel der Galápagosinseln wissen, haben andere Wissenschaftler herausgefunden – im letzten Jahrhundert vor allem das Forscherehepaar Rosemary und Peter Grant –, und ihre Einsichten liefern wundervolle Einblicke in das Wirken der Kraft, die wir als Selektion kennen und als Evolution erleben. Der amerikanische Wissenschaftsautor Jonathan Weiner hat den beiden und einigen ihrer um ein Verstehen der Evolution bemühten Kollegen in seinem Buch »Der Schnabel des Finken« ein literarisches Denkmal gesetzt, um das wir im Folgenden ein wenig herumspazieren und mit dessen Hilfe wir ein wenig erzählen wollen. Denn die Grants (und andere Biologen, die sich um die Nachweise für eine natürliche Selektion bemühen) konnten inzwischen zeigen, »dass die wichtigste und weitreichendste Theorie, die die Biologie zu bieten hat, tatsächlich Gültigkeit besitzt und dass nahezu jedes einzelne der unterschiedlichen Details, die man dabei vorgefunden hat, mit Hilfe dieser Theorie erklärt werden kann, und soweit wir sehen, ist wohl keine andere Theorie vonnöten«.

Wie hätte Darwin auch ahnen können, dass diese Vögel auf den Galápagosinseln so etwas wie den Traum eines Evolutionsbiologen darstellen, da sie eine Population bilden, die sich weder leicht mit anderen vermischen noch

Partnerwahl
Weithin am besten bekannt ist vielleicht das Beispiel der Beifußhühner, die im Westen der USA leben und bei denen die ganze Veranstaltung der Partnerwahl sogar auf einer Art Marktplatz stattfindet. Die Männchen treten alle auf einer Ebene an, und sie präsentieren sich, indem sie aufgeblasene Luftsäcke in dem dazugehörigen Gefieder zur Schau stellen. Während sie sich aufplustern, spazieren die Weibchen in aller Ruhe zwischen den Männchen umher. Sie widmen sich lange Zeit der wahrnehmenden Prüfung, bevor sie sich entscheiden, wobei sie ihre Wahl dadurch bekanntgeben, dass sie sich vor dem akzeptierten Männchen niederkauern.

Die Finken auf Galápagos

Auf den Galápagosinseln kennt man dreizehn Finkenarten, die sich sichtbar am besten durch ihre Schnabelform unterscheiden. Den einfachen Schluss, dass sie sich dann auch unterschiedlich ernähren, kann man leicht bestätigen – die Opuntienfinken leben zum Beispiel auf Kakteen, sie trinken entsprechend deren Nektar und fressen die Blüten, Pollen und Samen. Der Vampirfink hingegen hockt gerne auf dem Rücken von Tölpeln, und hier hackt er auf dessen Schwanz und Flügel ein, bis etwas Blut herausquillt, das nun getrunken wird. Es gibt weiter Finken, die als Vegetarier leben, indem sie die Rinde von Baumästen abschälen und die nahrhafte Schicht vor dem Holz verspeisen. Es gibt Finken, die sich auf dem Rücken von Leguanen niederlassen und dort nach Parasiten suchen, um sie zu vertilgen. Und für den Evolutionsforscher am spannendsten sind die Finken mit Kreuzschnäbeln, die sich auf das Knacken von Kiefern-, Fichten- oder Lärchenzapfen spezialisiert haben.
In der heutigen Biologie ist es üblich, die dreizehn Finkenarten als eine Familie von Vögeln zu betrachten, in der sich vier Gattungen unterscheiden lassen. Die Zuordnung geschieht so, dass die Mitglieder von drei Gattungen auf Bäumen leben; wer zur ersten gehört, vertilgt Früchte und Käfer, wer zur zweiten gehört, lebt vegetarisch, und wer zur dritten Gruppe gehört, wirkt beim ersten Hinsehen wie eine Grasmücke. Die vierte Gattung ist mit sechs Arten die größte, und sie hat den Vorteil, am besten beobachtbar zu sein. Wer hierzu gehört, begnügt sich damit, auf dem Boden hin und her zu hüpfen und so seine Nahrung zu suchen. Diese Bodenfinken heißen in der Fachsprache Geospiza, und obwohl sie auf einer Zeichnung gut zu unterscheiden sind, braucht es sehr viel Übung und Erfahrung, um sie bei der Feldarbeit genau auseinanderhalten zu können.
Die Grants haben es im Laufe ihrer Tätigkeit zu Meistern der Unterscheidung gebracht, was unter ihren Mitarbeitern zu der Redensart geführt hat, »Nur Gott und die Grants können Darwinfinken unterscheiden.«

Vier der dreizehn Finkenarten, die Darwin auf den Galápagosinseln vorfand. Oben links ist der Große Bodenfink zu sehen, oben rechts der Mittlere Bodenfink, unten links der Kleine Baumfink und unten rechts der Laubsägerfink.

Ein Paar der Großen Bodenfinken, Lithografie von Elizabeth Gould, um 1835, nach einer Zeichnung ihres Ehemannes John Gould

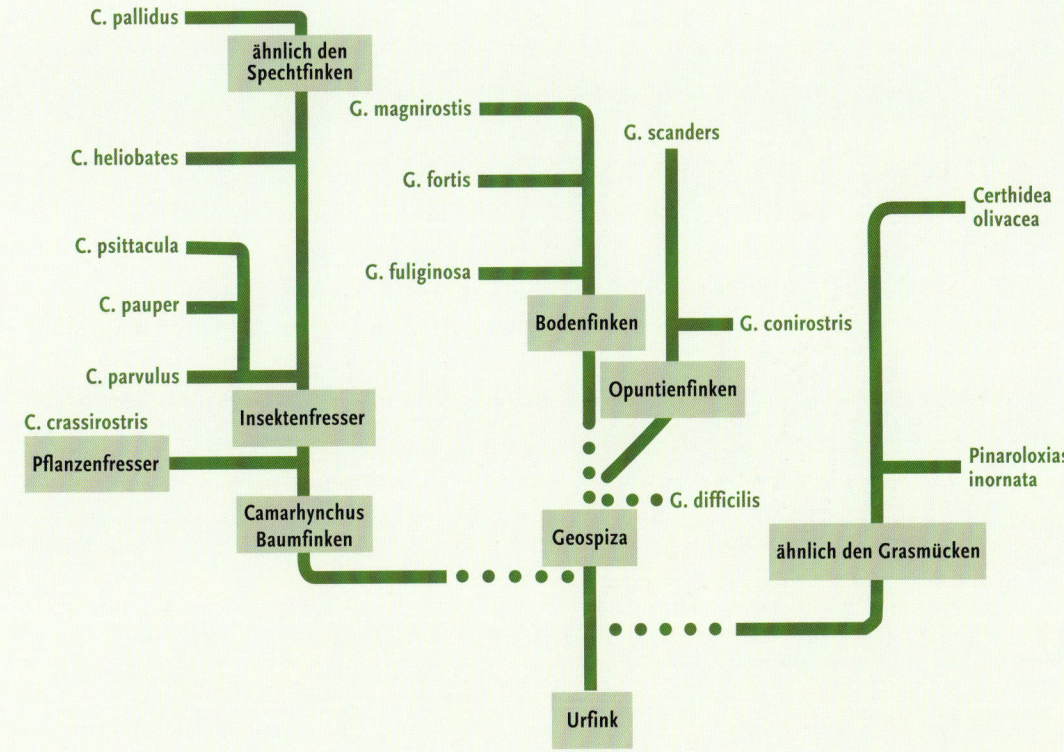

C. pallidus

ähnlich den
Spechtfinken

G. magnirostis

G. scanders

Certhidea
olivacea

C. heliobates

G. fortis

C. psittacula

G. fuliginosa

C. pauper

Bodenfinken

G. conirostris

C. parvulus

Opuntienfinken

C. crassirostris

Insektenfresser

Pinaroloxias
inornata

Pflanzenfresser

G. difficilis

Camarhynchus
Baumfinken

Geospiza

ähnlich den Grasmücken

Urfink

Links oben: Ein Opuntienfink auf
Genovesa (englisch auch »Tower
Island«), eine der Galápagosin-
seln; der Opuntienfink lebt auf
Kakteen und trinkt deren Nektar
bzw. frisst die Blüten, Pollen und
Samen.

Rechts oben: Ein Fink auf dem
Rücken eines Landleguans.
Der Leguan lädt den Finken in
gewissem Sinne dazu ein, sich auf
seinen Rücken zu setzen, indem
er die Körperhaltung einnimmt,
die einer Katze gleicht, die
gestreichelt werden möchte. Der
Fink sucht auf dem Rücken des
Leguans nach Parasiten, um sie
zu vertilgen.

Links: 1945 machte sich der britische Biologe David Lack daran,
die Finken der Galápagosinseln
genauer zu studieren. Sein 1947
versuchsweise vorgeschlagener
dreiteiliger Stammbaum gilt heute
noch als weitgehend richtig.

mal rasch eben den Ort wechseln kann. Die Veränderungen, die auf einer der rund ein Dutzend Erhebungen – dem sogenannten Galápagos-Archipel – aus dem Meer auftreten, bleiben vor Ort und vermischen sich nicht ununterscheidbar mit den Varianten an anderen Stellen. Trotz dieser Vorteile ist es aber keineswegs ein Kinderspiel, die natürliche Selektion – »wie sie wirklich vor sich geht« – in den wissenschaftlichen Griff zu bekommen, und die Grants mussten im Laufe ihrer Forschertätigkeit fast 20 000 Finken erst identifizieren, markieren (mit Ringen versehen und protokollieren), verfolgen, beobachten und präzise vermessen – bei den Schnabellängen kam es manchmal auf einen einzigen Millimeter an – und dann die dazugehörigen Daten in Computern zu Hause eingeben und auswerten, bevor sie sicher wussten, dass die Natur über die von Darwin anvisierten selektiven Prozesse verfügt, mit denen sie die Vielfalt der Lebensformen hervorbringen kann – ohne dass sie jemand hervorzaubern müsste.

Dieser riesigen Zahl an Finken stehen die rund 30 Exemplare gegenüber, die Darwin einsammelte (nachdem er sie abgeschossen hatte) und mehr oder weniger achtlos an Bord der HMS Beagle verstaute, ohne den Ort ihrer Herkunft zu notieren. In seinem Tagebuch, in dem er alles sonst penibel festhielt, finden die heute so berühmten Darwin-Finken keine besondere Erwähnung. Er betrachtete sie hingegen unter einem anderen Winkel als dem der Selektion bzw. des Artenwandels, und dabei war ihm etwas anderes aufgefallen: »Die Vögel kennen den Menschen nicht und halten ihn für genauso unschuldig wie ihre Mitbewohner, die riesigen Schildkröten. Kleine Vögel, nur etwa einen Meter entfernt, hüpften still von einem Busch zum anderen und hatten keine Angst vor den Steinen, die nach ihnen geworfen wurden.«

Die Grants sind zum ersten Mal 1973 auf die Galápagosinseln gereist, um zu verstehen, wie die Natur ihre Hervorbringungen variabel gestaltet. Sie wollten unter anderem wissen, warum die Variabilität selbst so variabel ist, warum einige Tier- und Pflanzenarten häufiger Varianten bilden als andere. Wichtig war, dass es zum einen etwas zu messen gab – die Größe der Finken und die Ausdehnung und Form ihrer Schnäbel – und dass es zum anderen eine ausreichend hohe Wahrscheinlichkeit gab, Finken zu finden, deren Messwerte vom Durchschnitt abwichen, damit man überhaupt Aussagen treffen konnte, die in der Sprache der Wissenschaft statistisch signifikant sind.

Nachdem sich die Grants davon überzeugt hatten, dass die Finken auf den Galápagosinseln höchst unterschiedlich sind – bezüglich ihrer Beinlänge, ihrer Spannweite, ihres Gewichtes und ihrer Schnäbel –, machten sie sich mit ihrem Team daran, das Nahrungsangebot der Bodenfinken zu sichten. Man erkannte, dass die Hauptaufmerksamkeit den unterschiedlichen Samen galt, die die Inselpflanzen zur Verfügung stellten – Grassamen, Mohnsamen, Kaktussamen –, und sie bestimmten deren Verteilung, deren Größe und deren Härte, wobei Letzteres einen Hinweis auf die Kraft gibt, die ein Vogel mit seinem Schnabel aufwenden muss, um den Samen knacken zu können. Nur dann stellt er ein Nahrungsmittel für einen Finken dar.

Vampirfink
Der Vampirfink ist eine Unterart des Spitzschnabel-Grundfinks und damit eine Subspezies der Darwin-Finken. Er lebt ausschließlich auf den unbewohnten Galápagosinseln Wolf und Darwin. Besondere Aufmerksamkeit verdient der Vampirfink dadurch, dass er – neben der Vampirfledermaus – eine von zwei Wirbeltierarten ist, die sich vom Blut anderer Tiere bzw. Vögel ernährt. Sie picken die Haut am Federansatz auf, zum Beispiel von Blaufußtölpeln, bis Blut fließt. Außerdem stehlen sie die Eier der Tölpel und rollen sie so lange gegen Steine, bis sie zerbrechen. So decken sie auch ihren Flüssigkeitsbedarf auf den wasserlosen Heimatinseln.

DER ÜBERLEBENSKAMPF

Die erste umfassende Beobachtung bzw. Registrierung des Finkenlebens zeigte schließlich, dass in der Regenzeit auf der Insel – also dann, wenn ausreichend Samen zur Verfügung standen – alle Bodenfinken sich bevorzugt den weichen Samen zuwandten – was im späten 19. und frühen 20. Jahrhundert manche Finkenforscher zu dem falschen Schluss verleitet hat, dass die Schnabelform der Finken eigentlich gar keinen Hinweis auf die Nahrung der Vögel gibt und daher keinen Spielraum für einen Selektionsvorteil ergeben kann.

Doch dann kam die Trockenzeit, die sich zu einer Dürre entwickelte, und in wenigen Monaten reduzierte sich das gesamte Nahrungsangebot auf weniger als 20 Prozent der ersten Menge. Jetzt konnten zum Beispiel die großen Bodenfinken sich an den zwar wenigen, aber reichhaltigen großen und schweren Samen gütlich tun, die sie vorher links liegen gelassen hatten. Jetzt bestimmte überhaupt die Schnabelform, was verzehrt werden konnte – die Opuntienfinken etwa stürzten sich ausschließlich auf Samen von Kakteen – und jetzt kam Spannung für die Evolutionsbiologen auf.

Durch Ergebnisse dieser Art wird inzwischen mehr als deutlich, dass selektive Kräfte in der Natur wirken. Nur haben wir dadurch noch keine Beobachtung einer Evolution bzw. einer evolutionären Entwicklung selbst gemacht. Diesen Prozess können wir nur erkennen, wenn wir nicht eine existierende Generation von Bodenfinken anschauen, sondern fragen, wie nachfolgende Generationen aussehen und sich die dort anzutreffenden Nachfahren von ihren Vorfahren unterscheiden. Wir müssen also nicht nur untersuchen, wie individuelle Finken in kargen Zeiten ihr Überleben sichern. Wir müssen vor allem erkunden, wie die sich dabei als tüchtig erweisenden Exemplare sich fortpflanzen, wie sie also einen Partner finden, um mit ihm (oder ihr) zusammen Nachwuchs zu haben. Nur dann können die Finken und andere Organismen das Leben und seine Evolution in Gang halten.

Darwin hatte schon früh den Verdacht, dass es neben der natürlichen Selektion noch ein zweites Auswahlverfahren der Evolution gibt, und dessen Wirken war ihm bei Vögeln aufgefallen, die oft Eigenschaften zeigten, die kaum einen Nutzen im Daseinskampf traditioneller Art haben konnten und die man eher als (gefährlichen) Luxus anzusehen hatte. Als Beispiele dienten ihm die Federpracht der Paradiesvögel, die bunten Farben von Fasanen und der bei solchen Betrachtungen unvermeidliche Schwanz des Pfaus, den wir alle aus den Tiergärten kennen. Wie kann die Evolution so etwas hervorbringen? Ihm schienen solche Formen nicht ein Werk der natürlichen Selektion zu sein, und er dachte über einen weiteren Mechanismus nach.

Darwin bedachte zunächst, dass die natürliche Selektion als Motor der Evolution nur zu Anpassungen an die äußere Umwelt führen kann, in der sich die Lebewesen aufhalten. Damit gemeint sind zum Beispiel das Klima, das Angebot an Nahrung, die Konkurrenz durch andere (feindlich gesinnte) Arten, die konkreten geographischen Vorgaben (wie Berglandschaft oder Seeufer, Tiefebene oder Hochplateau), die Verfügbarkeit von Materialien (wie Holz oder Steine), das Vorhandensein von geschützten Höhlen und was ei-

Luxus
Ursprünglich bedeutete Luxus »üppige Fruchtbarkeit«, später dann Ausschweifung oder Verschwendung. Heute bezeichnet der Begriff Verhalten, Güter oder Ausstattungen, die über ein von der Gesellschaft als üblich und sinnvoll betrachtetes Maß hinausgehen. Was genau unter Luxus verstanden wird, hängt aber stark von kulturellen Standards, Durchschnittseinkommen und Konsumverhalten wie auch von der allgemeinem Lage der Gesellschaft ab. Luxus ist ein sehr relativer Begriff.

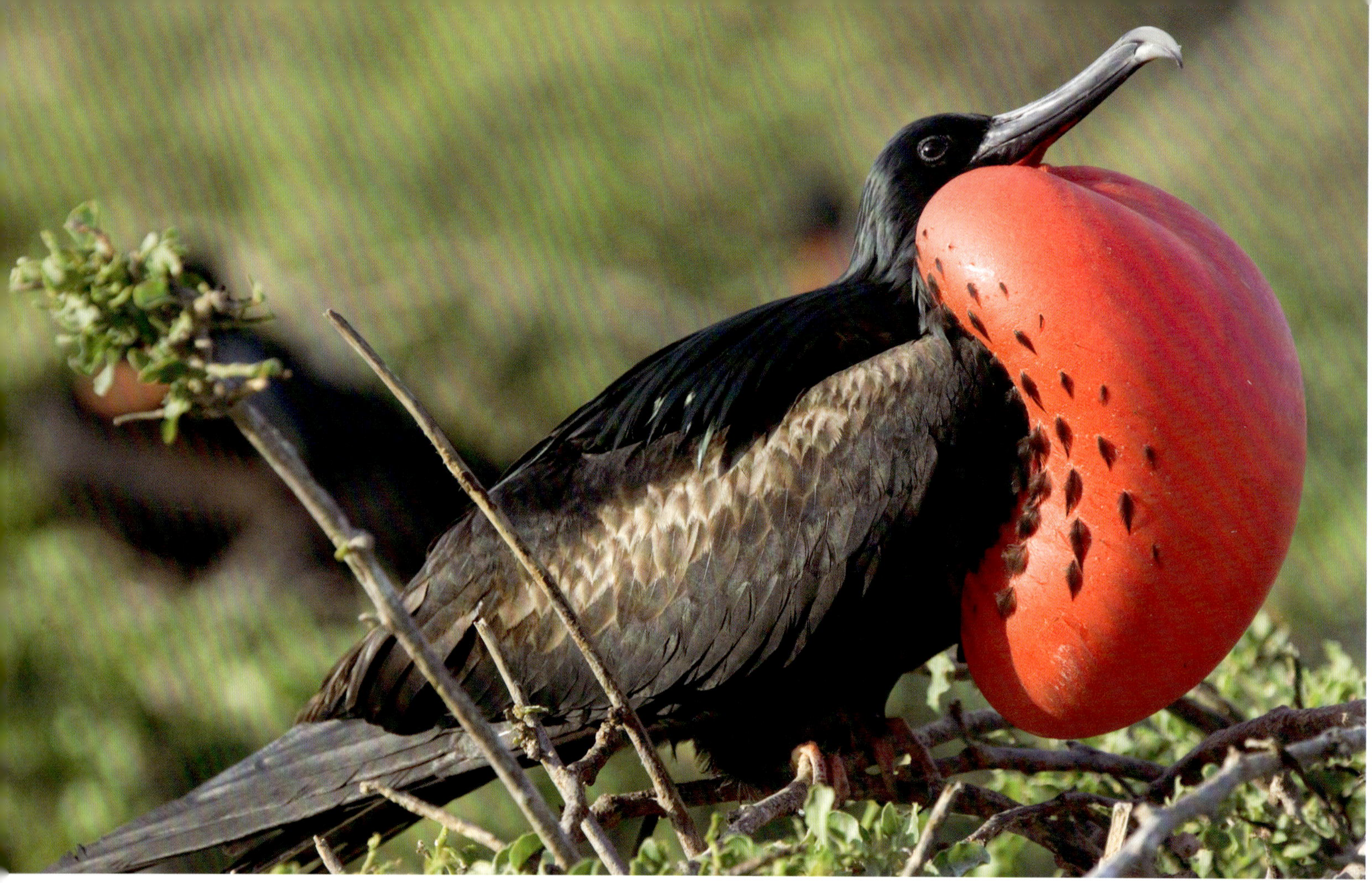

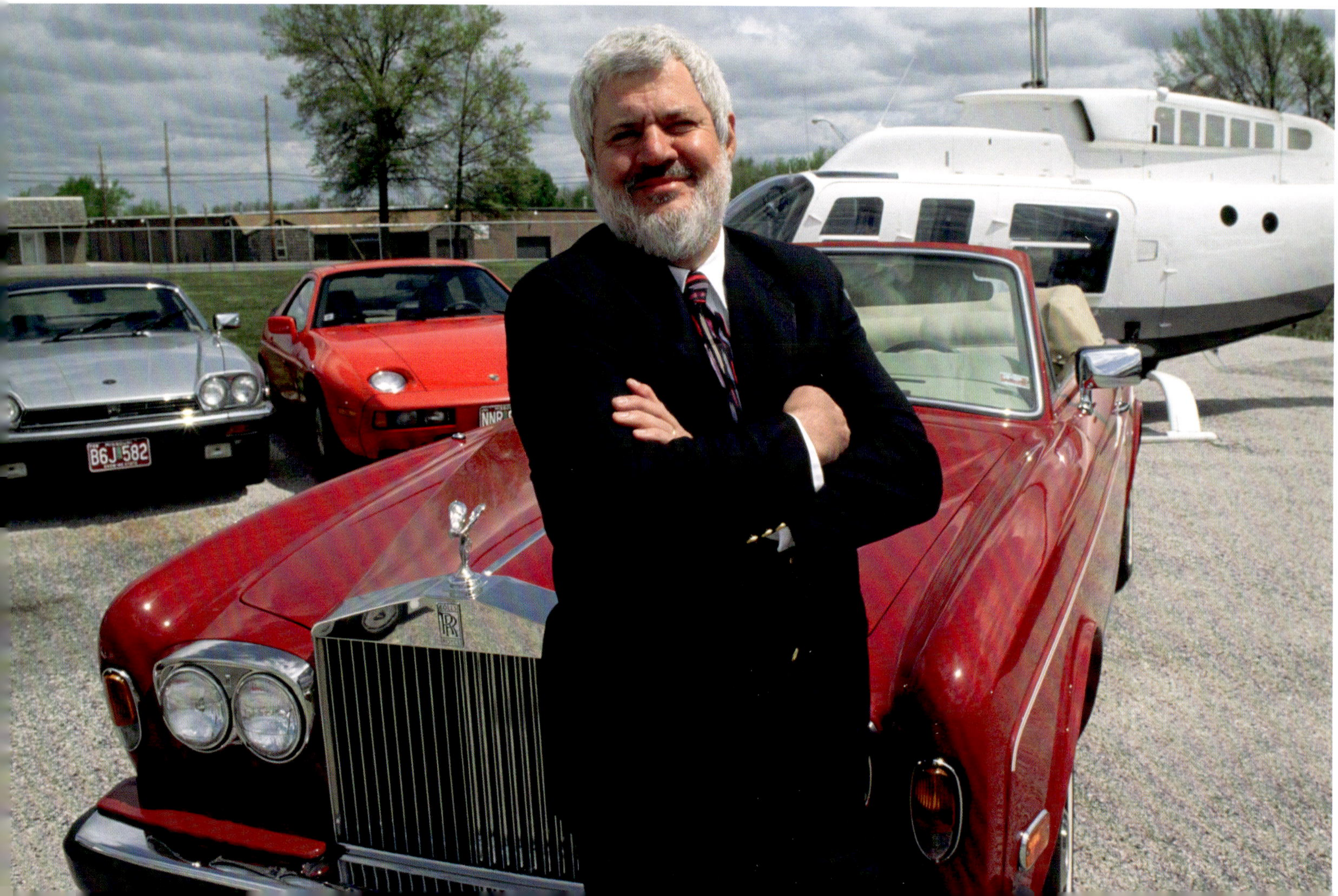
B6J 582

nem sonst noch einfällt. Man kann sich weiter gut vorstellen, dass für eine Lebensgemeinschaft die Anpassung nach außen weitgehend abgeschlossen sein kann und somit keine natürliche Selektion im klassischen Sinne mehr stattfindet, dass also deren Aufgabe der Lebensbewahrung erfüllt ist. Damit tritt aber kein Stillstand ein, es besteht vielmehr die Möglichkeit der Lebenssteigerung. Für diesen Vorgang verschieben sich die Auswahlkriterien an eine andere Stelle, sie verlagern sich nach innen. Vor dem Ziel der Vermehrung steht bekanntlich die Hürde der Partnerwahl, und bevor sie übersprungen wird, findet das statt, was Darwin die sexuelle Selektion nannte, die von der Natur mit Hilfe des jeweils anderen Geschlechtspartners durchgeführt wird. Diesen Mechanismus kann die Evolution offensichtlich auf zwei Weisen nutzen, um auf die Entwicklung des Lebens Einfluss zu nehmen und Qualitäten von Individuen auszuwählen. Entweder überlässt sie das Feld bei der Partnersuche den Männchen oder sie gestattet die Auswahl den Weibchen. Beide Fälle sind in der Natur realisiert, und sie führen zu höchst unterschiedlichen Ergebnissen.

Mit den beiden Selektionsverfahren der Natur – der natürlichen Auswahl durch die Außenwelt und der sexuellen Konkurrenz in der Innenwelt – stehen uns jetzt die theoretischen Grundlagen zur Verfügung, um die Entwicklung der Finken zu verfolgen, wie sie sich nach einer Dürre in den 1970er Jahren vollzogen hat. Die genannten Evolutionsmechanismen müssen dabei nicht unbedingt in dieselbe Richtung zielen. So kann es sein, dass schlechte Rahmenbedingungen es einem Männchen nahelegen, sich in Richtung Unauffälligkeit zu verändern, um seinen Feinden zu entgehen. Nur – wenn ihm dies gelungen ist, hat es nicht zugleich seine Chancen bei der Partnersuche erhöht. Dazu müsste es etwas Auffälliges machen. Wie so oft gilt es, die Balance zu finden, und die kann immer anders aussehen, je nachdem, welchen Fall man betrachtet.

Gehen wir auf konkrete Beobachtungen ein, die den Grants und anderen nach einer Dürre gelungen sind, die die Galápagosinseln 1977 heimgesucht hat und die nur einige Hundert Finken überleben ließ. Von den Jungvögeln

Ein Großer Fregattvogel auf Genovesa; das Männchen ist an dem aufgeblähten scharlachroten Kehlkopf zu erkennen, den es vor allem zur Balz einsetzt. Zeitgleich präsentiert es dabei seine silbrigweißen Flügelunterseiten, durch zitternde Kopfbewegungen, bei denen der Schnabel in einer hohen Frequenz auf den Kehlsack trifft, wird zusätzlich ein trommelndes Geräusch erzeugt.

Der amerikanische Unternehmer Delbert Dunmeyer 1992 in Kansas City, Missouri, zur damaligen Zeit einer der reichsten Männer des Landes

Echter Bürzel

Die erste eindrucksvolle Beobachtung gelang den Forschern in einer Studie, in deren Mittelpunkt sie weniger die Vögel und mehr ein Unkraut stellten, das in der deutschen Sprache Echter Bürzel heißt und im gebildeten Latein der Forscher unter Tribulus figuriert. Das Kraut produziert Früchte und Samen, die den Finken als Nahrung dienen, aber es gibt sie nicht ohne Weiteres preis. Es schützt seine begehrten Leckereien durch eine Kapsel, die sie zusätzlich mit Dornen versieht, und diese spitzen Konstrukte machen den Zugang zum begehrten Fraß wirklich schwierig und gefährlich, sodass viele Finken in Zeiten eines reichhaltigen Nahrungsangebots sich lieber gar nicht erst die Mühe des Aufbrechens machen. Das wird sofort anders, wenn etwa eine Dürre kommt und das Essen knapp wird. Dann kann man Bodenfinken im Wettstreit um Tribulus beobachten, wobei wie zu erwarten die Vertreter der größeren Art gewinnen und die der kleineren das Nachsehen haben. Als die Wissenschaftler der Frage nachgingen, was den Unterschied ausmacht, erzielten sie ein sensationelles Ergebnis.

Wenn ein Fink einen Schnabel von elf Millimeter Länge (und mehr) hat, kann er Tribulus knacken. Bei zehneinhalb Millimeter scheitert er. Mit anderen Worten, wenn es keine andere Nahrungsquelle als das Unkraut gibt, verlieren Finken den Überlebenskampf, wenn ihr Schnabel bei zehneinhalb Millimetern zu wachsen aufhört.

»Was für ein winziger Unterschied entscheidet oft darüber, was überleben und was untergehen wird«, hat Darwin einmal in einem Brief an seinen Freund Asa Gray geschrieben, und die Grants haben diesen Unterschied in dem genannten Beispiel ganz genau bestimmt. Es ist ein halber Millimeter, der über Leben und Tod entscheiden kann.

Zur Evolution von Sex

»Warum Sex?« – weil es Spaß macht. Natürlich würde ein Evolutionsbiologie jetzt wissen wollen, warum es uns Spaß macht, und in dem Zusammenhang vermuten, dass die Natur uns auf diese Weise dazu bringt, uns zu vermehren. (Und wenn wir das akzeptieren, würde die nächste Frage lauten, wie die Natur unsere Körper eingerichtet hat, damit es uns Spaß machen kann, und so weiter).

Sex also des Spaßes wegen. Eine schöne Antwort, die uns aber an dieser Stelle nicht hilft, denn die Frage, warum Sex ein Problem darstellt, stellt sich zunächst aus der Perspektive der ersten Lebensformen, von denen wir annehmen, dass sie als Einzeller auf der Welt waren und sich dadurch vermehrten, dass sie sich teilen. Ein Bakterium kann sich zum Beispiel alle 20 Minuten verdoppeln. Diese vegetative Vermehrung geht auf jeden Fall rascher als jede sexuelle – zweigeschlechtliche – Reproduktion vor sich, und sie bringt größere Mengen an lebenden Zellen der Organismen mit sich. Wenn es die Evolution auf möglichst viele Nachkommen abgesehen hat, warum (und wie) hat sie denn die Sexualität entwickelt?

Dies hängt im Prinzip mit den bereits angesprochenen Variationen zusammen, um die es der Natur geht. Wenn sich ein Lebewesen teilt und teilt und teilt, bringt es immer mehr Exemplare von sich hervor. Das erhöht zwar die Quantität, ändert aber nicht die Qualität, und wenn sich nun etwas in der Umwelt tut, kann es leicht passieren, dass die ganze Riesenmenge, die durch Teilungen entstanden ist, jetzt unangepasst dasteht und untergeht.

Falls der Vermehrung – wie im Fall der Sexualität – aber das Gegenteil einer Teilung, nämlich eine Verschmelzung von Samen und Eizelle vorausgeht, dann können dabei verschiedene und immer wieder neue Mischungen von Vater und Mutter entstehen, von denen sich einige den veränderten äußeren Bedingungen anpassen und somit überleben können. Sex könnte somit eine Anpassung an das Unvorhersehbare sein.

starben die größten, was merkwürdig war, selbst wenn man berücksichtigt, dass sie am meisten Futter brauchen. Aber gerade die Riesenmäuler schienen nichts zu nutzen, denn unter den großen Jungvögeln starben wiederum diejenigen mit den höchsten Schnäbeln am häufigsten. Wer klein war und über einen flachen Schnabel verfügte, der hielt das Dürrejahr besser aus und überlebte die schwierige Situation.

In den genannten Tatsachen steckt auf den ersten Blick ein Rätsel, nämlich die Beobachtung, dass den jungen Finken selbst große Schnäbel nichts nutzten, als die Samen knapp wurden. Wer den Tatbestand Samenknappheit dann genauer analysiert, findet, dass es in dieser Lage für die großen Jungvögel zwar ausreichend harte Samen gab. Sie konnten sie aber noch nicht nutzen, da ihr Schnabel noch nicht ausreichend gehärtet war. Es reicht nicht, wenn der Schnabel hoch ist, er muss auch hart sein, und genau diese Ei-

Guppys als Beispiel für natürliche und sexuelle Selektion

Bei den Guppys lassen sich Männchen und Weibchen leicht unterscheiden – die Männchen sind kleiner, schlanker und farbenprächtiger und mit einer Afterflosse ausgestattet, die als Begattungsorgan zum Tragen kommt. Sie sind durch vielerlei vererbbare Farbflecken individuell unterscheidbar, wobei einige der Fische mit so feinen Farbmustern versehen sind, dass man sich nicht vorstellen kann, es hier mit einer selektierten Qualität zu tun zu haben. Der männliche Guppy möchte zwar mit seinen Farben den Weibchen gefallen, er darf aber dadurch nicht zugleich seine Feinde aufmerksam machen oder gar anlocken. Die Frage, warum Guppys dann nicht ganz auf die Farbflecken verzichten, konnte bald leicht beantwortet werden – sie schwimmen nämlich in Gewässern, auf deren Boden bunter Sand und farbige Kiesel zu finden sind, was die Tupfer zu einer Art Tarnung werden lässt, vor allem im glitzernden Licht der Sonne. Wenn diese Tarnung aufwendig ist und Mühe macht – so die Hypothese der Evolutionsbiologen –, dann sollte sie mit der Zahl

genschaft fehlt noch bei den Jungtieren. Sie entwickelt sich erst später, was unser Rätsel zwar löst, aber für die Vögel selbst trotzdem zu spät kommt. Diesem Wirken der natürlichen Selektion fügte sich nun massiv die sexuelle Variante hinzu, weil es bei keinem einzigen Finkenpaar beiden Partnern gelungen war, die Dürre komplett zu überleben. Mindestens einer war umgekommen, wobei insgesamt eine große Verzerrung der Geschlechterverteilung zugunsten der Weibchen entstanden war. Die Damen wählten die Herren mit dem schwärzesten und reichsten Gefieder und dem stärksten Schnabel, und da dies vererbbare Eigenschaften waren, änderte sich die Population der Finken, und ihre Mitglieder wurden genauso neu geformt, wie Darwin es vermutet (wenn auch nie beobachtet) hat.

Warum die Weibchen ihre Partner nach der Farbe des Gefieders auswählen, die zwischen braun und schwarz schwanken kann, erklären die Evolutionsbiologen mit der Beobachtung, dass sich mit diesem Merkmal erkennen lässt, über welche Menge Land das Männchen verfügt, wobei zur Erklärung angefügt werden muss, dass Finkenmännchen in ihrer Brautwerbung ein Territorium abstecken, auf dem sie dann ein Nest für den Nachwuchs errichten, das umherfliegende Weibchen inspizieren. Die Erde auf den Galápagosinseln ist schwarz – es handelt sich um Lava –, was offenbar dazu führt, dass Männchen mit entsprechend dunklem Gefieder sehr viel mehr um ihr Gebiet rackern müssen. Der damit verbundene Kampf ums Dasein ergibt für die Weibchen ein klares Auswahlkriterium, nämlich schwarze Männchen mit viel Land zu nehmen. Diese Varianten haben sich als Sieger durchgesetzt und können als Träger geeigneter Gene angesehen werden.

Diese einseitige Wahl wirft die Fragen auf, ob und wo dieses Wachstum seine Grenze hat und ob und wo die Evolution es vorantreibt. Tatsächlich zeigte sich bald durch genauere und umfassendere Feldbeobachtungen, dass sich in dem Augenblick, in dem nach einer Dürre eine Regenflut kam, die Umstände schlecht für die bislang begünstigten Vögel auswirkten. Große Finken mit großen Schnäbeln starben, während sich kleine Finken mit kleinen Schnäbeln wohlfühlten und gedeihen konnten. Der Grund dafür scheint darin zu liegen, dass das frische Wachstum nach dem vielen Regen zwar

Ein männlicher und ein weiblicher Guppy im Aquarium; das Männchen ist zwar kleiner und schlanker, dafür aber mit einer Afterflosse ausgestattet, die es bei der Begattung einsetzt.

der Feinde weniger komplizierte Formen annehmen, und beim Studium der Lebensräume von Guppys fanden Biologen ein ideales Gelände zum Testen dieser Ansicht, nämlich einige Flüsse in Venezuela und Trinidad, in denen Guppys leben und die Zahl ihrer Feinde stromabwärts zunimmt. Wer nun die Flecken der Guppys in jedem Abschnitt analysiert und vergleicht, wird feststellen können, dass zwar jedes einzelne Fischmännchen ein eher chaotisch wirkendes Farbmuster trägt, dass aber die jeweilige Population ein Muster erkennen

lässt. Wenn es viele Feinde gibt, werden die Flecken klein und blass. Nimmt die Zahl der Feinde ab, werden die Farbtupfer größer und heller. Als besonders trickreich erweist sich dabei der Umgang mit den äußerst winzigen Farbflecken, die nur aus ganz naher Entfernung sichtbar werden. Dies ist genau die Distanz, in der die Werbung um die Weibchen stattfindet, was erneut zeigt, dass auch das unscheinbarste Phänomen zu den Lebenschancen beitragen und damit zur evolutionären Ausstattung gehören kann.

Männchen und Weibchen

Der Evolution stehen zwei Wege offen, was die Ausstattung der Menschen mit Geschlechtszellen betrifft, nämlich Samen und Ei gleich oder die beiden unterschiedlich groß werden zu lassen. Die Natur hat beide Möglichkeiten in die Wirklichkeit umgesetzt, wobei sie die verschiedenen Größen als Extreme realisiert und so die Samenzellen möglichst winzig und die Eizellen möglichst gehaltvoll gestaltet hat. Wenn die Geschlechtszellen gleiche Ausmaße annehmen, dann unterscheiden sich die beiden Geschlechtspartner äußerlich kaum oder gar nicht. Sichtbare Unterschiede treten nur dann auf, wenn ihre Geschlechtszellen unterschiedlich aussehen bzw. verschieden groß sind.

Wir definieren nun eher rücksichtslos und wenig poetisch (aber in Übereinstimmung mit unserer Erfahrung) als weibliches Geschlecht die Produzentinnen der großen Geschlechtszellen – also der Eizellen. Die Konsequenz aus der Tatsache, dass ein Geschlecht mit größeren Keimzellen ausgestattet wird, besteht darin, dass das Heranwachsen des Nachwuchses im Inneren des dazugehörigen Körpers stattfindet und ein besonderer Vorgang – das Eierlegen oder die Lebendgeburt – folgt, der hohe Risiken bergen kann. Diese Situation beeinflusst nun entscheidend die Interessenlage der beiden Partner, die für Nachwuchs sorgen, und dies hat Darwin sofort in all seinen Folgen erkannt. Ein Weibchen, das Mutter wird, investiert nämlich ungleich viel mehr als ein Männchen, das Vater wird (»parental investment«). Wenn nämlich die Evolution und ihre Kräfte vor allem mit der reproduktiven Fitness beschäftigt sind, dann werden sie dafür sorgen, dass Weibchen auf Qualität und Männchen auf Quantität ihrer jeweiligen Partner achten. Mit einfachen Worten:

Die Männchen schauen den Weibchen nach, und die Weibchen schauen sich die Männchen an. In Darwins eigenen Worten:

»Hier besteht ein krasser Gegensatz zu den Männchen, die gewöhnlich bereit sind, sich mit jedem Weibchen zu paaren, und häufig nicht einmal einen Unterschied zwischen Weibchen der eigenen und einer anderen Art machen ... Die Gründe für diesen krassen Unterschied beruhen auf dem Prinzip der Investition. Ein Männchen hat genug Samen, um zahlreiche Weibchen zu befruchten, seine Investition in eine einzelne Kopulation ist daher klein. Ein Weibchen dagegen produziert relativ wenige Eier und investiert viel Zeit und Mittel im Ausbrüten der Eier, Austragen der Embryonen und in der Brutpflege.«

Männchen werden sich darum bemühen, so viele Weibchen wie möglich – in Form eines Harems – zu begatten, und sie erreichen dieses Ziel, indem sie die Konkurrenten angreifen und zu verjagen versuchen. Ein Weg der sexuellen Selektion besteht also in männlichen Rivalenkämpfen, und die Lebensgemeinschaften, in denen diese Praxis vorherrscht, bringen kräftige und ausdauernd kampffähige Tiere hervor, wogegen nichts einzuwenden ist.

Doch die Natur hat auch Gelegenheiten geschaffen, bei denen den Weibchen die entscheidende Rolle der Partnerwahl zufällt, und sie sollte auf Qualität ausgerichtet sein. Weibchen wählen offenbar den Mann, der ihnen am besten gefällt, und dieses Gefallen hat nicht unbedingt mit unbeugsamer Kampfeslust und brutaler Muskelkraft zu tun. Vögel, bei denen die weibliche Wahl praktiziert wird, sind schön (selbst für uns), wie zum Beispiel Paradiesvögel. Die weibliche Wahl funktioniert vor allem bei der möglichen Alleinversorgung, bei der sich das Männchen nicht durch nützliche Qualitäten wie Futterbeschaffungsfähigkeit auszeichnet, sondern dem weiblichen »Schönheitsbedürfnis« genügen muss.

Kalifornische Seelöwen auf Vancouver Island, Kanada

Männliche Seeelefanten kämpfen am Strand der Falklandinseln im Atlantischen Ozean.

Der *Paradisaea raggiana*, eine besondere Art der Paradiesvögel, bei der Balz um ein Weibchen, Papua-Neuguinea

massenhaft viele Samen produzierte, aber sie waren zumeist sehr klein. Große Samen waren nur mit Mühe zu finden, und oftmals nicht in ausreichender Zahl.

Ob dies nun die geeignete Erklärung ist oder nicht – klar ist, dass die Evolution die Richtung wechseln kann, was aber nicht heißt, dass sie rückwärts geht (und an Boden verliert). Sie kommt nach wie vor voran, sie schlägt einfach nur eine andere Richtung ein – und sie scheint immer dazu bereit zu sein, sich auf Experimente einzulassen. Dazu gehört zum Beispiel das, was die Biologen Hybridbildung nennen.

DAS VERSPRECHEN DER SCHÖNHEIT

Wir sehen auf der einen Seite, dass Darwins Idee einer doppelten Selektion von großer Tragweite ist, wenn es um die Erklärung der lebendigen Vielfalt geht. Wir sehen aber auch, dass diese Vielfalt immer wieder Herausforderungen produziert, die neue Deutungen verlangen, und insgesamt können wir sicher sein, dass das Leben reichhaltig genug ist, um uns bis zum Ende aller Tage Rätsel aufzugeben.

Zu den schönen Rätseln unter den Hervorbringungen der Evolution zählen die oben genannten Luxusqualitäten, die sich in großer Pracht bei Vögeln finden, zum Beispiel die bunten Farben von Fasanen, die Federfülle der Paradiesvögel oder die kontrastreichen Gefieder von Auerhühnern. Manche Lebewesen verfügen offenbar nicht nur über nützliche Eigenschaften. Sie sind manchmal auch einfach schön, und die Frage lautet natürlich, wie ist die Natur vorgegangen, um dies zu erreichen. Wenn für den Paradiesvogel das Wort »schön« verwendet wird, dann heißt dies selbstverständlich zunächst nur, dass er uns, den menschlichen Betrachtern, gefällt. Von Schönheit und ihrer Wahrnehmung kann aber nicht im Alltagssinne gesprochen werden, wenn es allein um das Verhalten von Tieren geht und alles wissenschaftlich korrekt geschehen soll. In diesem Fall wird »schön« dann verwendet, wenn damit die Attraktivität eines Tieres ausgedrückt werden soll, die ihm einen Vorteil bei der Partnersuche verschafft, das heißt, ihm die Fortpflanzung (in der dafür zur Verfügung stehenden Zeit) ermöglicht.

Darwin hat dazu die »female choice«, die »weibliche Wahl«, eingeführt, mit der sich in einigen Spezies die Frauen ihren Sexualpartner aussuchen. Um bei diesem Vorgang gewinnen zu können und zu den Auserwählten zu gehören, müssen die Männchen jede Anstrengung unternehmen, sich besonders prächtig auszustatten. Darwin konnte diesen Vorschlag der weiblichen Wahl machen, da es tatsächlich – etwa bei Pfauen und Fasanen – die Männchen sind, die sich besonders schön entwickeln. Und sie tun dies natürlich, um zu ihrem Ziel zu kommen, das darin besteht, ein Weibchen zu befruchten. (Das ist die Uniformität in der Vielfalt der Natur, die trotz aller Wiederholung schön bleibt.) Die weibliche Wahl stellt einen Weg der Evolution dar, Schönheit hervorzubringen, denn mit ihrer Hilfe entscheiden nicht mehr Kraft, Durchsetzungsvermögen, Bewaffnung und Angepasstheit über die Weiterentwicklung der Art, sondern Farbe, Schönheit und Anmut.

Hybride
Der Begriff stammt hauptsächlich aus der Pflanzenkunde. Hybride fallen aus ihrer Art, da sie aus der Kreuzung von unterschiedlichen Zuchtlinien, Rassen oder Arten stammen. Durch das so gemischte unterschiedliche Erbgut können Hybride mit größerer Leistungsfähigkeit entstehen, die den doppelten Ertrag liefern. So entstammen bei manchen Gemüsearten über 80 Prozent der Sorten der Hybridzucht. Auch bei Tieren gibt es Hybride, die aber wesentlich seltener sind als bei Pflanzen, vor allem in der Zucht.

Schönheit
Schönheit liegt definitiv im Auge des Betrachters. Wie kaum ein anderer Begriff hängt Schönheit stark von der Sichtweise des einzelnen Individuums ab, von eigenen Werten, Kriterien und Zielen. Auch die Zeit bzw. die Epoche, der kulturelle Standard und die gesellschaftlichen Umstände prägen die Sichtweise der Schönheit und des jeweiligen Schönheitsideals. Mit den Definitionen, Bedingungen und den gesellschaftlichen Funktionen der Schönheit befasst sich die Ästhetik, die Lehre von der Schönheit.

Rechts: Die Damenwahl gilt als Höhepunkt eines Tanzballs, die Dame entscheidet sich für den Tanzpartner ihrer Wahl und durchbricht damit die Etikette (der Holzstich zur Damenwahl aus dem Jahr 1960 trägt den treffenden Namen »Alptraum des Salonlöwen«). In der Biologie steht der Begriff dafür, dass es fast immer die Weibchen sind, die bei der Partnerwahl die entscheidende Rolle spielen.

Links: Ein Auerhahn bei der Balz. Entscheidend dabei ist die Haltung, also ein gefächerter, steil aufgerichteter Schwanz und ein hochgereckter Kopf, und der Balzgesang, eine etwa sechs Sekunden andauernde Strophe, die aus dem Knappen mit dem Schnabel, aus einem sich überschlagenden Trillern und dem abschließenden Schleifen besteht.

Das Problem besteht darin, einen Grund zu finden, warum die Vorfahren des Menschen den Frauen die Möglichkeit dazu gelassen haben. Wodurch haben sie die Chance zur Wahl bekommen? Denkbar wäre, dass sie diesen entscheidenden Einfluss bekommen haben, weil sie es waren, die das Feuer hüteten. Sie haben dabei die starke Stellung ausgebaut, die sie anfänglich allein aufgrund der Tatsache hatten, dass sie die Kinder zur Welt brachten – und die männliche Bevölkerung in frühen menschlichen Gesellschaften wahrscheinlich überhaupt nicht verstand, dass sie selbst etwas zur Erzeugung des Nachwuchses beitrugen.

Bevor näher erkundet wird, wie die weibliche Wahl die Schönheit der Menschen ermöglicht hat, und bevor genauer analysiert wird, welche Verhaltensweisen wir der sexuellen Selektion verdanken, soll der Blick noch einmal auf die Welt der Tiere gerichtet werden, um die Frage zu klären, wie diese nach innen gerichtete Auswahl eigentlich operiert. Warum suchen sich Weibchen die schönsten Männchen aus? Warum entwickeln sie einen ästhetischen Sinn für männliche Ornamente, wie Darwin es formuliert hat? Und was wollen die Männchen damit zeigen? Genauer gefragt, was ist eigentlich die biologische Basis der sexuellen Selektion? Worin besteht der Vorteil, der dabei zu Stande kommt?

Die zahlreichen Erklärungen, die die wissenschaftliche Literatur anbietet, lassen sich in zwei Gruppen einteilen. In der einen finden sich die Vorstellungen, die als »Theorie des guten Geschmacks« zusammengefasst werden können. Ihnen zufolge suchen sich zum Beispiel Pfauenhennen die schöns-

Ein Pfauenhahn versucht, durch das Radschlagen seines Schwanzfächers das Interesse der Pfauenhenne zu gewinnen. Die Schwanzschleppe des Pfaus, dessen Heimatland Indien ist, kann eine Länge von bis zu 160 Zentimetern erreichen.

ten Pfauenmännchen schlicht und einfach deshalb aus, weil sie daran interessiert sind, ihren Söhnen diese Schönheit weitergeben zu können, damit diese wiederum möglichst viele Weibchen anziehen können, und so weiter. So sympathisch der Gedanke auch wirkt, er scheint willkürlich zu sein; natürlich könnte ein hinreichender Grund dafür, dass Weibchen lange Pfauenschwänze bevorzugen, in der Tatsache liegen, dass es schon genügend andere tun. Unverständlich muss aber im Rahmen dieses Modells bleiben, warum gerade lange Federn als schön erkannt werden sollen. Sie sind doch eher hinderlich bei dem, was man den normalen Überlebenskampf nennt. Wobei man natürlich auch sagen könnte, dass der Hahn, der sich trotz seines Federschmucks durchgesetzt hat, dies besonders gut können muss und also besser und überlebensfähiger als die anderen ist.

Es lohnt sich an dieser Stelle, noch einmal nachzulesen, was oben von Darwin zitiert wurde. Männchen – so lassen sich seine Sätze umformulieren – sind bei der Partnersuche an Quantität interessiert und Weibchen an Qualität. Letztere können sich nicht beliebig oft paaren – wenigstens nicht unter dem Aspekt der Vermehrung, auf den es hier allein ankommt –, weil sie es sind, die die Jungen austragen und nach der Geburt versorgen müssen. Da sie im Laufe ihres Lebens nicht sehr viele Kinder großziehen können, müssen Weibchen vielmehr wählerisch sein, und das heißt, sie müssen sich die besten Partner aussuchen, um von ihnen nur das beste Erbmaterial zu bekommen. Im biologischen Klartext: Wenn Weibchen Erfolg haben wollen, müssen sie ein Mittel finden, den Partner mit den besten Erbanlagen (Genen) zu erkennen, und dieses Mittel besteht in dem Blick auf die äußere Gestalt. Weibchen können offenbar die Qualität der Erbanlagen an der Schönheit des Männchens erkennen.

Damit ist nicht gesagt, dass gute Gene direkt zur Schönheit führen (oder es sogar so etwas wie Gene für Schönheit gibt). Vielmehr wird behauptet, dass die Schönheit außen zeigt, dass es innen gute Gene gibt. Schönheit stünde in dieser Vorstellung nicht für sich allein. Sie hätte vielmehr einen Zweck, und zwar den, auf die Güte des Erbmaterials hinzuweisen, das ein Weibchen im Falle der Befruchtung empfängt und mit den eigenen Genen mischt.

Pfauenhennen würden nach dieser Theorie der guten Gene nicht aufgrund irgendeines angeborenen Sinnes für Ästhetik nach den langen Schwanzfedern Ausschau halten, mit denen der Werber so ein schönes Rad schlagen kann. Pfauenhennen würden das Rad vielmehr deshalb genau studieren – das heißt, die Farben und Muster auf ihm wahrnehmen –, weil sie auf diese Weise die Qualität der Gene erkennen können, wobei genauer die Qualität des Genoms gemeint ist. Unter einem Genom versteht man die Gesamtheit aller Gene, und die Eigenschaft, auf die es den Hennen in dieser Vorstellung vor allem ankommt, ist der Befall dieses männlichen Genoms mit Parasiten. Der Befall mit Parasiten – in dem hier besprochenen Zusammenhang von Sexualität und Schönheit muss es auf den ersten Blick befremdlich wirken; zu den Grundüberzeugungen der modernen Evolutionsbiologen gehört aber die Feststellung, dass der Hauptzweck der sexuellen Fortpflanzung, der Grund, warum die Evolution diesen komplizierten Weg der Weitergabe von Genen entwickelt hat, darin liegt, die eigenen Nachkommen so resistent wie möglich gegenüber den allgegenwärtigen Parasiten zu machen.

Die Idee ist nun, dass die Weibchen es durch die Wahl des schönsten Männchens schaffen, sich das Genom zu angeln, das am wenigstens mit Parasiten belastet ist. Und es ist leicht zu sehen, warum sie dies erreichen, wenn sie genau hinschauen: Das riesengroße Pfauenrad ist nicht leicht zu bewerkstelligen, und einem Weibchen muss es vor allem leichtfallen, eventuelle Abweichungen von der Symmetrie festzustellen. Die Qualität bzw. der Symmetriegrad des Musters ist nun ein direktes Maß für die Fähigkeit des Pfauengenoms, seine Aufgaben zu erfüllen, ohne wahrnehmbar von Parasiten belästigt zu sein.

Solch eine Theorie kann natürlich nur Akzeptanz finden, wenn sie experimentell auf sicherem Grund steht, und der ist inzwischen gefunden worden. Detailuntersuchungen haben tatsächlich ergeben, dass es vor allem die farbenprächtigen Vogelarten sind, die besonders stark von Blutparasiten befallen sind. Man kann bei ihnen – und inzwischen auch bei vielen Fischarten – sogar sagen, je mehr Parasiten vorhanden sind, desto auffälliger erweist sich die Art. Eine merkwürdige Verbindung von Krankheit und Schönheit, auf die der wissenschaftliche Blick hier gelenkt wird und die in den höheren Regionen des Geistes wie etwa der Literatur die Menschen fasziniert.

Parasiten

Parasiten, auch Schmarotzer genannt, ziehen aus dem Zusammensein mit anderen Lebewesen, ihren Wirten, einseitigen Nutzen. Sie gewinnen Nahrung aus der Schädigung des anderen Organismus, wobei der Wirt im Allgemeinen nie so stark geschädigt wird, dass er tatsächlich stirbt. Parasiten kontrollieren die Ausnutzung ihres Wirtes dahingehend, dass er als Grundlage ihrer Existenz möglichst lang zur Verfügung steht. In diesem Zusammenhang spricht man auch von der Koevolution, in der sich Parasit und Wirt aneinander angepasst haben. Unterschieden wird unter anderem zwischen Pflanzen- und Tierparasiten und der räumlichen Distanz, ob sich der Parasit auf oder neben dem Wirt aufhält.

Katastrophen kennt allein der Mensch, sofern er sie überlebt; die Natur kennt keine Katastrophen.

MAX FRISCH

Der Untergang der Dinosaurier und andere Katastrophen

Die Einsichten in die Geschichte der Erde zeigen, dass sie selbst höchst dynamisch ist und im Laufe von Jahrmillionen viele massive Veränderungen etwa in Form von kontinentalen Verschiebungen oder durch die Ausweitung oder den Rückzug von Ozeanen erlebt hat. Dabei ist es mehrfach zu dem gekommen, was die Wissenschaft nur als Massenaussterben bezeichnen kann. Es wird geschätzt, dass durch Katastrophen dieser Art im Laufe der Evolution über 90 Prozent des existierenden Lebens verschwunden ist. Solche Umwälzungen der bestehenden Verhältnisse haben im Laufe der Erdgeschichte immer wieder zu neuen Verteilungen von Arten auf der Erde geführt, und einige von ihnen wollen wir näher kennenlernen.

Vor etwa 65 Millionen Jahren verschwanden die Dinosaurier aufgrund von Asteroiden, die auf der Erde eingeschlagen sind. Nichtsdestotrotz sind sie über Hollywood und die Spielzeugindustrie wesentlicher Bestandteil unseres Lebens.

DER ANFANG DER ERDE UND DES LEBENS

Leben hängt offenbar sehr eng an einer höchst veränderlichen Umwelt, und die Leichtigkeit und Lockerheit, mit der sich selbst solche hoch entwickelten Tiere wie die Darwin-Finken in kurzer Zeit auf Wetteränderungen mit nachfolgenden Nahrungskonsequenzen einstellen können, lässt vermuten, dass diese Fähigkeit zu den Grundbedingungen des Lebens gehört. Es muss in jeder Erscheinungsform präsent sein und von seinem ersten Auftreten an zu ihm gehören. Das bedeutet konkret, dass wir vielleicht besser nicht vom Leben im Allgemeinen, sondern nur von dem auf der Erde reden sollten.

Im Verständnis des westlichen Denkens muss alles einmal angefangen haben, und das gilt auch für unsere kosmische Heimat, die Erde. Doch so schön es hier ist, die Herkunft unseres Planeten muss man sich alles andere als romantisch vorstellen. »Die Erde formte sich aus Trümmern, die die entstehende Sonne umkreisten«, wie der britische Paläontologe Richard Fortey in seinem Buch »Leben« die Einsichten seiner astronomischen Kollegen zusammenfasst, und wir können heute abschätzen, dass dies vor mehr als vier Milliarden Jahren passiert sein muss.

Die ursprüngliche Formung muss heftig erfolgt sein: Die Erde bildete sich nämlich durch gewaltige Außenkräfte »in einem Chaos aus Einschlägen,

Mit Hilfe einer natürlichen Lupe konnte das Weltraumteleskop »Hubble« das Licht von zehn Galaxien auffangen, das fast so alt wie das Universum selbst ist. Das Universum entstand im Urknall vor 13,7 Milliarden Jahren, und die Entdeckung der Welteninseln gelang nur, weil die großen Galaxienhaufen im Vordergrund mit ihrer gigantischen Masse gemäß der Relativitätstheorie Albert Einsteins wie ein Vergrößerungsglas wirken.

Der amerikanische Biologe und Chemiker Stanley Miller vollzieht im Jahr 1953 Experimente an der Universität von Chicago, die eine frühe Erdatmosphäre simulieren und beweisen sollen, dass dabei die Entstehung organischer Moleküle, wie sie heute bei Lebewesen vorkommen, möglich ist.

Zertrümmerung und Verschmelzung. Nichts hatte Bestand«, wie Fortey die Kenntnisse der Wissenschaft zusammenfasst, »unablässig gruben sich Meteoriten in die Oberfläche des wachsenden Planeten«, die extrem heiß gewesen sein muss. Und so furchtbar das auch klingt: »Es kann kaum Zweifel daran bestehen, dass die Einschläge zahlloser Meteoriten eine bedeutsame Rolle dabei gespielt haben, die Welt für die Entstehung von Leben vorzubereiten – insbesondere zu Zeiten, als sich noch nicht genügend Erdatmosphäre gebildet hatte, um sie verglühen zu lassen.«

Natürlich kann in diesem Fegefeuer kein Leben welcher Art auch immer spontan entstehen bzw. länger existieren. Dazu musste alles erst einmal abkühlen, wobei nicht nur nebenbei Wasser und Wasserdampf – und zusätzlich eine Gasatmosphäre – entstehen konnten. Wir haben zudem Glück, dass unsere Entfernung von der Sonne gerade richtig ist, um die chemischen Reaktionen in Gang zu setzen, mit denen aus Kohlenstoff, Wasser, Stickstoff und einigen anderen Elementen die Bausteine entstehen konnten, die bis heute zum Leben gehören und seine molekulare Basis ausmachen.

Wie das im Detail geschehen konnte, wissen wir in vielen Fällen bis heute nicht. Wir müssen uns oft auf Plausibilität stützen und wollen deshalb zum einen einfach annehmen, dass sich durch alle möglichen Ereignisse und Mechanismen das auf der Oberfläche der Erde bilden konnte, was man gerne Ursuppe nennt, und stellen uns zum anderen vor, dass daraus ein allem Leben gemeinsamer Vorfahre zu entspringen wusste. Solch eine ähnliche Hoffnung hat schon Darwin geäußert, als er seinem Freund Joseph Hooker im Februar 1871 schrieb:

»Wenn (und, oh, welch großes Wenn) wir uns vorstellen könnten, dass sich in einem kleinen warmen Teich mit allen möglichen Sorten von Ammonium- und Phosphorsalzen – in Anwesenheit von Licht, Wärme und Elektrizität – auf chemischem Wege eine Proteinverbindung bildete, die in der Lage wäre, weitere und komplexere Verwandlungen durchzumachen – heutigen Tages würde diese Materie augenblicklich verschlungen oder absorbiert, aber vor der Entstehung lebender Kreaturen wäre das nicht der Fall gewesen.«

Es dauerte bis in das 20. Jahrhundert, bis sich jemand konkret ein Herz fasste, um die Situation im Laboratorium zu simulieren, die Darwin seinen »kleinen warmen Teich« nannte. Erst im Jahr 1953 baute der damals noch als Student tätige Stanley Miller eine Apparatur, die in einem Experiment erkunden wollte, ob Leben spontan entstehen kann bzw. welche Bauteile des Lebens dies zu Stande bringen. Die Forschung war damals zu dem Ergebnis gekommen, dass es in der frühen Atmosphäre der Erde keinen Sauerstoff gegeben haben konnte, und so kreierte er ein Gemisch aus Wasserstoff, Ammoniak und Methan. Er ließ diese Substanzen über einem kleinen Teich aus Wasser schweben und führte dem Ganzen Energie in Form von Blitzen hinzu, die beim Entladen geeigneter Apparaturen ausgelöst wurden. Miller war überzeugt, damit eine echte Simulation der präbiotischen Chemie auf der frühen Erde zu bewerkstelligen, und er konnte hoffen, in seinem Glaskolben dem scheinbar göttlichen Wirken ein klein wenig mit wissenschaftlichen Augen zusehen zu können.

Meteorit
Ein kleiner Festkörper außerirdischen Ursprungs, der in die Erdatmosphäre gelangt. Beim Sturz entstehen durch den Zusammenstoß mit Molekülen und Atomen der Atmosphäre die typischen Leuchterscheinungen. Meteoriten mit der Masse von weniger als einer Tonne werden dabei so weit abgebremst, dass sie nur bis zu einen Meter tief in die Erde einbringen. Die bekannten großen Krater wurden von Meteoriten verursacht, die beim Aufprall völlig verdampften.

Astronomie
Die Stern- oder Himmelskunde erforscht im weitesten Sinne das ganze Universum, die Himmelskörper (Planeten, Monde, Sonne, etc.), die interstellare Materie, Strahlung, Verteilung von Masse im Weltall und deren Bewegung und auch den Ursprung und die Geschichte des Universums. Die »Beobachtung der Sterne«, so Astronomie wörtlich, steht dabei im Zentrum. Sternwarten schauen mit Teleskopen in den Weltraum, Antennen und Radioschüsseln suchen den Himmel nach Signalen und elektromagnetischer Strahlung ab, Satelliten in der Umlaufbahn blicken mit UV- und Röntgenstrahlung ins All. Dank der Raumfahrt können auch Beobachtungen außerhalb unserer Atmosphäre und sogar tatsächliche Forschungsbesuche wie zuletzt auf dem Mars vorgenommen werden.

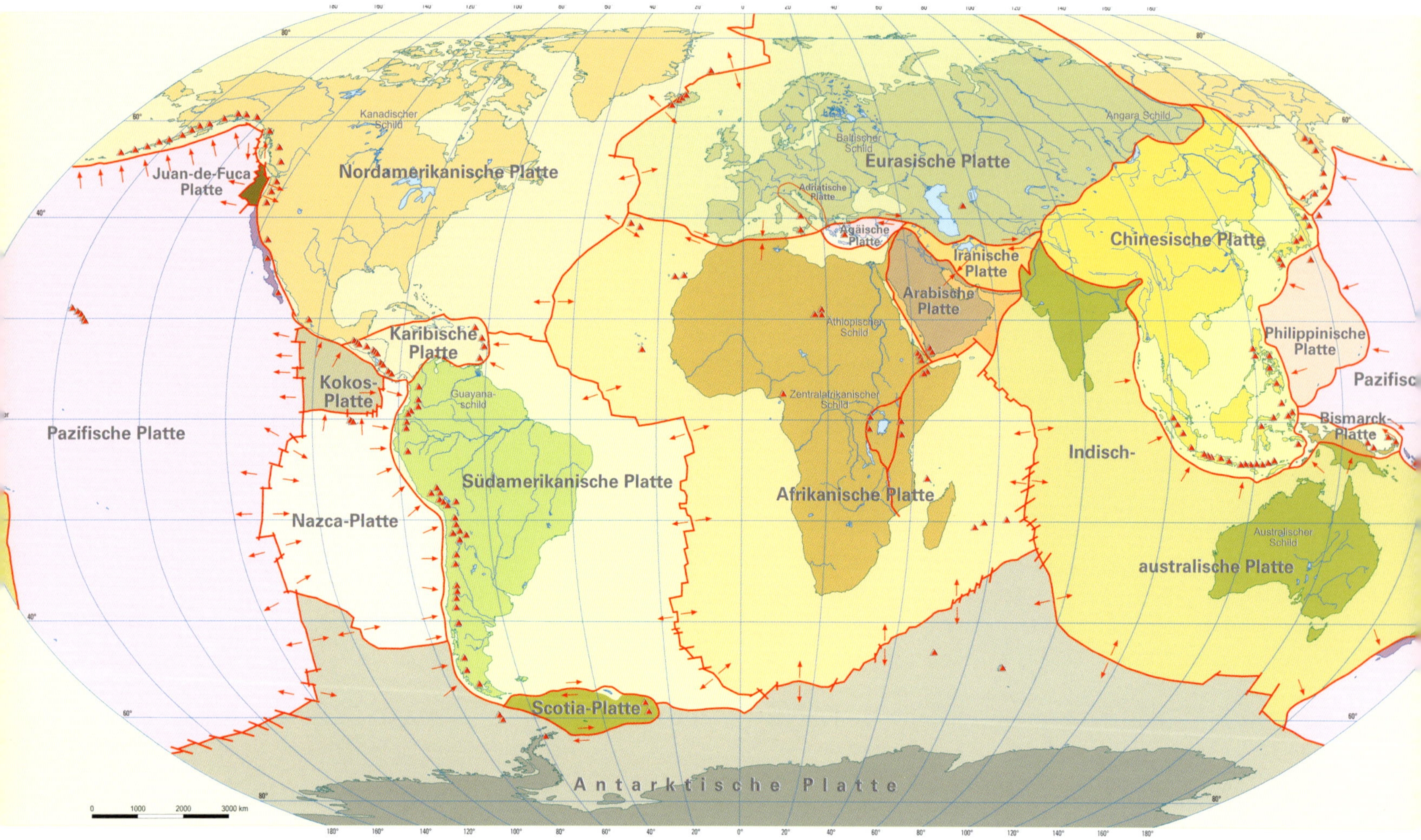

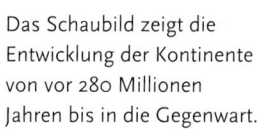

Für die Verschiebungen der
obersten Erdkruste und des
Erdmantels ist die Plattentektonik
verantwortlich (oben). Durch
thermische Bewegungen im Erd-
inneren werden die kontinentalen
Platten konstant bewegt. Aus dem
Druck zwischen diesen Platten
entstehen gleichermaßen sogenannte Faltengebirge wie auch
die unterseeischen Tiefseerinnen.
Diese Deformationen führen wiederum zu Vulkanausbrüchen und
Erd- bzw. Seebeben, die wiederum
Tsunamis auslösen können.

Das Schaubild zeigt die
Entwicklung der Kontinente
von vor 280 Millionen
Jahren bis in die Gegenwart.

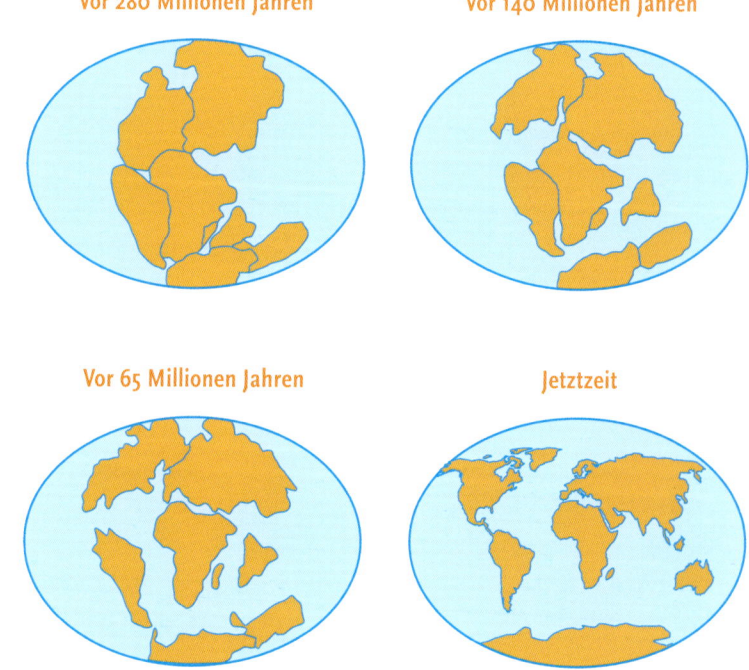

Vor 280 Millionen Jahren

Vor 140 Millionen Jahren

Vor 65 Millionen Jahren

Jetztzeit

An der Avenue S in Palmdale, Kalifornien, die sich durch die sogenannte San-Andreas-Verwerfung bricht, sind deutlich verschiedene Erdschichten zu erkennen.

Tatsächlich waren die Ergebnisse der Analyse sensationell. Miller entdeckte nämlich nicht nur, dass sich nach einer gewissen Zeit die kleinen Moleküle zu größeren Gebilden zusammenfanden, er stellte vor allem fest, dass sich unter diesen Molekülen genau diejenigen befanden, von denen jeder Wissenschaftler geträumt hätte, nämlich die Bausteine der Proteine, von denen schon Darwin gesprochen hatte. Der erste wissenschaftliche Schritt zum Ursprung des Lebens schien damit gelungen.

Doch die Wirklichkeit, sie war vermutlich nicht so, jedenfalls nicht nach den jüngsten geologischen und geophysikalischen Befunden. Die erste Schicht, die sich um die Erde legte, muss neutral gewesen sein, wie die Chemiker sagen, und sie meinen damit, das sie voller träger Substanzen – wie etwa Neon – steckte, die nichts erschüttern und kaum etwas verwandeln konnte. Was am Anfang über den Wassern schwebte, muss von der Art gewesen sein, die sich auch beim besten Willen nicht in Formen verwandeln lässt, von denen aus man das Leben zu erkennen meint. Mit anderen Worten: Über die Quelle des Lebens auf der Erde sagt Millers Experiment im Lichte der modernen Wissenschaft nicht besonders viel aus. Neue Ergebnisse zwingen die Forscher, den Blick von der Oberfläche der Erde wegzulenken und den Ursprung des Lebens in die andere Richtung zu verlegen, nämlich hinein in den Ozean. Seit einigen Jahren sind unerwartet vielfältige Lebensformen

Das Loma-Prieta-Beben am
17. Oktober 1989 in der Nähe von
Santa Cruz, Kalifornien, erreichte
einen Wert von etwa 7 auf der
Richterskala und dauerte gerade
15 Sekunden. Das Beben richtete
Verwüstungen in einer Entfernung
von bis zu 110 Kilometer an.

Nächste Seite:
Die Eruption des Vulkans
»Kilauea« auf Hawaii, USA.
Der »Kilauea« ist einer der
aktivsten Vulkane der Erde.

Die chemischen Elemente

Im Periodensystem sind 118 Elemente nach steigender Kernladungszahl geordnet. Wasserstoff mit der Ordnungszahl 1 ist das leichteste, das erst 2006 entdeckte Ununoctium das schwerste Element mit der Ordnungszahl 118. Der Begriff Element fasst alle Atomarten mit derselben Anzahl von Protonen im Atomkern zusammen. Diese Definition von John Dalton löste die klassische Definition Robert Boyle aus dem Jahr 1661 ab, nach der ein Element ein Reinstoff sei, der chemisch nicht weiter zerlegbar sei – ein großer Schritt weg von der klassischen Lehre der vier Elemente Feuer, Wasser, Luft und Erde.

Photosynthese

Die Photosynthese ist die grundlegende Stoffwechselreaktion von Organismen wie den meisten Pflanzen, Algen und bestimmten Bakterien. Aus Kohlendioxid und Wasser, im Zusammenspiel mit Sonnenlicht, werden Sauerstoff und Glukose gebildet. Dabei handelt es sich um einen der ältesten biogeochemischen Prozesse der Erde: Es wurden 3,5 bis 4 Millionen Jahre alte Fossilien entdeckt, die womöglich zur Photosynthese fähig waren.

entdeckt worden, die ihren Ort tief unter Wasser gefunden haben, und zwar da, wo der Meeresboden Öffnungen aufweist. Solche Abgründe sind in großer Zahl gefunden worden, als man im Rahmen von geophysikalischen Studien die Erdplatten und ihre Bewegungen vermessen wollte, auf denen sich die bekannten Kontinente erheben und mit denen sie verschoben werden. Heute weiß man, dass aus vielen Löchern und Spalten heißes Wasser aus der Tiefe der Erde heraufströmt, und die wallende Wärme ist gesättigt mit Schwefelwasserstoffen und metallischen Schwefelverbindungen. Dabei kommt genau das reduzierende Milieu zu Stande, das Miller und Kollegen in anderer Zusammensetzung auf der Erdoberfläche im Auge hatten, und möglicherweise kommt die anvisierte Maschinerie hier in Gang.

DIE EXPLOSION DES LEBENS

Wir schätzen heute, dass die Erde etwa 4,6 Milliarden Jahre alt ist. Wir sind sicher, dass es bereits kurz danach festes (und abgekühltes) Gestein an der Oberfläche gab, das eine sogenannte Lithosphäre bildete und auf einer zähflüssigen Schicht auflag (der Asthenosphäre). Die ältesten Gesteinsproben haben sich seit 3,8 Milliarden Jahren erhalten. Die Wissenschaftler denken, dass sich auf ihnen schon bald Leben außerhalb der Meere breitmachte, nachdem es in den Ozeanen entstanden ist, und zwar in Gestalt der Bakterien, die ihre Entdecker als Archae- bzw. Eubakterien bezeichnet haben. Der Landgang des Lebens gelang dann mit Hilfe von Bakterien, die wie ihre Vorläufer aus dem Meer das Licht der Sonne einfangen und so ihre Energie nutzen konnten, um mit Hilfe eines besonders Stoffes (dem Chlorophyll) gasförmiges Kohlendioxid aus der Atmosphäre in zwei nutzbare Teile zu zerlegen, in Kohlenstoff und Sauerstoff. Der Kohlenstoff diente der Ernährung und dem Wachstum, der Sauerstoff wurde in die Luft entlassen, um die Atmosphäre neu zu mischen und die Bedingungen zu schaffen, die Wesen wie wir zum Atmen brauchen. Hier sieht man von Anfang an, es ist nicht die Erde allein, die die geeigneten Bedingungen für das Leben schafft. Es ist das Leben selbst, das sich notwendig daran beteiligen muss.

Cyanobakterien

Diese Lebensformen waren früher als Blaugrünalgen bekannt und heißen heute Cyanobakterien – »blaugrüne« Bakterien. Sie sind nicht die allerersten Regungen des Lebens gewesen, aber die Urformen wachsen bis heute, und zwar vor unseren Augen. Wir finden Cyanobakterien zum Beispiel dort, wo Wasser kontinuierlich fließt oder tropft und sich irgendwann ein grüner Belag bildet – in Tümpeln etwa. Dieses Grünzeug besteht aus langen dünnen Fäden, das sich zu ausgedehnten

Matten erweitern kann, die im Fachjargon Stromatolithen oder »Teppichsteine« heißen und die wohl älteste Lebensgemeinschaft abgeben, die wir kennen. Diese Matten treiben rastlos Photosynthese und versorgen dabei die Luft mit dem Sauerstoff, den das heutige Leben benötigt. Wir sind sogenannte Aerobier, wir benötigen Sauerstoff zum Leben.

Stromatolithen, auch »Teppichsteine« genannt, vor der Küste Australiens, die wohl älteste Lebensgemeinschaft, die wir kennen.

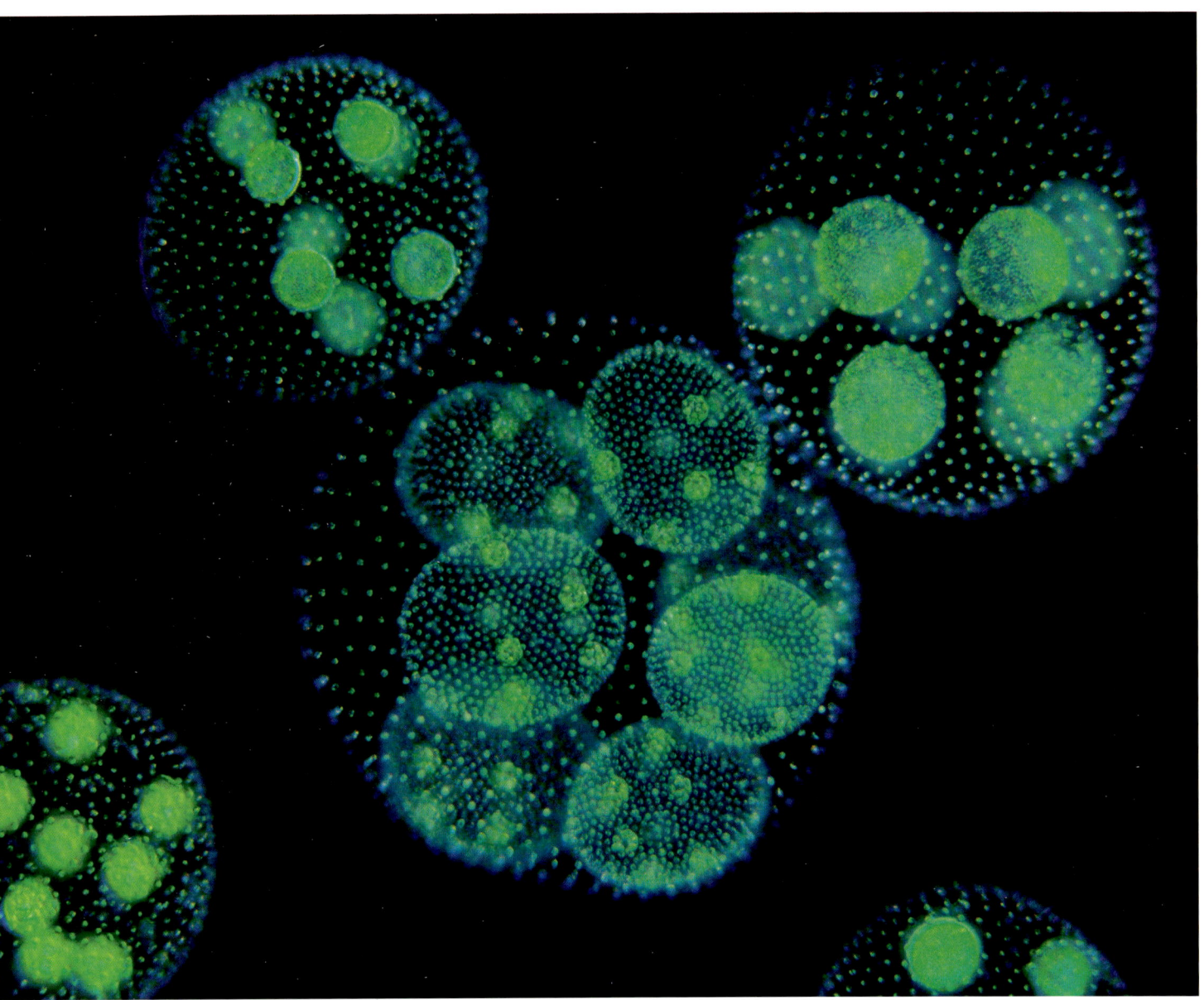

Linke Seite:
Fossile Einzeller, Strahlentier-chen oder Radiolarien genannt, vom Meeresgrund nahe der Insel Barbados; es lassen sich zwei Gruppen unterscheiden, zum einen die Spumellarien, die rundlich-symmetrisch geformt sind, zum anderen die Nasse-larien mit helmartigen Formen. Die Variationen der Formen bei den Radiolarien inspirierten Künstler und Architekten.

Oben:
Die *Volvox aureus*, zur Gattung der mehrzelligen Grünalgen gehörend, vermehrt sich asexuell. Sie besteht aus 200 bis 3200 Einzelzellen und ist durch eine ausgeprägte tägliche Vertikalwan-derung gekennzeichnet: Tagsüber wandelt sie nahe der Oberfläche, nachts in der Tiefe.

Der Schleimpilz
Den Übergang vom Ein- zum Vielzeller kann man auch heute noch in seiner Entstehung beobachten, und zwar gelingt er dem Schleimpilz (Dictyostelium discoideum). Er agiert so vermutlich aus Nahrungs-mangel und zur besseren Verwendung von knappen Ressourcen. Solange genügend Futter verfügbar ist, tummeln sich einzelne amöbenartige Zellen umher, die dann, wenn ihnen das Essen ausgeht, anfangen, biochemische Signale auszusenden. Sie veranlassen die Zellen, sich als vielzelliger Verbund – als soziale Amö-be – zu organisieren. Es entsteht ein Fruchtkörper, der Sporen bildet, und mit dem Schritt vom Einzeller zum Vielzeller vollzieht der Schleimpilz in Stunden, wofür die Evolution Millionen von Jahren gebraucht hat.

»Kambrische Explosion«

1984 konnte im chinesischen Yunnan eine Fundstätte ausfindig gemacht werden, die deutlich erkennen lässt, dass es im Laufe der Erdgeschichte zu einer »kambrischen Explosion« in der Evolution der Tierwelt gekommen ist. In wenigen Millionen Jahren ist eine riesige Fülle von Tierstämmen entstanden, und die einfachste Erklärung, die man für diesen Urknall des Lebens geben kann, scheint in der Annahme zu bestehen, dass die Natur – die

Evolution – damals auf ein Bauprinzip gestoßen ist, mit dem Organismen in all den Formen gebildet werden konnten, die eine Anpassung an die jeweilige Umwelt erlaubten. Dazu gehört vor allem die Anlage von Skeletten, also von stützenden und tragenden Teilen eines Körpers, die innen oder außen angelegt sein konnten. Wer vor dem Kambrium lebte, musste ohne Skelett auskommen und verfügte auch sonst kaum über Hartteile, die sich bis in unsere Tage

erhalten konnten. Einen besonders guten Einblick in die Tierwelt des Kambriums liefern Funde, die in den kanadischen Rocky Mountains gelungen sind. 1909 hat der amerikanische Paläontologe Charles D. Walcott am Burgess-Pass auf 3000 Meter Höhe eine phantastische Lagerstätte von ungeheuer vielgestaltigen Fossilien entdeckt, die unter dem Namen »Burgess Shale« (»Burgess-Schiefer«) weltweite Berühmtheit erlangt haben.

Wir können die vielen Schritte nicht im Detail verfolgen, die nötig waren, um vom ersten Einzeller zum letzten Vielzeller zu gelangen. Wir wollen aber über die Zeitspanne staunen, die dafür zur Verfügung stand, nämlich rund vier Milliarden Jahre. Wie Darwin geschrieben hat, können wir uns solch eine Ausdehnung nicht vorstellen. Wie wir wissen, waren ein paar Monate ausreichend, um eine Finkenpopulation durchzumischen und zu erneuern. Was kann dann alles in Jahrzehnten, Jahrtausenden, Jahrmillionen und sogar Jahrmilliarden passieren!

Offenbar lädt unser Planet das Leben ein, sich auf ihm niederzulassen und auszubreiten. Bereits in der Frühzeit der Erdgeschichte hat es sich bereits zum ersten Mal geregt, und zwar in Form von Einzellern, die die Kunst der Teilung beherrschten und aus eins zwei machen konnten. Es hat dann Milliarden von Jahren gedauert, bis sich der Zusammenschluss von Einzellern zeigte, der vielzelliges Leben ermöglichte.

Amöben

Amöben sind Einzeller, ohne feste Gestalt, zwischen 0,1 und 2 Millimeter groß. Sie bilden keine bestimmte Art, sondern sind eine einzelne Lebensform und daher in verschiedene Arten unterteilt. Amöben sind meist durchsichtig: Das körnig wirkende Endoplasma umschließt den – kaum erkennbaren – Zellkern, außen befindet sich das Ektoplasma. Sie nehmen ihre Nahrung auf, indem sie sie mit dem ganzen Körper umschließen und dann in speziellen Organen durch Enzyme, die die Nahrung in wasserlösliche Form bringen, verdauen.

Die Jahrmilliarden dauernde Entstehung und Verbindung von Zellen wird in Fachkreisen auch Präkambrium genannt, weil das folgende Zeitalter eine ganz besondere Bedeutung in der Geschichte des Lebens hat. Es heißt Kambrium, und diesen Namen hat es bereits 1835 durch den britischen Naturforscher Adam Sedgwick bekommen. Er hatte bei Grabungen in Wales eine an Fossilien besonders reiche Erdschicht entdeckt, und er benannte die Zeit nach dem Fundort Wales, der in der lateinischen Sprache Cambria heißt. Wie sich im Laufe des 19. und 20. Jahrhunderts mit Hilfe vieler Grabungen zeigte, stellt das Kambrium die Epoche dar, in der das Leben erste erkennbare Formen annimmt und sich vertraute Tierstämme zeigen. Die lebensträchtige Epoche fängt knapp 600 Millionen Jahre vor unserer Gegenwart an, wobei die Geologen es gerne genauer sagen und ihm den Zeitraum zwischen 570 und 510 Millionen Jahren zuweisen. Nach einer sehr langen Vorbereitungsphase fängt das Leben jetzt an, auch für das ungeübte Auge leicht sichtbar zu werden und es auf der Erde spannend zu machen.

Rund 250 Millionen Jahre vor unserer Gegenwart kommt es dann zum ersten wirklich großen Aussterben von Tierarten in der Evolution (die nach der Stadt im Ural benannte »Perm-Katastrophe«), und dieses Verschwinden wirkt sich am heftigsten im Meer aus, in dem – da ist die Faktenlage ein-

Ein Modell des *Anomalocaris*, der »ungewöhnlichen Garnele«, an der Universität von Oslo, 1988. Das wirbellose Tier starb am Ende des kambrischen Zeitalters aus, wohingegen die Trilobiten, ihre Beute, bis zum Massensterben des Perms überlebten.

Die Trilobiten bestanden aus drei Körperteilen, einem Kopfschild, einem Rumpf und seinem Schwanzschild. Die Biologen sehen in ihnen die ersten Gliederfüßler (Anthropoden), sie konnten offenbar ihre Beine koordiniert bewegen. Trilobiten sind die dominierenden Lieferanten von Fossilien aus dem Kambrium; rund 15 000 Arten sind im Detail beschrieben und in ihrer Entwicklung verfolgt worden. Einige von ihnen haben höchst komplexe Augen entwickelt, während andere blind geblieben sind, und zwar die Formen der Tiefsee.

deutig – 96 Prozent aller Arten verschwinden. Von den damaligen Korallen überlebt keine einzige Art, vollständig verloren gehen in der Perm-Katastrophe auch die bis dahin höchst erfolgreichen Trilobiten, die wie so viele Lebewesen zum ersten Mal im Kambrium aufgetreten sind. Leider hat die damit erkennbare Anpassungsfähigkeit nicht ausgereicht, um dem Massensterben am Ende des Perms zu entkommen, das vermutlich nicht plötzlich passiert ist, sondern sich allmählich vollzogen hat. Dieser Schluss wird bestätigt durch die Dynamik des Verschwindens der zweithäufigsten kambrischen Lebensform, der Brachiopoden, die auch Armfüßer heißen und Muschen ähnlich sehen.

Das Fossil eines Ammoniten am Strand von Charmouth in der Grafschaft Dorset, England. Die Ammoniten sind eine Gruppe maritimer Kopffüßler, deren erstmaliges Auftreten im Devon und deren Aussterben Ende der Kreidezeit zu datieren ist.

Das prähistorische Blatt eines
Farns (oben) aus dem Erdzeitalter
Karbon (vor etwa 360 Millionen
Jahren). Das Karbon kann auch als
das Zeitalter der Farne bezeichnet
werden, es ist durch eine reichhal-
tige Flora gekennzeichnet.

Das Bild rechts zeigt das Fossil
einer prähistorischen Seelilie
im Posidonienschiefer, einem
Gestein aus dem Erdzeitalter Jura,
etwa 190 Millionen Jahre alt. Eine
bekannte Fundstätte für Fossilien
dieser Art ist Holzmaden bei
Kirchheim am Fuß der Schwä-
bischen Alb.

Was am Ende des Perms passiert, »war wirklich ein massenhaftes Aussterben, ein Gemetzel von einer Größenordnung, das die Erde bis dahin noch nicht gesehen hatte«, so Richard Fortey. Er schreibt die »größte Unterbrechung der Geschichte des Lebens« nicht einem einzelnen Ereignis zu, sondern deutet sie als eine »verhängnisvolle Kombination« einzelner Missgeschicke: »Die marinen Bewohner der Tethys waren an gleichmäßige tropische Hitze gewöhnt und kamen mit einer kühleren Welt nicht zurecht. Reptilien konnten, als das Klima sich abkühlte, kein hinreichendes Aktivitätsniveau aufrechterhalten. Meerestiere wurden Opfer einer Sauerstoffkrise und erstickten.«

Mit den nächsten Entwicklungen zeigen sich neben den Amphibien die ersten Fische, die über einen Kieferapparat verfügen und deshalb »gnathostom« heißen. Unter den bekieferten Fischen muss es eine Art gegeben haben, die zum Vorfahre für die an Land gegangenen Tiere – die Echsen, Fledermäuse, Vögel und Dinosaurier – geworden ist, wobei die genetische Ähnlichkeit zwischen den nicht im Wasser gebliebenen Tieren mit Rückgrat deutlich darauf hinweist, dass dieser große Schritt in der Evolution wahrscheinlich nur genau einmal gelungen ist – wenn er sicher auch vielfach probiert und riskiert wurde.

Wir sind jetzt in einem ebenfalls von Sedgwick benannten Erdzeitalter angelangt, dem Devon (damit setzte er der britischen Grafschaft Devonshire ein wissenschaftliches Denkmal). Das Devon, das etwa 400 Millionen Jahre zurückliegt, lohnt aus mehreren Gründen ein besonders Hinschauen. Zum einen fällt der Landgang der Wirbeltiere in diese Epoche, zum anderen erobern die Pflanzen großflächig das Land und bringen nach und nach – im nächsten Abschnitt der Erdgeschichte – Bäume und Wälder hervor. Die Periode, in der dies passiert, heißt Karbon, was vom lateinischen Wort *carbo* für Kohle abstammt und auf die Kohleflöze hinweist, die wir heute als Folge der üppigen Landflora finden und nutzen können, die vor gut 300 Millionen Jahren die Erde bedeckte. Wenn Wälder sterben und sich umfangreiche Pflanzensubstanz ansammelt, die durch Schlamm oder Wasser luftdicht lagert, dann kann – bei geeignetem Druck und passenden Temperaturen – Steinkohle entstehen, wie sie sich in den Kohleflözen zeigt.

Ein »Kumpel« der Ruhrkohle AG bedient einen sogenannten Kohlehobel, der die Kohle aus dem Berg löst (undatierte Aufnahme). Die Vorkommen der Kohle, die sogenannten Kohleflöze, weisen auf das Karbon zurück, als eine üppige Flora die Erde bedeckte.

Szene aus dem Science-Fiction-Abenteuer »Jurassic Park« von Steven Spielberg, 1993, nach dem gleichnamigen Roman von Michael Crichton: Ein durch Genmanipulation wiedererschaffener Tyrannosaurus Rex terrorisiert eine Gruppe von Forschern.

VON TIEREN UND MENSCHEN

Infolge des Massensterbens am Ende des Perm wurden genügend Nischen für die heute dominierenden Tierarten frei. Es beginnt, was Geologen als Mesozoikum – Erdmittelalter – bezeichnen und was sie in drei Abschnitte unterteilen: Trias, Jura und Kreide. In der Trias erscheinen Säugetiere und Reptilien, Farne und Nadelbäume; im Jura verbreiten sich massenhaft die Lieblinge der Kinder und Kinogänger, nämlich die Dinosaurier, und das Meer ist voller Ammoniten – mariner Kopffüßler –, deren Gehäuse die wundervollen Spiralen bilden, die wir heute gerne als Schmuck tragen. So unterschiedlich Ammoniten und Dinosaurier sind – sie haben eines gemeinsam, nämlich ihr Verschwinden am Ende der Kreidezeit, also vor etwa 65 Millionen Jahren. Die Wissenschaft konstatiert beim Übergang vom Erdmittelalter zur Erdneuzeit – mit deren ersten Phase namens Tertiär – ein weiteres gigantisches Massensterben in der Geschichte des Lebens, wobei sich kein Ereignis stärker im kollektiven Gedächtnis niederzuschlagen scheint als das Ende der Dinosaurier. Seit die fossilen Funde den Tod der Riesenkreaturen eindeutig als ein reales Geschehen erkannt und die Paläontologen diese Einsicht verbreitet haben, sehen viele Menschen im Verschwinden der Dinosaurier etwas, das ihrer eigenen Art selbst passieren kann.

Konnten die Dinosaurier etwas tun, um ihr Ende zu vermeiden? Die Antwort heißt Nein, wenn man sich der am meisten zitierten und akzeptierten

Die Zeichnung zeigt eine bis dato unbekannte Gattung eines Raubdinosauriers aus dem Jura, der zur Gruppe der Coelurosaurier gehört. Er wurde 1998 in Bayern entdeckt und ist laut »Nature« der besterhaltene zweibeinige Raubsaurier, der je in Deutschland entdeckt wurde. Er lebte vor etwa 150 Millionen Jahren auf einer Insel im flachen Jurameer, das zur damaligen Zeit Süddeutschland bedeckte.

Ein Präparator arbeitet im Jura-Museum Eichstätt an dem Skelett des in Bayern in Kalkplatten bei Schamhaupten entdeckten Raubdinosauriers. Der Saurier misst 75 Zentimeter und wurde von seinen Entdeckern, Ursula Göhlich und Luis Chiappe, Juravenator (übersetzt »Jurajäger«) genannt.

Theorie des Aussterbens anschließt. Ihr zufolge ist das Ende in Form von Asteroiden (oder einer Gruppe von Asteroiden-Trümmern) gekommen, die auf der Erde eingeschlagen sind. Als Folge davon wurde der Himmel durch Staub verdunkelt, die Atmosphäre heizte sich schlagartig auf, Seebeben zerstörten viele Habitate, und so kann man sich manch schreckliches Szenarium ausdenken (das auch von geeigneten Vulkanausbrüchen verursacht worden sein kann). Diese Hypothese des Aufpralls, die wegen ihrer kosmischen Zufälligkeit und Hollywood-Muster dienlichen Qualität viel Aufmerksamkeit auf sich zieht, wird durch raffinierte physikalische Messungen gestützt, die der Verteilung des Elements Iridium nachgespürt haben, von dem es mehr außerhalb als innerhalb der Erde gibt. Man hat eine sogenannte K/T-Grenzlinie gefunden, wobei die beiden Buchstaben die Erdzeitalter Kreide und Tertiär abkürzen, in der die Menge des außerirdischen Iridiums im Vergleich zu anderen Schichten enorm erhöht ist, und die einfachste Erklärung für diese Verteilung stellt ein massiver Zufluss des Elements durch Meteoriten – also einen kosmischen Zusammenprall – zu dieser Zeit der Erdgeschichte dar.

Die Frage, ob wirklich überhaupt kein Dinosaurier die Kreidezeit überlebt hat, kann man mit der hübschen Wendung beantworten, »Einige doch, nämlich die, die sich in Vögel verwandelt haben.« Tatsächlich ist anzunehmen, dass die Vögel von den Dinosauriern abstammen, womit genauer die sogenannten Coelurosaurier aus der Gruppe der Saurischia gemeint sind, die auf Deutsch Hohlschwanzechsen heißen. Heute können etwa 9000 Vogelarten unterschieden werden, die vielfältig ökologische Nischen besetzen und über hoch entwickelte Gehirne verfügen. Wenn sich auch viele Biologen nicht mit dem Gedanken anfreunden können, dass die Vögel von den Dinosauriern abstammen, so besteht doch allgemeine Einigkeit darin, dass die Archosaurier – eine Reptilgruppe aus dem Erdmittelalter –, von denen auch die Krokodile abstammen, zu ihren Vorfahren gehören. Der älteste und bekannteste Vogel hört auf den schönen Namen Archaeopteryx. Von ihm gibt es fossile Reste in Taubengröße, die noch zu Lebzeiten Darwins in Ablagerungen aus der Jurazeit gefunden wurden, und zwar in der südlichen Frankenalb. Die Beine und die Fußstruktur des Archaeopteryx sprechen dafür,

Asteroiden
Eine große Gruppe kleiner, planetenähnlicher Objekte, die sich auf Umlaufbahnen um die Sonne bewegen. Bisher sind weit über 300 000 Asteroiden bekannt, wobei die Zahl tatsächlich wohl in die Millionen geht. Von der Größe her sind die Asteroiden sehr unterschiedlich: Die wenigsten von ihnen sind über 100 Kilometer im Durchmesser, andere sind über 1000 Kilometer groß, und es sind auch schon Asteroiden mit einem Durchmesser von mehr als 3000 Kilometer entdeckt worden.

Max Frisch und die Dinosaurier
In der Erzählung von Max Frisch mit dem Titel »Der Mensch erscheint im Holozän« erfährt der Protagonist Herr Geiser, der in einem engen Tal der Schweiz wohnt, mehr oder weniger plötzlich in seinem Haus durch ein Unwetter von der Welt abgeschnitten wird und in dieser Einsamkeit Angst bekommt, dass der Berg ins Rutschen kommt. Er lenkt sich ab durch Lektüre von Lexika, deren Artikel – über Saurier und Erosion – er ausschneidet und an eine Wand hängt. Ein Kapitel über die Erdgeschichte informiert seinen Leser (und die des Romans), dass der Mensch in der modernen Form im Holozän auf den Plan tritt. Bevor er das tut, müssen sich allerdings die Säugetiere und die Vögel noch sehr differenzieren, wobei festzustellen ist, dass sie die Chance dazu wahrscheinlich deshalb bekommen haben, weil es die Dinosaurier plötzlich nicht mehr gab und viele Nischen frei wurden. Dieses segensreiche Verschwinden ist nicht eingetreten, weil sich die Riesenechsen als anpassungsunfähig erwiesen haben bzw. keine Tendenz zur Änderung erkennen ließen, sondern weil die kosmisch bedingten Umstände sie unfähig zu irgendeiner Bewegung gemacht haben. Wie soll eine Art mit so großen Exemplaren auch eine urplötzliche dramatische Aufheizung ihres Lebensraumes aushalten, der anschließend eine nachhaltige Verdunklung mit der dazugehörigen anhaltenden Abkühlung folgt?

Die Stammesgeschichte der Pferde, die sich hauptsächlich in Nordamerika vollzog, deren Entwicklungslinien aber auch Europa und Südamerika erreichten. Besonders auffallend im Lauf der Zeit sind die Rückbildung der Seitenzehen, bis das Körpergewicht allein von den Mittelzehen getragen wird, und die Herausbildung hochkroniger Zähne, die parallel zur Entstehung von großflächigen Grasflächen in Nordamerika verlief.

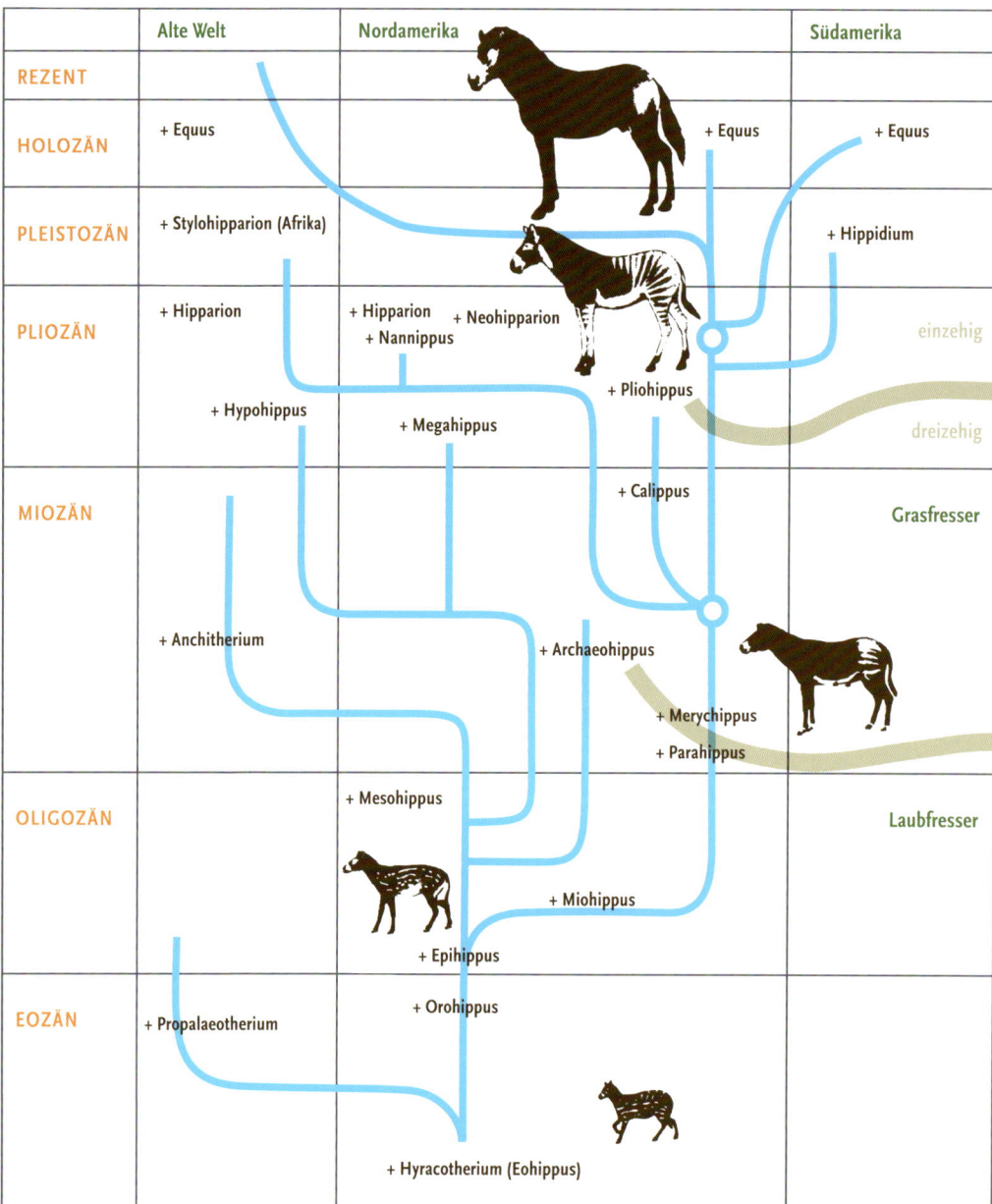

	Alte Welt	Nordamerika	Südamerika
REZENT			
HOLOZÄN	+ Equus	+ Equus	+ Equus
PLEISTOZÄN	+ Stylohipparion (Afrika)		+ Hippidium
PLIOZÄN	+ Hipparion	+ Hipparion + Neohipparion + Nannippus + Pliohippus	einzehig
	+ Hypohippus	+ Megahippus	dreizehig
MIOZÄN		+ Calippus	Grasfresser
	+ Anchitherium	+ Archaeohippus + Merychippus + Parahippus	
OLIGOZÄN		+ Mesohippus + Miohippus + Epihippus	Laubfresser
EOZÄN	+ Propalaeotherium	+ Orohippus + Hyracotherium (Eohippus)	

dass er sich gut am Boden bewegen konnte. Seine Befiederung zeigt zugleich aber auch, dass ihm ein gleitendes Fliegen – etwa von Bäumen aus – oder ein durch Flügelschlag weites Springen möglich waren, wobei der Vorteil solcher Verhaltensweisen bei der Suche nach Nahrung (Insekten) unmittelbar einleuchtet. Die heute existierenden Vögel haben sich zu Beginn des Tertiärs herausgebildet, als auch die Säugetiere den Platz finden konnten, den ihre Entwicklung brauchte und der ihnen in Anwesenheit der Dinosaurier fehlte. Hier müssen sich unendliche Geschichten abgespielt haben, die in vielen Einzeldarstellungen nachzulesen sind.

Die Säugetiere sind durch die bzw. in der Periode zu besonderen Anpassungsleistungen gezwungen worden, die von den Geologen als Pleistozän bezeichnet wird und die im Alltag als Eiszeitalter bekannt ist. Es beginnt vor knapp zwei Millionen Jahren und endet fast vor unserer Haustüre, nämlich

Der versteinerte Schädel eines Auerochsen, ein seltenes Relikt der gewaltigen wilden Rinder, die während der Steinzeit Mitteleuropa bevölkerten (etwa vor 20 000 Jahren); die Spannweite der Hörner beträgt etwa hundert Zentimeter.

vor rund 11 500 Jahren. Dann setzt das bereits erwähnte Holozän ein, was für unsere Breiten ein gemäßigtes und für den inzwischen eingetroffenen Menschen ein angenehm trockenes Klima bedeutet.

Das Eiszeitalter stellt ein Wechselspiel von kalten und warmen Perioden dar, die alle ihre besonderen Lebensformen begünstigten. Auch die letzte Eiszeit, die diesen Namen verdient und rund 100 000 Jahre lang dauerte, zeigt kein einheitliches Wettergeschehen. Vielmehr wechselten wärmere Perioden, in denen sich die Wälder ausbreiteten, mit trockenen Kaltzuständen ab, in denen sich etwa die Alpengletscher bis zum Bodensee ausbreiten konnten. Auch der Schwarzwald und die Vogesen waren damals vereist.

Das Leben hat sich diesen Bedingungen gefügt und sich ihnen angepasst, ohne seine Vielfalt einzubüßen. Damals hätte man Wölfe, Biber, Bären, Hyänen, Hirsche und andere Säuger treffen können, und zwar dann, wenn man ein Neandertaler gewesen wäre, der ebenfalls in derselben Epoche in Deutschland lebte. Er hat allerdings das Zusammentreffen mit unserer Art nicht überlebt, die irgendwann begann, sich die Erde untertan zu machen, wie ihr bekanntlich von höherer Sphäre befohlen wurde. Vor ein paar tausend Jahren haben die Mitglieder der Spezies *Homo sapiens* – also wir – angefangen, den Planeten umzugestalten und Wälder zu roden und durch Kulturland zu ersetzen. Die Tiere, die die Kälte liebten und an sie angepasst waren, verschwanden weitgehend von der Bildfläche – zumindest in unseren Landen. Dazu gehörte zum Beispiel der Auerochse, der im Laufe der modernen Geschichte ausgerottet wurde. Das letzte Exemplar – so die Forschung – wurde 1627 von Menschenhand getötet. Der Mensch ist im Holozän erschienen, einem Erdzeitalter, das ohne ihn zu Stande gekommen war. Er bereitet inzwischen eine neue Epoche vor, und zwar die, die er selbst gemacht hat. Wir sollten sie Anthropozän nennen und gespannt darauf sein, wie sich das Leben dabei entwickelt.

Neandertaler
Kein direkter Vorfahr des Menschen, aber doch ein recht enger Verwandter. Der Neandertaler lebte vor ca. 160 000 bis 30 000 Jahren im Mittelpaläolithikum. Er war zwischen 1,65 und 1,75 Meter groß und war – vor allem im Vergleich zum heutigen Menschen – von extrem starkem Körperbau. Funde zeigen große Ansatzstellen für Sehnen am Knochen, was auf stärkere Muskeln schließen lässt. Benannt wurde der Neandertaler nach der ersten Fundstelle im Neandertal, zwischen Düsseldorf und Erkrath gelegen. Im August 1856 stieß man dort beim Kalkabbau auf Knochen, die zuerst fälschlicherweise für die eines Bären gehalten wurden.

Die verschiedenen Korallenarten
bilden auch völlig unterschiedliche
Formen. Hier sogenannte
Weichkorallen im Roten Meer

*Das Habitat ist die »Adresse« – sie gibt an, wo ein
Organismus lebt. Und die Nische ist der »Beruf« –
sie gibt an, wie er lebt und in welcher Beziehung
er zu anderen Organismen steht.* E. P. ODUM

Nischen und ihre erfindungsreichen Bewohner

Nische
*Der Begriff stammt – nach der lateinischen
Vorgabe* nidus *für Nest – ursprünglich
aus dem Französischen, wo »nicher« »ein
Nest bauen« meint, und er stand zunächst
für höchst konkrete Einbuchtungen oder
Vertiefungen im Mauerwerk. Nischen befinden sich also in einem größeren Ganzen,
und wer von der Nische – dem Lebensraum – einer Art spricht, meint den Platz,
den sie in einem Ökosystem einnimmt.
Man könnte auch weniger räumlich von
der Rolle sprechen, die eine Population
von Organismen in der konkreten Umgebung übernimmt, die sie im Laufe der
Evolution besetzt hat und besetzt hält.*

Jede existierende Art hat sich als Teil ihrer Herkunft in einem bestimmten
Gebiet eingerichtet, das man ihren Lebensraum nennen kann und für den
sich in der Evolutionsbiologie der schöne Ausdruck Nische eingebürgert hat.
Sobald die Vertreter einer Art irgendwo eingetroffen sind, greifen sie in die
dortige Natur bzw. Umwelt ein, um mit ihr zusammen ein Ökosystem zu
bilden. Wir wollen in diesem Kapitel betrachten, welche Nischen, welche
Räume das Leben besetzt und was die Natur dabei alles zu Stande bringen
kann, vor allem unter extremen Bedingungen wie etwa hohe Salzkonzentra-
tionen, große Hitze oder Eiseskälte und völlige Dunkelheit im tiefen Wasser
oder unter der Erde.

LEBEN UNTER EXTREMEN BEDINGUNGEN

Wenn von extremen Bedingungen die Rede ist, dann bezieht sich das Attribut auf unsere eigenen Erfahrungen. Wir Menschen halten Wüstentempera-
turen für extrem hoch oder Eiswasser für extrem kalt und beide Eigenschaften in damit jeweils verbundenen Habitaten für lebensfeindlich, aber die
Organismen, die sich dort aufhalten und tummeln, werden die Umgebung
als normal betrachten und auch so erfahren. Sie haben sich doch eigens an
sie angepasst, und nachdem dies gelungen ist, haben sie sich doch wohl daran gewöhnt.
Trotzdem bleiben zum Beispiel Temperaturen über 80° C und ätzende Flüssigkeiten von der Stärke der Salzsäure für unsere Vorstellungswelt derart
extrem, dass wir dort überhaupt keine Chance für das Leben sehen. Vielleicht stellt dies mit einen der Gründe dar, weshalb die Wissenschaft bis in
die 1970er Jahre gebraucht hat, um die große Vielfalt der kleinen Vitalität
zu entdecken, welche in sauren, basischen, heißen, kalten und salzhaltigen
Nischen existieren kann und sich dort eingerichtet hat. In der nachfolgen-

Organismen passen sich an die äußeren Bedingungen ihrer Umwelt an und schaffen es so, zu überleben: hier ein dampfender, heißer Schwefel-Geysir im Yellowstone Nationalpark, Wyoming, USA.

den Zusammenfassung zahlreicher Beobachtungen ist dabei das zu Stande gekommen, was die Forschung heute als eine neue »Domäne« des Lebens einstuft und als dritte neben zwei alte Bekannte stellt. Damit sind die beiden schon länger bekannten Domänen gemeint, die auf der einen Seite durch die Bakterien und auf der anderen Seite durch all die anderen Organismen gebildet werden, mit denen die meisten Menschen vertraut sind – unter anderem Pilze, Pflanzen und Tiere. Die Wissenschaft kann die augenscheinliche Verschiedenheit in der dritten Domäne mit dem Begriff der Eukaryoten bzw. Eukaryota charakterisieren, der auf die Tatsache hinweist, dass die Zellen der dort angesiedelten Organismen über einen Kern (griechisch »karyon«) verfügen.

Es ist natürlich verständlich, wenn die meisten Menschen vor allem an die dritte Domäne denken, wenn sie das Wort Leben hören, und es wirkt zunächst komisch, dem unsichtbaren »Kleinvieh« doppelt so viel Ordnungsraum zuzuweisen wie den meist sichtbaren Vertretern der uns bekannten Organismen. Doch die uns vertrauten Lebensformen stellen nur eine Minderheit im gesamten Spektrum des Lebens dar, und wer ein Verständnis für die Evolution gewinnen will, muss sich das immer wieder klarmachen. Wer sich systematisch und sinnvoll um die Vielfalt der Organismen und ihre Herkunft kümmern will und sich zu diesem Zweck von der eingeengten Perspektive eines oberflächlichen Landbewohners mit einer Größe im Meterbereich befreit, wird zunächst rasch merken, wie viele Nischen und Lebensräume es neben dem eigenen gibt, und dann darüber staunen, wie

grenzenlos der Einfallsreichtum der evolutionär flexiblen Natur ist und wie bescheiden unsere Kenntnisse davon sind. Um ein Beispiel zu nennen: Wir wissen natürlich, dass es Fische gibt, und wir haben irgendwie alle schon einmal gehört, dass das Leben aus dem Wasser gekommen und an Land gegangen ist. Aber wir machen uns trotzdem nicht klar, dass die Ozeane mit einer durchschnittlichen Tiefe von knapp 4000 Metern etwa 99 Prozent (!) des Raumes ausmachen, in dem sich Leben finden lässt und entwickeln kann.

Die dritte Domäne trägt den Namen Archaea oder Archaeen (griechisch »archaios« für »uralt« bzw. »archaisch«). Mit dem Begriff drücken die Wissenschaftler ihre Überzeugung aus, dass in den Mitgliedern der Domäne Merkmale erhalten geblieben sind, die dem frühen (ersten) Leben vor vielen Milliarden Jahren zu eigen waren. Überlebt haben sie dabei besonders gut unter extremen Bedingungen, was im Einzelnen bedeutet, dass es Arten gibt, die bei Temperaturen über 80° C wachsen (sie heißen thermophil), die hohe Säuregrade aushalten (acidophil) oder die in konzentrierten Salzlösungen gedeihen (halophil). Solche Milieus finden sich mit entsprechenden Bewohnern vielfach in vulkanischen Gebieten – beispielsweise im amerikanischen Yellowstone National Park oder am Toten Meer.

Im Yellowstone National Park geht es in einigen Quellen zugleich heiß, schweflig und sauer her, und es gibt tatsächlich eine einzellig existierende Rotalge (*Galdieria sulphuraria*), die sich auf Vulkangestein in Schwefelquellen behauptet, und sie lebt nicht nur auf, sondern auch im Gestein. Sie ist

Extrem trockene und heiße Lebensbedingungen bietet der Natron-See im Norden Tansanias. Auch durch die Niederschläge in diesem Gebiet kann das extrem negative hydrologische Budget des abflusslosen Sees nicht ausgeglichen werden, was zusammen mit den ungewöhnlich basischen Steinen der Umgebung zur starken Salzhaltigkeit des Gewässers führt. Der Natron-See ist einer der bekanntesten Vertreter der sogenannten Sodaseen.

Beilbauchsalmler und Korallen im
Biscayne National Park in Florida,
USA, ein bestens funktionierendes
Ökosystem

Ökosysteme – Erde und Mensch

Darwin kannte den heute viel verwendeten Ausdruck Ökosystem noch nicht. Der Gedanke einer zusammenhängenden Gemeinschaft aus Lebewesen und Umwelt ist aber im Gefolge der Vorstellung von der Anpassung der Arten zum ersten Mal aufgetaucht, und zwar in Form der Ökologie. Sie fragt nach dem Haushalten in der Natur, und als sich diese Wissenschaft im 20. Jahrhundert entwickelte, merkten ihre Vertreter, dass sie sich auf gesonderte Bereiche der Natur beziehen müssen, eben Ökosysteme. Zu den bekanntesten Beispielen gehören Korallenriffe, Moore, Laubwälder und vieles mehr. Der Begriff des Ökosystems kann auch auf größere Einheiten bezogen worden – etwa den Bodensee –, und natürlich stellt auch die Gesamtheit aller Ökosysteme, also unsere Erde, ein solches System dar. In dem Fall spricht man von Biosphäre.

Tatsächlich sind wir selbst auch Ökosysteme. Jeder von uns trägt mehr fremde (Viren, Bakterien, Amöben, Pilze, Milben) als eigene Zellen mit sich herum, die sich in und auf ihm wohlfühlen, und sogar einzelne Organe – wie etwa unser Darm – oder andere Körperteile – wie die Mundhöhle – lassen sich als Ökosysteme verstehen.

Pigment

Pigmente bezeichnen alle farbgebenden Substanzen in den Zellen von Pflanzen, Tieren und Menschen. Auch Haare und Federn erscheinen durch Pigmente farbig. Ein Mangel an Pigmenten wird als Albinismus bezeichnet.

also endolithisch, wie es fachmännisch heißt, wobei sich diese Extremkategorie noch harmlos neben anderen Ordnungen ausnimmt wie etwa die »toxikotoleranten« und die »radiophilen« Organismen. Die erste Klasse überlebt große Konzentrationen an sonst zerstörerischen (toxischen) Agenzien, und die zweite wandelt mit Hilfe eines Pigments (Melanin) radioaktive Strahlung in brauchbare Energie um, die sich zum Wachstum nutzen lässt. Als Beispiel dienen einige Pilzarten, die im Reaktor von Tschernobyl nach dessen Zerstörung einen durch das Pigment Melanin schwarz erscheinenden Belag an den Wänden bildeten.

Bei jedem extremen Leben stellt sich ganz direkt und ganz natürlich die Frage, wie die Zellen dort zurechtkommen. Im Fall der Rotalge lautet das Problem konkret, wie sie sich im Inneren des Gesteins – drei Zentimeter unter der Oberfläche – ohne Licht den Zucker beschafft, den jeder Stoffwechsel benötigt. Was tut sie, wenn sie nicht auf die normalerweise in ihren verwandten Arten funktionierende Photosynthese zurückgreifen kann? Die Antwort, wonach sie ihre Energie- und Zuckerproduktion auf den Abbau von organischen Stoffen umstellt, ist zwar richtig, bleibt aber rätselhaft, weil sie nur zu neuen Fragen führt: Wie die Zellen erst registrieren, dass das Licht ausbleibt, wie sie dann reagieren, wenn dies der Fall ist, und wie sie schließlich merken, dass ihnen der Zucker fehlt. Die Mechanismen, die die Evolution in diesen Fällen hervorgebracht hat, werden uns noch weiter beschäftigen.

Das Wasser bildet den größten Lebensraum der Erde. Mehr als 10 Prozent des meist nassen Elements besteht allerdings aus festem Eis, in dem auf den ersten Blick wenig Leben zu erwarten ist. Doch auf den zweiten Blick gedeiht es auch hier in Hülle und Fülle, und viele Forscher sind mit biochemischen und genetischen Details der Frage beschäftigt, wie die Anpassung an solch einen eher ungemütlichen Lebensraum funktioniert und sich vollziehen kann.

Wenn salzhaltiges Meerwasser gefriert, entsteht – anders als beim Süßwasser – kein glatter Block, sondern ein sprödes Material, in dem sich feine Kanä-

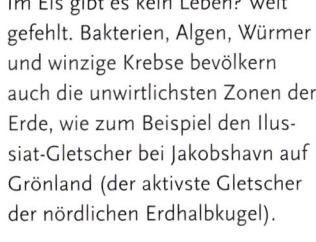

le und Poren zu einem Netzwerk vereinen. Wir reden dabei von Räumen, die sich nach Milli- und Mikrometern messen lassen, und wenn das Eis schwimmt, steigen diese Strukturen aus dem Wasser auf, während sie sich bilden. Bei diesem Vorgang können sie Viren, Bakterien, Algen, Würmer und winzige Krebse einsammeln, die nun in den Kanälchen überleben müssen, in denen sich zum einen eine Salzbrühe – die Sole – gebildet hat und in die zum anderen wenig Licht fällt. Die evolutionären Weltmeister dieser Zone sind Kieselalgen (Diatomeen), die sich auf die Nutzung winzigster Lichtmengen spezialisiert haben, und zwar mit Pigmenten, die das Eis braun färben. Es ist übrigens für das gesamte Leben wichtig, dass sich die Kieselalgen hier behaupten können, denn sie bilden die Nahrung für den antarktischen Krill, also für die Kleinkrebse, die den Walen ihr Mittagessen liefern.

Im Eis gibt es kein Leben? Weit gefehlt. Bakterien, Algen, Würmer und winzige Krebse bevölkern auch die unwirtlichsten Zonen der Erde, wie zum Beispiel den Ilussiat-Gletscher bei Jakobshavn auf Grönland (der aktivste Gletscher der nördlichen Erdhalbkugel).

Krill ist eine wichtige Ernährungsquelle für die Lebewesen der Antarktis. Nahrungsquelle für den Krill sind wiederum die Kieselalgen, die sich auf das Überleben im Eis spezialisiert haben.

Jupitermonde

Der Jupiter besitzt als größter Planet des Sonnensystems auch die meisten Monde. 63 sind bisher bekannt, die größten vier sind Kallisto, Ganymed, Io und Europa. Sie wurden 1610 von Galileo Galilei als erste Monde eines anderen Planeten entdeckt und werden daher auch »Galileische Monde« genannt. Ganymed ist mit einem Durchmesser von 5268 Kilometern nicht nur der größte Jupitermond, sondern auch der größte Mond des Sonnensystems. Er besteht aus einem von einem Fels- und einem Eismantel umhüllten Eisenkern. Europa ist mit 3138 Kilometern Durchmesser der kleinste der »Galileischen Monde«. Über dem Steinmantel, der einen Eisenkern umhüllt, befindet sich auf Europa ein vermutlich mehr als hundert Kilometer tiefer Ozean, von dem die obersten zehn bis zwanzig Kilometer gefroren sind.

Licht im Ozean

Zur Lichtmenge in diesen Regionen der Erde muss man genauer sagen, dass rund 99 Prozent des Sonnenlichts auf den ersten 150 Tiefenmetern absorbiert werden und spätestens ab 1000 Meter schwarze Nacht herrscht. Merkwürdigerweise verfügen einige der dort lebenden Fische immer noch über Augen bzw. über Strukturen, die wie Organe des Sehens erscheinen, aber nicht zu diesem Zweck benötigt werden. Diese Beobachtung legt zum einen die Vermutung nahe, dass die Fische den Weg aus lichtvollen Höhen in die ewige Meeresnacht gefunden haben, und stellt zum anderen die Frage, ob sich der Körperbau noch nicht auf die Lichtlosigkeit einstellen konnte – die Umstellung des dazugehörigen Bauplans dauert sicher einige Jahrhunderte oder mehr –, oder ob die Naturkräfte die alten Sehorgane mit neuen Aufgaben versehen haben, die der Wissenschaft noch unbekannt sind.

So merkwürdig es für menschliche Ohren klingen mag: Die meisten der Organismen, die sich im Meereis aufhalten, könnten bei Temperaturen über 15° C nicht überleben. Sie sind an die Kälte des Gefrierpunktes angepasst, was weiter bedeutet, dass sie ebenso wenig bei Temperaturen unter – 15° C überleben können. Aus diesem Sachverhalt muss geschlossen werden, dass die Entdeckung von eisbedeckten Ozeanen auf den Jupitermonden Europa und Ganymed leider doch keine Aussicht auf Leben im Weltraum eröffnet. In den dort gesichteten und viele Kilometer dicken Eisplatten herrschen nämlich Temperaturen von weit unter – 20° C, und das hält kein Leben aus – zumindest keines, das wir kennen.

Wir wollen jetzt tiefer in die Meere abtauchen, denn im wässrigen Milieu der Ozeane zeigen sich sehr viele verschiedene Weisen, um zum Gesamtbestand des planetaren Lebens beizutragen. Die Wissenschaftler schätzen, dass die Zahl der Arten in den Ozeanen weit über 10 Millionen liegt. Die merkwürdigsten Arten lassen sich jetzt bequem zu Hause bestaunen, unter anderem in den Filmen der BBC über den »Planeten Erde« oder handlich und faszinierend zugleich in dem Buch »The Deep – Leben in der Tiefsee«, in dem die französische Wissenschaftsjournalistin Claire Nouvian in Zusammenarbeit mit Meersforschungsinstitutionen wunderbares Fotomaterial über die Kreaturen der ozeanischen Dunkelheit zusammengestellt hat. Auf den erstaunlichen Bildern fallen dem Betrachter zunächst zahlreiche Kalmare auf, die im allgemeinen Sprachgebrauch und aus offensichtlichen Gründen auch Kopffüßler heißen. Man erkennt, wie die Tiefseekalmare an das Leben im freien Wasser angepasst sind und in den finsteren Gefilden der Ozeane – dort, wo kein Sonnenlicht mehr hinkommt – Leuchtorgane entwickelt haben.

Neben den Kalmaren und Fischen zeigen sich auch einige Krebse, was nicht unerwartet kommt. Ganz im Gegenteil die Entdeckung von Riesenmengen an bunten Würmern, die wie Rohre gebaut sind und mehr als 2000 Meter unter dem Meeresspiegel vorkommen. Sie können weite Flächen auf dem Boden besiedeln, und zwar bevorzugt dort, wo durch Risse im felsigen Grund – also aus dem Inneren der Erde – sehr warmes und mineralreiches Wasser aufsteigt, in dem vor allem Schwefel auffällt. Man spricht von hydrothermalen Schloten und vermutet, dass es diese Stellen in der Tiefe des Ozeans sind, an denen mit größerer Wahrscheinlichkeit als in jeder oberflächlichen Ursuppe der Ort gefunden werden kann, an dem das Leben seinen Ursprung genommen hat.

IN ABSOLUTER FINSTERNIS

Während die Würmer am Boden in der Nähe irdischer Quellen sicher kein Problem mit der Frage haben, wo sie ihre Nahrung herbekommen, muss es für die Kreaturen, die sich im offenen Meer aufhalten, ungeheuer anstrengend sein, genügend Energiequellen ausfindig zu machen. Es ist allgemein anzunehmen, dass in tiefen Gewässern ein Teil der Nahrung von oben herabsinkt, und es wurde beobachtet, dass die suchenden Tiere alles fressen, was ihnen auf diese Weise in die Quere kommt. Die Fische in diesen gren-

Auch in absoluter Finsternis gibt es Lebensformen – wie zum Beispiel die sogenannten Röhrenwürmer, festsitzende Tiere in selbstgebauten Röhren.

Der Schwarze Anglerfisch lebt
in Tiefen bis zu 3000 Meter.
Die leuchtende Angel oberhalb
des Mauls hat sich aus einem
vorderen Stachel der Rückenflosse
ausgebildet und wird genutzt, um
Nahrung anzulocken.

Der Vipernfisch jagt mit Hilfe von Licht, und zwar ist sein Maul von zahllosen Lichtpunkten umgeben, die Krebse und Fische anlocken. Die Beute schwimmt arglos in das offene Maul hinein, gewaltige Zähne verhindern ein Entkommen der Beutetiere.

Dieser kleine Hai lebt ebenfalls in der Tiefsee und stammt aus der Ordnung der Dornhaie (Etmopteridae). Die meisten Arten dieser Familie haben Leuchtorgane.

zenlosen Regionen haben sich dieser Situation zum Beispiel dadurch angepasst, dass sie sich schwammige Körper zugelegt haben, was zwei Vorteile mit sich bringt. Zum einen benötigt der Organismus dann wenig Energie, und zum anderen steht ihm ein äußerst dehnbarer Bauch zur Verfügung, der in dem seltenen Fall reichlichen Nahrungsregens nichts vorbeisinken und verloren gehen lassen muss.

Noch schwieriger als die Nahrungssuche sollte man sich die Jagd nach einem Partner zum Zweck der Fortpflanzung vorstellen. Die offenen Räume sind so weit, dass man meist allein ist. Die Signale, um auf sich aufmerksam zu machen, müssen so beschaffen sein, dass sie zwar einen Freund oder potenziellen Partner erreichen, zugleich aber von einem Fressfeind möglichst übersehen werden. Beim Laternenfisch geht das oft in dem Sinne schief, dass ein Vipernfisch nur auf das Liebessignal wartet, um mit dessen Hilfe sein Opfer zu orten. Es sind inzwischen auch Fälle bekannt, in denen Raubfische die Signale imitieren, mit denen paarungswillige Meeresbewohner ihre Lust auf Leben andeuten, um so ihre ahnungslose Beute fehlzuleiten und aus dem evolutionären Rennen zu entfernen.

Ein weiteres Beispiel sei mit einem in rund 1000 Meter Tiefe existierenden Kraken angeführt, der wie seine Artgenossen mit Saugnäpfen versehen ist. Saugnäpfe dienen gewöhnlich dem Greifen und Festhalten von Beute etwa in Form von Muscheln, die zudem geöffnet werden müssen. Nun werden sich in der Tiefe nicht besonders viele Muscheln finden, und tatsächlich hat der Leuchtkrake sich bei der Nahrungssuche auf kleine Ruderflusskrebse spezialisiert, die in derselben Wassersäule wie er leben, etwa 100 Meter über

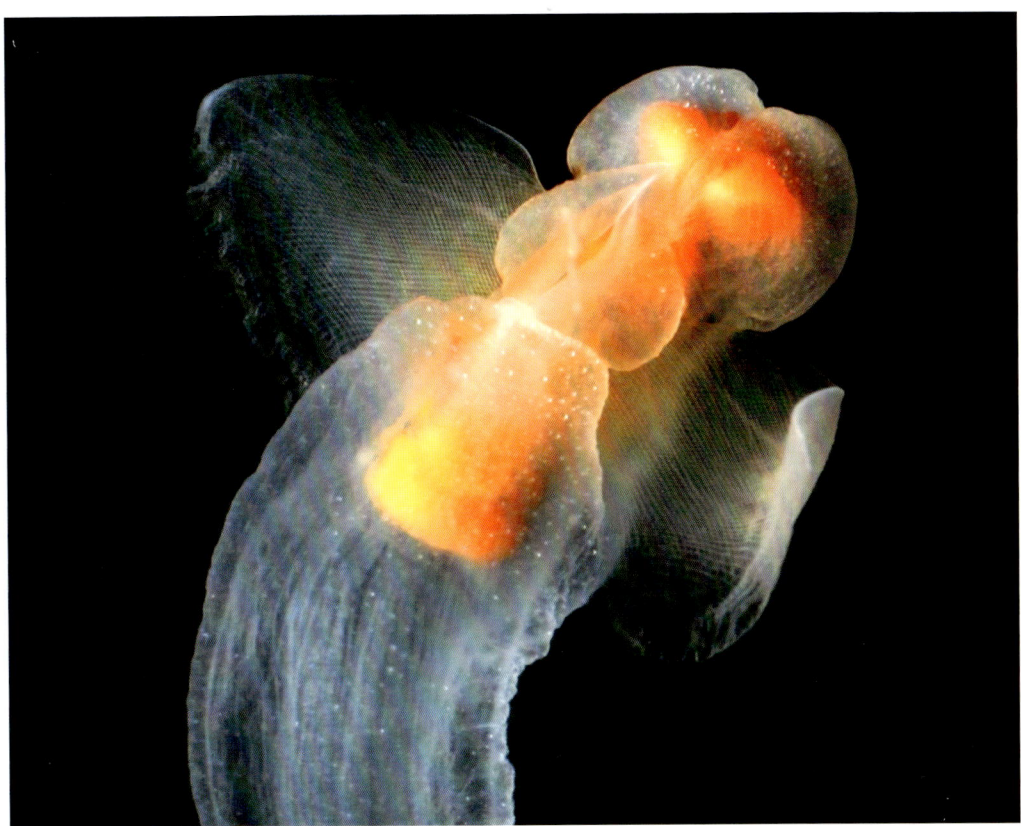

Eine Flügelschnecke *Clione limacina* (links); sie schwebt im tiefen arktischen Meerwasser und ist aufgrund eines niedrigen Stoffwechsels, des Abbaus von Körperzellen und der Nutzung spezieller Fette in der Lage, ein Jahr auf Nahrung zu verzichten.

Riesentintenfische jagen ihre Beute womöglich mit Lichtblitzen aus ihren Tentakeln (rechts). Das lassen jedenfalls Forschungsergebnisse über die in bis zu 1000 Meter Tiefe lebenden Weichtiere vermuten. Die achtarmigen Tiere erreichen Geschwindigkeiten von bis zu neun Kilometern pro Stunde.

dem jeweiligen Meeresboden. Unser hungriger Räuber lockt seine Opfer dadurch an, dass er – mittels sogenannter Biolumineszenz – Licht aussendet, und zwar mit seinen Saugnäpfen. Die Krebse können dieses lockende Licht sehen, und sie werden von ihm angezogen wie Motten oder Schmetterlinge von der Flamme einer Kerze. Der Leuchtkrake hat sich somit den Lebensbedingungen in der Tiefe anpassen können, weil er einem alten Organ eine neue Aufgabe zuweisen konnte. Die Evolution nutzt alle Möglichkeiten, die ihren Hervorbringungen offenstehen.

Wenn von Wasser und Dunkelheit die Rede ist, fallen jedem von uns leicht Höhlen ein, die wir immer mit einem leichten Gruseln besucht haben. Höhlen sind oft feucht, da sie durch zahlreiche mächtige unterirdische Ströme gebildet worden sind, die ihren Weg durch die vielfach kalksteinhaltige Erde gefunden haben. Die Feuchtigkeit verwandelt die Höhlen in ganz besondere Nischen, in denen sich viele Lebensformen auch auf ihre ganz besondere Weise eingerichtet haben. Es zeigen sich dort zum Teil dieselben Mechanismen des Überlebens, die auch in der Tiefsee eingesetzt werden, wie das Anlocken von Opfern durch Licht. Am trickreichsten gehen dabei die Larven von Pilzmücken vor, die man in Neuseeland gefunden hat, wo sie an den Decken von Höhlen hängen und seidene Fäden nach unten lassen, an deren Spitze ein blaues Licht aufleuchten kann. Ihm können die vielfach umherschwirrenden Insekten nicht widerstehen. Sie fliegen in Richtung der Helligkeit und enden an den klebrigen Fäden, um so zur Larvenahrung zu werden. Im Gegensatz zu den Fledermäusen gibt es Höhlenbewohner, die ihren angestammten Platz nicht verlassen, die sogenannten Troglobionten.

Fledermäuse

Auf der Insel Borneo gibt es Höhlen, in denen Millionen von Fledermäusen an den Decken hängen. Mit diesen Flugsäugern als Ausgangspunkt kann der Begriff des Ökosystems konkretisiert werden, wie er sich in einer Umwelt ohne Licht und damit ohne Pflanzen herausbildet. Natürlich benötigt das Leben die Hilfe der Sonne, also Pflanzen, und in dem Fall sind dies die Bäume und Büsche, die vor der Höhle wachsen und die abends von den Fledermäusen aufgesucht werden. Wenn sie zurückkehren und sich an der Decke hängend ausruhen, produzieren sie natürliche

Körperausscheidungen, was bei Millionen Tieren einen Riesenkothügel abgibt, in dem sich nicht nur Schaben in Massen tummeln können, sondern in dem auch kleine Krebse und riesige Insekten (Spinnenläufer) ihr Höhlenauskommen finden. Während die Fledermäuse den Wald vor ihrer Behausung umkreisen, warten einige Greifvögel wie Adler auf sie. Die Fledermäuse versuchen zwar, dem Zugriff durch Schwarmbildung zu entgehen, aber einige von ihnen verlieren erst den Anschluss und dann ihr Leben. Das Ökosystem ist damit noch nicht geschlossen. Denn wenn

die überlebenden Flugsäuger gesättigt in die Höhle zurückwollen, warten an der engsten Eingangsstelle Schlangen auf ihr Abendessen. Diese raffinierten Reptilien wiederum spüren ihre Opfer durch Wärmesensoren auf, was zwei Vorteile hat. Zum einen können die Schlangen in der Dunkelheit so überhaupt etwas wahrnehmen, und zum anderen lassen die Sensoren dank ihrer genau angepassten Sensitivität eine fliegende Fledermaus als Punkt erscheinen, was es den Jägern erlaubt, erst präzise nach ihnen zu zielen und anschließend erfolgreich zuzuschnappen.

Ein ruhender Fledermausschwarm hängt an der Decke im sogenannten »Fledermaustempel« bei Padang Bai auf Bali, Indonesien.

Außerhalb ihres Habitats sind sie nicht mehr überlebensfähig. Die offene Welt ist für sie tödlich. Der Hauptgrund für diese fatale Situation findet sich darin, dass ihnen die Hautpigmente fehlen, die Organismen wie wir, die nicht im Dunkeln leben und sich der Sonne auszusetzen haben, benötigen, um mit den besonders energiereichen – ultravioletten – Anteilen der Strahlung zurechtzukommen, die von unserem Zentralgestirn auf die Erde gelangen. Troglobionten können auf Pigmentierung verzichten, und so sehen sie stets bleich aus, und manche wirken sogar durchsichtig. Die Stellen, an denen man Augen erwartet, sind zwar erkennbar, bleiben aber – wie etwa beim texanischen Brunnenmolch – merkwürdig leer. Der verlorene Sehsinn wird durch vermehrte Empfindlichkeit anderer Organe ausgeglichen – so kann die Haut feinste Luftströme registrieren oder Antennen ausbilden, die sanfteste Vibrationen aufnehmen und melden.

Ein europäischer Grottenolm, der in Höhlengewässern lebt und sich durch eine pigmentlose Haut kennzeichnet. Konvergente Entwicklungen finden sich bei einigen weiteren Höhlenbewohnern, etwa dem Lungenlosen Salamander oder dem Texanischen Brunnenmolch.

Ein Vertreter aus der Familie der Hörnchen, dessen Habitat die Höhle ist; Lebewesen, die ausschließlich in Höhlen leben bzw. auf diesen Lebensraum angewiesen sind, werden troglophil genannt. Lebewesen, die hingegen nur zufällig in die Höhle gelangen, werden als trogloxen bezeichnet.

DIE WÜSTE LEBT

Wir verlassen die Dunkelheit und begeben uns in die Wüsten. Wer hier leben bzw. überleben will, muss sich an höchste Hitze und größte Dürre gewöhnen, und der gesunde Menschenverstand erwartet unter diesen Bedingungen eher Tod als Leben. Im »Tal des Todes« – »Death Valley« – in Kalifornien werden am Boden schon mal bis zu 70° C gemessen. Es gibt aber nicht nur Pflanzensamen, die Jahrzehnte lang am Boden liegen und auf das lebenswichtige Wasser warten können, um dann zu wachsen und den Wüstenboden bunt zu färben, die Eier von Wanderheuschrecken können in afrikanischen Regionen ebenso lang – bis zu 20 Jahre – überdauern. Wenn es dann regnet, schlüpfen die Heuschrecken, sobald genügend pflanzliche Nahrung gewachsen ist. Sie grasen erst lokal und signalisieren dann durch flüchtige Botenstoffe, dass es Zeit ist, auszuschwärmen, wobei sich die vielfach beschriebene biblische Plage entwickelt, die sich vom Wind treiben lässt. Das ist doppelt geschickt, denn dabei wird weniger Energie verbraucht, und der Wind weht bekanntlich in Richtung von Tiefdruckgebieten, also dorthin, wo mehr Regen und mit ihm mehr blühendes Buschwerk zu erwarten ist. Den Saguaro-Kakteen der Wüste im amerikanischen Bundesstaat Arizona ist es gelungen, ausreichend große Wasserspeicher in einem kühl unter der Erde gelagerten, ausgedehnten Wurzelsystem anzulegen, um auf diese Weise monatelange Dürren überstehen und zu einem Ausgangspunkt von Ökosystemen werden zu können, an denen Spechte und Blütenfledermäuse partizipieren.

Die biblische Heuschreckenplage
»Mose streckte seinen Stab über Ägyptenland, und der Herr trieb einen Ostwind ins Land, den ganzen Tag und die ganze Nacht. Und am Morgen führte der Ostwind die Heuschrecken herbei. Und sie kamen über ganz Ägyptenland und ließen sich nieder überall in Ägypten, so viele, wie nie zuvor gewesen ist noch hinfort sein wird. Denn sie bedeckten den Erdboden so dicht, dass er ganz dunkel wurde. Und sie fraßen alles, was im Lande wuchs, und alle Früchte auf den Bäumen, die der Hagel übrig gelassen hatte, und ließen nichts Grünes übrig an den Bäumen und auf dem Felde in ganz Ägyptenland.«
(II Mose 10, 13–15)

Der Goldspecht lebt nur in Nordamerika und ist ein gutes Beispiel für das Überleben in trockenen bzw. extrem heißen Wüstengebieten. Dieses Männchen in Arizona, USA, hat sein Nest in einem Kaktus gebaut.

Die trockenste Wüste der Welt ist die Atacama in Chile. Sie liegt im Regenschatten der Anden, und hier finden sich Wetterstationen, die in ihrer Geschichte keinen einzigen Tropfen Regen registrieren konnten. Doch das Leben hat den Weg auch in diese öden Gebiete gefunden. So beziehen die südamerikanischen Kamele (»Guanakos«) ihr Wasser von der Feuchtigkeit der Kakteen. Die pflanzlichen Wüstenbewohner selbst bekommen das lebensnotwendige Element durch die Nebel, die vom kühlen Ozean her aufsteigen und sich als Tau mit vielen Tropfen niederschlagen. Das macht solch eine Menge aus, dass sich sogar Flechten auf den Kakteen ansiedeln können, und so finden wir selbst dort, wo wenig bis gar kein Regen fällt, ein funktionierendes Ökosystem, dem niemand seinen Platz streitig macht. Auf der Abbildung ist ein sogenannter Kandelaber-Kaktus zu sehen.

Die Guanakos gehören zur typischen Tierwelt Patagoniens, Südamerika. Auch sie haben sich an die rauen Bedingungen der Region angepasst.

Im chilenischen Geysir El Tatio, östlich der Atacama-Wüste, Chile, können Besucher bei einer Wassertemperatur von 86° Celsius sogar Eier kochen. Nicht selten gibt es unter den Touristen Verbrühungsopfer, die dann in Kliniken nach Santiago de Chile gefahren werden müssen. In dem Gebiet finden sich 80 echte Geysire, von denen 30 dauerhaft aktiv sind.

Touristen auf Kamelen in der Wüste bei Dunhuang in der Provinz Ganzhou, China. Dunhuang war, nahe der südlichen Seidenstraße gelegen, eine Stadt von militärischer Bedeutung. Nicht nur die Stadt hat sich an ihre Umgebung angepasst, auch die Kamele sind optimal für die Wüste geschaffen.

Das Bild unten zeigt das trockene Flussbett des Tsauchab in Namibia.

Die sogenannte Doppelfunktion

Neben der Existenz geeigneter Nischen, den besonderen Fähigkeiten der Lebewesen und der konkreten Ausprägung der Umwelt spielt eine bestimmte Möglichkeit zur Flexibilität eine wichtige Rolle, und sie lässt sich bei den Tiefseebewohnern gut beobachten. Gemeint ist die Idee, dass eine Struktur (ein Organ) nicht nur die eine Aufgabe erfüllen kann, für die sie entwickelt wurde, sondern dass sie darüber hinaus auch anders eingesetzt werden kann. Man spricht von der sogenannten Doppelfunktion, und die Lehrbücher der Evolution führen zahlreiche Funktionswechsel und eine ungeheure Funktionsvielfalt an. Die Vordergliedmaßen der Wirbeltiere dienen zum Beispiel zum Laufen, zum Graben, zum Greifen, zum Klettern und zum Fliegen. Ein Insektenbein kann gleichzeitig Laufbein und Grabschaufel, Kiefer und Saugrüssel, Ruder und Geräuscherzeuger, Paarungswerkzeug und Legeröhre sein. Die Wirbeltierzunge arbeitet als Nahrungsleiter und Fangorgan, als Leimrute und Saugröhre für Honig, als Pollenbürste und Trinkbecher, und noch einiges mehr.

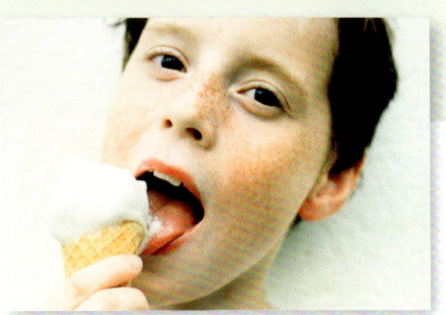

Ein Organ kann nicht nur eine Aufgabe erfüllen, sondern es kann darüber hinaus auch anders eingesetzt werden. Beispiel dafür ist die Zunge, die als Nahrungsleiter und Fangorgan dient (wie hier beim grünen Baumfrosch) und die auch beim Menschen nicht nur die Funktion des Eisessens erfüllt.

Es gibt zahlreiche Säugetiere, die in Wüsten leben und sich den erschwerten Bedingungen dort auf verschiedene Wiesen angepasst haben. Löwen etwa bilden in diesen dürren Gegenden kleinere Rudel als gewöhnlich, denen ein größeres Territorium zur Verfügung steht. Besonders gut an Hitze, Trockenheit und Sandboden angepasst haben sich die Kamele. Die Details der Anpassung beginnen unten an den Füßen, wo sich viel elastisches Bindegewebe findet, das eine breite Sohlenfläche ergibt, mit dem die Tiere, die auch als »Schwielensohler« klassifiziert werden, gut auf Sand stehen können. Sie setzen sich fort unter dem Bauch, wo eine besondere Schutzhaut zu bewundern ist, die auf dem Boden aufliegt und so das Kamel vor Verletzungen schützt, wenn es sich in Ruhestellung begibt. Die Details der Anpassung setzen sich nach oben fort, wo die berühmten Höcker zu finden sind – einer beim Dromedar, zwei beim Trampeltier –, in denen die Kamele nicht nur ihren Fettvorrat transportieren, sondern die ihnen auch noch die Sonne vom Leib halten.

Die erstaunlichste Anpassung finden wir aber innen, genauer in den Nieren, wo sich ungewöhnlich ausgedehnte Schleifenstrukturen entwickelt haben – die Henleschen Schleifen –, mit deren Hilfe zum Beispiel der Urin sehr konzentriert werden kann. Daher können die Tiere besser mit dem Wasser haushalten, das sie zudem in riesigen Mengen trinken müssen, wenn sie eine Quelle gefunden haben. Wer schon einmal in sehr durstigem Zustand literweise Wasser in sich hineingeschüttet hat, weiß, dass das nicht nur erquickend sein kann. An dieser Stelle besteht die Gefahr der Überwässerung, wie man sagt, und ihr begegnen die Kamele dadurch, dass sie ihren roten Blutkörperchen eine andere als die gewöhnliche Form geben – oval statt rund –, was in Gebieten mit großen Höhen zusätzlich zu einer verbesserten Aufnahme von Sauerstoff genutzt werden kann.

Wir wollen das Kapitel, das mehr oder weniger im Dunkeln begonnen hat, dort auch enden lassen. Es gibt bekanntlich unterirdisch lebende Säugetiere, die Maulwürfe, deren Hände vor allem durch ihren Umbau zu Grabschaufeln die erstaunlichen Anpassungsfähigkeiten des Lebens zeigen. Von besonderem Interesse ist dabei die Variante des Sternmulls, der dort eine Nase hat,

Die Strahlung der Sonne

Die Strahlung der Sonne zeigt sich vor allem im direkten Licht, aber auch im elektromagnetischen Bereich: Röntgen-, Infrarot- und UV-Strahlung wie auch Radiowellen sendet die Sonne aus. Die Infrarotstrahlung gelangt, genau wie das sichtbare Licht, bis zur Erdoberfläche und sorgt auf der Haut für das Wärmeempfinden der Sonnenstrahlung. Auch das kurzwellige UV-Licht gelangt durch die Atmosphäre, die Röntgenstrahlung dagegen wird von der Lufthülle um die Erde gestoppt. Darüber hinaus gibt es noch den Sonnenwind, eine Partikelstrahlung, die hauptsächlich aus schnellen Ionen besteht. Diese werden aber durch das Erdmagnetfeld eingefangen und erreichen so nur selten die Erdoberfläche.

Ein Nacktmull aus Afrika, der in einem unterirdischen Hofstaat mit bis zu 300 Mitgliedern sozial hoch organisiert zusammenlebt. Die Königin dieses Staates bringt die Jungen zur Welt, die Arbeiter sind in verschiedene Teams eingeteilt (Bewachung des Baus, Grabungen).

Die Abbildung zeigt die Bauten eines Nacktmulls in Muru, Kenia. Der Nacktmull ist vor allem in Ostafrika verbreitet, seine Lebensweise in großen Kolonien, die von einem fortpflanzungsfähigen Weibchen geleitet werden, stellt unter den Säugern eine Einzigartigkeit dar.

Ein Sternmull (auch Sternnasenmaulwurf genannt), der in Nordamerika beheimatet ist und sich von seinen Artgenossen vor allem durch die 22 fingerförmigen Anhänge auf der Schnauze unterscheidet.

wo man Augen erwartet. Das empfindliche Organ kann nicht nur riechen – also chemische Duftstoffe wahrnehmen –, sondern auch feinste elektrische und mechanische Reize registrieren. Zudem ist es mit einer Einrichtung versehen, die es dem Mull erlaubt, das zu tun, was uns unsere Augen erlauben, nämlich den Gegenstand, von dem die Signale kommen, genau ins Visier zu nehmen.

Zu den merkwürdigsten Säugetieren, die in unterirdischen Bauten ihre Nischen – meist in ostafrikanischen Halbwüsten – gefunden haben, gehören die sogenannten Nacktmulle, die – wie es der Name andeutet – kein Fell und fast keine Haare haben. Nacktmulle verfügen über auffallend große Zähne, mit denen sie sich überall durchgraben können, und sie kommen fast ohne Augen aus, die durch ein paar winzige Sehschlitze ersetzt worden sind. An den Nacktmullen ist vieles auffällig und als Wunder der Anpassung zu verstehen. Die Tiere trinken zum Beispiel nicht und bekommen Wasser nur über die Nahrung, was besondere Nierenstrukturen erfordert. Sie können einmal verdaute Nahrung ein zweites Mal zu sich nehmen, um auch noch die letzte Energie zu extrahieren. Sie leben aber vor allem in großen Kolonien, die aus Hunderten von Tieren bestehen, und solch eine Lebensgemeinschaft wird – hier agieren Säugetiere wie Bienen, also Insekten – von einer Königin dominiert, die als einziges Weibchen Nachwuchs zur Welt bringen kann, und zwar etwa 60 Junge pro Jahr. Während einer Schwangerschaft wächst die Königin in der Länge, weil sie sich sonst nicht durch die engen Gänge der Kolonie bewegen kann. Die wenigen Männchen, die sich mit ihr paaren dürfen, altern nach diesem Akt ungewöhnlich rasch. Stirbt eine Nacktmullkönigin, wird eine noch unbekannte Unterdrückung der Sexualität aufgehoben. In der Folge werden andere Weibchen schwanger, und diejenige, die am schnellsten gebärt, wird zur neuen Königin.

Mit den aufgezählten Variationsmöglichkeiten der Natur haben wir nicht einmal die Spitze des gesamten Eisberges in den Blick bekommen, den wir das Leben nennen. Es ist dann schon ein erstaunlicher Gedanke, dass sich all dies und noch viel mehr – alles, was vorher war, und alles, was nachher noch kommen wird – unter dem einen Prinzip der Evolution wissenschaftlich und plausibel zugleich ordnen und verstehen lassen kann.

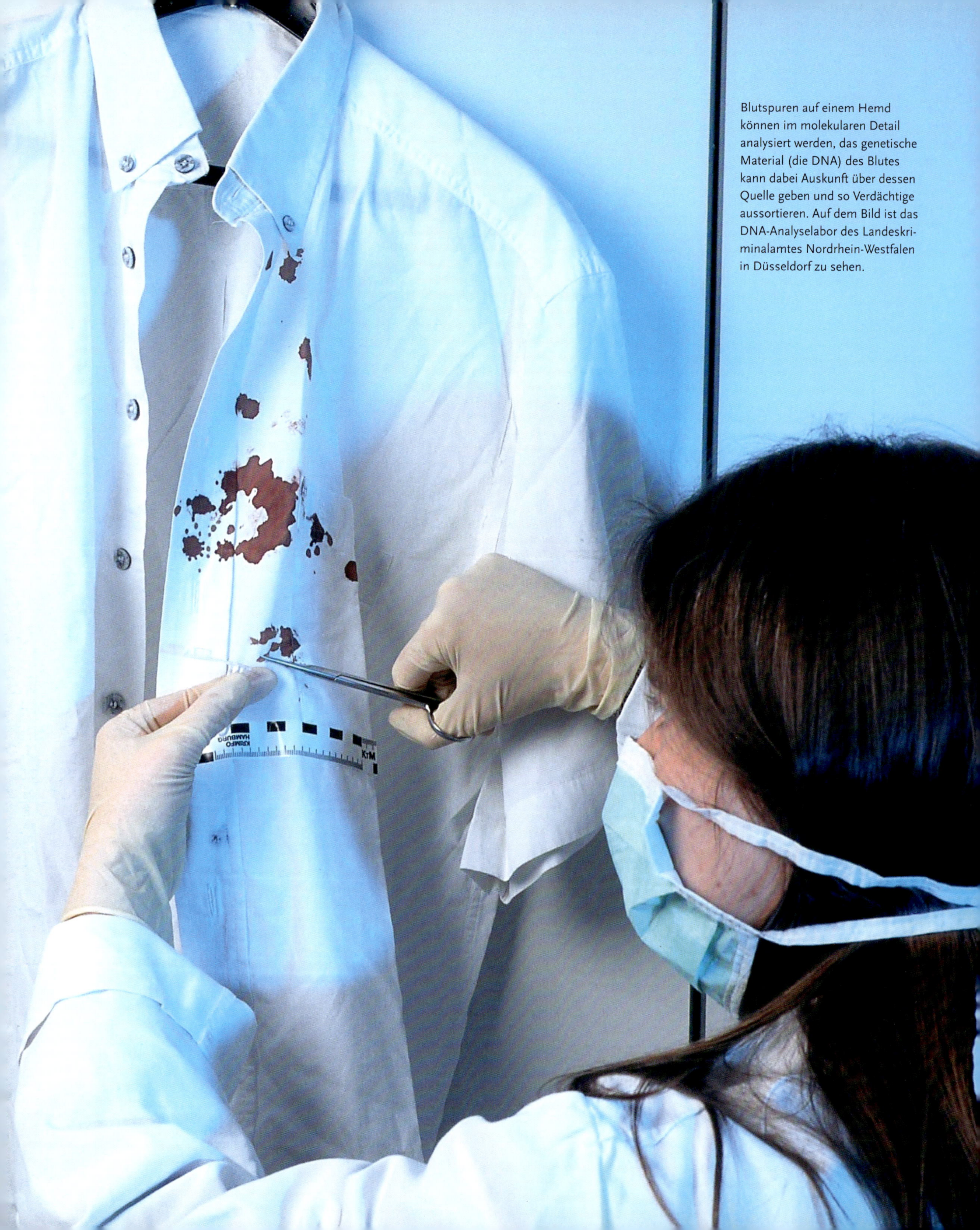

Blutspuren auf einem Hemd können im molekularen Detail analysiert werden, das genetische Material (die DNA) des Blutes kann dabei Auskunft über dessen Quelle geben und so Verdächtige aussortieren. Auf dem Bild ist das DNA-Analyselabor des Landeskriminalamtes Nordrhein-Westfalen in Düsseldorf zu sehen.

So als ob die Gene Aquarellisten wären.

VLADIMIR NABOKOV

Die dynamischen Bausteine des Lebens

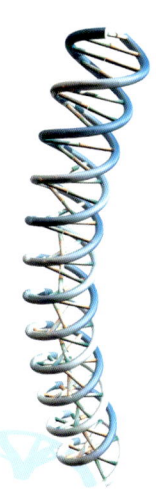

Was zuerst nur als Name kursierte – und bei Gregor Mendel noch »Element« hieß –, wurde dank Experimenten mit der Fruchtfliege Drosophila ein Ort auf einem Chromosom und in der Nachkriegszeit eine Doppelhelix aus DNA. Dieses Molekül ließ mit seiner Struktur erkennen, was Gene grundsätzlich können. Sie speichern biologische Informationen in Form der Reihenfolge (Sequenz) ihrer Bausteine und erlauben der Zelle damit, Produkte anzufertigen, die als Proteine bekannt sind und die chemischen Reaktionen einer Zelle (und mehr) ermöglichen.

Heute ist in der Öffentlichkeit unentwegt von Genen für irgendwelche Eigenschaften die Rede – Gene für die Augenfarbe, Gene für Krankheiten –, und niemand hat Probleme, das Attribut »genetisch« zu verwenden, um zu sagen, dass etwas genetisch bedingt ist, also von Genen herrührt. Doch wenn das Reden über die Gene auch leichtfällt, das Gebilde, das dahintersteckt, ist höchst kompliziert.

DIE MENSCHLICHE STRUKTUR

Das Leben in einer Zelle geht von der Doppelhelix aus, die aus zwei sich umeinander windenden und schraubenden Strängen besteht. Jeder der DNA-Stränge ist dabei kettenartig gebaut, wobei die Natur insgesamt vier Kettenglieder verwendet, die als Nukleotide bezeichnet werden. In der Reihenfolge (Sequenz) ihrer Basenpaare steckt eine biologische Information, die von der Zelle und ihrer Maschinerie gelesen und zur Herstellung anderer Moleküle – der als Proteine bekannten Genprodukte – umgesetzt wird.

Dank der modernen Gentechnik ist es inzwischen möglich, Gene bzw. DNA-Moleküle erst zu isolieren und dann zu analysieren, und dabei machen die Wissenschaftler überraschende Entdeckungen. Zum einen stellen sie fest, dass große Teile der DNA gar nicht als Gen funktionieren, sondern andere (noch zu erforschende) Aufgaben übernehmen. Zum anderen zeigt sich, dass Gene in Zellen von komplex gebauten Organismen nicht am Stück, sondern zerstückelt vorliegen. Man spricht dabei vom Mosaikgen.

Vor und hinter den Teilen, die über den Bau der Proteine informieren, gibt es noch Sequenzen, die der Regulation dienen. Sie gehören mit zu dem ganzen Gen, weil es ohne seine Helfer links und rechts nichts ausrichten könnte. Nicht zuletzt ist das Gen ein äußerst bewegliches, unentwegt bewegtes und immer wieder neu entstehendes Gebilde und keineswegs irgendein Molekül, das in der Zelle liegt und dort steif und starr funktioniert. Sein Wirken bleibt vielfach offen, und wir sollten etwas mehr Vorsicht walten lassen, wenn wir raunend das Genetische beschwören. Der Schritt von der DNA zu den Proteinen gelingt mit Hilfe des genetischen Codes, mit dem wir die Gene und

Protein

Im Grunde genommen haben Gene nur eine Aufgabe, nämlich den sie beherbergenden Zellen die Möglichkeit zu geben, die großen Moleküle herzustellen, die als Proteine bezeichnet werden. Proteine bestehen wie Gene aus molekularen Bausteinen, die kettenförmig verbunden sind. Die Bausteine der Proteine heißen Aminosäuren, und in der lebendigen Natur kommen rund zwanzig von ihnen zum Einsatz. In

einem ersten Schritt wird die Reihenfolge der Genbausteine (die Gensequenz) in die Reihenfolge der Proteinbausteine übertragen, die in der Fachsprache als deren Primärstruktur bezeichnet wird. Die Glieder der Kette, die immer auf die gleiche Weise verbunden sind, unterscheiden sich durch individuelle Rand- oder Seitengruppen. Deren Wechselwirkung mit dem zellulären Milieu und anderen Bausteinen sorgt dafür, dass die Kette eine bestimmte Form annimmt, zum Beispiel die sogenannte Alpha-Helix (die den ersten Buchstaben des griechischen Alphabets trägt, weil sie als erste gefunden worden ist). Die Alpha-Helix stellt eine Sekundärstruktur dar. Sie

tritt gewöhnlich als Teil einer von einem Gen ausgehenden Gesamtkette auf, die wiederum als Ganzes eine Tertiärstruktur aufweist. In vielen Fällen kommt ein funktionierendes Protein erst zu Stande, wenn mehrere Ketten sich zu einem raffinierten Gebilde zusammenlegen, das dann durch seine Quartärstruktur gekennzeichnet wird. Die Proteine können allein für sich Reaktionen beschleunigen (katalysieren), die zum Stoffwechsel gehören, oder andere einfache Aufgaben übernehmen. Sie können vor allem im Verbund agieren und auf diese Weise zum Beispiel Signalwege innerhalb einer Zelle schaffen oder die Signalübertragung zwischen Zellen ermöglichen.

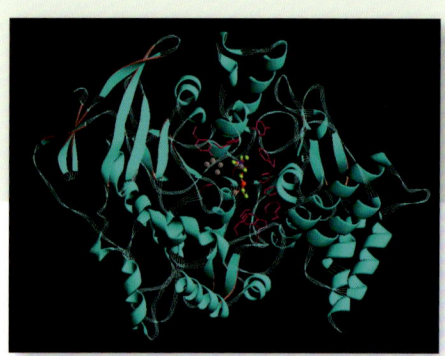

Das dreidimensionale Modell eines Proteins, das Acetylcholinesterase heißt und für die Nervenleitung benötigt wird. Man erkennt schraubenförmige Unterstrukturen (blau) und bunt gefärbte Teile, die unterschiedliche Aufgaben übernehmen. Das ganze Gebilde ist eine Kette mit Gliedern, deren Reihenfolge von den Genen bestimmt wird.

ihre Produkte mit dem evolutionären Geschehen verbinden können, denn die Mutationen, die zu den Varianten führen, zwischen denen dann ausgewählt wird, finden sich auf der Ebene der Gene. Zuerst dachten Biologen bei einer Mutation an veränderte Chromosomen, aber heute erfasst der Begriff sämtliche Möglichkeiten, mit denen die DNA einer Zelle variiert werden kann. Auf dieser Ebene lassen sich mehrere Formen unterscheiden, die mit der Auslassung oder Ersetzung eines genetischen Buchstabens beginnen (einer sogenannten Punktmutation) und über eingeschobene DNA-Stücke bis zum Verdoppeln oder Vermehren von ganzen Sequenzen reichen.

Von vielen Mutationen nimmt man an, dass sie entweder spontan bzw. zufällig oder durch äußere Einwirkungen wie UV-Licht oder Röntgenstrahlen zu Stande kommen. Es leuchtet auch ein, dass bei der Herstellung von Milliarden Bausteinen der DNA nicht alles perfekt verläuft, sondern sich Fehler einschleichen können. Die Fehler haben ja sogar ihre Funktion, denn wenn alles perfekt zuginge im zellulären Leben, könnte es keine Entwicklung der Art geben, wie sie in der Evolution sichtbar wird. Seit einigen Jahren besteht daher der Verdacht, dass Mutationen gar nicht so zufällig zu Stande kommen, wie es bislang scheint. Vielmehr könnte es sein, dass die Zelle über Mechanismen verfügt, die die genetischen Moleküle genügend instabil machen,

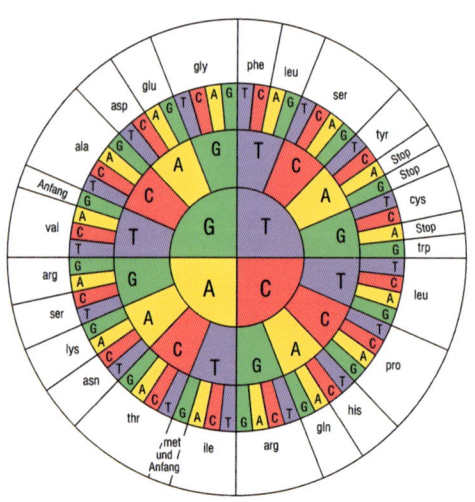

Um von den Genen zu den Proteinen zu gelangen, braucht die Natur den genetischen Code. Er ist hier dargestellt. Wenn man die als A, T, G und C dargestellten Bausteine der DNA von innen nach außen liest, bekommt man ein Triplett – zum Beispiel GAA –, das festlegt, welcher Baustein in ein Protein eingebaut wird – in diesem Fall die Glutaminsäure.

Nukleotide

Sie bestehen selbst aus drei Untereinheiten, einem Zucker, einer Phosphatgruppe und einer Base, wie es in der Sprache der Chemie heißt. Die vier Nukleotide unterscheiden sich nur in den Basen, die deshalb wichtig sind, weil sie im Zentrum der DNA-Doppelhelix liegen und das eigentliche Interesse der Biologen beanspruchen. Im Inneren der Doppelhelix liegen die Basenpaare hinter- oder aufeinander und bilden dabei das ABC des Lebens.

Sichelzellenanämie

Zu den Aufgaben des Blutes gehört der Transport von Sauerstoff in das Gewebe. Sie wird übernommen von einem Protein, das Hämoglobin heißt und aus zweimal zwei Untereinheiten besteht, die Globine heißen und mit den griechischen Buchstaben Alpha und Beta benannt werden. Für jedes der Globine gibt es ein Gen, und im Normalfall findet sich an der sechsten Position des Betaglobins die Aminosäure, die Glutaminsäure heißt. Nun gibt es eine Mutation, in der ein genetischer Baustein durch einen anderen mit der Folge ersetzt ist, dass in der Globinkette nun eine andere Aminosäure, das Valin, auftaucht. Diese winzige Variante hat große Folgen, denn

nun klumpt das Hämoglobin zusammen, und die normalerweise runden roten Blutkörperchen werden sichelförmig. In dieser Form kommen sie schlechter durch die engen Blutgefäße (Kapillaren), was zunächst starke Schmerzen mit sich bringt und dann über Herz- und Nierenversagen zu einem raschen Tod führt. Wenn diese Punktmutation nur in einem der zwei Genkopien vorliegt, sorgen andere Zellmechanismen dafür, dass nur rund ein Prozent der roten Blutkörperchen betroffen ist, und so geht es den Betroffenen gut. Manchmal sogar besser als ihren Nachbarn, die normal mit Blutfarbstoff versorgt sind. Die sichelförmigen Blutzellen machen es der Malaria-

mücke und dem dazugehörigen Parasiten nämlich schwer, diese Infektionskrankheit zu verbreiten, die besonders bei Kindern rasch zum Tod führt. Tatsächlich tragen rund 30 Prozent der Menschen, die in Regionen mit Malaria leben, die Mutation, die ihnen vor Ort beim Überleben hilft, während wir sie in unseren Breiten als Ursache einer Krankheit einstufen.

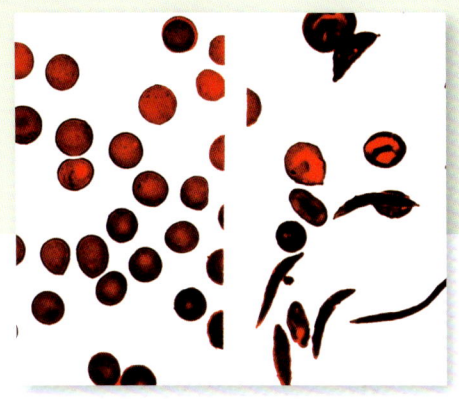

Normales Blut mit runden Blutkörperchen (links) und Blut mit sichelförmigen Blutkörperchen (rechts). Bei Letzterem lautet die Diagnose Sichelzellenanämie.

um ausreichend Variationen von ihnen einführen und testen zu können. Es könnte sein, dass ein genaues Verstehen des Auftretens von Mutationen, das über eine Beschreibung ihrer molekularen Details hinausgeht, erst gelingt, wenn man versteht, wie das Innen einer Zelle (mit der DNA) und ihr Außen (also die Umwelt) auf eine Weise zusammenwirken, die man ganzheitlich nennen könnte und die einen gerichteten Prozess ergeben würde.

Die Regulierung von Genen ist seit den 1960er Jahren bekannt, als klar wurde, dass nicht alle Gene zu allen Zeiten und in allen Zellen genutzt werden. Die Expression von Genen geht gesteuert vor sich, und das große und faszinierende Rätsel lautet, wie dies eine Zelle bewerkstelligt. Eine Antwort besteht darin, dass es nicht nur Strukturgene gibt, in denen die Informationen für den Bau eines Proteins angelegt sind, sondern dass es auch Regulatorgene gibt, die steuern, unter welchen Umständen die Strukturgene an die Reihe kommen oder nicht. Es handelt sich also um Gene mit einer Kontrollfunktion, die sich von den Funktionen der Informationsspeicherung und -weitergabe unterscheidet.

Wer heute ein typisches Gen zeichnen will, wie es in der Zelle eines höher entwickelten Organismus zu finden ist, muss neben dem Mosaik mit all seinen genetischen Steinchen noch andere Elemente berücksichtigen, die der

Signalübertragung

Dieses Konzept gehört entscheidend zum Verständnis des Lebendigen, wie am Beispiel der Aufnahme von Licht erläutert werden soll: Licht – als physikalisches Signal – wird von einem Protein eingefangen und in ein chemisches Signal verwandelt. Über eine höchst komplizierte Kaskade, an der viele Proteine, zahlreiche andere Substanzen und Zellstrukturen beteiligt sind, wird zuletzt ein Strom in Gang gesetzt. Das Lichtsignal ist mit Hilfe von

Proteinen in ein elektrisches Signal verwandelt worden, und in dieser Form kann es seinen Weg ins Gehirn antreten, um zu dem Sehen zu werden, auf das es uns ankommt.

Röntgenstrahlen

Die Röntgenstrahlung wurde 1895 von Wilhelm Conrad Röntgen entdeckt und ist auch – vor allem im Ausland – unter der Bezeichnung X-Strahlung (»X-Rays«) bekannt. Dabei handelt es sich um eine elektromagnetische Strahlung mit einer kleineren Wellenlänge und größerer Wellenfrequenz als das sichtbare Licht. Sie kann die meisten Stoffe durchdringen und wird daher vor allem in der Medizin genutzt, um Knochen und innere Organe ohne chirurgischen Eingriff sichtbar zu machen. Auch zur Strahlentherapie wird Röntgenstrahlung eingesetzt, um beispielsweise Krebszellen abzutöten. Der Schutz vor der Strahlung muss aber gewährleistet sein, da die DNA von den Röntgenstrahlen angegriffen und zerstört werden kann.

Springende Gene

Als springende Gene werden frei bewegliche DNA-Stücke benannt. Sie fanden zunächst wenig Beachtung in der Wissenschaft, und es dauerte bis in die Jahre nach dem Aufkommen der Gentechnik, bis nachgewiesen wurde, dass Gene in ihrem Genom einen Ortswechsel vollziehen und springen können. Das ganze Stück wurde Insertionssequenz getauft, zu der ein sogenanntes Transposon gehört. Bald stellte sich heraus, dass die Transposons nicht nur springen, sondern oft auch verdoppelt und an anderer Stelle wieder eingebaut werden. Sie geben also ihren alten Platz nicht auf, sondern behalten ihn bei und nehmen zusätzlich einen neuen ein. Immer wieder trifft man auf Genverdopplungen, was einer Zelle offenbar die Möglichkeit gibt, eine Kopie nicht aktiv zu verwenden und nur als Reserve zu halten und mit in die nächste Generation zu nehmen.

Regulation dienen. Darüber hinaus kennt man noch mehr DNA-Elemente, die sich auf ein Gen auswirken und daher vielleicht zu ihm gehören. Ein Beispiel stellen sogenannte »Enhancer« (»Verstärker«) dar. Die damit bezeichneten DNA-Sequenzen sorgen für die vermehrte Expression eines Gens, das gar nicht in der Nähe seines Verstärkers zu liegen braucht.

Es ist offensichtlich: Das ursprünglich als feste Größe verstandene Gen hat sich im Laufe der letzten Jahrzehnte zu einer dynamischen Einheit gewandelt, die sich in immer neuen Kombinationen zeigt. Die Frage, was ein Gen ist – im Sinne der unveränderlichen Existenz eines greifbaren Objektes in einer Zelle –, muss von Grund auf neu bedacht werden, und vielleicht versteht dies derjenige am besten, der es als ein molekulares Werkzeug der Evolution betrachtet, das sich selbst in dem Vorgang verändert, den es zu bewirken hilft. Gene sind ganz sicher aus der Evolution hervorgegangen. Gene tragen aber ebenso sicher zur Evolution bei. Sie sind Gebilde der Evolution und bilden sie zugleich.

Diesen doppelten Vorgang des Hervorbringens und des Hervorgebrachten kann die deutsche Sprache mit dem Begriff der Bildung bezeichnen, der sich gewöhnlich auf Schule und Kultur bezieht. Doch in dem konkret molekularen Sinn, der allein hier gemeint sein kann, lässt sich sagen, ein Gen ist die Bildung der Evolution, und genauer braucht man dabei nicht zu werden.

Springende Gene zeigen deutlich ihre Wirkung bei den unterschiedlich gefärbten Maiskörnern.

DER ZAUBERKASTEN DER EVOLUTION

Wie wird aus einem befruchteten Ei ein erwachsener Organismus? Und speziell: Wie wird aus einem Fliegenei eine Fliege? Die moderne Entwicklungsbiologie hat inzwischen eine Menge Gene und ihre Varianten (Mutationen) identifiziert, die zum Werden des Lebens beitragen, aber mit diesen Faktoren alleine kommt man nicht ans Ziel, obwohl das viele Forscher denken und hoffen. Trotzdem: Noch heißt Verstehen im Zeitalter von Biochemie und Genetik, dass man die Moleküle (Proteine und Gene) kennt, die dabei in Aktion treten und die dafür sorgen, dass Zellen wachsen, sich spezialisieren oder absterben. Bei der Suche nach diesen konkreten Faktoren hat man sich vor allem mit der Fliege »Drosophila melanogaster« beschäftigt, die seit den Anfängen der Genetik vor mehr als einhundert Jahren zu deren Haustier geworden ist und den Biologen inzwischen erlaubt, ein Geheimnis der Embryonalentwicklung zu lüften. Ausgenutzt wurde dabei die Tatsache, dass ein Fliegenembryo in Abschnitte (Segmente) eingeteilt werden kann, die sich abzählen und in der erwachsenen Fliege wiederfinden lassen.

Diese Gene, die zu den Körpersegmenten führen, heißen heute »homeotische Gene«. Die Bezeichnung leitet sich von »homoiosis« (griechisch für Ähnlichkeit) ab. Die homeotischen Gene geben also den Körpersegmenten

Makro- und Mikroevolution
Wenn sich Genmaterial ändert, zeigt sich eine Mikroevolution. Wenn sich der ganze Organismus ändert, nennen wir das Makroevolution. Sie vor allem gilt es zu erklären, was aber noch seine Zeit dauern kann. Die Mutationen in der Erbsubstanz sind dann Mikromutationen, was sich hingegen äußerlich sichtbar zeigt und in der Evolution bewähren muss, das sind die makroskopischen Auswirkungen davon. Früher hat man gedacht, dass Makroevolutionen durch viele zusammenwirkende Mikromutationen zu Stande kommen, aber dieses Schema funktioniert so einfach nicht, weil zahlreiche DNA-Varianten sich eher negativ auswirken. Die in Form von Anpassungen sichtbaren makroevolutiven Schritte können bis heute weder durch einzelne Mikromutationen noch durch eine Anhäufung von ihnen erklärt werden – jedenfalls nicht, solange man in den Genen nur die Informationslieferanten für Proteine sieht.

William Bateson
Eingeführt wurde das Wort »homeotisch« durch den britischen Biologen William Bateson bereits im 19. Jahrhundert, als er merkwürdige Monster in der Natur entdeckte. Er sichtete Insekten, bei denen dort ein Bein saß, wo sich normalerweise ein Flügel fand, oder einen Krebs, bei dem ein Auge zu einer Antenne geworden war. Die ungewohnt platzierten Körperteile waren nicht ganz genauso wie ein Bein oder eine Antenne, aber sie waren diesen Strukturen sehr ähnlich. Bateson fragte sich natürlich, welche oberflächlich unsichtbare Ordnung aus dem Innenleben der Natur sich da zu erkennen gibt.

Ein Hirsch mit pigmentloser Haut,
ein sogenannter Albino. Auch
in der Tierwelt werden Vertreter
dieser Art von ihren Artgenossen
oftmals ausgegrenzt, zudem
haben sie geringere Überlebenschancen aufgrund der fehlenden
Tarnmöglichkeit und der zumeist
schlechteren Sehfähigkeiten.

Ein Albino-Alligator-Baby in Sao
Paulo, ein äußerst seltenes
Exemplar, mit einer Größe von
etwa 44 Zentimeter.

Das sehr seltene Exemplar eines Albino-Gorillas mit dem Namen »Snowflake« sitzt auf dem Ast eines Bambusgewächses im Zoo von Barcelona.

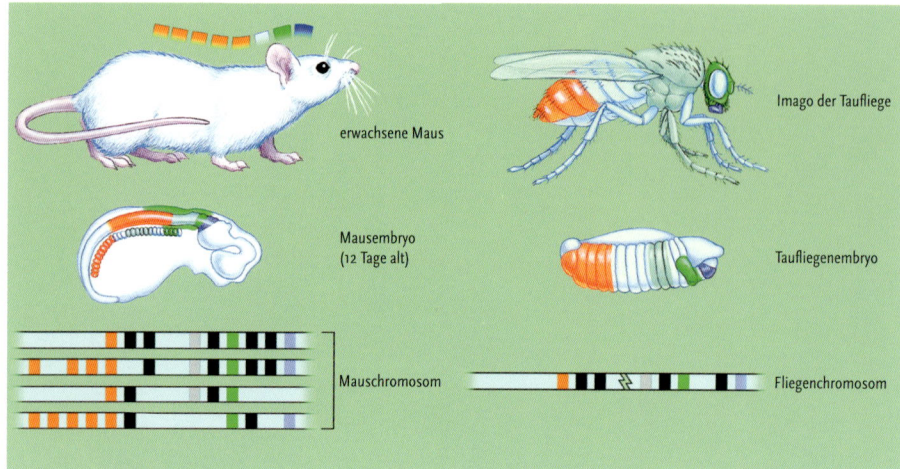

Organismen verfügen über sogenannte homeotische Gene, die den Bauplan des Körpers enthalten. Sie wurden in Fliegen entdeckt (in der Graphik rechts) und beginnen, ihre Wirkung in den Embryonen zu entfalten, um die Segmente des erwachsenen Körpers bilden zu können. Homeotische Gene gibt es – in verschiedener Zahl, aber gleicher Anordnung – auch in Mäusen (in der Graphik links) und Menschen.

Rechts: Die Entdeckung homeotischer Gene konnte nur gelingen, weil es Mutationen – von Fliegen oder Mäusen – gibt, die im Laboratorium leben und dort analysiert werden können. Ein Blick in das Gruselkabinett zeigt, dass es solche ganz natürlich auftretenden Mutationen auch bei Menschen gibt. Sie führen zu schweren Missbildungen, wie hier am Beispiel eines lebensunfähigen Kindes mit einem Zyklopenauge gezeigt wird.

die Gelegenheit, sich zu dem zu entwickeln, was sie in einem lebenstüchtigen Tier sein müssen, und die Frage lautet, was sie dafür tun. Man hat in den homeotischen Genen ein kleines Stück aus 180 Bausteinen (Basenpaaren) gefunden, das allen gemeinsam ist und das Homeobox heißt, und mit ihm zeigte sich eine Sensation. Der entsprechende Genbereich konnte nämlich nicht nur in Fliegen, sondern in Würmern, Fröschen, Mäusen und zuletzt auch in Menschen gefunden werden. Das Überraschende dabei war nicht nur, dass jetzt in der Entwicklung von Wirbeltieren und Wirbellosen ein gemeinsames Prinzip des Werdens erkennbar wurde, sondern dass homeotische Gene auch dort funktionierten, wo sich – zumindest äußerlich – gar keine Körpersegmente erkennen lassen.

Menschen haben insgesamt vier Gruppen (Cluster) von homeotischen Genen auf vier verschiedenen Chromosomen, wobei das Spannende darin liegt, dass in allen Anordnungen genau die Reihenfolge gefunden wird, die man von den verwandten Genen der Fliege her kennt. Wie bei der Drosophila werden auch bei uns die ersten Gene für den Kopf und die letzten für das Körperende benötigt (was den anderen Raum für die Mitte lässt). Warum homeotische Gene so operieren und funktionieren, bleibt nach wie vor rätselhaft und eine Aufgabe für die Forschung.

Beim zweiten Hinschauen und mit etwas Nachdenken erkennt man natürlich, dass Menschen innerlich sehr wohl Segmente erkennen lassen, und zwar die berühmten Rippen, von denen wir zwölf auf jeder Seite haben. Dies trifft sowohl bei Männern als auch bei Frauen zu. Etwa einer von zehn Erwachsenen hat eine andere Rippenzahl, als die Anatomiebücher vorschreiben, in diesem Fall funktioniert eines der homeotischen Gene des Menschen nicht. Insgesamt zeigt sich, dass die Identität der menschlichen Wirbel (Vertebrae) in ähnlicher (wenn auch merklich komplizierterer) Weise zu Stande kommt wie die der Körpersegmente in den Fliegen.

Seine besondere Spannung bekam der molekulare Einblick in dieses genetische Bauprinzip des Lebens durch die Homeobox. Sie kodiert ein Stück des Proteins, mit dessen Hilfe die Gene in den Proteinen zur Tat schreiten und die Körpersegmente identifizieren, in denen dann die geeigneten Organe anzulegen sind. Die 180 Bausteine der Homeobox stellen wohl so etwas wie einen Zauberkasten der Evolution dar, mit dem es ihr gelingt, einen genetischen Bauplan in die Tat umzusetzen, die wir als Lebewesen kennenlernen. Halten wir fest, was die Biologen damit gefunden haben, nämlich genetische Bausteine und Mechanismen, die über die Artgrenzen hinweg harmonisch wirken und von der Evolution seit Millionen von Jahren mit Erfolg zur Anfertigung von Leben eingesetzt werden. Was sie noch nicht gefunden haben, ist ein besonderes Konzept, um die homeotischen Gene und ihr Voranbringen der Entwicklung zu erfassen. Vorgeschlagen wird, dazu unsere Fähigkeit zur kreativen Hervorbringung von Formen zu verwenden. Ein Genom verfügt demnach über Kreativität, wobei diese Fähigkeit als ein interaktiver Prozess auf der Ebene der Gene und Proteine verstanden wird, bei der das Vorhandene erst identifiziert und interpretiert wird, um anschließend nach evolutionären Vorgaben weiter auf ihm aufzubauen.

DIE GENE ALS KÜNSTLER

Wir können also das Wachsen eines Embryos und die Entstehung seiner Formen als einen Schöpfungsvorgang verstehen, wobei nur die Kreativität eines Künstlers gemeint sein kann. Vielleicht entstehen wir (und andere Lebensformen) dank der Gene so, wie die Werke eines Malers entstehen. Sie beginnen mit einer Vorstellung im Kopf des Künstlers, und ihre Fortführung hängt von den Ergebnissen ab, die im Laufe der Bildentstehung auf der Leinwand sichtbar werden. Was die Embryonalentwicklung angeht, so fängt der Prozess mit genetischen Vorgaben im Kern der Zelle an, und seine Fortführung hängt von den Bildungen ab, die im Laufe der Zeit entstehen und von der Umwelt registriert werden und auf das sich bildende und gebildete Leben zurückwirken. Man sollte allerdings nicht versuchen, das Bildende von dem Gebildeten zu trennen, weil die Gene und ihre Produkte in kontinuierlicher Wechselwirkung stehen, also kreativ agieren.

Es ist natürlich riskant, den Begriff der Kreativität in die Biologie einzuführen, aber es gibt Gründe, dies zu tun. Sie stecken vor allem in den Formen, die Gene wirksam hervorbringen, denn sie gefallen uns und lassen uns von ihrer Schönheit sprechen – der Schönheit der Natur.

Stellen wir uns nun vor, dass Gene künstlerisch tätig werden können. Was sie hervorbringen, sind Muster aus Proteinen, die wir Masterproteine nennen können, weil die Herstellung anderer Genprodukte von ihnen abhängt. Wenn zum Beispiel eine Pflanze heranwächst, lassen sich in den Zellen unterschiedliche Aktivitätsmuster von solchen Masterproteinen nachweisen. Mit Hilfe dieser Muster lässt sich identifizieren, von welcher Stelle eines frühen und zunächst noch unförmigen Zellverbands später ein Frucht- oder ein Blütenblatt herauswächst; entsprechendes gilt für tierische Lebensformen wie zum Beispiel Fliegen, bei denen sich mit entsprechenden Mustern identifizieren lässt, welche Positionen in einem zunächst gestaltlosen Zellhaufen im Laufe der Entwicklung zu einem Auge oder einem Bein umgeformt werden. Die kreativen Muster der Masterproteine entsprechen demnach vielleicht dem (unverkennbaren) Stil eines Malers. Sie sorgen dafür,

Kreativität
Das lateinische creare bezeichnet soviel wie »neu schöpfen«, »erzeugen«, »herstellen«. Heute steht Kreativität für das schöpferische Vermögen an sich, das Denken und Handeln im Sinne von Neuartigkeit und Originalität. Natürlich ist die Schöpfung Gottes etwas anderes als die Schöpfung eines Menschen. Eine allgemeingültige Definition für Kreativität zu finden, wird schwierig werden.

Der Künstler als kreativer Mensch – wir sehen den berühmten Maler Salvador Dali, der die Entdeckung der DNA-Struktur 1953 als Beweis für die Existenz Gottes feiern wollte.

dass uns aus einem Fliegenei immer nur eine Fliege und niemals eine Maus entgegenkommt.

Die oben erzielten Ergebnisse der genetischen Forschung, die verstehen möchte, wie Gene etwas bauen – Körperformen zum Beispiel – laufen in der Fachliteratur unter einem neuen Begriff, bei dem die Anfangssilben der englischen Worte »development« (für »Entwicklung« im Sinne eines individuellen Heranwachsens) und »evolution« als »Evo-Devo« zusammengefügt werden, um darunter eine evolutionär orientierte Entwicklungsbiologie verstehen zu können.

Entwicklung und Evolution gehören tatsächlich eng zusammen, da sie zwei Weisen des Hervorbringens von Leben erfassen, von denen eine übergeordnet ist und ohne Plan arbeitet, während die andere nachgeordnet ist und mit einem Plan arbeitet, nämlich den Anleitungen, die im Genom ihren Niederschlag gefunden haben. Man kann beide Bildungsprozesse verbinden, wenn man die Vorstellung ablegt, dass die Evolution Lebewesen hervorbringt, und stattdessen annimmt, dass die Evolution derart angelegt ist, Mechanismen hervorzubringen, mit denen neues Leben geformt werden kann bzw. immer wieder entstehen kann. Die Evolution sorgt primär nicht nur für Formen, sondern für Formbildungen. Sie ist eine Bildung, die andere Bildungen nach sich zieht.

Wir sind noch lange nicht bei uns, und man kann sich denken, dass es viele Stufen zwischen dem ersten Leben und uns geben wird. Es ist aber möglich, nach Stufen der Embryonalentwicklung des Menschen zu suchen, auf denen ein Bauprinzip erkennbar wird, mit dem sich eine neue Lebensform entfalten und zeigen kann. Und solche Punkte lassen sich tatsächlich finden und die dazugehörigen Lebewesen mit Namen nennen. Überzeugend wirkt dabei vor allem die Reihe der Wirbeltiere, die hier dargestellt und im Folgenden in aller Kürze erläutert werden soll.

Wir beginnen mit der Eizelle, aus der sich eine selbstständige Lebensfähigkeit in Form von Pantoffeltierchen gebildet hat. Auf der nächsten Stufe kann man die Blastula unterscheiden, die den Schritt zum Mehrzeller vollzieht, was im einfachsten Fall Kugelalgen (Volvox) entstehen lässt. Die Gastrula entsteht durch eine Einstülpung aus der runden Blastula, mit der Folge, dass sich nun innen gelegene Zellen auf den Umgang mit der Nahrung und außen liegende Zellen auf Kontakte mit der Umwelt spezialisieren können. Dieses Bauprinzip hat die Natur bei Hohltieren verwirklicht, zu denen auch der Süßwasserpolyp namens Hydra gehört. Man kann die Einstülpung als Entstehung des Urdarms bezeichnen und anmerken, dass sich bei diesem Vorgang Zellen absondern können, die eine Zwischenschicht – ein Mesoderm – bilden. Mit ihrer Hilfe kann zum Beispiel der Rundwurm C. elegans sein Leben entstehen lassen, in dem nahezu alles fest reguliert geschieht.

Der nächste Schritt bringt die entscheidende Neuerung der Segmente, die hintereinander angeordnet liegen. Es geht um die Fähigkeit zur Ausbildung von Körperabschnitten, der man den Namen Metamerie gegeben hat (das griechische »meros« steht für »Teil«). Sie liefert die Grundlage für die Entwicklung der beiden großen Tierklassen, die die Erde hervorgebracht hat, der Wirbeltiere und der Insekten.

Alzheimer
Im Jahr 1906 stellte der Psychiater und Neuropathologe Alois Alzheimer erstmals das Krankheitsbild einer Patientin vor, das sich innerhalb von wenigen Jahren von schwerer Verwirrung bis hin zur völligen Geistesabwesenheit entwickelt hatte. Er beschrieb die Krankheit als präsenile Demenz, im Jahr 1910 ging sie als Alzheimer ins »Lehrbuch der Psychiatrie« ein. Es handelt sich um eine Krankheit, die sich vor allem in der Verschlechterung der kognitiven Leistungsfähigkeit, hochgradiger Vergesslichkeit und Sprachstörungen zeigt. Die Ursache der Erkrankung ist noch immer nicht erforscht, nur die Symptome stehen bereits fest: Sogenannte Plaques (Proteinablagerungen) und abgestorbene Nervenzellen in der Hirnrinde sind die pathologischen Kennzeichen der Erkrankung. Es gibt im Übrigen Gene, die auf noch unbekannte Weise an der Entstehung der Krankheit beteiligt sind und sich in fast gleicher Form auch in dem Rundwurm C. elegans finden.

Molekulare Stammbäume

Bevor wir uns etwas näher auf kooperierende Wechselwirkungen einlassen, wollen wir noch auf eine in den letzten Jahrzehnten immer prägnanter hervortretende Stärke der DNA-Forschung hinweisen. Die vielen neuen Techniken, die Molekularbiologen in den letzten Jahrzehnten entwickeln und einsetzen konnten, machen es nämlich fast problemlos möglich, evolutionäre Stammbäume aufgrund von genetischen Sequenzdaten zu konstruieren. Wir sind Stammbäume vom ersten Tag der Evolutionsbiologe her gewohnt und bekommen in ihnen die Verhältnisse zwischen den verschiedenen Lebensformen vorgeführt, die sich im Laufe evolutionärer Zeitspannen in mehreren Schritten von einem gemeinsamen Vorfahren ausgehend entwickelt haben. Sie lassen sich heute besonders gut und genau mit Hilfe von DNA-Sequenzen aufstellen, und dabei braucht man bloß einem einfachen quantitativen Prinzip zu folgen. Die Sequenzierung von genetischen Bausteinen der jeweils einzuordnenden Organismen wird nämlich sowohl Bereiche der Übereinstimmung als auch Regionen mit Unterschieden ergeben. Man nimmt zunächst an, dass es eine Ursprungssequenz gegeben hat, die dem gemeinsamen Vorfahren gehört hat und die im Laufe langer Epochen variiert worden ist. Anschließend ordnet man alle experimentell gewonnenen Buchstabenfolgen so an, dass möglichst wenige Abzweigungen im Stammbaum benötigt werden und sich die kompakteste Konstruktion ergibt. Das heißt, man sucht nach dem einfachsten Zusammenhang und versucht anschließend, die dabei sichtbar werdenden Verzweigungen mit Daten aus der Erdgeschichte zu verknüpfen, um auf diese Weise die zeitliche Achse zu kalibrieren, um so in dem Stammbaum den Verlauf der Geschichte ablesen zu können.

Die immer komplizierter werdenden Bildungen benötigen mehr Ausgangsmaterial, was zu einer Zunahme des Dotters in den Eiern führt. Damit können Fische und Amphibien ins Leben treten, während die Vögel und Reptilien erst noch dem Ei eine Schale verpassen müssen. Der Embryo wird in eine mit Flüssigkeit angefüllte sogenannte Amnionhöhle eingeschlossen, in der sich zusätzlich der Dottersack befindet. Aus ihm entwickelt sich die Plazenta, in der die Embryos der Säugetiere heranwachsen – ohne noch eine Eierschale zu benötigen.

Das Wunderbare an der Organisation homeotischer Gene besteht darin, dass der Ort des Gens mit der Menge und der Zeit verknüpft ist, mit und zu der das Genprodukt im Laufe der Embryonalentwicklung seinen Dienst tun muss. Die hier versammelten Gene funktionieren nicht einzeln, sondern nur als größere Einheit. Könnte es nicht sein, dass es gar nicht auf ein Gen, sondern nur auf seine Integration in eine größere Einheit ankommt? Die Antwort kann nur aus der Wissenschaft kommen. Dazu müsste sie sich diese Frage aber erst einmal stellen. Noch tut sie es nicht.

Blastula und Gastrula

Beide Begriffe bezeichnen Embryonalstadien, in denen Einzelzellen oder Zellverbände eine Position im Embryo einnehmen, aus der dann Organe bzw. Strukturen gebildet werden. Die Blastula folgt auf das Stadium der Morula und bildet die Grundlage für die Gastrula. Unter Blastula bei niederen Säugetieren und Blastocyste bei höheren Säugern (unter anderem der Mensch) ist der sogenannte »Blasenkeim« zu verstehen (die Blastulation ist die Ausbildung desselben), mit der Gastrulation werden die Keimblätter ausgebildet. Dem britischen Biologen Lewis Wolpert wird folgendes Zitat zugeschrieben: »Es ist nicht die Geburt, die Hochzeit oder der Tod, sondern die Gastrulation, welche in Wirklichkeit der wichtigste Zeitpunkt im Leben ist.«

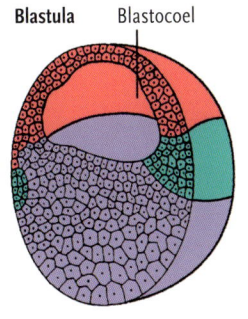

Blastula — Blastocoel

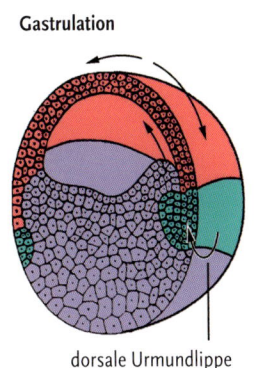

Gastrulation — dorsale Urmundlippe

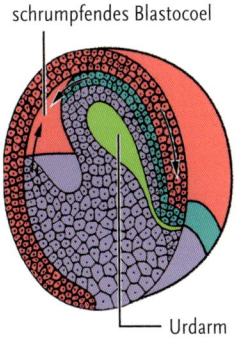

schrumpfendes Blastocoel — Urdarm

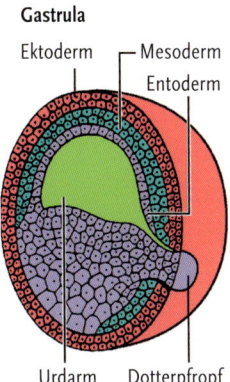

Gastrula — Ektoderm — Mesoderm — Entoderm — Urdarm — Dotterpfropf

Das Schaubild verdeutlicht die beschriebenen Stadien der Embryogenese: Die Blastula links bildet die Grundlage für die Gastrulation (Mitte), die Einstülpung und Faltung des Keimes, bzw. für die Gastrula (rechts).

*Der weise Urheber der Natur hat auch nicht
ein einziges Härchen ohne eine gewisse Absicht
hervorgebracht.* CHRISTIAN KONRAD SPRENGEL

Niemand ist alleine auf der Welt

Hier gehen ein Impala und ein Rotschnabel-Madenhacker eine offene Symbiose ein. Beider Lebensraum sind die Savannen des mittleren und östlichen Afrikas südlich der Sahara; der Madenhacker lässt sich von den großen Wildtieren befördern und sucht dafür deren Fell nach Parasiten ab, die er mit seinem kräftigen Schnabel entfernt. Zudem warnt der Madenhacker seinen Beförderer vor herannahenden Räubern.

Wir können nun die Frage stellen, ob wir die Evolution jemals verstehen werden, wenn wir nur auf Einzelfaktoren – uns seien es noch so viele – blicken und bestenfalls deren Überlebensbemühungen ins Auge fassen. Oder ob Evolution gerade durch das Gegenstück, nämlich durch geeignete Kooperationen stattfindet wie bei einer erfolgreichen Sportmannschaft oder bei sonstigen Institutionen, die zu einer funktionierenden Gesellschaft gehören. Der Starke ist bekanntlich am mächtigsten allein, aber wer ist das schon?

SYMBIOSEN

Die Entdeckung von Zellorganellen mit eigenem genetischen Material, das zusätzlich aktiv (also exprimiert) wird und Proteine hervorbringt, hat nach und nach den Gedanken hervorgebracht, dass die Mitochondrien einmal selbstständig gelebt haben und nicht im Inneren einer Zelle als deren Erfindung entstanden sind, sondern dass sie vielmehr von außen gekommen und im Laufe der Evolution eingefangen worden sind. Die Biologen sprechen von einem symbiotischen – genauer: einem endosymbiotschen – Ursprung der zellulären Kraftwerke, wobei dieses Attribut vor allem auf den in der Natur vielfach zu beobachtenden Vorgang der Symbiose hinweist, der dabei stattgefunden hat. Von einer Symbiose sprechen Biologen, wenn Organismen, die zu unterschiedlichen Arten gehören, sich dauerhaft zu einem engen Zusammenleben entschlossen haben, weil sie dabei zum gegenseitigen Vorteile wirken und weben können. Populäre Beispiele von Symbiosen stellen die Partnerschaften von Vögeln mit Flusspferden dar; Vögel gehen darüber hinaus auch Symbiosen mit Pflanzen ein, etwa wenn sie deren Samen fressen und an anderer Stelle ausscheiden, und zwar möglichst dort, wo die besten Bedingungen für den Start in ein neues Leben gegeben sind – etwa im Schatten von Büschen in heißen Wüstenregionen. Und jede der rund 10000 Arten von Flechten, die es auf der Erde gibt, bestehen aus jeweils einem Pilz und einer Alge, die miteinander verflochten sind, wobei die Algen dank der Photosynthese Nährstoffe (Kohlehydrate) verfügbar machen, die den Pilzen

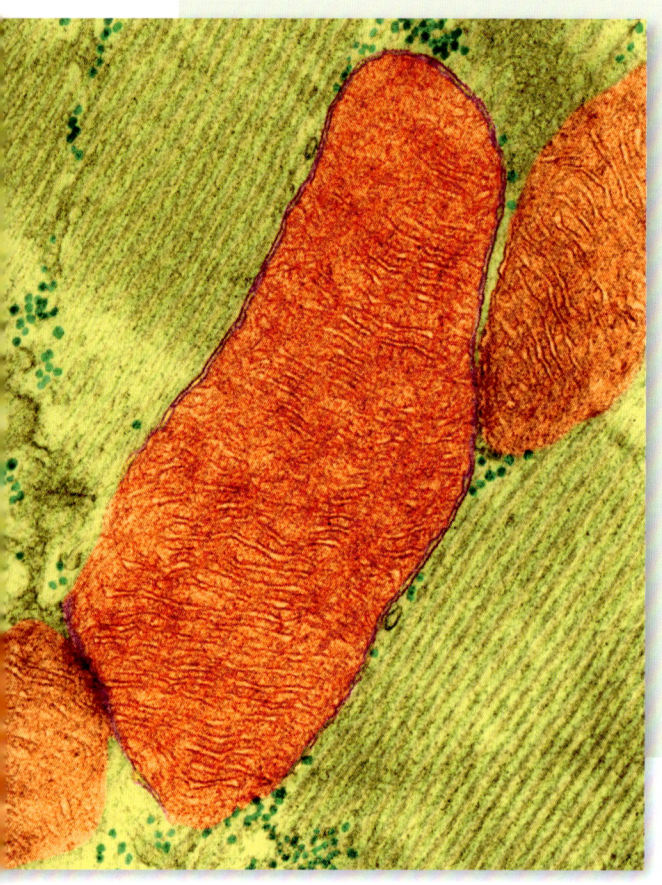

Mitochondrien

Die interessantesten Geschichten bzw. Stammbäume basieren auf Daten von DNA-Molekülen, die Zellorganellen entnommen sind, die eine besondere Erwähnung verdienen. Gemeint sind die sogenannten Mitochondrien, die als Energielieferanten bzw. Kraftwerke dienen und – wie die biologische Zunft zur allgemeinen Überraschung feststellen musste – mit eigenem genetischen Material ausgestattet sind. Das Genom der Mitochondrien ist von übersichtlicher Länge. Es besteht aus knapp 17 000 Basenpaaren (genetischen Buchstaben), und diese Daten konnten in den letzten Jahren zu einem Genstammbaum zusammengesetzt werden, der nicht nur menschliche Bevölkerungsgruppen in der ganzen Welt miteinander verbin-

det und zueinander in Beziehung setzt, sondern darüber hinaus einen Hinweis auf eine Urmutter der Menschheit zu geben scheint.
Der Grund für diese Besonderheit steckt in der Tatsache, dass zwar weibliche Eizellen Mitochondrien enthalten, männliche Samenzellen ihre Befruchtungsreise aber ohne diese Energielieferanten antreten. Die Mitochondrien einer Körperzelle und die dazugehörenden Gene werden demnach ausschließlich über die mütterliche Linie weitergegeben; und als die DNA-Daten ausreichten, um den Stammbaum bis auf eine Person zurückverfolgen zu können, glaubte man sich berechtigt zu fühlen, von ihr als der Urmutter der Menschen sprechen zu dürfen.

Die Abbildung zeigt ein sogenanntes Mitochondrium, das nicht nur als Energielieferant für die Zelle fungiert, sondern mit eigenem genetischen Material ausgestattet ist. Mitochondrien kommen allerdings nur in Zellen mit Zellkern vor.

Gelbe und dunkelrote Landkartenflechten auf Gestein (nächste Seite oben); unter einer Flechte ist eine symbiotische Lebensgemeinschaft zwischen einem Pilz und einem oder mehreren Photosynthese betreibenden Partnern (Grünalgen oder Cyanobakterien) zu verstehen. Weltweit gibt es rund 25 000 Arten von Flechten, in Mitteleuropa sind es etwa 2000.

Eine leuchtend gelbe Flechte auf einem Felsen nahe der Ortschaft Lyse, die sich am Ende des Lysefjordes in der Provinz Rogaland, Norwegen, befindet. Das Lysefjord trägt aufgrund der blankgescheuerten Wände auch den Namen »heller Fjord«.

munden, die sich dafür mit Wasser- und Salzlieferungen revanchieren. Wenn Symbiosen außen funktionieren, warum dann nicht auch innen? So dachte sich die amerikanische Biologin Lynn Margulis in den 1970er Jahren. Ihr verdanken wir die Endosymbiotenhypothese, wonach Mitochondrien zunächst bis vor einigen hundert Millionen Jahren als freilebende Bakterien existierten, die Sauerstoff verbrauchten, bevor sie dann in eine größere Urzelle geschlüpft sind, um hier geschützt ans dienende Werk und nie wieder zurück an die frische Luft zu gehen. Lynn Margulis hat viele Kollegen davon überzeugt, dass derartige Fusionen oder Verschmelzungen mit anschließender Möglichkeit zur Symbiose mehrfach im Laufe der Evolution gelungen sind, und dass wir selbst von diesem Vorgang profitieren, da wir – wie alle warmblütigen Tiere – in unserem Darm eine ansehnliche Flora von Bakterien beherbergen, die zu unserer Verdauung beitragen.

Die Vorstellung von Symbiosen als Mittel der Evolution hatte es ursprünglich unter den Fachleuten schwer, da sie lieber nach dem ewigen und sprichwörtlichen Kampf ums Dasein Ausschau hielten und Konkurrenz statt Kooperation als Triebfeder des Neuen sahen. Natürlich kommt niemand ohne Mühe und Durchsetzungsvermögen aus. Aber die Natur kann Entwicklungen ganz friedlich zu Wege bringen – etwa beim Miteinander von Ameisen und Blattläusen, bei dem die Ameisen die Blattläuse schützen, die sich als Gegenleistung »melken« – eine Zuckerlösung entnehmen – lassen. Die Kooperation zwischen Bienen und Blütenpflanzen gelingt dadurch, dass die Insekten bei ihrem Aufsaugen von Nektar auch ein paar Pollen mit auf ihren weiteren Weg nehmen, der zu einer anderen Pflanze führt, die auf diese Weise bestäubt wird, womit der evolutionäre Schritt in die nächste Generation beginnt.

Zwei Clownfische, die in Grünen Anemonen schwimmen, mit denen sie eine Symbiose eingehen. Die Anemonen schützen die Fische durch ihre Tentakeln vor Fressfeinden, dasselbe tun die Fische für die Anemonen (etwa vor Falterfischen).

Die Abbildung zeigt die Symbiose von Ameisen und Blattläusen. Die Ameisen »melken« die Blattläuse und verteidigen sie dafür gegen etwaige Feinde.

Eine Gebänderte Scherengarnele, eines der ersten Krebstiere, das für die Aquaristik nach Europa importiert wurde, reinigt den Rußkopf einer Moräne. Scherengarnelen leben in Höhlen und unter Vorsprüngen der tropischen und subtropischen Meere.

Eine wunderbare Symbiose bilden das Flusspferd im Wasser und der Kuhreiher auf seinem Kopf. Der Kuhreiher ist allerdings nicht an das Wasser gebunden, er fängt Insekten auch in trockeneren Gebieten.

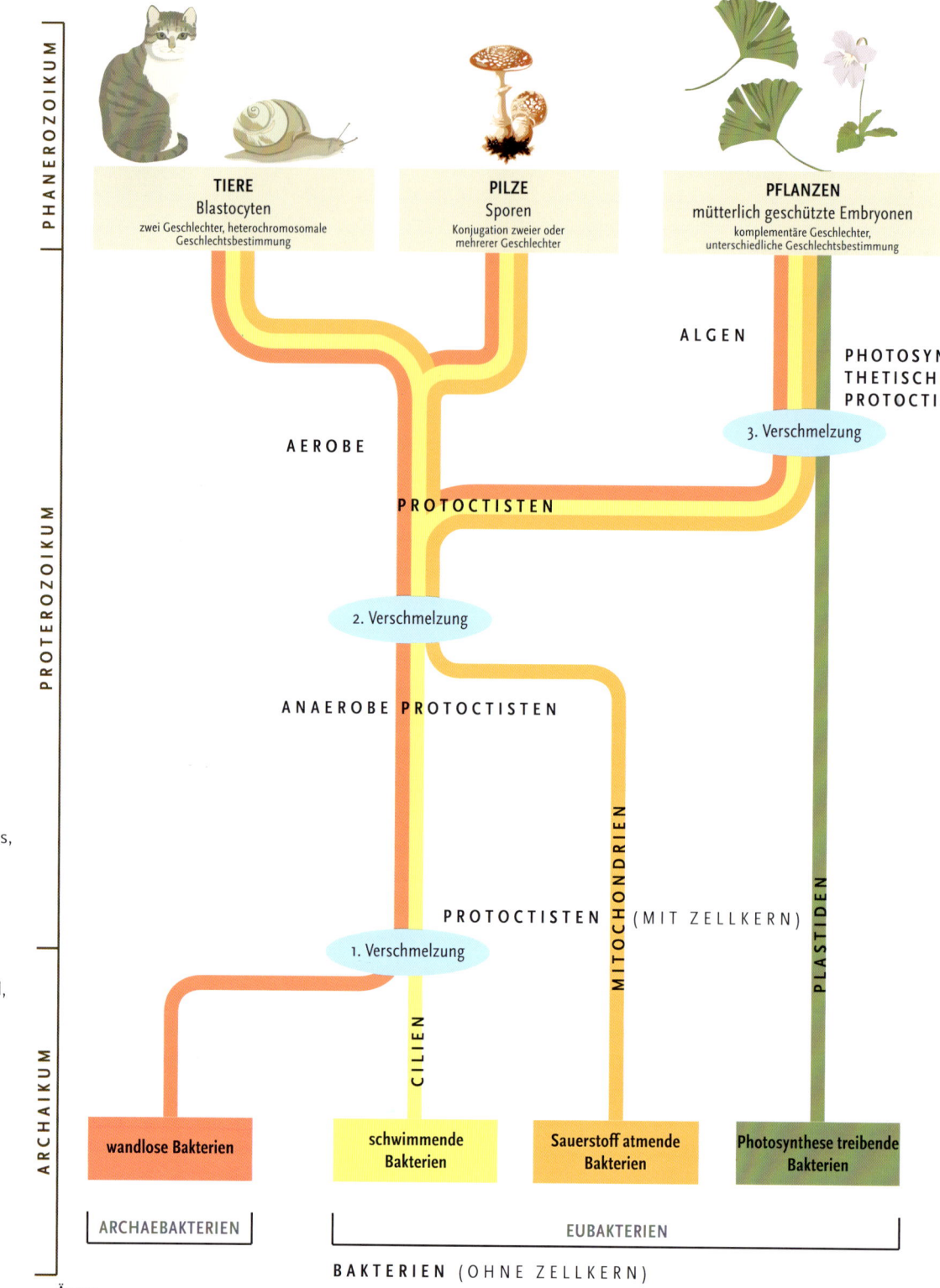

PHANEROZOIKUM

TIERE
Blastocyten
zwei Geschlechter, heterochromosomale
Geschlechtsbestimmung

PILZE
Sporen
Konjugation zweier oder
mehrerer Geschlechter

PFLANZEN
mütterlich geschützte Embryonen
komplementäre Geschlechter,
unterschiedliche Geschlechtsbestimmung

ALGEN

PHOTOSYN-
THETISCHE
PROTOCTISTEN

3. Verschmelzung

AEROBE

PROTOCTISTEN

PROTEROZOIKUM

2. Verschmelzung

ANAEROBE PROTOCTISTEN

Das Schaubild zeigt die Symbiogenese bei der Entstehung der fünf Organismenreiche. Zu Beginn des Phanerozoikums, in dem wir heute noch leben, gibt es nach drei symbiogenetischen Verschmelzungen Bakterien, die keinen Zellkern besitzen und nicht durch Symbiogenese entstanden sind, und vier große Gruppen von Eukaryonten, die Protoctisten, Tiere, Pflanzen und Pilze.

PROTOCTISTEN (MIT ZELLKERN)

MITOCHONDRIEN

PLASTIDEN

1. Verschmelzung

CILIEN

ARCHAIKUM

wandlose Bakterien

schwimmende
Bakterien

Sauerstoff atmende
Bakterien

Photosynthese treibende
Bakterien

ARCHAEBAKTERIEN

EUBAKTERIEN

BAKTERIEN (OHNE ZELLKERN)

Äonen

Symbiose beim Stickstoff

Die Zellen von höheren Lebensformen sind nicht in der Lage, den Stickstoff der Luft zu binden und in den Stoffwechsel einzufügen (zu »fixieren«), wodurch er das Wachstum fördern kann. Diese Fähigkeit

hat die Natur nur Bakterien verliehen, eine Pflanze, die mit Hilfe von Stickstoff leben will, ist demnach auf entsprechende Mikroorganismen angewiesen. Die Nutzung des Stickstoffes aus der Luft erfolgt ausschließlich durch Symbiosen

zwischen Pflanzen und Bakterien, was die Forscher rätseln lässt: Warum hat die Evolution niemals die Gene, mit denen die Bakterien die erforderlichen Moleküle produzieren, auf die Pflanzen übertragen?

Damit sind wir bei einem der komplizierten Themen der Evolution gelandet, nämlich den Bienen und ihrer merkwürdigen Sozialordnung aus Drohnen, Arbeiterinnen und Königinnen, was uns die Frage vorlegt, ob es mehr das einzelne Insekt oder eher das System Biene ist, das den evolutionären Bedingungen unterliegt und sich entwickelt. Wir wollen das »Phänomen Honigbiene« – so der Titel eines Buchs von Jürgen Tautz über das Bienenvolk und »die wohl wunderbarste Art der Natur, Materie und Energie in Raum und Zeit zu organisieren« – näher ins Auge fassen.

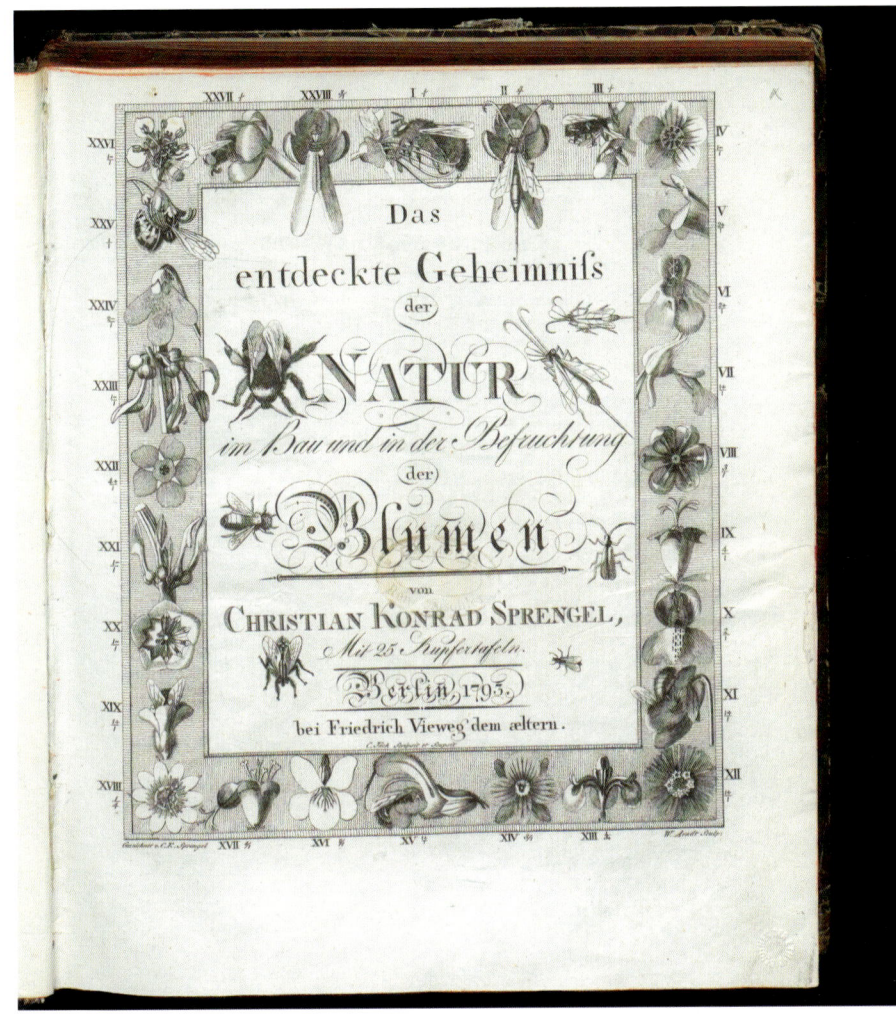

Mit seinem abgebildeten Werk »Das entdeckte Geheimnis der Natur im Bau und in der Befruchtung der Blumen«, 1793 veröffentlicht, gilt der deutsche Theologe und Botaniker Christian Konrad Sprengel als Begründer der modernen Blütenökologie. Er erforschte etwa ab 1787 die Wechselbeziehung zwischen Pflanzen und Insekten.

Lange vor Darwin ist aufmerksamen Menschen aufgefallen, wie prachtvoll Blütenpflanzen sich mit Farben ausstatten können. Die Frage liegt nahe, was sich dahinter verbirgt, warum die Natur so schön wird und wem diese Reize gelten?

Bereits im Jahr 1793 hat ein in Spandau tätiger Lehrer namens Christian Konrad Sprengel sich damit beschäftigt und seine Ergebnisse in dem Buch »Das entdeckte Geheimnis der Natur im Bau und in der Befruchtung der Blumen« vorgestellt. Er hat darin erst sorgfältig die erstaunlichen Anpassungen der Blüten an die Insektenbestäubung notiert und sich danach erlaubt, sich über einige ungewöhnliche Farben bzw. Farbkombinationen zu wundern.

Die Abbildung links zeigt die auffälligen Staubgefäße der Gewöhnlichen Kuhschelle (auch Gewöhnliche Küchenschelle genannt), eine Pflanze aus der Familie der Hahnenfußgewächse.

Ein sogenanntes Wald-Vergissmeinnicht (rechts); diese Pflanze hatte Christian Konrad Sprengel ob ihrer besonderen Eigenschaften, etwa der Sicherung des Nektars in einer Blütenröhre, und ob ihrer Farbgebung besonders fasziniert.

Vor allem das Vergissmeinnicht hatte es Sprengel angetan, und nachdem er zu seiner Freude festgestellt hatte, dass der Nektar eigens in einer Blütenröhre, die er Krone nannte, »gegen Regen völlig gesichert« ist, fiel ihm zusätzlich »der gelbe Ring auf, welcher die Öffnung der Kronenröhre umgibt, und gegen die himmelblaue Farbe des Kronensaums so schön absticht«. Sprengel fragte sich, ob »die Natur wohl diesen Ring zu dem Ende besonders gefärbt haben [sollte], damit derselbe den Insekten den Weg zum Safthalter zeige?« Und er vermutete völlig richtig: Wenn die Blütenblätter »der Insekten wegen an einer besonderen Stelle besonders gefärbt sind, so sind sie überhaupt der Insekten wegen gefärbt«.

Die Evolutionsbiologie spricht inzwischen von einer Koevolution, die im engen Kontakt zwischen der Blüte und ihrem Bestäuber gelingt, wobei natürlich zu betonen ist, dass diesem gemeinsamen Geschehen einige Alleingänge vorauszugehen hatten. Erst einmal mussten die Blütenpflanzen aufkommen und zur Insektenbestäubung übergehen, und die Bienen und

Eine Biene fliegt über einem Feld mit gelben Blumen (links); diese senden über die Staubgefäße Signale aus, die von der Biene wahrgenommen werden und die den potenziellen Bestäuber anziehen.

Eine mit Blütenpollen bestäubte Biene besucht eine Krokusblüte (rechts).

Hummeln mussten sich zu Pollenfressern entwickeln. Ohne Insekten stand den Pflanzen zum Beispiel nur die Windbestäubung zur Wahl, die weniger gezielt funktioniert – mit der Folge, dass sie eine riesige Pollenproduktion nötig macht. Da diese mehlartige Masse aus Blütenstaub wiederum durch ihre molekulare Zusammensetzung – viel Fett, viel Protein und viel Stärke – eine nahezu ideale Nahrung für fliegende Insekten darstellte, kann man annehmen, dass sich der Evolution genügend Gelegenheiten boten, beide Entwicklungen früher oder später zusammenlaufen zu lassen, und sie hat sich diese Chance nicht entgehen lassen.

Nachdem der Übergang zur Insektenbestäubung geschafft war, beschleunigte sich das evolutionäre Geschehen, da jetzt zwischen den Blüten eine Konkurrenz um die Kundschaft einsetzte, und jede erbliche Variante im Blütenbau, die mehr Besucher anlockte, zog ganz selbstverständlich auch den größeren Fortpflanzungserfolg nach sich, was wiederum eine stärkere Ausbreitung der entsprechenden Erbanlagen zur Folge hatte. Die Blüten fingen an, in dem ihnen verfügbaren biochemischen Rahmen »Reklame« für sich zu machen, also Signale zu entwickeln, die von den bestäubenden Flugbesuchern gut wahrgenommen werden können und von denen sie angezogen werden. Die Evolution vollzieht diese Entwicklung an den die Pollen produzierenden Staubgefäßen, die so durch geeignete Färbung die Nebenfunktion eines optischen Signalgebers bekommen können, der oft auch für unsere Augen auffällig ist. Die Staubgefäße gelten bekanntlich als männliche Teile einer Blüte, und da sie für die attraktive Wirkung auf Bestäuber zuständig sind, ist es für Blütenpflanzen, die ihre Fortpflanzung Insekten verdanken, von Vorteil, wenn sie zweigeschlechtlich (zwittrig) sind. Rein weiblichen Blüten, die nur über einen Stempel und nicht über Staubgefäße verfügen, fehlt nämlich jede Signalwirkung. Für windbestäubte Blüten bleibt dieses Argument wirkungslos, weshalb die Geschlechter dort getrennt und auf verschiedene Gewächse verteilt werden.

Es gibt auch Pflanzen, die es mit der Reklame übertreiben und zu dem übergehen, was wir aus der Werbung kennen, die uns täglich in den Medien vorgeführt wird, nämlich der Irreführung oder Täuschung der Konsumenten. Die großen Meister der Täuschung findet man unter den Orchideen, und hier vor allem in der Gruppe der Ragwurzarten, die zumeist in den Mittelmeerländern vorkommen. Die Blüten der rund 30 Ragwurzarten erinnern in Hinblick auf Form und Farbe ungewöhnlich stark an Insekten, und daher haben einige auch ihre Namen bekommen – Fliegenragwurz, Hummelragwurz und Bienenragwurz zum Beispiel.

Auffallend war, dass es immer nur Insekten einer einzigen Art – nämlich Dolchwespen – waren, die versuchten, mit der Blüte zu kopulieren, und es kamen stets nur die Männchen. Der Schluss lag nahe, dass die Blütenform ein Wespenmännchen zum Anflug und zu sexuellen Aktivitäten verlocken soll; die Orchideen tun noch ein Weiteres, um dieses Ergebnis herbeizuführen – sie imitieren auch den Duft der Wespenweibchen. Kurzum, Orchideen sind Sexualtäuschpflanzen, wie es nüchtern heißt, und sie nutzen nicht den Nahrungs-, sondern den Geschlechtstrieb zahlreicher Insekten aus, wobei es allerdings während der Kopulation nicht zur Ejakulation kommt. Die dazu nötigen Reize hat sich die Orchidee aufgespart – vernünftigerweise für beide Parteien im natürlichen Geschäft.

Selbstbestäubung?

Darwin kam übrigens die Geschlechtertrennung sinnvoll vor, aber die Frage bereitete ihm Kopfschmerzen, wie die zwittrigen Pflanzen es vermeiden, sich selbst zu bestäuben. Wenn sie das tun, begehen sie Inzucht und damit etwas, was der Evolution abträglich sein sollte, weil die genetische Vielfalt eingeschränkt bleibt. Heute könnten wir Darwin mitteilen, dass die Pflanzen eine Art raffinierter Unverträglichkeitsrelation entwickelt haben, die ein Zusammenkommen von Stempelgewebe und Pollen eines Individuums ausschließt.

Mimikry, die Zweite

Mimikry kann nicht nur dazu dienen, potenzielle Angreifer zu entmutigen, sondern sie kann auch zum Anlocken von Opfern eingesetzt werden. Die im Text erwähnten Orchideen agieren mit dieser Tendenz, und im Meer gibt es den Seeteufel, der über ein Flossenanhängsel verfügt, das er wie einen Wurm bewegen kann, nach dem dann die Fischer schnappen, bevor sie von ihm verzehrt werden.

Die Abbildungen zeigen drei
Typen der Ragwurzarten, eine
spezielle Orchideengruppe:
zum Ersten den Bienenragwurz
(links), zum Zweiten einen nicht
näher bestimmten Ragwurz
(rechts oben) und zum Dritten
einen Spiegel-Ragwurz. Diese
Orchideen kommen zumeist in
Mittelmeerländern vor, und sie
gelten im Reich der Pflanzen als
»Meister der Täuschung«, die den
Geschlechtstrieb von Insekten
schamlos ausnützen.

Ein sogenannter Fliegenragwurz, der in lichten Kiefernwäldern, teilweise auch in Kalkflachmooren und an Gebirgsflüssen beheimatet ist. Man trifft ihn sogar in kälteren Regionen wie etwa im Ural, in Skandinavien oder in den Alpen, zumindest bis zur obermontanen Stufe, an.

Zwei markante Beispiele für Tiere, die Pflanzen nachahmen: rechts oben ein »Raja Brooke Schmetterling« auf Farnwedeln (Heimat des Falters ist vor allem Indonesien und Malaysia), rechts unten eine Gottesanbeterin, die sich im amazonischen Regenwald zum Schutz als Blatt tarnt.

Hier ist ein sich perfekt tarnender Baumschnüffler, eine vor allem in Indien und Südostasien verbreitete Schlangenart, zu sehen.

Eine Wachsmotte (Madagaskar), die ihre Eier in die Nester von Hummeln und Bienen legt und so ihren Nachwuchs ernährt. Die Brut des befallenen Insektenvolks wird dadurch stark geschädigt.

Ein weiteres Beispiel für die Mimikry bei Tieren: ein Schildkäfer, der auf einer Blüte sitzt und sich tarnt

HONIGBIENEN AUF DEN ERSTEN, STAUNENDEN BLICK

In seinem bereits erwähnten Buch über das »Phänomen Honigbiene« weist Jürgen Tautz zu Beginn darauf hin, dass schon zu Darwins Zeiten – abgesehen von der Königin – weniger von einzelnen Insekten, den Drohnen oder den Arbeiterinnen, und mehr vom Bienenvolk bzw. Bienenstaat die Rede war, und spätestens seit 1911 gibt es Vorschläge, eine Bienenkolonie als unteilbares Ganzes – als Superorganismus – aufzufassen. Tautz behauptet gar, der Staat der Honigbienen besitze Eigenschaften von Säugetieren, und er belegt diese Behauptung mit fünf Hinweisen:

Die Bienenkönigin ist umringt von ihren Arbeitsbienen; erst bei warmen Temperaturen legt sie ausreichend viele Eier (bis zu 3000 an einem Tag), um ihr Volk auf die erforderliche Stärke zu bringen. Die Arbeiterinnen kümmern sich um die Lieferung von Futtermitteln, um die Sauberkeit des Bienenstocks und um die Temperaturregelung.

Zum Ersten zeigen Säugetiere eine extrem niedrige Vermehrungsrate, und Honigbienen verhalten sich genauso. Zum Zweiten erzeugen Säugetierweibchen in speziellen Drüsen Muttermilch zur Versorgung des Nachwuchses – die Weibchen der Honigbienen produzieren in speziellen Drüsen Schwesternmilch (diese Bezeichnung hat mit dem merkwürdigen Vermehrungsverhalten der Bienen zu tun, bei dem es nur eine Mutter, die Königin, gibt), in der die Larven heranwachsen. Zum Dritten bieten Säugetiere ihrem Nachwuchs – etwa im mütterlichen Uterus – eine konstante Umwelt, in der sie heranwachsen können; Bienen im Jungstadium haben das Privileg, in gleicher Weise im Bienennest als eine Art »sozialen Uterus« zu gedeihen, wobei jeder einzelnen Larve eine Wabe zur Verfügung steht. Zum Vierten wird dafür gesorgt, dass in dieser Umgebung eine konstante Temperatur von 35° C herrscht, was den wohligen 36° C ziemlich nahe kommt, die Säugetiere als Körpertemperatur einhalten und ihrem Nachwuchs anbieten können. Und zum Fünften verfügen die Bienen – wie die Säugetiere mit ihren Gehirnen – über kognitive Eigenschaften und eine hohe Lernfähigkeit, die sie zum Beispiel rasch erkennen lassen, wo Nektar zu finden und wie die entsprechenden Blüten am besten auszubeuten sind. Die Insekten haben darüber hinaus eine Sprache – den sogenannten Bienentanz – entwickelt, um das Erkannte zu kommunizieren und dem gesamten Staat zugänglich zu machen.

Diese Analogie ist deshalb so bedenkenswert, weil sie einen Hinweis darauf gibt, welchen Weg die Evolution wählen würde, wenn man das Rad der Zeit zurückdrehen und alles noch einmal von vorne anfangen lassen könnte. Welche Organismen würden bei einem zweiten Durchgang der Evolution entstehen? Würde es wieder Dinosaurier, Vögel, Säugetiere und zuletzt uns Menschen geben, die dann sogar erneut dieses Gedankenexperiment durchspielen? Oder würden sich völlig andere Lebensformen entwickeln, die für uns weitgehend unvorstellbar blieben?

Die Analogie deutet zumindest an, dass es konstante Bedingungen in der Evolution gibt, die jeden Neustart zuletzt in so enge Bahnen lenken, dass

Anlässlich dieser Abbildung stellt sich die Frage, was passieren würde, könnten wir das Rad der Evolution zurückdrehen. Würden sich dann andere Lebensformen bilden, als wir sie bis dato kennen? Oder würde zuletzt immer nur das Leben entstehen, mit dem wir zurechtkommen?

immer nur das Leben entstehen kann, mit dem wir zurechtkommen. Das ist wie in einem menschlichen Leben – so wild wir uns auch als Teenager gebärden, in späteren Jahren werden wir alle brave Bürger.

HONIGBIENEN AUF DEN ZWEITEN, FRAGENDEN BLICK

Wir würden uns hoffnungslos überheben, sollten wir den Versuch unternehmen, alle aufgezählten Qualitäten der Honigbiene als Ergebnis von evolutionären Entwicklungen erklären zu wollen. Wir wollen uns hier auf einige Besonderheiten beschränken, die es allerdings in sich haben. Wenn sich Säugetiere vermehren, tun sie das, wie es sich für sich geschlechtlich fortpflanzende Organismen gehört: Männchen und Weibchen paaren sich, und der Nachwuchs hält es genau so. Dabei wird dafür gesorgt, dass das Verhältnis von Männchen und Weibchen etwa bei 1:1 – also genau richtig – liegt und alle Vertreter ihrer Art fortpflanzungsfähig sind. Bei den Bienen ist es jedoch völlig anders.

Was zunächst auffällt, ist die Schieflage der Geschlechter, denn es gibt zwei weibliche und ein männliches, und von den weiblichen – den zahlreichen (mit Stacheln ausgerüsteten) Arbeiterinnen und der einen Königin – gibt es sehr viel mehr als von den (stachellosen) männlichen Drohnen, die aus unbefruchteten Eiern entspringen, weshalb sie zwar keinen Vater, aber immerhin einen Großvater haben. Merkwürdige Verwandtschaftsverhältnisse, die nicht zuletzt dadurch bedingt sind, dass die meisten Weibchen gerade das nicht können, wofür sie eigentlich da sind, nämlich Eier legen. Das bleibt der Königin überlassen, deren Fortpflanzungsfähigkeit dadurch erzeugt wird, dass ein (zufällig?) ausgewähltes Weibchen mit einem besonderen »Gelee Royale« hochgepäppelt wird.

Die Königin bildet zusammen mit einer Menge von sterilen Arbeiterinnen und den Drohnen den Superorganismus Bienenstaat. Es trägt den Anschein, dass es sich die Männchen sehr bequem gemacht haben, denn schließlich haben die Drohnen in ihrem Leben nichts zu tun, als die Königin zu begatten. Doch was auf der Oberfläche wie ein Playboy-Dasein anmutet, offenbart bei genauerem Hinsehen die Zwänge des Bienenstaats: Im Herbst jeden Jahres werden die durch ihre breiten Körper leicht auszumachenden Drohnen als Schmarotzer von den Arbeiterinnen getötet – wenn sie noch leben, denn auch die Kopulation mit der Königin stellt ein zweischneidiges Glück dar, da der Drohn nach Vollzug seiner Lebensaufgabe stirbt.

Es sind die Arbeiterinnen, die durch die gesteuerte Lieferung von Futtermitteln entscheiden, ob die Königin viele oder wenig Eier legen soll. Die sterilen Weibchen sorgen sich zudem um den Nachwuchs, sie halten den Stock sauber und regeln seine Temperatur – übrigens auf raffinierte Weise: Sie kühlen durch herbeigeschlepptes Wasser, das verdunstet, und sie wärmen durch kollektives Muskelzittern.

Schon an dieser kurzen Darstellung erkennt man, wie merkwürdig der Vermehrungsablauf ist, wobei vor allem auffällt, dass die meisten Weibchen steril zur Welt kommen, was unmittelbar die Frage aufwirft, wie das zur Evolution beitragen soll, die ja von der Fortpflanzung lebt. Zweitens schließt sich das Problem an, wie solche Individuen dazu gebracht werden können, dem Staat zu dienen, wo sie doch – genetisch gesehen – keine Zukunft zu haben scheinen.

Tatsächlich spricht die moderne Evolutionsbiologie an dieser Stelle von einer Gruppenselektion, und wir verdanken diese Konzeption dem britischen

Sippenselektion

In den 1960er Jahren hat der britische Evolutionstheoretiker W. D. Hamilton gezeigt, dass die Selektion ganz allgemein altruistisches Verhalten favorisiert und hervorbringt, wenn die Kosten dafür kleiner sind als das Produkt aus dem gleichzeitig möglichen Gewinn und der genetischen Verwandtschaft. Diese Theorie der Sippenselektion hat ihre größten Erfolge bei der Erklärung der Lebensweisen von Insekten erzielt, die merkwürdige Sozialformen entwickelt haben. So gibt es bei Bienen die Drohnen, die zwar arbeiten, sich aber nicht selbst fortpflanzen; Ameisen halten sich Sklaven, denen ein ähnliches Schicksal bestimmt ist. In allen untersuchten Fällen hat sich Hamiltons Idee durchgesetzt, die einen Teil der natürlichen Außenwelt – die Kosten für das Verhalten – mit einem Teil der biologischen Innenwelt verbindet – der genetischen Ausstattung – und die Selektion aus beiden Richtungen wirken lässt. Im Gefolge von Hamilton wurde die Idee von egoistischen Genen propagiert. Eine derartige Ausdrucksweise ist aber blühender Unsinn, denn weder »egoistisch« noch »altruistisch« besitzen eine Bedeutung für eine vollzogene Handlung selbst. Sie können sich nur auf die dazugehörige Absicht beziehen. Natürlich können Gene etwas tun – allein schon dadurch, dass es sie in molekularer Form gibt –, aber sie verfolgen dabei keine Absicht. Diese Kategorie entsteht erst, wenn ein Gehirn gegeben ist, das wahrnehmungsfähig ist und einen Begriff von Zukunft hat.

Der US-amerikanische Schauspieler Leslie Nielson wird als »Hahn im Korb« von acht Tänzerinnen umlagert. Man darf sich das Leben der Männchen im Bienenstaat, deren einzige Aufgabe darin besteht, die Königin zu begatten, nicht als derartiges Playboy-Dasein vorstellen. Nach Begattung stirbt das Männchen, die übrigen werden im Herbst von den Arbeiterinnen getötet.

Theoretiker William D. Hamilton (1936–2000). Hamilton musste seinen Blick in das Innere der Bienen richten, um plausibel zu machen, wie die Evolution verlaufen ist. Er konnte durch Berechnungen von Genhäufigkeiten verständlich machen, warum es ausgerechnet der Verzicht auf eigene Nachkommen ist, den die einzelnen Arbeiterinnen leisten und der wie eine Vernachlässigung der eigenen Interessen aussieht, der den Honigbienen eine erfolgreiche Maßnahme zur Verbreitung der eigenen Gene liefert.

Die Grundüberlegung lautet, jedes Individuum bemühe sich darum, möglichst viele der eigenen Gene an die nächste Generation weiterzureichen, und zwar unter der Vorgabe, dass die genetische Variabilität insgesamt nicht leidet und am besten sogar noch zunimmt. Diese Nebenforderung verlangt nach einer sexuellen Vermehrung, also nach der Beibehaltung von Männchen und Weibchen, was der Biene ja – auf ihre Weise – gelingt.

Die Tatsache, dass alle Gene in doppelter Ausführung vorliegen (diploid), erlaubt bei Säugetieren – also auch uns Menschen – die einfache Rechnung, wonach jedes Kind 50 Prozent von der Mutter und ebenso viel vom Vater bekommen hat. Diese einfache Abgestuftheit der genetischen Ähnlichkeit wird bei Honigbienen komplizierter und interessanter. Zwar besteht für eine Königin und ihre sämtlichen Kinder eine 50-prozentige Verwandtschaft wie bei uns, aber bei den Geschwistern ändert sich die Lage. Bei Vollschwestern – gleiche Mutter und gleicher Vater – ist das vom zur Zeugung gekommenen Drohn stammende Erbmaterial identisch, was einen in unseren Sphären unbekannten Verwandtschaftsgrad von 0,75 ergibt. »Zur Verbreitung der eigenen Gene kann ein Bienenweibchen … also nichts Klügeres tun, als auf eigene Kinder zu verzichten und stattdessen ihrer Mutter zu helfen, so viele ihrer Schwestern wie möglich auf die Welt zu bringen. Die sterilen Arbeiterinnen sollten sich untereinander zur Verbreitung ihrer Allele kooperativ unterstützen. Und genau das ist ja offenbar in Bienenkolonien der Fall.« (Jürgen Tautz)

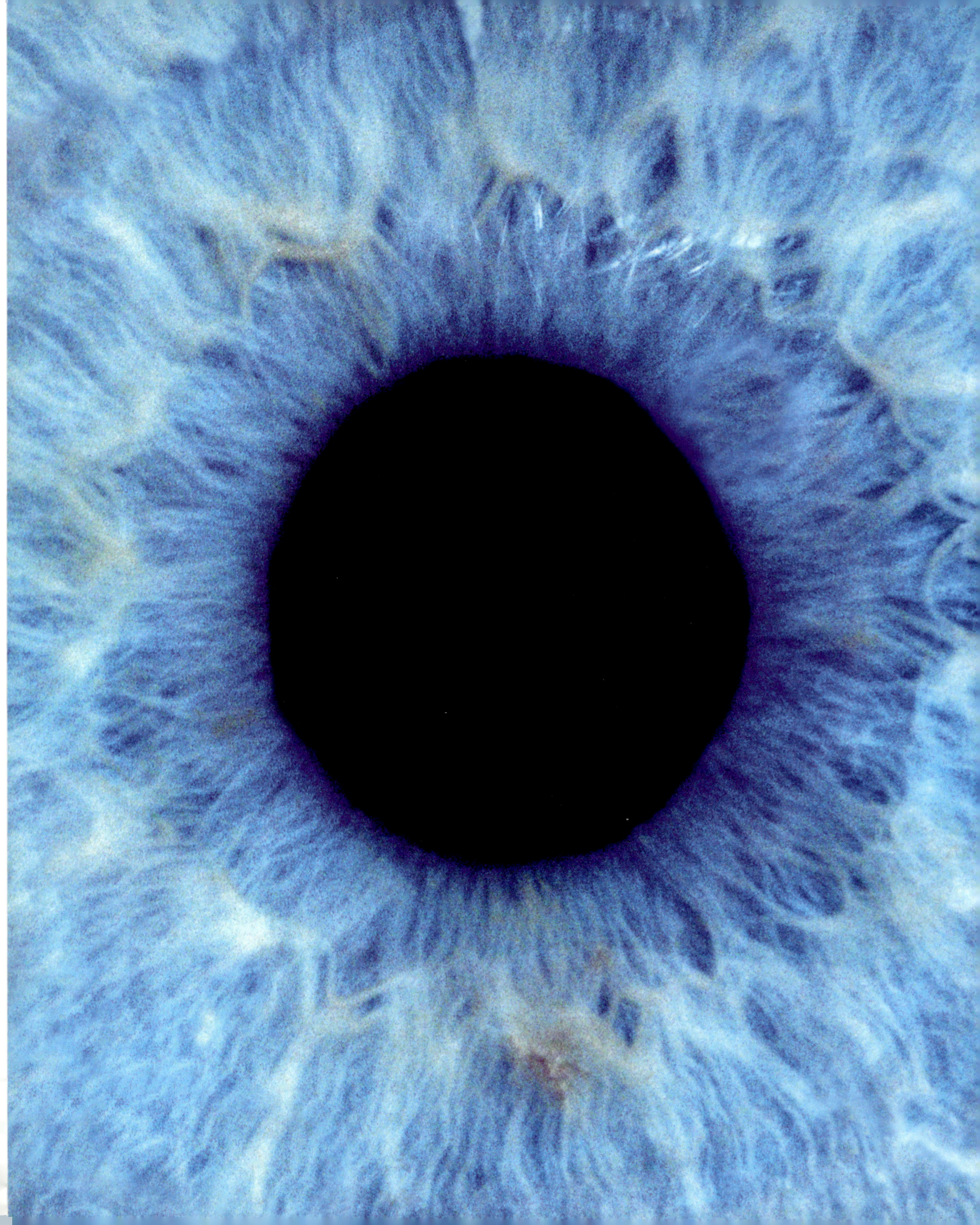

Mit allen Augen sieht die Kreatur das Offene.

RAINER MARIA RILKE

Im Reich der Sinne

Wenn man von Räuber und Beute oder von Biene und Blüte erzählt, dann vergisst man oftmals zu erwähnen, dass der Räuber bzw. die Biene ihr Objekt der Begierde erst einmal wahrnehmen können muss, um es zu finden. Bei Tiger, Adler, Krokodil und anderen gefräßigen Raubtieren geht man einfach davon aus, dass sie über die geeigneten Sinne verfügen, um ihre Opfer erst aufzuspüren, dann ins Visier zu nehmen und anschließend zu verfolgen. Die meisten Bücher beschreiben nur höchst selten und stets äußerst knapp, welche Signale da zum einen ausgesendet werden und wie diese Hinweise registriert in geeignete Handlungen übersetzt werden, und zwar möglichst rasch und zielstrebig. Wie und wodurch werden die gegenseitigen Kenntnisse möglich, die entscheidend zum Mit- und Gegeneinander der Lebenswelt gehören?

DIE ENTWICKLUNG DER WAHRNEHMUNG

Nahaufnahme einer Iris, auch Regenbogenhaut genannt, die den Lichteinfall des Auges reguliert.

Wenn man anfängt, über die sinnlichen Leistungen des Lebens nachzudenken, und sich vornimmt, sie im Detail zu verfolgen, dann wird einem rasch klar, wie ungeheuer anspruchsvoll diese Aufgabe ist. Wie so oft war Darwin der Erste, der die damit verbundenen unermesslichen Schwierigkeiten eingesehen und anschaulich zum Ausdruck gebracht hat. Bei allem Nachdenken über das Auge kommt er nicht umhin, es mit einem Teleskop zu vergleichen, wonach es »durch lange fortgesetzte Bemühungen der höchsten menschlichen Intelligenz vervollkommnet wurde«. Nun dürfen wir zwar, als gute Evolutionsbiologen, auf keinen Fall annehmen, dass das Auge durch einen ähnlichen Vorgang – also durch das Handeln eines schöpferischen Individuums – in die Welt gekommen ist, aber wir haben trotzdem keine andere Möglichkeit als die, das Auge mit dem optischen Instrument zu vergleichen. Dies unternimmt Darwin, indem er seine Leser auffordert, sich erst »in Gedanken eine dicke Schicht durchsichtigen Gewebes vorzustellen, mit von Flüssigkeiten erfüllten Räumen und einem lichtempfindlichen Nerven darunter«, und »dass jeder Teil dieser Schicht unausgesetzt und langsam seine Dichtigkeit verändert, sodass sie sich zu Lagen von verschiedener Dichtigkeit und Dicke in ungleichem Abstand sondern, und dass auch die Oberfläche jeder Lage langsam die Form wechselt ... Wir müssen annehmen,

Das Auge eines Chamäleons

Das Auge eines Hasen

Das Auge eines Tigers

Das Auge eines Riesenschilderwelses

Das Auge eines Sibirischen Uhus

Das Auge eines Grünen Leguans

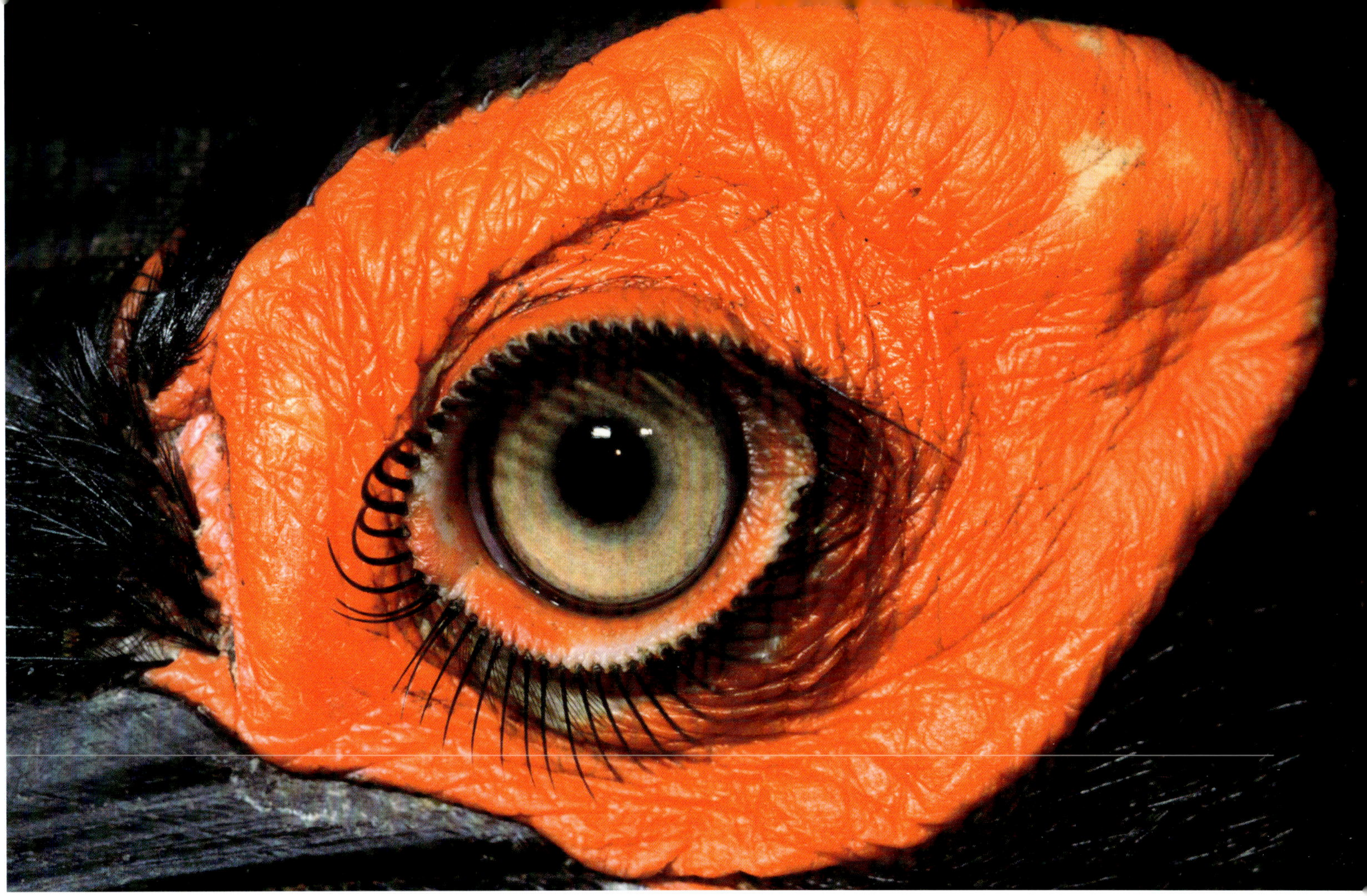
Das Auge eines Nordhornraben

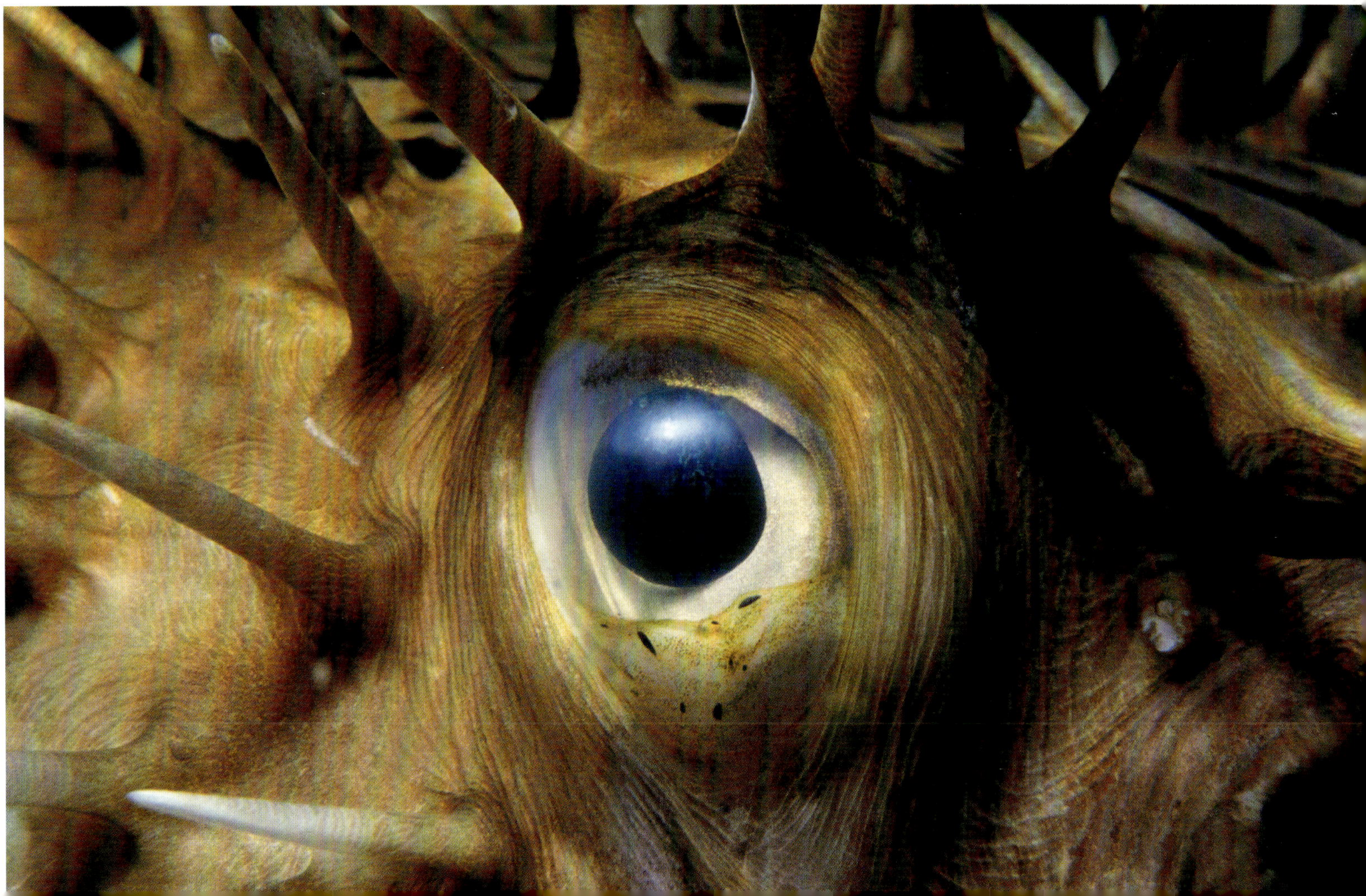
Das Auge eines Igelfisches

Der Lanner (oder auch Lanner-
falke) kommt in Mitteleuropa
nicht vor, er ist vielmehr in Afrika,
Arabien, in Italien und auf dem
Balkan beheimatet.

High-Tech bei Tieren

In seinem Buch »Warum Pandas Handstand machen« hat der Brite Augustus
Brown zahlreiche Merkwürdigkeiten aus
dem Reich der Tiere zusammengestellt, die
erkennen lassen, wie gut bei ihnen durch
die Evolution Wahrnehmungssysteme
ausgebildet worden sind. Greifvögel wie
Bussarde können kleine Nagetiere noch
aus 4500 Meter Höhe erspähen. Und
Details, die wir Menschen gerade noch aus
einer Entfernung von rund einem Meter
erkennen, nimmt ein Falke noch in einer
viermal größeren Distanz wahr.
Der Geruchssinn eines Hundes ist hundert-
tausendmal feiner als der eines Menschen.
Unsere geliebten Haustiere würden es
merken, wenn sich ein einzelner fauler Apfel in zwei Milliarden (!) Fässern befinden
würde. Diese olfaktorische Leistung wird
aber noch getoppt vom Baumwollwurm,
der den verlockenden Duftstoff eines
Weibchens in derart geringer Konzentra-
tion wahrnimmt, dass ein Mensch, um es
ihm gleichzutun, schon merken müsste,
ob im Bodensee, dem er ein Glas Wasser
entnimmt, vorher ein Stück Zucker gelöst
worden ist.
Katzen hören sehr viel besser als wir. Ihr
Gehör ist so fein, dass sie viele Laute
wahrnehmen, die uns unzugänglich
sind. Die Katzen können auf diese Weise
Ultraschallgeräusche erfassen, die kleine
Nagetiere von sich geben. Als besonders
raffinierte Hörfähigkeit sei erwähnt, dass
Ameisen ihre Knie einsetzen, um sich akus-
tisch zu informieren. So registrieren sie
Schwingungen, wenn sie sich auf Pflanzen
bewegen.
Übrigens – der Panda macht den Handstand, um durch die Demonstration dieser
artistischen Fähigkeit seine Auserwählte zu
überzeugen, sich mit ihm zu paaren.

dass jeder neue Zustand des Instruments millionenfach vervielfältigt und
dass jede Modifikation so lange erhalten wird, bis eine bessere hervorgebracht ist ... Wenn man nun diesen Vorgang Millionen von Jahren dauern
und während jedes Jahres an Millionen von Individuen verschiedener Arten sich fortsetzen lässt – wird man dann nicht glauben, dass ein lebendes
optisches Instrument in demselben Maße vollkommener als ein gläsernes
gestaltet werden kann, wie die Werke des Schöpfers vollkommener sind als
die Werke des Menschen?«

Das heißt, anfangen müssen wir ohne jedes Auge und nur mit lichtempfindlichen Zellen, deren Entstehen nicht nur denkbar, sondern unausweichlich
ist, wenn es überhaupt Leben gibt. Es bereitet keinerlei Probleme, den Vorteil von Strukturen zu erklären, die das Licht der Sonne aufnehmen können, da sich zwei offenkundige Vorteile einstellen, nämlich die Versorgung
mit Energie und die Orientierung zur Lichtquelle hin. Das Licht hat seine
Aufgabe bis in die Gegenwart nicht vernachlässigt, nach wie vor lebt das
Leben von der Energie, die Pflanzen durch das Einfangen des Sonnenlichts
gewinnen. Ihnen gelingt dies mit Hilfe des Chlorophylls, das für das Grün
der Blätter sorgt und die Photosynthese in Gang bringt, mit der die Pflanzen
die Nährstoffe herstellen, die sie und wir zum Wachsen brauchen.

Wir leben also in doppelter Hinsicht vom Licht – direkt von der Sonne und
indirekt durch ein Nebenprodukt seiner chemischen Auswirkungen – und
sollten deshalb annehmen dürfen, dass das Chlorophyll nahezu perfekt ist,
seine Empfangsqualitäten also genau dem Licht angepasst sind, das von der
Sonne auf die Erde gelangt. Tatsächlich scheint eher das Gegenteil der Fall
zu sein. Das Chlorophyll ist nämlich erstaunlich schlecht für seine Aufgabe
gerüstet und gerade dort kaum empfindlich, wo die Sonne am intensivsten

Eine Rote Springspinne auf einem Blatt; der Sehsinn dieser Spinnenart ist hoch entwickelt, durch die größeren Glaskörper der stark vergrößerten und nach vorne ausgerichteten Hauptaugen wird eine längere Brennweite erzeugt.

strahlt und am meisten liefert. So etwas wie perfekte Lösungen in der Evolution sind demnach nicht zu erwarten – jedenfalls nicht überall. Wir sollten aber darüber hinaus wenigstens im Hinterkopf bedenken, dass es vielleicht noch andere Faktoren neben der Effizienz gibt, die den Ausschlag zum universalen Gebrauch von Chlorophyll bedingt haben, nur dass sie uns bislang nicht aufgefallen sind. Wer kann denn sagen, wie eine Alternative konstruiert und genetisch verankert werden kann?

Es geht folgend um das lichtempfindliche Molekül namens Rhodopsin, das manchmal auch als Sehpurpur bekannt ist. Das Spannende an diesem Pigment besteht darin, dass die Bakterien es noch für die Photosynthese einsetzen, während unser Auge damit nur den Vorgang beginnt, den wir Sehen nennen. Das Rhodopsin nimmt das Licht auf, das ins Auge fällt, und verwandelt das physikalische Signal der Welt erst in ein chemisches Geschehen in der Zelle und dann in ein elektrisches innerhalb des Organs, das dem Gehirn zugeleitet wird und dort zu der visuellen Wahrnehmung führt.

Nehmen wir also an, dass es die frühen (uralten) Zellen geschafft haben, einen Lichtempfänger zu bauen und genetisch so zu verankern, dass er immer wieder neu entsteht. Solange alle sensitiven Zellen mehr oder weniger zufällig über einen Körper verteilt sind, kann man mit ihrer Hilfe zwar Energie speichern, sich aber nicht orientieren. Das ändert sich, wenn die Sehzellen zusammengeführt werden und ein primitives Auge bilden, das zunächst einfach nur da und nicht unbedingt mit einem Nervensystem verknüpft ist. (Bis es soweit ist, werden noch viele hundert Millionen Jahre vergehen.) Der mit dem lichtempfindlichen Zellhaufen ausgestattete Organismus wird sich auf eine geeignete Lichtquelle hin bewegen wollen und das am besten können, wenn sein Körper eher länglich und weniger rund geformt ist. Für den Fall

Mehr als zwei Augen
Übrigens – es gibt Tiere, bei denen die Evolution mehr als zwei Augen hervorgebracht hat, die also rundum und nach hinten sehen können. Die meisten Spinnen etwa haben acht Augen, und einige verfügen gar über ein Dutzend. Die als Seewespe bekannte Quallenart wurde sogar mit 24 Augen ausgestattet, für deren Koordination sie allerdings vier Gehirne benötigt, worüber wir uns aber nicht allzu viele Gedanken machen wollen.

Licht im Kopf
Die Menschen machen ihr Verhalten von der Tageslänge anhängig, die sich unserem Gehirn über die Augen mitteilt. Tiere beginnen ihre reproduktiven Bemühungen, wenn die Sonne lange genug scheint. Erst kürzlich wurde nachgewiesen, dass Wachteln mit der Fortpflanzung warten, bis die Tageslänge stimmt, und sie können dies, weil das Licht im Gehirn ein Hormon in Gang setzt, das das Blut in Wallung bringt.

Anfänge der Wahrnehmung

Bakterien können dann Licht wahrnehmen und darauf reagieren, wenn sie über ein entsprechend sensitives Pigment namens Rhodopsin verfügen. Sie fangen mit diesem Genprodukt das Sonnenlicht ein, um es sowohl als Energiequelle als auch zur Steuerung ihrer Bewegungen zu nutzen. Am besten untersucht sind Bakterien, die als uralt gelten (Archaebakterien) und Salz lieben (halophil). Man nennt sie Halobakterien, und sie schwimmen mit Hilfe von rotierenden Geißeln, deren Drehbewegung sie etwa alle 10 Sekunden umkehren, wodurch sich die Schwimmrichtung ändert.

Dies gilt für den Fall einer gleichmäßigen Beleuchtung. Kommt das Licht nur aus einer einzigen Richtung, verlängern die Bakterien das Schwimmintervall, wenn das Licht die geeignete Wellenlänge im gelb-grünen Bereich aufweist und sie in die richtige Richtung unterwegs sind; im anderen Fall verkürzen sie die Schwimmperiode. Sie schwimmen also nicht gerichtet auf ein Ziel los, kommen zuletzt aber trotzdem durch gezieltes Probieren an. Um sicher zu »wissen«, dass es sich in die geeignete (»angestrebte«) Richtung bewegt, muss das Bakterium in der Lage sein, die Lichtinten-

sität nicht nur an seinen beiden Enden zu vergleichen, sondern auch ein Gedächtnis dafür haben, was es vorher – beim letzten Stopp – wahrgenommen hat. Und um sich überhaupt nach den wahrgenommenen Signalen orientieren und bewegen zu können, muss das Pigment noch mit dem Apparat verknüpft werden, der die Geißeln rotieren lässt. Man sieht: Aller Anfang ist schwer, nicht nur für die Bakterien in der wahrnehmenden Erkundung der Welt, sondern auch für die Forschung, die den dazugehörigen Tricks der evolutionären Natur auf die Schliche kommen will.

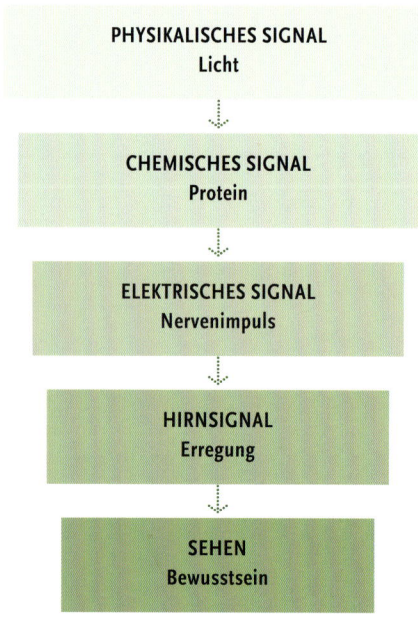

Das Schaubild macht die Signalumwandlung beim Sehen deutlich: vom physikalischen Signal, das allein noch kein Erlebnis darstellt, dafür eine Wellenlänge besitzt, bis hin zum tatsächlichen bewussten Sehen.

steht auch fest, dass das primitive Auge vorne an die Spitze des Lebewesens hingehört, das ja dem Offenen entgegenstrebt. Nun wäre die Natur aber schlecht beraten, die das Licht auf- und wahrnehmenden Zellen an die vorderste Front zu platzieren – besser ist es, die Lichtempfänger hinter einer Pufferzone anzubringen. Wenn dies allerdings ohne eine Ergänzung geschieht, wird es für den Organismus schwer, gradlinig vorwärtszukommen. Das ändert sich schlagartig, wenn statt des einen lichtempfindlichen Zellhaufens zwei gebildet und die beiden symmetrisch angelegt werden. Noch reden wir von flachen lichtempfindlichen Zellansammlungen, denen jedes anatomische Charakteristikum von Augen fehlt, also die Einstülpung der sensitiven Zellen und ihre Abtrennung von der Außenwelt durch eine Linse. Hoimar v. Ditfurth weist in den 1970er Jahren in seinem Buch »Der Geist fiel nicht vom Himmel« darauf hin, dass die (wertvollen) Lichtzellen am Vorderende durch Verletzungen gefährdet waren, die jederzeit bei Zusammenstößen mit der Außenwelt auftreten konnten. Doch dafür gibt es die Lösung, dass die Stellen der Oberfläche, an der die lichtempfindlichen Zellen konzentriert waren, sich einsenkten – je tiefer, desto besser.

Der durch die Einstülpung erreichte Schutz der sowohl empfindlichen als auch kostbaren Sehzellen brachte durch die entstandene Becherform und deren geometrischen Eigenschaften einen unvorhergesehenen Vorteil mit sich, denn jetzt musste ein Lichtstrahl in der Richtung der Mittelachse einfallen, um Schatten an den Seitenwänden zu vermeiden. Damit gab es eine Konstruktion, die die Richtung von Bewegungen und deren Geschwindigkeit melden konnte, und diese Situation verlangte geradezu nach einem nachgeschalteten System, das die vielen einlaufenden Informationen verarbeitet. Wir kennen es heute als Nervensystem.

»Der Rest der Geschichte ist schnell erzählt«, wie v. Ditfurth etwas salopp schreibt, und wenn wir auch keine Ahnung haben, wie die Evolution dabei vorgegangen ist, so liegt der Grund für diese Entwicklung auf der Hand: »Je kleiner die Öffnung wurde und umso tiefer der Becher, umso präziser ließ sich die Richtung bestimmen, aus der das Licht einfiel … Konsequente

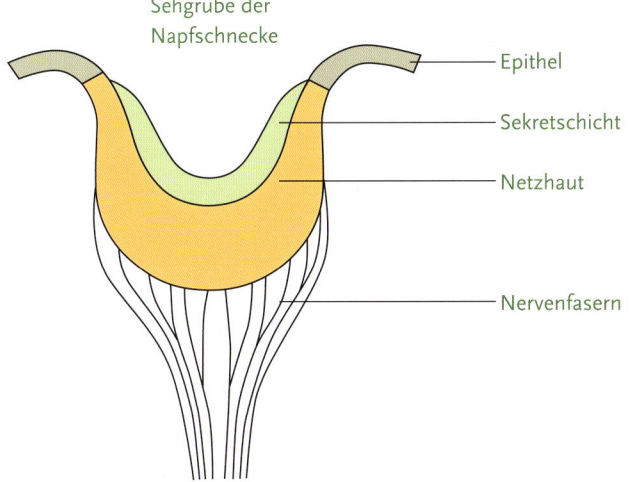

Sehgrube der
Napfschnecke

Epithel

Sekretschicht

Netzhaut

Nervenfasern

Das Schaubild zeigt die schematische Darstellung der Augenentwicklung. Einen der überzeugendsten Belege für die Fruchtbarkeit der Entwicklungslehre Charles Darwins stellt die Entstehungsgeschichte des komplizierten Wirbeltierauges (unten) dar.

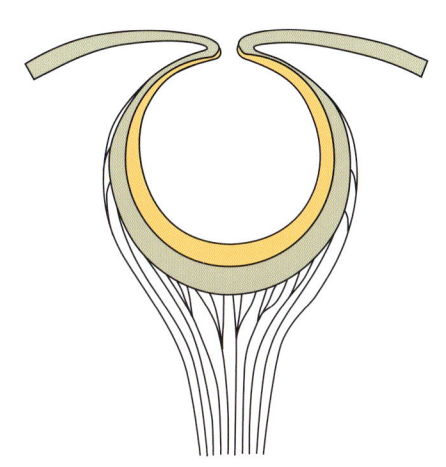

Nadelloch-Pupille
des Nautilus

Das Auge des *Nautilus pompilius*; die Funktion seines Auges ist mit der einer Lochkamera vergleichbar.

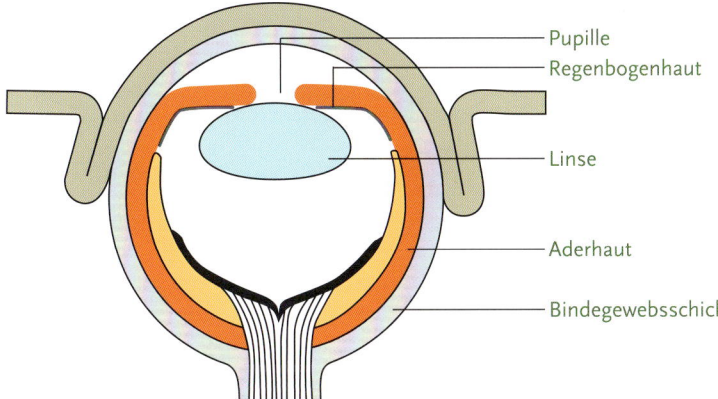

Wirbeltierauge

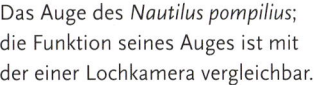

Pupille

Regenbogenhaut

Linse

Aderhaut

Bindegewebsschicht

Die Camera obscura (lateinisch *camera* für »Gewölbe« und *obscura* für »dunkel«) ist grob gesagt ein dunkler Behälter, in den durch ein kleines Loch Licht einfallen kann (unter Umständen ist an dieser Stelle eine Sammellinse angebracht). Auf der gegenüberliegenden Seite entsteht ein auf dem Kopf stehendes Abbild, wobei dieses sehr lichtschwach ist und nur bei ausreichender Abdunklung der Umgebung betrachtet werden kann. Die Camera obscura war als optisches Phänomen bereits Aristoteles im 4. Jahrhundert v. Chr. bekannt.

Selektion durch die Umwelt las aus den Besitzern von Augenbechern Generation für Generation die Individuen aus, bei denen die Einfallsöffnung besonders eng geworden war. Eine überdurchschnittlich zuverlässige Orientierung am Licht erleichterte ihnen das Überleben … So ging es weiter, über uns endlos scheinende Zeiträume hinweg. Die Öffnung wurde immer enger. Der Becher formte sich zur Hohlkugel« – und diese Hohlkugel mit einem einzigen winzigen Löchlein, das Licht durchlässt, kennen die Physiker seit Jahrhunderten als Lochkamera bzw. als Camera obscura. Diese technisch schlichte Konstruktion stellt die Urform der photographischen Apparate dar, mit denen wir heute Bilder aufnehmen.

Die Abbildung zeigt die größte begehbare Camera obscura der Welt im alten Wasserturm Broich in Mülheim, die anlässlich der Landesgartenschau 1992 installiert wurde. Seit September 2006 beherbergt der Wasserturm zusätzlich ein Museum zur Vorgeschichte des Films, die mehr als 1000 Exponate umfassende »Sammlung S.« dokumentiert lückenlos, wie die Bilder laufen lernten.

Das vorgeführte »Lochauge« kann genau das, die äußere Umwelt in ein inneres Bild verwandeln, sie kann sie abbilden, wie man sagt. Mit anderen Worten: Zum ersten Mal in der Evolution empfängt das Leben so etwas wie ein Bild der Welt, und es findet sich in einem Augenbecher mit einer Pupille, wie wir die Öffnung jetzt nennen können. Dieses Bild dürfen wir nicht als etwas verstehen, das jemand (oder die Evolution) geplant oder anvisiert hat. Wir müssen es vielmehr als etwas betrachten, das die Gesetze der Physik mit sich bringen, und zwar unweigerlich und zuverlässig.

Das Bild, das die Lochkamera produziert, bleibt allerdings eher unscharf und verwischt leicht. Jedem Besitzer einer Kamera ist bekannt, wie hier Abhilfe zu schaffen ist, nämlich durch den Einbau einer Linse. Wie die Evolution dies bewerkstelligt hat, kann höchst plausibel vorgeführt werden: Wenn wir uns vorstellen, dass die Öffnung stetig verkleinert worden ist, reduziert sich zwar die Unschärfe des Bildes, allerdings steigt dafür die Gefahr der Verstopfung. Diese Katastrophe kann verhindert werden, wenn die Augenöffnung selbst versperrt wird, zum Beispiel durch ein transparentes Stück Haut, das bei geeigneter Formung schützt und nebenbei auch noch das Licht sammeln kann. Letzteres wird im Lauf der Zeit zur Hauptfunktion. So haben wir im Prinzip erläutert, wie die Linse entstehen konnte, mit der wir das Bild scharf stellen können, das unser Becherauge geliefert bekommt.

DIE BEWEGUNGEN DER AUGEN

Am Anfang seiner Entwicklung hat sich das Leben eher durch Tasten und Riechen zurechtgefunden, und es stellt sich die Frage, wie es dann den Übergang von der schnuppernden und greifenden Phase in den visuellen Modus geschafft hat. Nach Ansicht der Evolutionsbiologie wurde dieser Wechsel durch die Verschiebung der Augen im Kopf möglich. Die frühen Säugetiere, die vor rund 200 Millionen Jahren lebten, verfügten noch über seitwärts angeordnete Augen. Vor etwa 55 Millionen Jahren tauchen dann Primaten mit der frontalen Anordnung auf, und die Frage lautet, warum sich die Fenster zur Welt aufgemacht haben, um nach vorne zu wandern und die frontale Stellung einzunehmen. Damit die Bewegung überhaupt in Gang kommt, muss es von Anfang an einen Vorteil gegeben haben. Aber welchen?

Seit den 1970er Jahren ist bekannt, dass die Sinneszellen der Augen und die angeschlossenen Neuronen mit einer Eigenaktivität ausgestattet sind, die so etwas wie ein optisches Rauschen produziert. In unseren Augen zirkuliert ein Dunkelstrom, der durch Lichteinfall unterbrochen wird. Wir sehen paradoxerweise nicht etwas, wenn ein Strom ein-, sondern dann, wenn er ausgeschaltet wird. Das erhöht die sinnliche Empfindlichkeit, stellt aber den Besitzer der Augen vor die Frage, ob die Aktivität, die gemeldet wird, das Rauschen seiner eigenen Zellen oder die Wahrnehmung eines fremden Körpers ist. Die Antwort wird durch die Überlappung der Sehfelder möglich. Fast jeder aus der Außenwelt stammende Reiz wird in beiden Augen registriert, und das Gehirn fragt nervös nach Meldungen, die von beiden Seiten stammen, um zu wissen, dass es etwas zu sehen gibt und es zu reagieren gilt.

Mit der Verschiebung der Augen von der Seite nach vorne vollzog sich auch eine wesentliche Änderung im Lebensstil. Die Nahrungssuche vollzog sich nicht mehr durch Abweiden von Wiesen, stattdessen wurden andere Tiere erlegt.

MAX DELBRÜCK

Neuronen
Das Nervensystem nahezu aller mehrzelligen Lebewesen, inklusive des Menschen, besteht aus vielen einzelnen Neuronen, den Nervenzellen, die für die Vermittlung von Erregungen und Reizen zuständig sind. Allein das menschliche Gehirn wird auf 100 Milliarden Neuronen geschätzt. Ein typisches Neuron besteht aus Dendriten – baumartigen Strukturen, die die Reize aufnehmen und weiterleiten –, dem Perikaryon – dem Zellkörper, in dem die Bestandteile für Stoffwechsel und Regeneration liegen –, und dem Axon – dem Zellfortsatz, der die elektrischen Impulse des Nervs weiterleitet. Das Ende des Axons knüpft an die Synapsen an, die mit anderen Nerven- oder Empfängerzellen in Verbindung stehen. Dort wird der elektrische Nervenimpuls durch sogenannte Neurotransmitter chemisch weitergegeben.

Folgend soll es um den merkwürdigen Bau des Auges gehen. Die Sehzellen der Netzhaut, die zuerst im Auge gereizt werden, und die Nervenzellen, die dann in den Kopf hineinführen, liegen nämlich in unserem Verständnis völlig unsinnig zueinander. Die Sehzellen liegen nicht vor, sondern hinter den Nervenzellen, was bedeutet, dass das Auge die Welt nicht direkt anschauen kann, sondern nur so, wie sie sich einem Betrachter zeigt, der hinter einem dichten Busch liegt. Das Licht, das hinten auf der Netzhaut eintrifft und hier umgewandelt wird, ist verschieden von dem, was vorne durch die Linse tritt.

Die dünne Netzhaut am Ende des Auges besteht aus mehreren Schichten, die wir im Detail nicht zu kennen brauchen, und die lichtempfindlichen Moleküle in den dazugehörigen Sehzellen liegen dem Licht nicht zu-, sondern abgewandt. Die sichtbaren elektromagnetischen Wellen der Außenwelt müssen sich also erst ihren Weg durch das Gestrüpp einer sogenannten Neuralschicht bahnen, bevor sie empfangen werden. Dazu stehen zwei Zellsorten bereit, die nach ihrer Form unterschieden und Zapfen oder Stäbchen benannt werden.

Klar wird hierdurch, dass man schon vom ersten Eingreifen des Lebens an alle Versuche aufgeben muss, den Vorgang des Sehens im technischen Bild einer Photographie zu verstehen. Das Physikalische funktioniert und dominiert nur, solange das Licht unterwegs ist. Wenn seine Verwandlung beginnt, hört die Klarheit der Physik auf und das Geheimnisvolle des Lebens dominiert.

Der erste Wissenschaftler, der bemerkt hat, dass der menschliche Sehapparat nicht (nur) wie ein optisches Gerät operiert, sondern mehr können muss, war Johannes Kepler. Ihm fiel im 17. Jahrhundert auf, dass sich beim Weg durch die Linse die Orientierung des Lichtes umkehrt und aus oben unten und aus rechts links wird. Die Bilder kommen gedreht und auf dem Kopf zu stehen, wie es in den traditionellen Spiegelreflexkameras passiert.

An irgendeiner Stelle auf dem Weg ins Gehirn muss das Abbilden der Welt also unterbrochen, die Lichtinformation umfunktioniert und anders kodiert werden, und die Konsequenz, mit der die Natur dank der Evolution an dieser Stelle vorgegangen ist, kann nur bestaunt werden. Sie handelt nämlich sofort – bei der ersten sich bietenden Möglichkeit – und lässt an überhaupt keiner Stelle ein Abbilden der Welt zu – jedenfalls nicht direkt und nicht ohne Hilfe eines Nervensystems, das mit den sinnlich einlaufenden Daten zurechtkommt und ihnen Bedeutung gibt. Was wir sehen, ist auf keinen Fall

Ein Koboldmaki (oder Tarsius), der aufgrund der speziellen Anordnung seiner Augen berühmt ist, versucht, eine Eidechse anzugreifen. Er ist starr, solange sich das anvisierte Tier in einer Position befindet, in der es nicht erwischt werden kann. Bewegt sich die Eidechse, fokussiert der Koboldmaki sie und schätzt ihre Geschwindigkeit ein. Er koordiniert sein räumliches Sehen mit der Bewegung, springt los und erwischt sein Opfer.

Am Übergang von Luft zur Hornhaut bzw. Kammerwasser werden die einfallenden Lichtstrahlen am menschlichen Auge zum ersten Mal gebrochen, zum zweiten Mal geschieht dies vom Kammerwasser zur Linse und ein drittes Mal von der Linse zum Glaskörper. Die Strahlen bündeln sich auf der Netzhaut (Retina), und es entsteht ein verkleinertes und umgedrehtes Bild. Durch Abkugeln oder Strecken kann die Linse ihre Brechkraft variieren, sodass Nah- und Ferneinstellung des menschlichen Auges möglich werden.

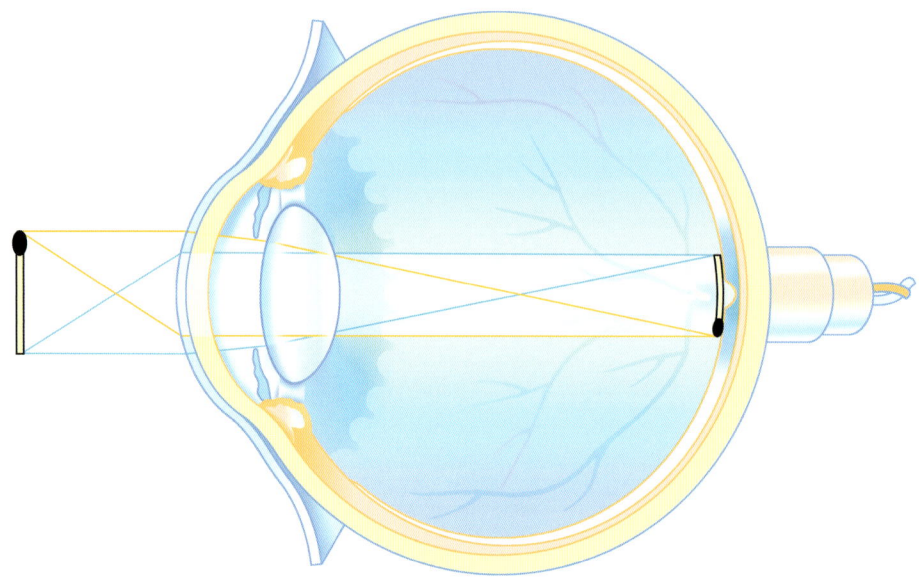

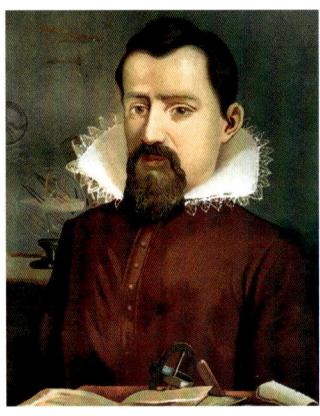

Porträt des Astronoms Johannes Kepler, der als der Entdecker der Gesetze der Planetenbewegung (»keplersche Gesetze«) und als Begründer der modernen Naturwissenschaften gilt. Er hat sich auch intensiv mit dem menschlichen Sehapparat beschäftigt.

Können wir all die Informationen, die täglich auf uns hereinbrechen (der »Kabelsalat« rechts verdeutlicht diese), überhaupt bündeln, auseinanderhalten? Die große Kunst des Lebens besteht wohl darin, Nutzloses auszusortieren und sich mit Gewinnbringendem zu beschäftigen.

eine Photographie, es ist weniger eine Abbildung und vielmehr ein Abbilden. Wenn wir sehen, schauen wir vor allem zeichnend. Unser visuelles System hat bereits vor Millionen Jahren die Erfahrung gemacht, die uns in diesen Tagen erst recht nicht erspart bleibt, dass die Welt immer zu viele Informationen liefert. Die große Kunst – der Forschung und des Lebens – besteht offenbar darin, die richtige Auswahl zu treffen.

Tatsächlich bringen die vielen Sehzellen das eine Neuron, dem sie Meldung erstatten und das in der Fachsprache Ganglion heißt, nur dann dazu, aktiv zu werden und dem Gehirn etwas zu melden, wenn das Licht, das sie erreicht, ihnen ein Muster präsentiert. Die Sehzellen, die einem Ganglion zuarbeiten, geben so etwas wie seinen Empfangsbereich ab, für den die Fachwelt den Ausdruck »rezeptives Feld« benutzt. Rezeptive Felder sind so angelegt, dass sich Muster ergeben, die Empfangsstrukturen können zum Beispiel kreis- oder ringförmig angelegt sein, und in diesen Fällen erhält das Gehirn Nachricht darüber, ob auf der Netzhaut zum Beispiel ein heller Lichtpunkt oder eine dunkle Scheibe registriert werden konnte. Interessant ist, dass gerade das Untypische unsere größte Aufmerksamkeit weckt und unseren Blick in seine Richtung lenkt.

Das Dach des Casa Mila, Barcelona; das Gebäude wurde in den Jahren 1906 bis 1910 vom Architekten Antonio Gaudí errichtet. Es ist das erste Gebäude, das 1984 von der UNESCO in die Weltkulturerbe-Liste aufgenommen wurde.

GESCHMACKSACHE

Im Grunde genommen läuft die Sache mit den Gerüchen völlig gleich ab wie beim Sehen, wobei der erste Schritt sogar besonders einfach ist. Die Umwandlung des physikalischen in das chemische Signal kann nämlich wegfallen, da der Duftstoff bereits ein chemisches Signal der äußeren Welt ist, das mit chemischen Substanzen im Körperinneren in Wechselwirkung treten kann. Das flüchtige Molekül durchquert erst eine organische Schicht – aus Schleim –, um im Anschluss daran zu den Riechzellen zu gelangen, in denen sich die Rezeptorenmoleküle befinden. Diese sorgen für eine identische Verwandlung und schicken nach Empfang des Duftboten, auf den sie spezialisiert sind, ein elektrisches Signal auf seine Reise in dafür vorgesehene Regionen des Gehirns. Bei dem Eintritt der Sinnesinformation in die Innenwelt des Gehirns hat die Evolution sich offenbar für einen universellen Mechanismus entschieden, den man allzu gerne theoretisch verstehen und nicht nur Stück für Stück beschreiben möchte.

Einen wichtigen Unterschied zum Sehen gibt es an dieser Stelle aber doch. Im Gegensatz zum Auge bietet die Nase dem Geruch viele hundert Empfangsmoleküle an, bei denen man sich leicht vorstellen kann, wie ihre unterschiedliche Anbindung individuelle Erregungsmuster zur Folge hat, die vom Gehirn zur Kenntnis genommen und in die Wahrnehmung eines bestimmten Duftes umgesetzt werden. Eine Tendenz des olfaktorischen Systems besteht darin, dass es bei ihm weniger Flexibilität gibt als bei der Verschaltung der Nerven, die zum Sehvermögen beitragen. Offenbar wird die Bahn, mit der ein Duft seinen Weg ins Gehirn findet, erstaunlich starr von den Genen her festgelegt (»prädeterminiert«), was im Reich der Tiere Sinn macht. Viele Geruchswahrnehmungen führen nämlich zu instinktiven Verhaltensweisen, die unmittelbar lebensrettend sind. Mäuse rennen zum Beispiel um ihr Leben, sobald sie den Urin eines Kojoten riechen, und es leuchtet ein, dass es an dieser Stelle keinen Lernvorgang geben sollte.

Für den Menschen ist der Geruchssinn zwar weniger lebensrettend, aber sicher nicht völlig ohne Bedeutung. Wir setzen nicht so gezielt unsere Nase ein, um andere Menschen kennenzulernen, so wie es Hunde tun, aber wir können erstens unser eigenes Hemd durch seinen Geruch identifizieren und zweitens leicht feststellen, ob es ein Mann oder eine Frau war, die ein T-Shirt getragen hat, selbst wenn dabei keinerlei Parfum im Spiel war.
Gewöhnlich lautet die Antwort auf die Frage, mit wie vielen Sinnen uns die Evolution denn ausgestattet hat, »fünf«, und tatsächlich fallen im Alltag vor allem die Fähigkeiten des Sehens, Hörens, Riechens, Schmeckens und Fühlens (Tasten und Spüren) auf, die durch von außen sichtbare Organe – Augen, Ohren, Nase, Mund und Haut – ermöglicht werden.
Es gibt aber tatsächlich mehr von ihnen, und sie alle treffen an anderen Stellen im Gehirn ein. Wir sind unter anderem in der Lage, Wärme zu empfinden, wir haben ein Gefühl für die eigene Körperlage und wissen selbst dann, wo unsere Füße und Hände sind, wenn wir sie nicht sehen. Wir können

olfaktorisch
Wenn etwas den Geruchssinn betrifft, benutzen die Forscher das aus dem Lateinischen stammende Wort olfaktorisch. Dessen erste Silbe stammt von dem Verb für »riechen«, das wir alle im Zusammenhang mit der Behauptung kennen, »Geld stinkt nicht« – »Pecunia non olet«. Unabhängig davon lässt sich konstatieren, dass mit zunehmenden Fähigkeiten beim Farbensehen die Menge der funktionstüchtigen olfaktorischen Gene abnimmt.

Die Nahaufnahme der Nase eines Golden Retriever (nächste Seite links); Hunde haben einen wesentlich besseren Geruchssinn als Menschen, dafür sehen sie allerdings weniger Farben.

Verschiedene Lebensmittel in einem Kühlschrank (nächste Seite rechts); ob diese noch genießbar sind oder längst entsorgt werden müssen, können wir mit Hilfe unserer Riechschleimhaut, in der Millionen von geruchsempfangenden Zellen sitzen, entscheiden. Wir sind in der Lage, bis zu 10 000 Substanzen festzuhalten und als Duftmoleküle zu interpretieren.

Wer sehen will, muss riechen

Die Natur spart beim Riechen ein, was sie beim Sehen ausgibt. Offenbar können wir so viele Farben unterscheiden, dass wir darauf verzichten können, zwischen all den Gerüchen zu differenzieren, mit deren Hilfe sich zum Beispiel einige Affen orientieren.

Dieser Tatbestand findet sich bei Hunden bestätigt, die weniger Farben sehen als wir, dafür aber sicher mehr riechen. Während wir zufrieden sind, wenn wir jemanden sehen, versucht ein Hund, auch und vor allem seine Nase einzusetzen, um zu riechen, mit wem er es zu tun hat. Das heißt natürlich nicht, dass wir unbedarft sind, wenn es an den Geruchssinn geht. Nach Auskunft der Physiologen können Menschen 10 000 verschiedene Substanzen festhalten und als Duftmoleküle interpretieren. Wir tun dies mit Hilfe der Riechschleimhaut in der Nase, in der viele Millionen geruchsempfangende Zellen sitzen. Einem gewöhnlichen Menschen stehen dabei rund 400 verschiedene Typen zur Verfügung, wobei offenbar jeder von uns seinen eigenen Baukasten von Geruchsempfängern im Kopf hat – und damit wohl in seiner ganz persönlichen Duftwelt lebt. Über die 40 Millionen Duftrezeptoren, die sich bei Hasen nachweisen lassen, können wir allerdings nur staunen.

Es gibt einen körperlichen Mechanismus, der eine unmittelbare Verbindung zum olfaktorischen Vermögen des Menschen hat, der Menstruationszyklus der Frau. Martha McClintock fiel auf, dass Frauen, die etwa in Wohngemeinschaften zusammenleben oder an gemeinschaftlichen Projekten arbeiten, ihre Zyklen zeitlich synchronisierten. In den 1980er Jahren wiesen Experimente nach, dass dieser Prozess durch den Geruchssinn ausgelöst wird, genauer durch das Wahrnehmen von Schweiß. Damit steht fest, dass die Natur sogar zwei chemische Signale hervorgebracht hat, um letztlich ein Ziel zu erreichen, nämlich die Synchronisation des Vorgangs, der in enger Beziehung zum wichtigsten Vorgang des Lebens und der Evolution steht – der Vermehrung. Die Synchronisation könnte ein Gefallen der Evolution an die Männer sein, um mehr von ihnen die Chance zur Vaterschaft zu geben. Denn wenn bei allen Frauen eines Dorfes – in der fernen Vergangenheit der Steinzeit – der Eisprung etwa gleichzeitig stattfindet, dann können sich nicht alle den gleichen Mann als Vater ihres Kindes aussuchen. So bekommen alle ihre Chance, und im Dorf herrscht innerer Frieden.

Ein Seiltänzer in London (vorangehende Seite) erprobt Geige spielend seinen Gleichgewichtssinn. Für die meisten Menschen wäre dies eine Betätigung zu vieler Sinne in besonderem Maße.

Wie bei vielen Sinneseindrücken ist die Haut auch für die Erfahrung mit Brennnesseln zuständig, allerdings ist diese, genauer die Berührung der Nesselhaare, zumeist unbeliebt, weil sie schmerzhafte Schwellungen hervorruft. Gerade Kinder lernen diesen Schutzmechanismus der Pflanze immer wieder kennen.

Über unsere Haut empfinden wir Wärme bzw. Hitze, die einerseits sehr unangenehm (etwa tropische Temperaturen) sein kann, die andererseits aber auch, bei der richtigen Dosierung, äußerst wohlige Gefühle hervorrufen kann (etwa in der Sauna).

Ein Mann vollführt einen Salto und zeigt damit deutlich, wie ausgeprägt unsere Raumwahrnehmung ist, wie unsere Sinne kooperieren, vielmehr dass wir wissen, wo unsere eigenen Füße sind, auch wenn wir sie nicht sehen.

Auch für das Empfinden von Kälte ist unsere Haut zuständig, über Sensoren wird unser Körper über die Außentemperatur informiert, der dann bestimmte Reaktionen in Gang setzt, um die lebensnotwendige Innentemperatur von 37° C zu halten.

das Gleichgewicht halten, wir merken, ob wir beschleunigt oder gebremst werden, wir registrieren Drehungen (bei geschlossenen Augen), und wir sind vor allem äußerst schmerzempfindlich.

Für viele der genannten Sinneserfahrungen ist die Haut zuständig, die mit verschiedenen Rezeptoren ausgestattet ist, die Erregung derselben wird in elektrische Signale umgewandelt, die über getrennte Nervenfasern in das Gehirn gelangen. Besonders stark vertreten sind hier die Fingerspitzen, mit deren Hilfe wir ja in der Lage sind, einen Gegenstand – seine Form und sein Oberflächenmaterial – zu ertasten.

In der Haut stecken aber auch Rezeptoren, die Dehnungen bemerken – die dann auftreten, wenn wir ein Gelenk bewegen –, die auf Vibrationen reagieren und die Verschiebungen auf der Haut – das Krabbeln von Insekten etwa – melden; von den Härchen, die vor allem Männerhände bedecken, haben wir noch gar nicht geredet.

Ein spannendes Kapitel stellen die Sensoren der Haut dar (die Wissenschaft unterscheidet dabei zwischen Kälte- und Wärmesensoren, die jeweils nur eine Empfindung auslösen), die unseren Körper über die Außentemperatur informieren, der dann die jeweiligen Reaktionen in Gang setzt, um die Innentemperatur bei den 37° C zu halten, die wir zum Leben benötigen, oder wenn uns beim Duschen allzu heißes Wasser erwischt.

Vom Kybernetiker Heinz von Foerster stammt der berühmte Ausspruch, wonach es »da draußen« weder Licht noch Farbe, weder Schall noch Musik, weder Wärme noch Kälte und »gewiss keinen Schmerz« gibt. Die Naturwissenschaft kann tatsächlich nachweisen, dass zum Beispiel das Bild, das wir vor Augen haben, nicht einfach eine Art Photographie, sondern mehr ein Gemälde ist, das unser Gehirn aktiv malt. Allerdings scheint der Begriff der reinen Konstruktion zu weit zu gehen, besser passt ein Rekonstruieren. Wenn dies der Fall ist, können wir nur erfolgreich sein, wenn wir auf die uns zu Ohren kommende Welt Rücksicht nehmen. Und deshalb irrt der Kybernetiker, wenn er sagt, dass es »da draußen« keine Musik und keinen Schmerz gibt. Natürlich gibt es sie, und zwar in den anderen Menschen, die da draußen vor uns stehen und sich hörend erfreuen oder so leiden, wie es uns manchmal passiert. Da draußen ist das Innen der anderen. Wir können es spüren.

Common Sense
In der Antike vermutete man, dass die verschiedenen Erfahrungen, die jemand beim Sehen, Hören, Riechen, Schmecken und Tasten eines Objektes macht, zusammengeführt werden müssen, und zwar in einen inneren Sinn, der alle Eindrücke gemeinsam enthält und daher Gemeinsinn heißen könnte. Aus dem Gemeinsinn ist der »gemeine Menschenverstand« geworden, den wir heute als gesunden Menschenverstand bezeichnen. Mit seiner Hilfe beurteilen alle Menschen einen wahrgenommen Gegenstand, ohne über ihn nachzudenken.

Kybernetik
Kybernetik bedeutet ursprünglich Steuermannskunst. Heute wird damit die Wissenschaft bezeichnet, die sich mit komplexen, selbstregulierenden und selbststeuernden Systemen befasst. Im Zentrum steht dabei die Kommunikation und Steuerung der Rückkoppelung oder des Feedbacks, das das System über seine Aktionen erhält. Eines der einfachsten Beispiele für Kybernetik ist die Thermostatsteuerung einer Heizung. Der Thermostat wird auf einen Soll-Wert eingestellt, er misst den Ist-Wert der Raumtemperatur und vergleicht die beiden Werte. Dem Ergebnis entsprechend reguliert der Thermostat dann die Heizung, damit der Ist-Wert den Soll-Wert erreicht. Dabei wird konstant die Temperatur gemessen, sodass der Thermostat ein Feedback über die Wirkung der Steuerung erhält und bei Veränderungen wiederum nachregeln kann.

Die Farbe ist der Ort, wo sich unser Gehirn
und das Weltall begegnen. PAUL CÉZANNE

Die Welt der Farben

Wer normalsichtig ist und in die Welt schaut, wird vor allem über die vielen Farben staunen, die sich im Licht der Sonne zeigen – das Grün der Wiesen, das Blau des Himmels, das Rot der Kirschen, das Gelb von Safran, das Weiß der Wolken, das Braun der Erde und immer so weiter. Immer schon haben Wissenschaftler versucht, diese herrlichen Erscheinungen der Natur zu ordnen, und konzentriert haben sie ihre frühen Bemühungen vor allem darauf, das grandiose Spektrum zu verstehen, das sich als Regenbogen am Himmel zeigt. Dort sehen wir erst ein intensiver werdendes Rot, das über ein Orange zum leuchtenden Gelb übergeht und weiter zum Grün und (hellen und dunklen) Blau wird, bevor das Spiel der Farben als Violett abbricht.

Das Photographieexperiment auf der vorangehenden Seite zeigt, wie sich Farben vermischen. Eine männliche Person steht in Front dreier Projektoren, die rotes, grünes und blaues Licht auf einer großen weißen Fläche vermischen. Die Schattenspiele der Versuchsperson produzieren überlappende und mehrfarbige Schatten an der Wand.

Das wunderbare Farbspektrum, das ein Regenbogen bietet, hier kurz vor Sonnenuntergang (rechts)

Blick auf den Sonnenuntergang
und Containerschiffe am Alcudia
Bay, Mallorca

Grandioses Farbenspiel:
Morgenröte auf Island

Farbenprächtiger Nebel über
einem Wald in Oregon, USA

Ein eindrucksvolles, wenn auch
mitunter gefährliches Farbenspiel:
Ein Schäfer während eines Sand-
sturms in der Nähe des Dorfes
Kamaka, Mali

Verschiedene Farbpigmente in einer Art Ausstellungskasten, die das indische Frühlingsfest Holi, das »Fest der Farben«, assoziieren lassen. Es wird ausgelassen und über alle Kasten hinweg gefeiert, und man bestreut sich dabei gegenseitig mit gefärbtem Wasser oder Puder.

Neonlicht in einem Tunnel in
Schanghai, China. Der Zugtunnel
bewegt sich unter dem Fluss
Huangpu zwischen Schanghais
Flussufer und dem Wirtschafts-
und High-Tech-Viertel Pudong.

Weißes Licht entsteht aus einer Mischung aller Farben; das menschliche Auge kann die unterschiedlichen Wellenlängen, die für die verschiedenen Farben sorgen, nicht auseinanderhalten. Die Wellen überlagern sich und können, wie auf diesem Bild, Interferenzen bilden. Dabei können Wellen sich sogar gegenseitig auslöschen, wenn die Wellen gegenläufig schwingen, also der Höhepunkt einer Welle mit dem Tiefpunkt einer anderen überlappt.

Farben sind nicht allein ein physikalisches Phänomen. Farben sind vielmehr Empfindungen, die erst im Auge des Betrachters entstehen, wie es so schön heißt, wobei man genauer sagen müsste, dass sie mit Hilfe des Auges entstehen, das ein Betrachter nutzen kann, um sein als Zentralnervensystem bekanntes Denkorgan ins Spiel zu bringen. Tatsächlich benötigt man das Gehirn, um Farben zu erfassen und zu unterscheiden, wobei die grundlegende Leistung des Gewebes unter der Schädeldecke kaum auffällt. Sie besteht darin, Farben überhaupt als etwas zu erfassen, das unter wechselnden Lichtverhältnissen konstant bleibt und mit denen man deshalb Gegenstände (Objekte) im Grunde genommen objektiv unterscheiden kann. Darauf

Wellenlänge
Es war Isaac Newton, der zeigte, dass es so etwas wie Grund- oder Primärfarben gibt, die sich im weißen Licht der Sonne zusammenfinden, und es waren seine Nachfolger, die zeigen konnten, dass sich Farben durch Angabe von Wellenlängen charakterisieren lassen. Die reinen Nuancen zeichnen sich dadurch aus, dass man ihnen genau eine Wellenlänge zuordnen kann – Rot zum Beispiel 620 Nanometer (nm).

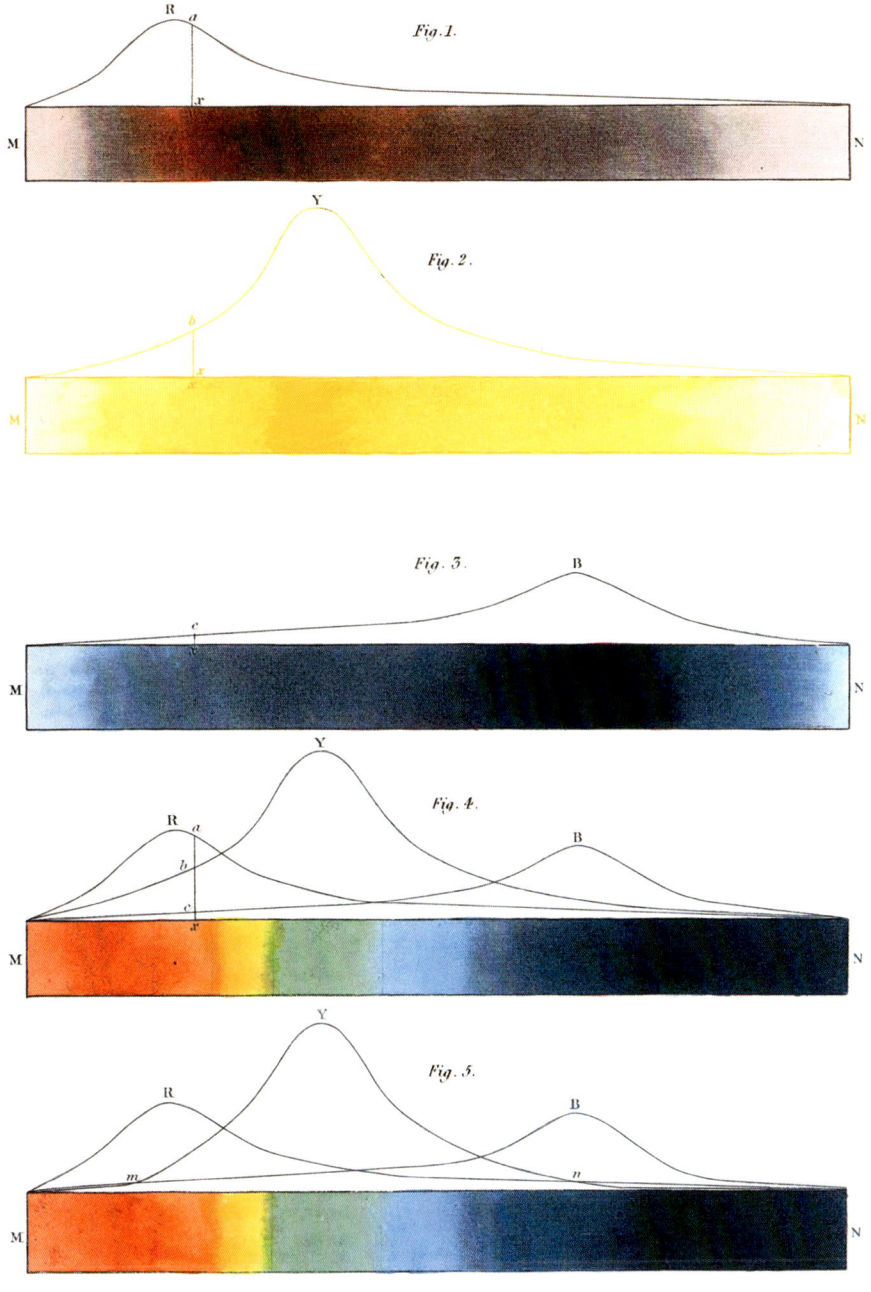

Eine Analyse des Sonnenlichts von dem britischen Physiker David Brewster aus dem Jahr 1834. Sonnenlicht, oder genauer Sonnenstrahlung, besteht aus elektromagnetischen Wellen, von denen wir hauptsächlich den sichtbaren Bereich wahrnehmen, den wir als Licht bezeichnen. Darüber hinaus umfasst die Sonnenstrahlung aber auch die kurzwellige Röntgen- und UV-Strahlung sowie die Radiowellen, die länger als das sichtbare Licht sind.

muss es der Evolution angekommen sein, als sie die Farben in die Palette der Wahrnehmungen aufnahm (Wissenschaftler sprechen hier von der Konstanzwahrnehmung).

Die als Farbe bekannte Konstanzleistung des Gehirns lässt sich mit einem weißen Blatt Papier leicht veranschaulichen. Denn ob man dieses Blatt im Licht der aufgehenden Sonne, bei Mondschein, unter der Schreibtischlampe oder im hellsten Licht am Mittag betrachtet – es sieht immer weiß aus, obwohl die Strahlen, die von ihm reflektiert werden, unterschiedlicher kaum sein könnten. Rote Beeren bleiben rot und grüne Blätter grün, ganz gleich, ob es trübe Winter- oder strahlende Sommertage sind oder die Nacht hereinbricht. Die Farbkonstanz kommt nur dann an ein Ende ihrer Leistungsfähigkeit, wenn extrem unnatürliches Licht die betrachtete Szene beleuchtet – wie es etwa mit den gelben Natriumlampen auf einigen europäischen Autobahnen passiert. Unser Sehsystem hat im Laufe der Evolution nicht lernen können, sich auf Licht einzustellen, das fast nur eine Wellenlänge zeigt. Bei dieser (monochromatischen) Beleuchtung fehlt der Wahrnehmung jede Vergleichsmöglichkeit, und die Gegenstände zeigen nicht mehr ihre Farbe, sondern die des Lichts, das auf sie trifft.

Eng verbunden mit der Farbkonstanz ist die Fähigkeit, die Helligkeit eines Gegenstandes als gleichbleibend zu bewerten, auch wenn die Intensität des von ihm reflektierten Lichts schwankt. Bekanntlich erscheinen uns Gegenstände unabhängig von ihrer Farbe als hell oder dunkel, und selbst wenn von einem schwarzen Reifen in vollem Sonnenschein mehr Licht abgestrahlt wird als von einem weißen Blatt Papier im Schatten, nehmen wir den einen als dunkel und das andere als hell wahr.

Andere evolutionär plausible Konstanzleistungen des Gehirns betreffen die Größe, die Form und die Orientierung von Gegenständen. Gemeint ist damit in allen Fällen, dass wir ein Objekt auch dann als unverändert betrachten, wenn sich sein Niederschlag auf der Netzhaut auf verschiedene Art und Weise verändert. Ein Mensch bleibt gleich groß, wenn er sich auf uns zubewegt und dadurch mehr Platz auf der Retina beansprucht. Er behält zudem seine Form, selbst wenn wir einen anderen Umriss zu Gesicht bekommen, und das gilt auch für seine Orientierung, die geneigt, schräg oder anders sein kann. Und selbst die Position, die unsere Wahrnehmung einem Gegenstand in Hinblick auf uns oder andere Objekte zubilligt, verändert sich nicht, wenn es zu Verschiebungen der Informationen auf der Netzhaut kommt.

So wie die Farbkonstanz kommt auch die Größenkonstanz irgendwann an ihre Leistungsfähigkeit, und die meisten Menschen haben diese Grenze selbst erfahren, wenn sie von einem hohen Turm oder einem Wolkenkratzer nach unten schauen und dort Menschen spazieren gehen sehen. Sie wirken plötzlich nicht mehr wie Artgenossen, sondern wie Ameisen, und dieser Eindruck bleibt bestehen, auch wenn man sich noch so oft ins Gedächtnis ruft, dass man sich irrt.

Natriumlampen
Natriumlampen (eigentlich Natriumhochdruckdampflampen) werden vor allem auf Autobahnen, allgemein zur Straßenbeleuchtung eingesetzt, sie sind wesentlich effizienter und auch heller als die sonst verwendeten Quecksilberdampflampen. Bei Nebel bieten sie besseres Licht, und die Autoscheinwerfer heben sich deutlicher davon ab. Außerdem wirkt das gelbe Licht nicht besonders anziehend auf Insekten und ist deshalb aus Wartungs- und Umweltschutzgründen erwünscht.

Der Blick in ein leeres, nur von Neonlampen beleuchtetes Parkhaus als Beispiel dafür, wie sehr die Farbkonstanz unseres Gehirns gebrochen wird, wenn wir es mit unnatürlichem Licht zu tun haben.

Der Blick aus der Luft auf die Piazza del Campo und über die Stadt von Siena, Italien, hinweg zeigt, wie sehr unsere Wahrnehmung von Größen an ihre Grenzen kommen kann: Die Menschen auf dem Foto wirken wie Ameisen, die Gebäude wie Bauklötze.

GEGENFARBEN

Wie wenig Farben allein physikalisch verstanden werden können, zeigt die Tatsache, dass unsere Wahrnehmung aus dem offenen Farbspektrum einen geschlossenen Farbenkreis konstruieren kann. Dieser Farbenkreis hat zwar nichts mit Physik zu tun, er existiert aber tatsächlich. Er ist eine aktive Leistung der menschlichen Wahrnehmung, den die Evolution hervorgebracht hat, sodass wir keine Lücke empfinden, wenn Rot in Blau übergeht und der Purpurbereich durchstreift wird.

Aus dem Farbkreis hat der Physiologe Ewald Hering im 19. Jahrhundert die Vorstellung entwickelt, dass Menschen die gesamte Buntheit der Welt durch Gegenfarben erfassen, die sie in geeigneter Weise mischen bzw. kombinieren. Hering meinte damit die im Kreis gegenüberliegenden Nuancen, die wir heute manchmal als Komplementärfarben bezeichnen. Mit diesem Schema konnte er die Beobachtung erklären, dass wir zwar eine Farbe sehen können, die zugleich rot und gelb oder grün und blau wirken kann, dass wir aber keine Farbe wahrzunehmen vermögen, die zugleich Rot und Grün oder Blau und Gelb sein kann. Der Maler Phillip Otto Runge hat diesen Sachverhalt im frühen 19. Jahrhundert so ausgedrückt:

»Wenn man sich ein bläuliches Orange, ein rötliches Grün oder ein gelbliches Violett denken will, wird einem zumute wie bei einem südwestlichen Nordwind.«

Heute wissen wir, dass es im Nervensystem hinter dem Auge tatsächlich die dazugehörigen Gegenfarbkanäle gibt, und sie erlauben der modernen Neurobiologie unter anderem die Erklärung von sogenannten Nachbildern, die beispielsweise entstehen, wenn jemand einen roten Kreis länger mit den Augen fixiert und anschließend auf eine weiße Fläche schaut. Er wird dann etwas sehen, das gar nicht da ist, nämlich einen grünen Kreis – dieselbe Form in der »opponenten« (komplementären) Farbe. Diese Erscheinung wird verständlich, wenn man annimmt, dass beim konzentrierten Blicken auf das Rot viele Rot-Grün-Kanäle (Nervenstränge) aktiv werden und dem Gehirn Meldung machen, dessen einfarbige Überladung plötzlich abbricht und dem mitschwingenden Grün Gelegenheit gibt, sich zu zeigen.

»Wenn die Nacht am tiefsten«
Es ist eine weitere aktive Leistung des Gehirns, die Nacht schwarz zu sehen. Wer sich mit der Physik des Weltraums beschäftigt und sein Augenmerk auf die sichtbaren Sterne lenkt, kann sich davon überzeugen, dass deren Licht nach den Gesetzen der Natur farbig sein müsste. Und tatsächlich, optische Messungen zeigen, dass vom Nachthimmel, der uns so schwarz erscheint, Strahlen mit allen möglichen Wellenlängen unser Auge erreichen. Die Nacht ist also – rein physikalisch gesehen – äußerst bunt, und die Frage lässt sich nicht vermeiden, was in unserem Auge geschieht, damit sie so schwarz wird, wie wir sie erleben. Wie wir wissen, befinden sich in unserem Auge bzw. auf der Netzhaut zwei unterschiedliche Zellsorten, die man ihrer Form wegen als Stäbchen oder Zapfen bezeichnet. Eine Sorte allein – die der Zapfen – ist für Farben zuständig, und sie reagiert nur am Tag, was verständlich macht, warum die unbeleuchtete und von jeder Neon-Reklame unberührte Nacht sich nur ein schwarz-weißes Gepräge gibt.

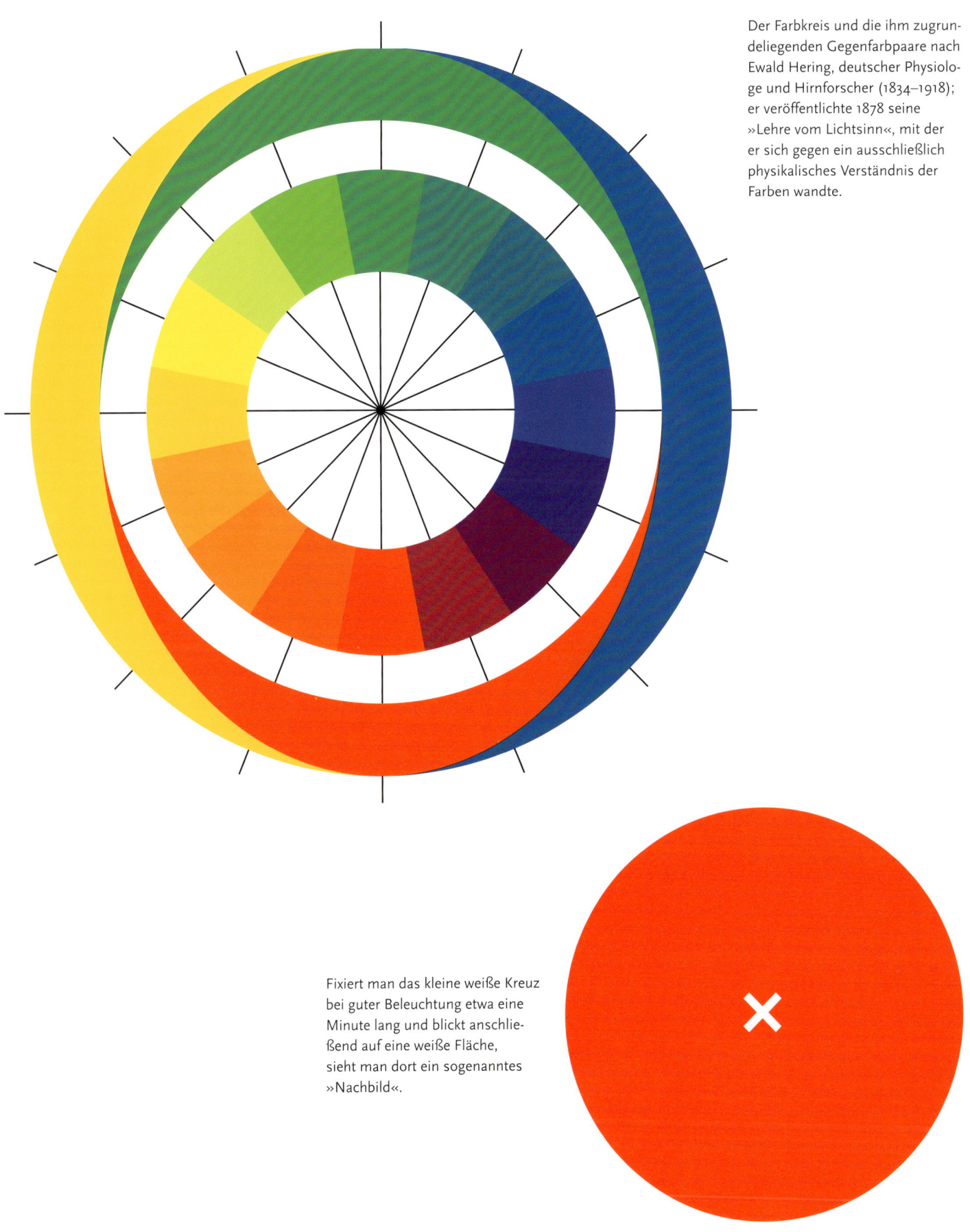

Der Farbkreis und die ihm zugrundeliegenden Gegenfarbpaare nach Ewald Hering, deutscher Physiologe und Hirnforscher (1834–1918); er veröffentlichte 1878 seine »Lehre vom Lichtsinn«, mit der er sich gegen ein ausschließlich physikalisches Verständnis der Farben wandte.

Fixiert man das kleine weiße Kreuz bei guter Beleuchtung etwa eine Minute lang und blickt anschließend auf eine weiße Fläche, sieht man dort ein sogenanntes »Nachbild«.

Goethes Farbenlehre

*Johann Wolfgang von Goethes berühmte
Italienreise von 1786 bis 1788 aktivierte
sein Interesse an der Farbgebung in der
Malerei und an der Wirkung der Farben
auf die Menschen. Bereits 1790 über-
prüfte er die von Isaac Newton nach-
gewiesene Zerlegung des weißen Lichts
in die Spektralfarben durch ein Prisma;
bis zur Vollendung seiner zweibändigen
»Farbenlehre«, seines umfangreichsten
Werkes, dauerte es aber noch beinahe
20 Jahre. Aufgeteilt ist sie in einen didak-
tischen (über physiologische, physische
und chemische Farben), einen polemischen
(die Auseinandersetzung mit Newton)
und einen historischen Teil (eine Wissen-
schaftsgeschichte von der Urzeit bis in die
Gegenwart, leider fragmentarisch). Goethe
greift nicht nur Newton an, sondern wendet sich im Grunde genommen gegen die
Verfahrensweise der modernen Wissenschaft. Für ihn ist die Natur organische
Einheit von Stoff und Geist, und die
Wahrheit liegt allein im Zusammenhang
von Subjekt und Objekt. Für ihn gibt es
keine einzelnen messbaren Teile wie etwa
das Licht, und alle partiellen Phänomene
lassen sich auf ein ihnen zugrundeliegendes
»Urphänomen« zurückführen. Dass dieses
Denken religiös gebunden ist, zeigt das
Gedicht zu Beginn der »Farbenlehre«:
»Wär' nicht das Auge sonnenhaft,/
Wie könnten wir das Licht erblicken?/
Lebt' nicht in uns des Gottes eigne Kraft,/
Wie könnt' uns Göttliches entzücken?«
Die Farben selbst entstehen für Goethe
im »Trüben«, in einem Zwischenbereich
von Licht und Finsternis, letztlich wertet
er die Farben als »Taten und Leiden des
Lichts« in seinem Kampf mit der Finster-
nis (wobei Gelb und Rot dort erscheinen,
wo das Licht, Blau und Violett aber dort
erscheinen, wo die Finsternis überwiegt).
Durch Intensivierung und Mischung der
Grundfarben ordnen sich die Farben zu
einem Kreis, worin der Dichter einen
Nachweis für eine organische Harmonie
zwischen Mensch und Natur sah. Die
Farbenlehre von Goethe wurde von den
Naturwissenschaftlern wenig beachtet.*

Eigenhändige aquarellierte Skizze eines Farbkreises von Johann Wolfgang von Goethe aus dem Jahr 1809. Goethe ordnete den einzelnen Farben Eigenschaften zu und subsumierte sie unter den Begriffen Verstand, Sinnlichkeit, Phantasie und Vernunft. Heute hat seine »Farbenlehre« vor allem kulturhistorische Bedeutung.

Linke Seite: Goethes Sammlung verschiedener Stoffproben aus Seide und anderem Material zu seiner Farbenlehre, um 1800

245

Farbenkugel.

Ansicht des weissen Poles.

Ansicht des schwarzen Poles.

Durchschnitt durch den Aequator.

Durchschnitt durch die beyden Pole.

Probedruck der Bildbeigabe
zur »Farbenkugel«, Aquarell
(undatiert) des deutschen Malers
Philipp Otto Runge, der mit dieser
Publikation nicht nur Wesentliches
zur Farbtheorie beitrug, sondern
das erste dreidimensionale Farb-
system schuf.

Nicht vollendeter Versuch des
Chemikers Michel Eugène
Chevreul aus dem Jahr 1839, eine
systematische Farbästhetik vorzulegen: ein 72-teiliger Farbenkreis,
der den Simultankontrast der
Farben wiedergeben soll. Obwohl
unvollendet, beeinflusste Chevreul
damit die Kunst und die Ansichten, die beispielsweise Eugène
Delacroix zur Verwendung von
Farben später konstatierte.

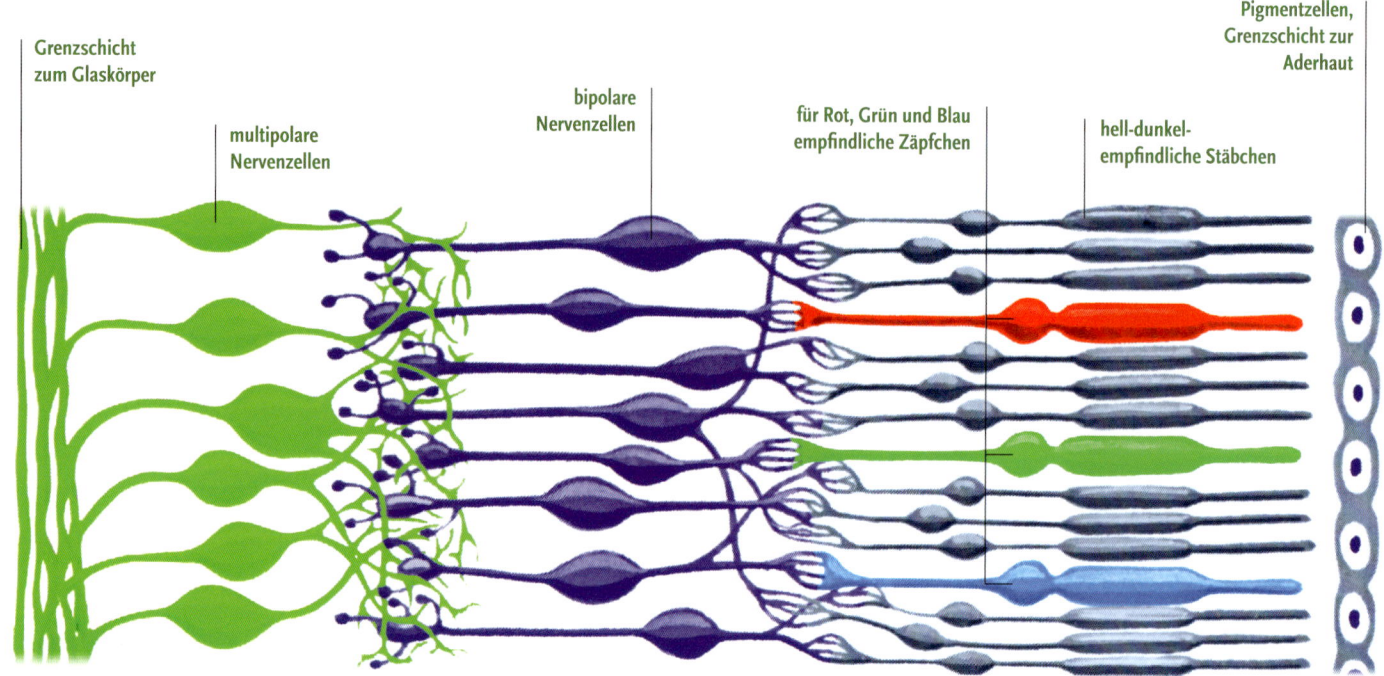

Grenzschicht
zum Glaskörper

multipolare
Nervenzellen

bipolare
Nervenzellen

für Rot, Grün und Blau
empfindliche Zäpfchen

hell-dunkel-
empfindliche Stäbchen

Pigmentzellen,
Grenzschicht zur
Aderhaut

Der Aufbau einer menschlichen Netzhaut; der Lichteinfall findet links im Bild statt, über mehrere Zellschichten dringt das Licht dann zu den Lichtsinneszellen, den Zapfen und Stäbchen, vor.

Als Hering seine biologischen Vorstellungen von vier elementaren Farbempfindungen vorstellte, widersprach er dem physikalischen Paradigma seiner Zeit, wonach jede Farbe aus drei Komponenten gemischt werden kann. Der Hauptvertreter dieser Sichtweise hieß Hermann von Helmholtz, und tatsächlich finden die Physiologen unserer Tage drei Photorezeptoren im menschlichen Auge (die leider nach den alten Ansichten des 19. Jahrhunderts als Rot-, Grün- und Blaurezeptor bezeichnet werden).

Wer die Absorption der menschlichen Lichtrezeptoren ansieht, kann den Eindruck gewinnen, dass ihre Verteilung missglückt ist. Was wir als M- und K-Zapfen bezeichnen – Rot- und Grünpigment in der traditionellen Bezeichnung –, liegt sehr dicht beieinander und damit anders als die entsprechende Einheit bei Tieren. Die Evolution hat die Tiere mit mehr Farbrezeptoren ausgestattet als uns – es gibt Schmetterlinge mit fünf und Krebse sogar mit acht Typen –, und was bei Tieren gleichmäßig gelungen ist, wirkt bei uns eher anormal. Bringt es evolutionär etwa einen Vorteil, den mittel- und langwelligen Bereich genauer unterscheiden zu können?

Eine positive Antwort erhält man, wenn man vergleicht, welches Licht tropische und subtropische Früchte in Abhängigkeit von ihrem Reifezustand aussenden. Offenbar bringt die Reifung genau dort Farbnuancen hervor, wo Primaten über zwei eng benachbarte Photorezeptoren verfügen, was als evolutionäre Logik so formuliert werden kann, dass dort am besten gesehen wird, wo es bei der Suche nach passender Nahrung wichtig wird. Die Reifung geht biochemisch mit einem Verschwinden des Blattgrüns, des Chlorophylls, einher, was auf diese Weise mit zu unserem Farbsehen beiträgt.

Die Augen der Katze sind auch an die Dunkelheit bestens angepasst, sie sind auch wesentlich empfindlicher als die des Menschen.

Das Wissen, wann wir es mit guter und wohlschmeckender Nahrung zu tun haben, wann wir aber besser auf den Genuss etwa eines Apfels verzichten, verdanken wir mitunter dem Aufbau unserer Augen.

EXKURS ZUR FARBENBLINDHEIT

Von Farbenblindheit wird gesprochen, wenn bestimmte Farben schlecht oder überhaupt nicht wahrgenommen werden. Dass fast zehn Prozent aller Männer, aber nur weniger als ein Prozent aller Frauen farbenblind sind, gibt einen Hinweis darauf, dass die dazugehörige genetische Basis auf den Chromosomen zu finden ist, die geschlechtsbestimmend sind. Es geht um das X-Chromosom, vor allem um den langen Arm desselben.

Da die Farbenblindheit eine Domäne der Medizin ist, trifft man auf viele komplizierte Ausdrücke: Rotblinde Personen werden Protanope genannt und grünblinde Menschen werden als Deuteranope geführt. Ihnen fehlt ein Pigment, und zwar entweder die lang- oder die mittelwellige Form. Sehr selten taucht auch noch eine Blauviolettblindheit (Tritanopie) auf. Wenn statt der Farbenblindheit nur eine Farbschwäche vorliegt, ist von Anomalien die Rede. Die Farbtüchtigkeit wird mit einem Gerät geprüft (einem Anomaloskop), bei dem eine Versuchsperson aus Rot und Grün ein bestimmtes Gelb mischen muss. Rotschwache Personen brauchen dabei viel mehr Rot, Grünschwache brauchen viel mehr Grün, und Rotblinde sehen alles Licht, das eine Wellenlänge von mehr als 520 Nanometer (»Grün«) hat, als gelb an. Alle Möglichkeiten lassen sich heute mit genetischer Hilfe im Prinzip verstehen.

Wie sich im Rahmen der modernen Genetik herausgestellt hat, kann Farbenblindheit auch von der genetischen Ebene aus erklärt werden. In menschlichen Zellen liegen mehrere Kopien des Gens für das mittelwellige Pigment vor. Bei den Zellteilungen, die der Befruchtung vorangehen, kann es zu Überkreuzungen des genetischen Materials kommen. Dieses Crossing-over kann zum Beispiel mitten durch ein lang- bzw. kurzwelliges Gen gehen und dabei für all die Mischformen sorgen, die man von der Farbenblindheit kennt.

Übrigens: Als der Blick auf die erwähnten »Farbgene« zum ersten Mal frei lag, zeigten sich mehrere Überraschungen. Zum ersten gab es nicht ein mittelwelliges Gen, sondern es gab mehrere, wobei dies von Individuum zu Individuum verschieden sein konnte. Das eine langwellige und die jeweils vorhandenen mittelwelligen Gene lagen dabei tandemartig hintereinander, und die genetischen Austauschreaktionen, die Chromosomen und Zellen zur Verfügung stehen, erlaubten jetzt, die meisten Farbschwächen von dieser Ebene aus zu erklären.

Sorgfältige Untersuchungen hatten Augenärzte in den achtziger Jahren zu der Vermutung geführt, dass es bei ihren Patienten nicht ein, sondern zwei langwellige Rezeptoren gibt, die unterschiedliche Empfindlichkeiten für die Farbe Rot nach sich ziehen. Als die Genetiker nachschauten, ob diesem zweiten langwelligen Rezeptor auch ein zweites langwelliges Gen zugeordnet werden kann, wurden sie rasch fündig. Dabei stellte sich heraus, dass der entscheidende Unterschied zwischen den Genen und den dazugehörigen Rezeptoren auf einen einzigen Baustein zurückzuführen ist. 62 Prozent der untersuchten Probanden verfügten hier über ein Molekül, das die Biochemiker Serin nennen, und 38 Prozent tragen ein Molekül namens Alanin an dieser Stelle. Wer ein langwelliges Gen besitzt, das dafür sorgt, dass man an

Das rote Tuch eines Stierkämpfers während einer Stierkampfveranstaltung in Nimes; die Farbe dient im Grunde genommen dem Showeffekt, da dem Stier eine Rotgrünblindheit zu eigen ist, könnte das Tuch genauso grau sein.

Die »Ishihara-Farbtafeln« aus dem Jahr 1959, entworfen von Shinobu Ishihara, Japan, mit denen Rot-Grünblindheit getestet bzw. festgestellt wird. Sie finden noch heute ihre Anwendung. Rot-Grünblindheit ist vererbbar und betrifft mehr Männer als Frauen.

dieser Stelle des langwelligen Rezeptors Serin (und nicht Alanin) findet, zeigt eine etwas andere Empfindlichkeit für die Farbe, die wir gewöhnlich als Rot kennzeichnen. Die höchste Sensitivität ist zu den längeren Wellenlängen hin verschoben, was beim Wein etwa dem Wechsel von einem Trollinger zu einem Spätburgunder entspricht.

Die Bedeutung, die diese Entdeckung für die Psychologie hat, ist enorm, denn nun hat man eine Signalkette gefunden, die direkt von den Genen und ihren Bausteinen in die Welt der Wahrnehmung führt. Und dieses Feld ist von der Wissenschaft noch nicht ausführlicher besetzt worden. Man wüsste gerne, ob und wie sich Menschen mit unterschiedlicher Rotempfindung etwa bei Rotweinen oder Tomaten entscheiden, ob sie Grüntöne unterscheiden können, die normal Farbsichtigen völlig gleich erscheinen, ob sie rote Kleidung eher grell oder dezent bevorzugen oder sogar verwerfen und ob sie dies anders tun, weil sie die Welt anders wahrnehmen.

Der Vorteil der Genetik besteht darin, dass sie umfassend einsetzbar ist, wenn sie einmal gegriffen hat. Wenn das genetische Material, das zur Herstellung der lichtempfindlichen Proteine benutzt wird, in einem Fall – etwa in menschlichen Zellen – bekannt ist, kann man ganz leicht nachsehen, ob es auch bei anderen Organismen angelegt ist. Wer also wissen will, ob Tiere Farben sehen und wie viele Töne sie dabei unterscheiden können, braucht jetzt keine komplizierten Versuche mehr zu machen. Man muss nur bei den Genen nachsehen, welche für das Farbsehen relevante Erbinformation dort zu finden ist. Bei Versuchen kamen einige Überraschungen an den Tag, zum Beispiel, dass Hunde und Kühe nur zwei Zapfentypen haben und rotgrünblind sind. Dies trifft natürlich auch für die Stiere zu, was zu der deprimierenden Einsicht führt, dass das rote Tuch, mit dem ein Torero in der Stierkampfarena herumfuchtelt, nur eine schöne Schau abgibt und ebenso grau sein könnte.

DIE ENTWICKLUNG DER FARBENWAHRNEHMUNG

Die Genetik erlaubt es durch genaue Analyse der Unterschiede zwischen den Genen für farbspezifische Rhodopsine auch, den Zeitpunkt abzuschätzen, an dem die dazugehörigen Gene anfingen, sich auseinanderzuentwickeln. Die Wissenschaft geht davon aus, dass es einmal einen einzigen Urzapfen gegeben hat, aus dem nach und nach die drei Farbempfänger entstanden sind, und zwar durch Variationen in dem Gen für das ursprüngliche Rhodopsin, das dem Urzapfen half, Licht zu sammeln. Aber mit welcher Farbe hat das bunte Erfassen der Welt begonnen?

Eine plausible Hypothese geht davon aus, dass Gelb-Blau als sogenanntes Urfarbenpaar geschaffen wurde, dem die Aufspaltung in der Rot- und Grünempfindlichkeit nach einiger Zeit folgte – und zwar nach rund 35 Millionen Jahren. Die Argumente für ein Sehen, das zunächst an der Farbe des Himmels anstelle des Blutes ausgerichtet ist, kommen aus genetischen Sequenzdaten; hinzuzufügen ist, dass die M- und L-Zapfen kaum die reinen Empfindungen hervorbringen, die wir durch die Wörter Rot und Grün ausdrücken.

Anomalien
Ganz allgemein gehalten die Abweichung von einer Regel. In der Biologie und der Medizin kann es mit Missbildung übersetzt werden, in der Geophysik bezeichnet der Begriff ein bestimmtes Gebiet, in dem die Schwere bzw. das elektromagnetische Feld von der Normalität abweicht (bspw. eine Salzlagerstätte). Klimaschwankungen können als Anomalien der Meteorologie definiert werden.

Vielmehr liefern sie uns gemischte Eindrücke, die man Gelbgrün und Gelbrot
nennen könnte. Die Argumente für ein primäres Blau – mit dazugehörigem
Gelb – werden auch durch die Beobachtung gestützt, dass die Empfindungen der beiden Farbtöne weiter in die Peripherie des Gesichtsfeldes reichen
als die Wahrnehmungen von Rot und Grün.

Bleibt zu fragen, was die Evolution ihren Wesen zu sehen geben wollte, als
sie das Blaue und Gelbe einführte. Die Unterscheidung nach Rot und Grün
scheint auf den ersten Blick sinnvoller zu sein, hilft sie doch, bequem die
reifen Früchte im Gebüsch zu orten, die sich leichter als Blätter verdauen
lassen und deren Verzehr mehr Energie freisetzt.

Natürlich ist die Ernährung wichtig für ein Lebewesen, aber in Hinblick
auf die Evolution gibt es etwas, das noch wichtiger ist, nämlich die Fähigkeit, einen Partner für die Erzeugung von Nachwuchs zu finden. Unter strikt
biologischen Bedingungen kommt es bei der Paarung weniger auf den Spaß
und mehr auf den Erfolg an, was dem Argument Plausibilität verleiht, dass
die – offenkundig stets bereiten – Männer möglichst den Moment abpassen
wollen, in dem die anvisierte Dame ihrer Wahl empfängnisbereit ist. Wie
können sie das wissen, wenn sie es nicht gesagt bekommen? Die Natur hält
eine ganze Palette von Signalen bereit, zu denen Lichtreize ebenso gehören wie die bereits erwähnten Duftstoffe. Die Farben des Fleisches bzw. der
Haut spielen dabei ihre eigene Rolle, und zwar besonders deutlich durch
das Rot, weil sich infolge von durchbluteten Organen die entsprechenden
Rötungen auf der Haut ergeben. Es ist die Farbe des Lebens, die erste Farbe,
die nach der Dunkelheit der Nacht das Licht des Tages ankündigt, und die
erste Farbe, die uns einfällt, wenn wir gebeten werden, eine zu nennen.

Eine Fata Morgana des Gilf Kebir im Dezember 2004; das Gilf Kebir ist ein riesiges Plateau und nur schwer zugängliches Gebiet im Südwesten von Ägypten, unweit der Grenzen zu Libyen und Sudan. Die Fata Morgana ist ein optischer Effekt, bei dem Lichtstrahlen, die zunächst eine kalte Luftschicht passieren und anschließend in flachem Winkel auf wärmere Luftschichten stoßen (diese strenge Grenze funktioniert nur bei absoluter Windstille), vom optisch dünneren Medium, der kalten Luft, weggebrochen werden bis hin zur Totalreflexion. In Wüstengebieten treten solche Luftschichten oftmals in größerer Höhe auf, wodurch Spiegelungen am Himmel, eben Fata Morganas, entstehen.

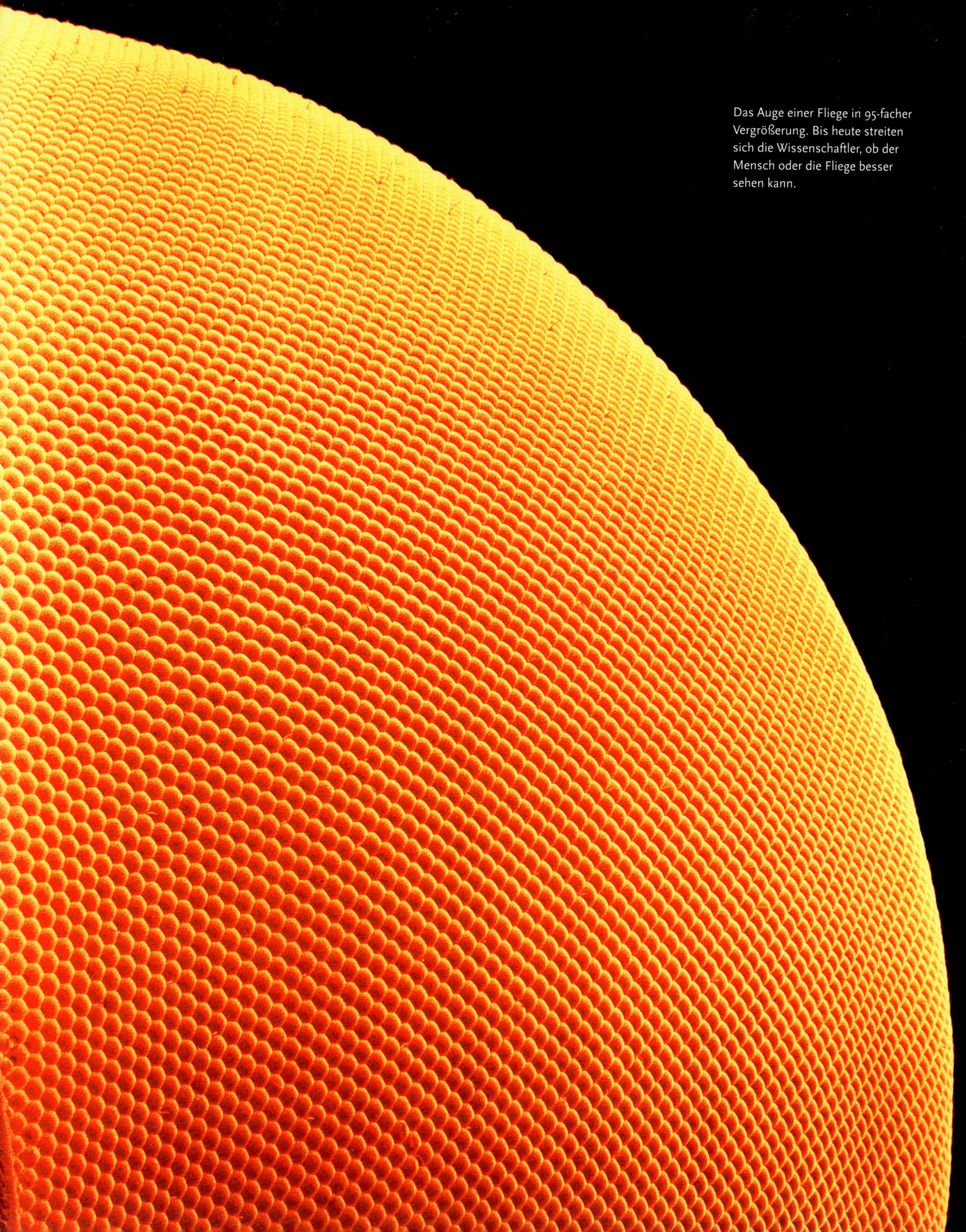

Das Auge einer Fliege in 95-facher Vergrößerung. Bis heute streiten sich die Wissenschaftler, ob der Mensch oder die Fliege besser sehen kann.

Die Rolle des Zufalls

Wer besser sehen kann, ob Mensch oder Fliege, und was passieren würde, hätte der Mensch die Augen dieses Lebewesens, steht in diesem Kapitel. Auch was das mit unseren Lippen und unserem Gemütszustand zu tun hat, warum wir schmollen oder die Zähne fletschen, und wann wir mit unserem Lachen Freunde kennenlernen. Spannend ist der Blick auf die verschiedensten Augenpaare, wie Ameisen Landwirtschaft betreiben und natürlich die Frage, ob, würde die Evolution noch einmal von vorne beginnen, alles auf dieselbe Art und Weise entstehen und gedeihen würde. Und wissen Sie, was ein »Tinkerer« ist?

Szene aus dem US-amerikanischen Film „Die Fliege" aus dem Jahr 1958, in dem der Wissenschaftler Delambre sich aus Versehen mit einer Fliege kreuzt, dabei zwar seinen menschlichen Verstand bewahrt, aber mit einem gigantischen Fliegenkopf und einem Fliegenarm mutiert ist.

EINHEIT UND VIELHEIT

Keine Frage – Augen gibt es, weil es Licht gibt, und Flossen haben sich geformt, weil es Wasser gibt. In der evolutionären Perspektive entstehen Organe, wenn sie einen Gegenstand – ein Gegenüber – haben, auf den oder das hin sie sich entwickeln können.

Wenn das der Fall ist, dann liegt der Gedanke nahe, dass die Evolution Augen nicht nur an einem Ort und zu einer Zeit, sondern an vielen Orten immer mal wieder und folglich mehrfach hervorgebracht hat – Entsprechendes gilt für andere Sinnesorgane, für Bewegungsapparaturen der Flossen und Flügel und vielleicht sogar ganz allgemein für die evolutionäre Entfaltung.

Augen findet man bei Menschen, Mäusen, Fröschen, Tintenfischen, Weich- und Krustentieren, Insekten und vielen anderen Kreaturen in Gottes Natur, und wenn man sie alle anschaut, stellt man fest, dass sie möglichst rund sind und sich grob in zwei Klassen einteilen lassen, nämlich das Linsenauge, das wir unter anderem bei uns Menschen finden, und das Komplexauge, das sich zum Beispiel bei Fliegen und Krebsen findet. Als die Biologen im 19. Jahrhundert auf die Komplexaugen aufmerksam wurden, kamen sie zunächst zu der Ansicht, dass die aus vielen lichtdurchlässigen Elementen bestehenden Sehwerkzeuge von der Evolution eher zur Wahrnehmung von Bewegungen eingerichtet worden sind, während Linsenaugen mit ihren kleinen Öffnungen besser zur Formerfassung dienen sollten, bei der es auf die Schärfe des Bildes ankommt.

Bis heute streiten sich die Gelehrten über die Frage, wer nun besser sehen kann, der Mensch oder die Fliege. »Besser sehen« heißt dabei, durch visuelle Informationen höhere Überlebenschancen bekommen. »Besser sehen« muss nicht unbedingt in »schärfer sehen« übersetzt werden. Es kann bedeuten, eine Gefahr schneller zu erkennen oder eine Nahrungsquelle zuverlässiger zu lokalisieren.

Natürlich reizen zwei unterschiedliche Anlagen von Augen zu einem Gedankenexperiment, bei dem man sich Menschen mit Komplexaugen und Fliegen mit Linsenaugen vorstellt. Die Physiologen haben dabei festgestellt, dass wir Zweibeiner in diesem Fall erst dann so gut – so genau und so viel – sehen könnten, wie es uns bisher mit der alten Optik gelingt, wenn unser Komplexauge einen Durchmesser von einem Meter bekäme, was den Kopf so groß wie den Brustkorb machen würde. Doch unabhängig davon kann die Wissenschaft nur konstatieren, dass beide Hervorbringungen der Evolution zum Umgang mit Licht gleichermaßen zum Sehen von Formen und Bewegungen geeignet sind, mit dem Vorteil einer hohen Auflösung auf Seiten der Linsenaugen und dem Vorteil eines größeren Gesichtsfeldes auf Seiten der Komplexaugen.

Für den genauen Blick muss allerdings ein Preis bezahlt werden, und er besteht in der erhöhten Gefahr, von dort, wo wir nichts mehr sehen, also von hinten, angegriffen zu werden. Die evolutionäre Entwicklung hat hierauf in zweifacher Weise reagiert. Auf der einen Seite hat sie – etwa bei Hunden und Katzen – das Hörorgan so verfeinert, dass damit eine sich von hinten nä-

Kompensation
Kann mit »Ausgleichung« übersetzt und als Reaktion zum Ausgleich von funktionellen Störungen oder organischen Defekten verstanden werden. Der Begriff bezeichnet auch einen psychologischen Vorgang, bei dem Minderwertigkeitsgefühle durch besondere Leistungen auf einem anderen Gebiet ausgeglichen werden.

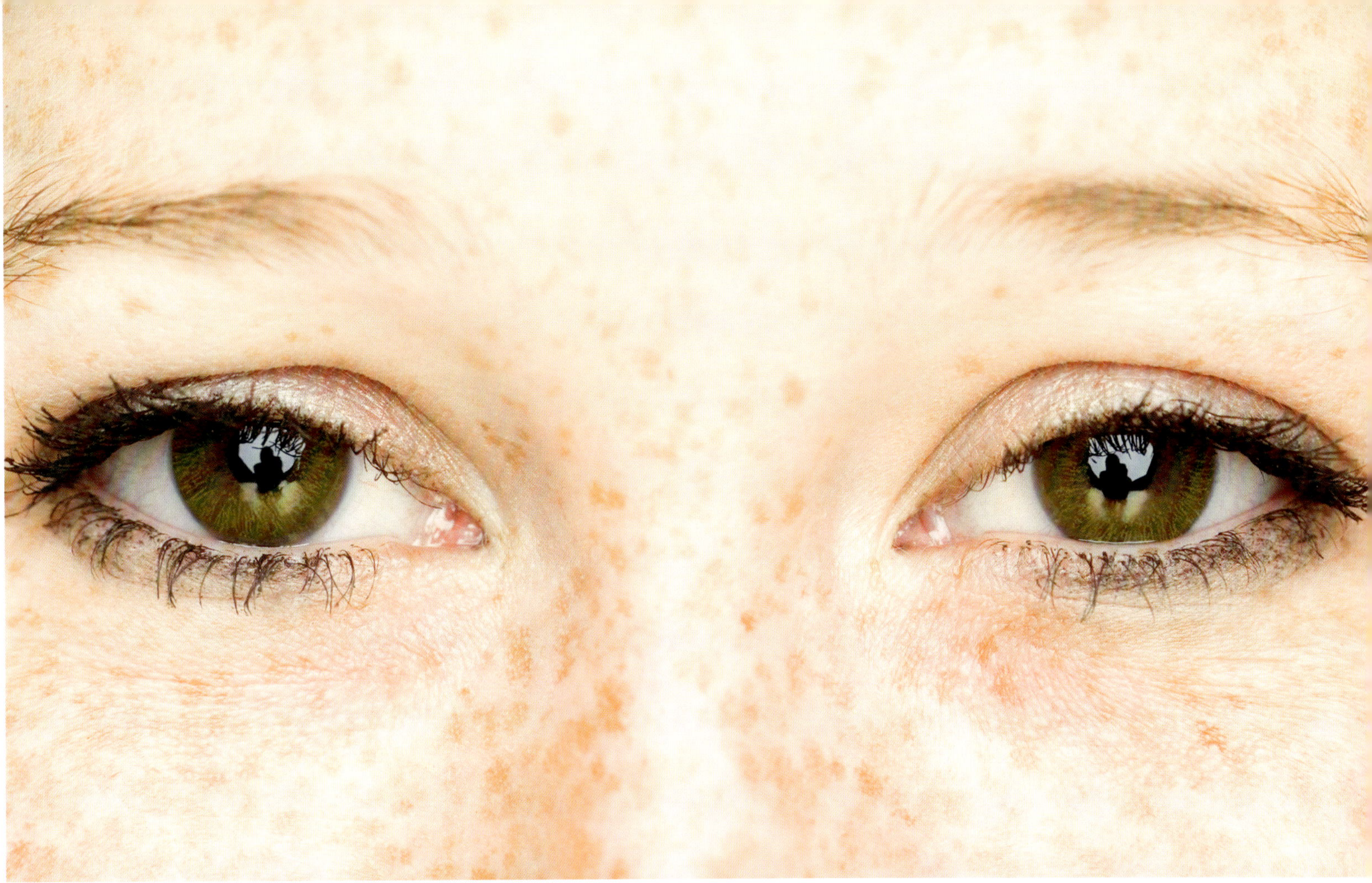

Mädchen im Teenageralter mit Sommersprossen

Die übergroßen Augen der männlichen Schwebfliege stoßen auf dem Kopf zusammen.

Der Kopf einer Pferdefliege

Die mikroskopische Ansicht einer Motte

Der Kopf einer Frühen Adonislibelle

Der Kopf einer Gemeinen Wespe

Was ist lustig?

Wer lachen kann, hat Humor, heißt es oftmals. Die ursprüngliche Bedeutung dieses Begriffs geht auf die Annahme des Mittelalters zurück, die Temperamente der Menschen beruhten auf verschiedenen Körpersäften (»humores«). Seit dem 18. Jahrhundert wird er als heitere Gelassenheit verstanden. Versteht, wer Humor hat, das Komische, den Konflikt widersprüchlicher Prinzipien? Die Komik wird als jegliche Art von übertreibender und Lachen erregender Darstellung, sei es mit Worten (einen Witz erzählen), Gesten oder Handlungen, definiert. Für die Komik existieren zahlreiche philosophische Theorien, die von Platon bis ins 20. Jahrhundert reichen.

Rechts: Schmollendes Mädchen; ob ihr Gegenüber diesen Gesichtsausdruck auch richtig wahrnehmen und entsprechend reagieren kann?

Links: Verschiedene Gesichtsausdrücke eines Pärchens auf Passfotos

Nächste Seite: Zwei Freunde mittleren Alters, scherzend; der Aufbau und die Festigung sozialer Bindungen entstehen zumeist über das Lachen.

hernde Gefahrenquelle präzise erfasst und darauf unmittelbar reagiert wird. Auf der anderen Seite hat sie etwa den Affen und den Menschen ein soziales Organisationstalent beschert, zu dem Warnrufe und andere Signale gehören, die melden, dass es Angreifer gibt und aus welcher Richtung (bspw. von oben aus der Luft) sie kommen.

DIE ENTDECKUNG DES LACHENS

Dieser Unterschied bei der Kompensation des rückwärtigen Sehens bringt eine merkwürdige anatomische Differenz mit sich. Die Organismen, die sich auf ihr Hören verlassen, weisen eine gespaltene Oberlippe auf, weil die beiden Hälften fest mit dem jeweiligen Oberkieferknochen verankert sind. Die Organismen, die wie wir den zweiten Weg gewählt haben, weisen eine durchgehende Oberlippe auf, die so im Oberkiefer verankert ist, dass man

Lachforscher

Lachforscher gibt es tatsächlich, und sie bezeichnen sich wissenschaftlich als Gelotologen. Ihnen zufolge können Menschen seit sieben Millionen Jahren lachen, wobei sie aber erst seit zwei Millionen Jahren in der Lage sind, ihre Gesichtsmuskeln so zu steuern, dass sie ein lächelndes oder lachendes Gesicht gezielt einsetzen können. Seit diesen Tagen stellt das Lachen »sozialen Klebstoff« her. Tatsächlich lachen wir ja nicht nur, wenn wir etwas lustig finden, sondern vor allem, wenn wir soziale Bindungen aufbauen oder festigen wollen, und das gilt von Anfang unseres Lebens an. Wenn Babys oder Kleinkinder lachen, suchen sie die Zuwendung des Sozialpartners.

261

Die Augen von Drosophila

Die Tatsache, dass das »Haustier der Genetik«, die Fruchtfliege Drosophila, über Komplexaugen verfügt, beschert uns die Möglichkeit, über die genetischen Komponenten zu sprechen, die zur Entwicklung

Ansicht einer Taufliege, bekannter unter dem Namen Fruchtfliege; weltweit sind etwa 3000 Arten bekannt, in Deutschland rund 50 Arten.

dieser lichtempfindlichen Strukturen führen, denn unter den seit einhundert Jahren analysierten genetischen Varianten der Fliege finden sich zahlreiche, deren Augen verändert vorliegen oder ganz verloren gegangen sind. Tatsächlich konnten die Forscher im Laufe ihrer Bemühungen ein Gen ausfindig machen, dessen Funktionsverlust dazu führt, dass Fliegen völlig ohne Augen zur Welt kommen. Sie werden ohne dieses funktionierende Gen überhaupt nicht angelegt.

Die Forscher konnten bei der Fliege ein sogenanntes Mastergen (oder Masterkontrollgen) ausmachen, das die Anfertigung des Auges steuert. Es leitet eine lange biochemische Kaskade ein, die Schritt für Schritt die molekularen Bauteile von Fliegenaugen hervorbringt – wenn das erste Gen der Reihe funktioniert.

Wenn man in einem Organismus ein Gen kennt, stellt sich die Frage, ob es seine DNA-Sequenz in einer baugleichen (homologen) bzw. ähnlichen Form auch in einem anderen Lebewesen gibt. Das angesprochene Augenkontrollgen gibt es bei Mäusen und Menschen und überhaupt in vielen Organismen, aber das ist nur der Anfang der Geschichte. Mit dem Mausgen zur Herstellung eines Auges kann man in einer Fliege dafür sorgen, dass dort das entsprechend sehfähige Fliegenorgan entsteht. Offenbar hat sich die Natur erstens früh für einen genetischen Bausatz entschieden, mit dem sie ihre Organe für das Licht baut, selbst wenn diese völlig verschieden konstruiert sind und andere physikalische Zusammenhänge der Wirklichkeit zu nutzen versuchen, und zweitens hat sie bis heute an ihm festgehalten.

sie bewegen kann. Der Mensch hat im Lauf der Evolution eine stark verfeinerte Ausdrucksweise entwickelt, die ihn nicht nur etwas ausdrücken lässt, sondern ihm erlaubt, in besonderem Maße zu grinsen, zu schmollen, die Zähne zu fletschen und zuletzt sogar zu lachen.

Natürlich macht ein derartiges Spektrum von Ausdrucksweisen nur Sinn, wenn das Gegenüber seine Sehfähigkeit so weit verfeinert hat, dass er die produzierten und mit Bedeutung versehenen Gesichtsausdrücke auch korrekt wahrnehmen und verstehen kann. Im Lachen steckt also eine soziale Komponente. Das legt nicht nur die evolutionäre Geschichte nahe – Lachen entwickelt sich bei Lebewesen, die Sozialformen kreieren –, das gehört inzwischen auch zum Standardwissen der Lachforscher.

Wenn wir davon ausgehen, dass es einen genetischen Grundplan zur Herstellung von Augen gibt – wir haben mehrfach festgestellt, dass es in der Evolution konservativ zugeht und ein Mechanismus, der funktioniert, beibehalten wird, auch wenn nicht alles optimal verläuft –, so gibt es doch ungeheure Unterschiede, wenn man zur detaillierten Betrachtung des genetisch Feststehenden schreitet. Die deutlichste Abweichung im Fall der Linsenaugen lässt sich erkennen, wenn man auf die Netzhaut (Retina) achtet, wie sie sich zum Beispiel beim Menschen, beim Tintenfisch (Oktopus) und bei einem Ringelwurm zeigt. Unsere Netzhaut ist so angelegt, dass sie hinter allen möglichen anderen Zellschichten liegt, die das Licht erst durchqueren muss, um absorbiert zu werden und eine Wirkung zu hinterlassen.

Diese Lage hängt damit zusammen, dass die Retina nicht nur bei uns, sondern allgemein bei den Wirbeltieren als Auswuchs des Nervensystems entsteht – also von innen heranwächst –, während sie bei den Weichtieren wie dem Tintenfisch aus Außenschichten entsteht, die unserer Haut entsprechen.

Ein indonesischer Kokosnuss-Tintenfisch, der sich bei Gefahr auf zwei »Beinen« fortbewegt (und die anderen Arme um seinen Körper legt), also die Bewegung des Gehens nachahmen kann.

Während sich die Netzhaut faltet, um den Augenbecher zu formen, strecken sich die dazugehörigen Nervenzellen in den Körper hinein, um Kontakt mit dem Gehirn aufzunehmen. Die Nervenzellen bei Wirbeltieren liegen aber vor der Netzhaut, was die Neuronen zwingt, die lichtempfindliche Schicht irgendwo zu durchbrechen, um zum Gehirn zu gelangen, und sie tun dies an der Stelle, die als blinder Fleck berühmt geworden ist. Übrigens werden auch die Linsen bei Wirbeltieren und Weichtieren unterschiedlich gebildet, wodurch beim Tintenfisch eine vielschichtige Struktur entstanden ist, die eher unflexibel ist. Man vermutet, dass ein Oktopus, um seine Welt zu fokussieren, die ganze Linse vorwärts oder rückwärts bewegen kann. Dies wirft allerdings das neue Problem auf, wie ein Organismus bzw. die Evolution den dafür erforderlichen Apparat zur Bewegung von Linsen konstruiert und (genetisch und mechanisch) so etabliert, dass er mit der Linsenstärke zusammenpasst.

Wo immer man eintaucht in das evolutionäre Geschehen, man kommt aus dem Staunen nicht heraus. Wo immer man hinschaut, zeigen sich neue Beispiele, die neue Erklärungen verlangen. Was immer mit den Augen passiert, die Entwicklung hört nicht beim kameraartigen Auge der Wirbeltiere auf. So haben beispielsweise Fische unabhängig voneinander Doppelaugen – eins auf jeder Kopfseite – entwickelt. Diese Konstruktionen hat die Natur mit zwei Linsenpaaren versehen, von denen eins nach oben und das zweite nach unten gerichtet ist. Sie löst damit die beiden Aufgaben, die die Fische haben,

Absorption
Für das Verb »absorbieren« (lateinisch absorbere) gibt es mehrere Erklärungen wie »aufsaugen«, »aufnehmen«, »Strahlen schwächen« oder im übertragenen Sinn »völlig in Anspruch nehmen«. In der Meteorologie steht die Absorption für die Aufnahme der Sonnenstrahlung zur Umwandlung in Wärme, Elektrizität und chemische Energie.

Nahaufnahme eines Stachelro-
chens, dessen langer Schwanz am
Ende mit scharfen, mit Giftdrüsen
versehenen Stacheln bewehrt ist,
die auch dem Menschen tödliche
Verletzungen zufügen können.

wenn sie an der Oberfläche des Wassers schwimmen. Das Licht dringt einmal (von oben) aus der Luft ins Auge und ein andermal (von unten) aus dem
Wasser, was zwei völlig verschiedene physikalische Situationen darstellt, weil
es beim Eintritt verschiedene Lichtbrechungen gibt. So kann man Evolution
auch verstehen – als biologische Lösung von physikalischen Aufgaben.

ZUFALL ODER NICHT?

Eine endlose Geschichte, die die Evolution da vor uns abspielt, und die Frage ist, wodurch sie eigentlich beschränkt ist oder reguliert wird. Für viele Biologen scheint hier die reine Zufälligkeit am Werk zu sein, was jedes
Vorhersagen evolutionärer Entwicklungen unmöglich machen würde. Falls
dies der Fall wäre, hätten wir Mühe, das Wissenschaftliche des biologischen
Treibens zu erklären, denn zu dem, was Wissenschaft auszeichnet, gehört
die Fähigkeit, mit Hilfe der Kenntnis von Naturgesetzen künftige Entwicklungen wenigstens in groben Zügen abschätzen zu können.
Zuvor wurde die Feststellung gemacht, dass das Licht das Vorhandensein
von Strukturen bewirkt, die mit diesem Signal der Außenwelt umgehen. Die
Frage ist, ob wir diese Tatsache einengen und auf die Art der Augen anwen-
den können, die im Laufe der Evolution entstehen. Manche Biologen versuchen dies und nutzen dazu das Phänomen der sogenannten Konvergenz.
Mit dem Begriff der »Konvergenz« meinen Evolutionsbiologen die Tendenz

von Organismen, aus deutlich verschiedenen Ausgangspositionen in vergleichbaren Umwelten mit Hilfe von Mutation und Selektion zu ähnlichen Lösungen zu gelangen – also zum Beispiel mehrfach gleichartige Augen zum Empfang von Licht zu nutzen.

Der Evolution stehen vermutlich nicht beliebig viele Alternativen zur Verfügung; zahlreiche Wege müssen einfach zu dem gleichen Ergebnis führen, weil die Zahl der Möglichkeiten beschränkt ist, nach denen Augen – im

technischen Bereich photographische Apparate – funktionieren können. Die Konvergenz ist ein so weit verbreitetes Phänomen, dass man sicher sein kann, dass darin Prinzipien einer biologischen (evolutionären) Strukturbildung bzw. Formwerdung stecken.

Um Beispiele für diese Konvergenz zu betrachten, können vornehmlich Hinweise des britischen Paläontologen Simon Conway Morris aufgegriffen werden, die er unter anderem in seinem Buch »Des Lebens Lösung« (»Life's Solution«) dargestellt hat. Er vertritt die Ansicht, dass die Konvergenz nicht nur das Auftreten von Augen und Gehirnen unvermeidlich macht, sondern zuletzt auch Organismen, die mit beiden Vorrichtungen in gewisser Weise umgehen – also auch Menschen. Er stellt sich mit diesen Thesen gegen die traditionelle Annahme von Evolutionsbiologen, wonach die Launen der Natur mehr Kontingenz nutzen als Konvergenz hervorbringen. Falls man die ablaufende Evolution wie einen Film erst anhalten und zurückspulen und dann erneut abspielen könnte, würde nach der zufallsbetonten Sicht der Dinge niemals erneut so etwas wie ein Wesen auf zwei Beinen mit der Fähigkeit, Bücher zu schreiben und zu lesen, in Erscheinung treten.

Conway Morris zufolge würde es bei einer Wiederholung – einem Rerun – der Evolution erneut keine Schweine geben, die fliegen können, und wir würden auch vergeblich nach Organismen Ausschau halten, die Räder am Körper hätten, um sich in Raum und Zeit zu bewegen. Dazu ist die Welt zu uneben und hügelig. Stattdessen würden erneut Lebewesen mit zwei Füßen

Ein Taubenschwänzchen (links) aus der Familie der Schwärmer beim Saugen von Nektar am Sommerflieder; es wird auch Kolibrischwärmer genannt, was bei der Betrachtung des Breitschnabelkolibris (rechts) evident wird, der sich von Blütennektar, Pollen und Insekten ernährt.

entstehen, die den aufrechten Gang entdecken, um die Hände freizubekommen, die sie dann sogar sehen können, um mit ihren Fingern zum Beispiel das Zählen anzufangen. So könnte man die Geschichte immer weiterspinnen.

Um zu zeigen, wie gleiche Anforderungen in der Natur zu gleichen Verhaltenslösungen führen, die über getrennte Wege erreicht worden sind, nennt Conway Morris die Aufgabe, »ein leistungsfähiges Tier zu bauen, das sich schwebend von Blütennektar ernähren kann«. Die Evolution nutzt diese Möglichkeit mit dem Kolibri, einem Wirbeltier, und einem Schmetterling, der Taubenschwänzchen heißt und sich an dieser Stelle verblüffend ähnlich verhält. Und wenn wir uns nur auf Vögel konzentrieren, findet man bei Spechten ein lebenswichtiges Charakteristikum – einen Schnabel, mit dem sie hartnäckig hämmern und in Baumrinde nach Insekten suchen können – in vielen Gruppen von Hawaii über Südamerika bis Madagaskar verwirklicht, und die Endergebnisse ähneln sich »in geradezu beängstigender Weise«, wie Conway Morris schreibt.

Bei Vögeln fällt darüber hinaus auf, dass ihre Intelligenz »verblüffend nahe bei der kognitiven Welt der Primaten steht«. Viele Verhaltensforscher sind inzwischen der Ansicht, dass da eine kognitive Konvergenz zu erkennen ist, die letztlich über die Entwicklung von kausalem Denken zu der Fähigkeit wird, für die Zukunft zu planen, was somit nicht nur Menschenaffen und Menschen vorbehalten bliebe. Auf jeden Fall erwachsen die vergleichbaren geistigen Fähigkeiten von Krähen, Papageien und anderen Vögeln aus Gehirnen, die anders gebaut sind als die Denkorgane der Säugetiere.

Ob sich nun die Kontingenz stärker auswirkt als die Konvergenz, lässt sich an dieser Stelle nicht definitiv beantworten. Es können aber weitere Konvergenzen aufgezeigt werden, die Einschränkungen erkennen lassen, die alle evolutionären Abläufe berücksichtigen müssen und auf diese Weise den Rahmen abgeben für das gesamte Potenzial des sich entwickelnden Lebens. Ein besonderes Beispiel für Konvergenz stellen die Vorderbeine einer Gottesanbeterin und eines anderen Insekts namens Mantispa dar, die sich am Grundbau eines Insektenbeins orientieren. Die beiden nahezu identischen Strukturen, die zum Gehen und Greifen dienen, gehören zwei Insekten, die als Mitglieder unterschiedlicher Gruppen nur entfernt verwandt sind und sich in unterschiedlichen Habitaten eingerichtet haben, weshalb an dieser Stelle tatsächlich von einem konvergenten evolutionären Geschehen gesprochen werden kann.

Eine andere Konvergenz, die sich eher im Inneren von Organismen zeigt, findet man bei Wüstenpflanzen, wenn man die Halme eines amerikanischen Kaktus und einer afrikanischen Wolfsmilchpflanze anschaut bzw. deren Form vergleicht.

In Lehrbüchern werden weitere überzeugende Beispiele von konvergenter Evolution vorgeführt. So haben vier Vogelarten ähnlich gebogene und vergleichbar lange Schnäbel hervorgebracht, mit denen sie an den Blütennektar herankommen. Und Eidechsen haben unabhängig voneinander einen gedrungenen Kopf, lange Hinterbeine und einen kurzen Schwanz entwickelt,

Kognition
Lateinisch für »das Erkennen«; die Kognition kann als Sammelbegriff für alle Prozesse gelten, die mit dem Erkennen und Wahrnehmen zusammenhängen.

Doppelgänger
Der nordamerikanische Wolf, ein Säugetier mit Plazenta, ähnelt dem tasmanischen Wolf, obwohl der gar kein Wolf, sondern ein Beuteltier ist. Das Flughörnchen steht dem Kurzkopfgleitbeutler nahe, das amerikanische Waldmurmeltier lässt an das Beuteltier Wombat denken, und bei den Maulwürfen stimmen die Säugetier- und die Beuteltiervariante auch überein. Selbst für die banale Hausmaus kennt man einen Doppelgänger unter den Beuteltieren, nämlich die Gelbfußbeutelmaus.

Steigende Energiepreise sind für den Papageien namens Ollie kein Problem, er fährt mit dem Fahrrad zum Knowsley Safari Park in Merseyside, England, wo er zusammen mit vier anderen Vögeln in einer Papagei- und Seelöwenshow auftritt.

Eine Wissenschaftlerin arbeitet am »Language Research Centre« in Atlanta, USA, mit einem Bonobo-Weibchen an dessen linguistischen Fähigkeiten.

Ein Nektarvogel, Südafrika, gehört zur Familie der Sperlingsvögel; die Nektarvögel sind hauptsächlich in Afrika verbreitet, auch in Südostasien und Australien kommen sie vor, und sie bilden das ökologische Gegenstück zu den amerikanischen Kolibris.

Ein Iiwi aus der Familie der Kleidervögel, die in Nektar- und Samenfresser getrennt werden; alle Arten (von ursprünglich 34 existieren nur noch rund 20 Arten) sind auf Hawaii beheimatet, der Iiwi gilt als anerkanntes Symbol des Inselstaates.

Ein Purpurnaschvogel, Trinidad und Tobago (Vorkommen vor allem auch in Brasilien, Kolumbien und Venezuela); die Ähnlichkeit hinsichtlich der Schnabelform im Vergleich zu den oben abgebildeten Vögeln Nektarvogel und Iiwi ist markant.

um sich so besser an das Leben auf niedrig hängenden Baumstämmen an-zupassen.

Wenn ein Wissenschaftler die Aufgabe bekäme, das Konzept der evolutio-nären Konvergenz zu testen, würde er sich nach Orten umsehen, die zwar möglichst weit auf dieser Welt voneinander entfernt sind, die aber ansons-ten Ähnlichkeiten aufweisen; er würde sich fragen, inwieweit die Lebensfor-men, die sich hier eingerichtet haben, übereinstimmen. Tatsächlich lassen sich beide Bedingungen erfüllen, und zwar durch den Vergleich von Tieren, die in Nord- und Südamerika bzw. in Australien leben. Das besonders Span-nende besteht darin, dass wir Säugetiere und Beuteltiere miteinander ver-gleichen können, wie sie in Australien entstanden sind, nachdem sich dieses Ökosystem vor rund 60 Millionen Jahren von der Antarktis löste und als gigantische Arche nach Norden trieb.

BASTELARBEIT

Die als Konvergenz bezeichnete Beobachtung, dass die Evolution häufig zu gleichen oder vergleichbaren Lösungen kommt, die auf das physikalische Angebot der Wirklichkeit reagieren, kann problemlos mit der Vorstellung verbunden werden, wonach es in der Natur zum einen die Tendenz gibt, ein-fache Abläufe beizubehalten und zur Erledigung von komplexeren Aufgaben zusammenzuführen. Evolution ist also nicht unbedingt eine Ansammlung von Neuartigkeiten, sondern eher ein Verfahren, vorhandene Gegebenheiten neuartig zu arrangieren und das Verfügbare in jeweils anderen Kombinatio-nen mit verschiedenen Resultaten zusammenzusetzen.

Der französische Molekularbiologe François Jacob spricht in diesem Fall davon, dass die Evolution ein »Tinkerer« ist (dieses unübersetzbare Wort weist auf jemanden hin, der gerne bastelt, und zwar am liebsten mit Zufalls-funden), dass sie wie ein Bastler operiert, der über einen Schrottplatz spa-zieren geht und die Teile, die er dort findet, zusammensteckt und zu neuen Verbindungen verknüpft.

Dieses stetige Probieren steckt so tief als grundlegende Eigenschaft in der Sphäre des Organischen, dass wir hierbei gerne von einer inhärenten Eigen-schaft des Lebens sprechen. Mit dem Begriff der Inhärenz wollen wir die

Kristalline

Kristalline sind Proteine, die das Auge transparent machen. In Bakterien dienen sie dazu, auf physiologischen Stress zu reagieren, zum Beispiel dann, wenn sich die Zellen plötzlich besonders warmen oder gar heißen Bedingungen ausgesetzt sehen. Bei solch einem Hitzeschock hilft das genetische System seinem Träger durch Anfertigung sogenannter Hitzeschockpro-teine, zu denen die Kristalline gehören. Inzwischen haben weitere molekulare Analysen gezeigt, dass die Kristalline, die in den kameraartigen Augen von Kal-maren verwendet werden, einen ganz anderen Ursprung als die unsrigen haben.

Konvergenz der Gene

Mit dem dank der Gentechnik möglichen Blick auf die Reihenfolge der Bausteine in den genetischen Molekülen – der DNA und ihrer Sequenz – haben die Evoluti-onsbiologen inzwischen das Phänomen der Konvergenz auf der Ebene der Gene nachweisen können.

Als erstes Beispiel kann auf ein Genpro-dukt namens Carboanhydrase verwiesen werden, das den Ablauf von bioche-mischen Reaktionen erlaubt, also die Photosynthese und die Zellatmung. Dieses molekulare Wunderwerk hat sich im Laufe der Evolution mindestens dreimal auf von-einander unabhängigen Wegen entwickelt. Als weiteres Beispiel führen die Lehrbücher die genetische Information für ein Protein namens Lysozym an, das in der Lage ist, die Zellwände von Bakterien aufzubrechen. Diese Qualität kann nützlich sein, um unerwünschte Eindringlinge (Infektionen) abzuwehren. Sie dient aber vor allem dazu, den Wänden die Nährstoffe zu entnehmen, die ein Organismus benötigt. Das Lyso-zym spielt in der Geschichte der Moleku-larbiologie eine wichtige Rolle, da es zu den ersten Proteinen gehörte, deren drei-dimensionale Struktur in hoher Auflösung ermittelt werden konnte. Es ist in nahezu allen Organismen vorhanden.

Die 1000 »Müllmenschen« des deutschen Aktionskünstlers HA Schult, aufgenommen im Juli 2003 am Stellisee am Matterhorn, Schweiz. Nach HA Schult leben die Menschen nun in der Abfallzeit, sie produzieren Müll und werden auch wieder zu Müll.

Antibiotika
Stoffwechselprodukte von Bakterien, Pilzen etc., die schädliche Mikroorganismen abtöten oder ihre Vermehrung stoppen. Das erste Antibiotikum »Penicillin« wurde 1929 aus einem Schimmelpilz isoliert. Die meisten Antibiotika können synthetisch erzeugt werden.

Tatsachen zu fassen bekommen, dass die Grundbausteine komplexer Strukturen bereits vorhanden sind, bevor sie ihre spezielle Aufgabe zugewiesen bekommen bzw. übernehmen können, und dass die Lebensdynamik unentwegt Kombinationen daraus zu Stande bringt und ausprobiert.

Der Blick auf die evolutionären Aspekte der sinnlichen Wahrnehmung zeigt, dass es zur Geschichte und Qualität des Lebens gehört, aus einfachen Grundlagen komplizierte (komplexe) Strukturen werden zu lassen. Die Frage ist, ob dies auch bei übergeordneten – sozialen – Prozessen erkennbar wird. Mit dem Beispiel der Landwirtschaft kann eine zustimmende Antwort gegeben werden. Sie ist nämlich keinesfalls ein Privileg von menschlicher Zivilisation, auch wenn man dies spontan meinen möchte. Ihre Grundoperationen finden sich tatsächlich nicht nur in den Händen von Bauern, sondern auch in den Kiefern von Ameisen.

Wer die Landwirtschaft bei Ameisen analysiert, kann folgende evidenten Aspekte anführen: Das »Getreide« der Ameisen ist ein Pilz, der in großen Anlagen tief in der Erde angebaut wird, die sich durch eine komplexe innere Struktur auszeichnen, zu der Abfallkammern und Lüftungsrohre gehören. Bei genauerem Hinsehen werden die Parallelitäten zu unserer Art der Nahrungsmittelerzeugung auffällig. Der Pilz wird auf einem Blätterbeet (ähnlich dem Mulch) gezogen, dessen Bereitstellung auf hochkomplexe Weise organisiert wird und den Ameisen den Namen Blattschneideameisen eingetragen hat. Das Laub von Bäumen wird eingesammelt, und die Ernte wird zum

Eine Blattschneideameise schneidet in einem Regenwald in Costa Rica ein grünes Blatt in kleine Teile (links), anschließend werden diese ins Nest transportiert, wo sie als Teil eines Blätterbeetes der Kultivierung eines Pilzes dienen. Die Landwirtschaft der Ameisen zeigt etliche Analogien zur menschlichen.

Nest gebracht, wobei unterwegs Zwischenlager eingerichtet werden können. Wenn das Blätterbeet und der Pilz, der darauf blühen soll, erst einmal im Nest der Ameisen sind, werden beide kontinuierlich versorgt und in Ordnung gehalten. Zu diesen Tätigkeiten gehören die Vernichtung von Unkraut, der Einsatz von stickstoffhaltigem Dünger (der aus analen Ausscheidungen stammt), Herbiziden und Antibiotika.

Selbst soziobiologische Komplexitäten können demnach nicht beliebig konstruiert werden und so vielen Einschränkungen durch die natürliche Dynamik und die dazugehörigen Gesetze unterliegen, dass in ihren Entwicklungen notwendig ein Hang zur Konvergenz zu finden ist.

Szene aus dem US-amerikanischen Film »Van Helsing« aus dem Jahr 2004, in dem der Mythos von Frankenstein bzw. die Erschaffung des Menschen aufgegriffen wird.

Trend zur Menschwerdung?

Wir würden die Evolution besser verstehen, wenn die führenden Forscher mehr Interesse am Phänomen der Konvergenz zeigen würden. Es ist vermutlich am umfassendsten am Beispiel der Lebendgeburt untersucht worden, wie wir sie von Wirbeltieren – natürlich auch von den Menschen – kennen. Nach Auskunft der Fachwelt ist diese Eigenschaft mehr als einhundert Mal unabhängig von der Evolution hervorgebracht worden, und konvergente Elemente finden sich auf allen Ebenen – der organischen, der zellulären und der molekularen Ebene.

Steckt in der Erscheinung der Konvergenz ein Hinweis, dass die Evolution zwar nicht mit einem Plan arbeitet, wohl aber einem Trend nachgeht – einem Trend zur Menschwerdung vielleicht sogar?

Wie könnte dann eine Alternative – ein besserer Mensch – aussehen? Hat jemand eine Idee?

Ausschnitt der Höhlenmalereien an Felsen im Canyon »Rio Pinturas« in Patagonien, Argentinien, die etwa 10 000 Jahre alt sind und seit 1999 auf der Weltkulturerbe-Liste der UNESCO stehen.

Der Mensch

Ein Jäger mit seinem Hunde-
schlitten in der schneebedeckten
Tundra von Grönland

Eine Kamelkarawane bei flirrender
Hitze in der Sahara, Niger

Die Arbeit mit sogenannten Touchscreens ist längst Realität, auch wenn sie hier sehr futuristisch anmutet.

Hier stellt sich die Frage, ob die Mithilfe von Robotern im Haushalt bald zum Alltag der Menschen gehört.

Innenansicht eines buddhis-
tischen Tempels in Thailand
mit Buddha-Statue (linke Seite)

Symbole der drei monotheis-
tischen Religionen: die Hand
der Fatima, links, ein kulturelles
Zeichen im islamischen Volks-
glauben Nordafrikas und des
Nahen Ostens, in der Mitte das
Kreuz des Christentums, rechts
der Davidstern, das neuzeitliche
Symbol des Judentums

Ein junger Mann beim Freeclimbing im Abendlicht in Victoria, Australien; die Menschen suchen zumeist das Abenteuer, und nicht selten überschreiten sie dabei ihre von der Natur gegebenen Grenzen.

Ein Eiskletterer in Ouray in Colorado, USA; eine Fähigkeit (zumindest einiger weniger Menschen), die uns deutlich von anderen Lebewesen abhebt.

Wie habt ihr den Weg vom Wurm zum Menschen gemacht! Und vieles in euch ist noch Wurm und ein Gedächtnis eures Weges. FRIEDRICH NIETZSCHE

Die Einzigartigkeit des *Homo sapiens*

Nun ist es an der Zeit, über die evolutionäre Herkunft des Menschen zu sprechen. Wir wollen vor allem über uns selbst Bescheid wissen, über das, was gerne als die Natur des Menschen bezeichnet wird. Was zeichnet uns neben Tieren und Pflanzen aus? Und welche Eigenschaften verdanken wir der zivilisierten Kultur, die im Verlauf der Geschichte entstanden ist und die uns immer mehr von der Natur getrennt hat? Wer dieses Buch beispielsweise an einem Strand liest, fühlt sich meistens gestört, wenn sich die Natur meldet, etwa in Form von Insekten oder Durst, Hunger und Schläfrigkeit. Wie konnte es so weit kommen, und wie hat uns die Evolution darauf vorbreitet?

WAS IST DER MENSCH?

Seit sich wissenschaftliche und andere Gemüter mit der Evolution beschäftigen, interessiert vor allem die Frage nach der Stellung des *Homo sapiens* – und man ist heute längst von der Vorstellung abgerückt, der Mensch sei die Krone der Schöpfung. Wir sind mit Sicherheit erst spät in der gesamten Geschichte des Lebens auf dem Plan erschienen, und seither schwankt das Bild, das Evolutionsbiologen von uns zeichnen, zwischen Himmel und Hölle.

Wenn man die erwähnte Unterscheidung zwischen Natur und Kultur berücksichtigt, könnte man meinen, dass eine Bestimmung dessen, was der Mensch ist, eher Kultur- als Naturwissenschaftler überlassen werden sollte – Philosophen zum Beispiel. Immanuel Kant hat vorgeschlagen, die Frage »Was ist der Mensch?« mit drei Abschnitten zu beantworten. Am besten nähere man sich dem Menschen, wenn man fragt: Was können wir wissen? Was sollen wir tun? Was dürfen wir hoffen?

Der amerikanische Schriftsteller Mark Twain hat den Menschen einmal als das Tier definiert, das erröten kann und das auch sollte. Der Autor erlaubt sich in Anlehnung daran folgende Antwort auf die Frage von Kant: Der Mensch ist das Tier, das seine Grenzen kennt und sich nicht daran halten will.

Dieser Vorschlag kann durch die drei Einzelfragen überprüft werden: Die Antwort auf die erste Frage, »Was können wir wissen?«, steckt in den Naturgesetzen, die Menschen aufstellen und erkunden können, und natürlich

Kultur
Im weitesten Sinne ist Kultur alles, was der Mensch gestaltend hervorgebracht hat, im Gegensatz zur freien Natur. Dementsprechend sind sämtliche Errungenschaften der Menschheit, Technik, Kunst, auch Abstraktes wie Religion, Politik, Wissenschaft und Wirtschaft Teil der Kultur. In engerem Sinne kennzeichnet der Begriff jene Bereiche, die Produkte, Lebensstile, Verhaltensweisen und Leitlinien hervorbringen, die dauerhaft das soziale Gefüge, den Sinn und langfristig auch die Geschichte einer Gesellschaft prägen.

Die genaue Klassifikation von *Homo sapiens*
Die einfache Klassifikation von *Homo sapiens*

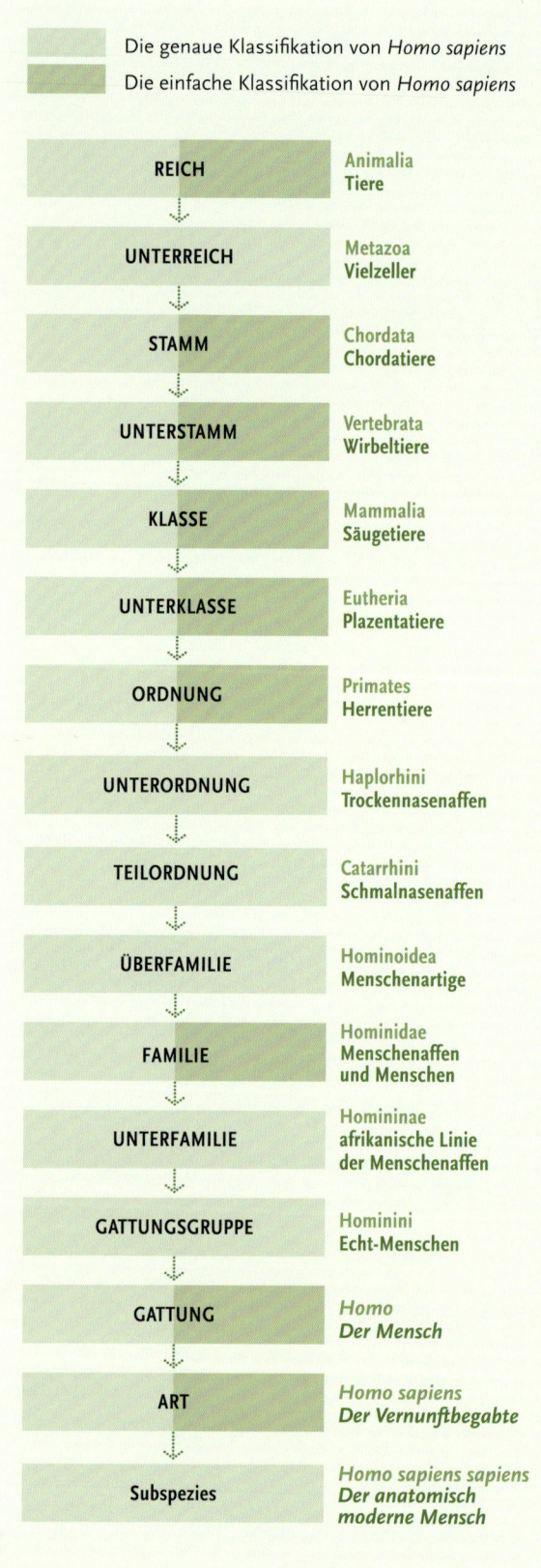

REICH	Animalia **Tiere**
UNTERREICH	Metazoa **Vielzeller**
STAMM	Chordata **Chordatiere**
UNTERSTAMM	Vertebrata **Wirbeltiere**
KLASSE	Mammalia **Säugetiere**
UNTERKLASSE	Eutheria **Plazentatiere**
ORDNUNG	Primates **Herrentiere**
UNTERORDNUNG	Haplorhini **Trockennasenaffen**
TEILORDNUNG	Catarrhini **Schmalnasenaffen**
ÜBERFAMILIE	Hominoidea **Menschenartige**
FAMILIE	Hominidae **Menschenaffen und Menschen**
UNTERFAMILIE	Homininae **afrikanische Linie der Menschenaffen**
GATTUNGSGRUPPE	Hominini **Echt-Menschen**
GATTUNG	*Homo* **Der Mensch**
ART	*Homo sapiens* **Der Vernunftbegabte**
Subspezies	*Homo sapiens sapiens* **Der anatomisch moderne Mensch**

Einige Kennzeichen von Primaten

- Deutlich bewegliche Gliedmaßen
- Dreh- und Opponierbarkeit von Daumen und Großzehe
- Großer Hirnschädel und Reduktion der Schnauze
- Augenhöhlen nach vorne gerichtet
- Mäßig entwickelter Geruchssinn, Sehen dominant
- Stark gefurchte Hirnrinde, extrem viele Nervenverknüpfungen
- Empfindliche Tastorgane und Nägel statt Krallen
- Differenziertes Kleinhirn (feine Bewegungskontrolle)
- Lange Trächtigkeitsphase und hohes elterliches Investment
- Organisation in Sozialverbänden

Eine weibliche Pygmäenschimpansin trägt ihr Baby in zweibeiniger Haltung und weist sich damit als den Primaten zugehörig aus.

stellen sich dabei Grenzen für uns dar. Die Gründungsidee der westlichen Wissenschaft drückt ja vor allem aus, dass das Vermögen der Menschen, anderen Menschen zu helfen, an der geeigneten Nutzung der Gesetze liegt. Nur wenn wir uns als Subjekte den (objektiven) Gesetzen der Natur unterwerfen, können wir die dort erkundeten Regelmäßigkeiten zur Verbesserung unserer Existenzbedingungen einsetzen. Deshalb haben wir sie ja überhaupt erst gesucht.

Die Antwort auf die zweite Frage, »Was sollen wir tun?«, ergibt sich an dieser Stelle von selbst. Es gilt, die Gesetze der Natur umfassend und sinnvoll zu nutzen, um uns und anderen Menschen ein würdevolles Leben in der Form zu ermöglichen.

Die Antwort auf die dritte Frage, »Was dürfen wir hoffen?«, klingt zunächst vermessen, wenn damit der Wunsch assoziiert wird, die uns gesetzten Grenzen zu überwinden. Dies tun Menschen aber, seit es sie gibt. Wir bleiben nicht am Ufer von Meeren stehen, sondern bauen Segelschiffe, um auf die hohe See hinauszufahren. Wir bleiben auch nicht auf unserem Planeten, sondern bauen Raumschiffe, um den Himmel zu erkunden.

Doch diese Grenzüberschreitungen sind äußerlicher Art, und was immer dabei passiert, findet strikt im Rahmen der Naturgesetze oder vielmehr mit ihrer Hilfe statt. Die eigentliche Grenzüberschreitung ist eine andere, die sich mehr innerlich vollzieht und sich in der Kreativität, in Kunst und Wissenschaft, zeigt. Die schöpferische Tätigkeit des Menschen ist »ganz und gar selbstbestimmt« und stellt »die Selbstbefreiung von den kausalen Gesetzen, von den Mechanismen der äußeren Welt« dar, wie es der philosophische Historiker Isaiah Berlin ausgedrückt hat. Er beschreibt damit die Errungenschaft der Aufklärung, Tatsachen- und Wertefragen zu trennen.

Menschen erkunden ihre Grenzen im Rahmen der Naturwissenschaft, die Gesetze aufstellt. Sie nutzen diese Feststellungen mit Hilfe der Technik, die uns längst als Medium eingefangen hat und nicht mehr loslässt. Und sie befreien sich von den Grenzen im künstlerischen Schaffen. Der Mensch ist in diesem Sinne ein »schöpferisches Geschöpf«, er ist geschaffene und schaffende Natur zugleich. Der Mensch ist, was er erst im Rahmen der Evolution geworden ist und was er dann durch Kunst und Wissenschaft aus sich gemacht hat.

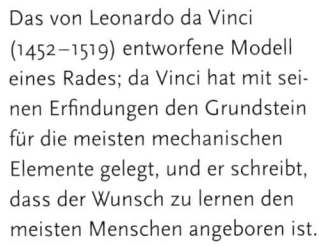

Das von Leonardo da Vinci (1452–1519) entworfene Modell eines Rades; da Vinci hat mit seinen Erfindungen den Grundstein für die meisten mechanischen Elemente gelegt, und er schreibt, dass der Wunsch zu lernen den meisten Menschen angeboren ist.

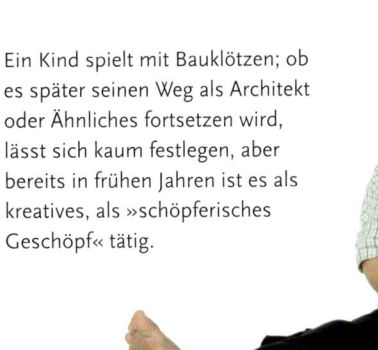

Ein Kind spielt mit Bauklötzen; ob es später seinen Weg als Architekt oder Ähnliches fortsetzen wird, lässt sich kaum festlegen, aber bereits in frühen Jahren ist es als kreatives, als »schöpferisches Geschöpf« tätig.

Aufklärung

Der Begriff Aufklärung kennzeichnet gleichzeitig die geistesgeschichtliche Epoche der europäischen Welt (17. und 18. Jahrhundert) und die Denkrichtung, die diese Epoche prägte. Alte Denkmuster sollten abgeschafft werden, Vorurteile und Ideologien beseitigt werden und der Mensch aus seiner »selbstverschuldeten Unmündigkeit« (Kant) befreit werden – mit den Mitteln der Vernunft und des rationalen Denkens. Die Anfänge der Aufklärung finden sich bereits in der Renaissance, dem Humanismus und der Reformation. Die größten Leistungen liegen im Bereich der Rechts- und Staatslehre, der Wissenschaft, des Erziehungswesens sowie der Literatur und der Kunst.

WAS MACHT UNS ANDERS?

In den letzten Jahren ist mehr und mehr deutlich geworden, wie viel evolutionäre Natur sowohl genetisch als auch anatomisch noch in uns steckt. Der amerikanische Paläontologe Neil Shubin hat sein kürzlich erschienenes Buch über die evolutionäre Geschichte des menschlichen Körpers »Der Fisch in uns« genannt, und er schreibt darin, dass die Körper nicht nur von Fischen, sondern auch von Reptilien und Hunden als einfachere Versionen unserer eigenen Anatomie mit ihrer oft wunderbaren Raffinesse verstanden werden können. Und die Flut der genetischen Daten der letzten Jahre hat erkennen lassen, dass viele DNA-Sequenzen, die sich bei Fliegen, Würmern, Mäusen und Schimpansen finden, auch in unserem Genom auftauchen – baugleiche (homologe) Gene bringen hier Produkte hervor, die in einem völlig anderen Kontext funktionieren. Die Menschen müssen sich klarmachen, dass sie wahrscheinlich nur verstehen, warum sie so sind, wie sie eben sind, wenn die evolutionären Wurzeln ihres Verhaltens offengelegt und betrachtet werden.

Groomen

Im deutschsprachigen Raum als Lausen bekannt, bezeichnet »Grooming« die gegenseitige Fellpflege bei Affen und anderen in Gruppen lebenden Primaten. Tatsächlich hat dieser Vorgang kaum etwas mit Läusen zu tun, da die Tiere hauptsächlich abgestorbene Hautpartikel und Salzkristalle aus dem Fell ihrer Artgenossen entfernen und essen. Die Bedeutung dieses Vorganges für das soziale Gefüge innerhalb der Gruppe ist nicht zu unterschätzen.

Die Affen in uns

In seinem Buch mit dem Titel »Der Affe in uns« konstatiert der Wiener Philosoph Franz M. Wuketits pessimistisch, dass unsere Zivilisation gefährdet ist und unsere Kultur zu scheitern droht, weil sich bei allen Qualitäten unserer wissenschaftlichen Leistungskraft immer wieder der Affe in uns meldet; der dann weder mit dem Internet noch mit der Globalisierung zurechtkommt und erst recht nicht mit der Atombombe umgehen oder auf den Klimawandel reagieren kann, obwohl er die eine unterm Arm trägt und den anderen immer deutlicher zu spüren bekommt.
Ein weiterer Versuch, den Affen ins uns zu beschreiben, stammt von dem niederländischen Primatologen Frans de Waal, der uns als »bipolare Menschenaffen« bezeichnet, bestehend aus den Anteilen von Schimpansen und Bonobos. Die dramatische Frage lautet dann, welches Erbe eher bei uns durchschlägt: Hass oder Liebe? Konkurrenz oder Kooperation? Kampf oder Sex? Gleichen wir eher den Schimpansen oder den Bonobos?

»Wir haben sowohl den Schimpansen in uns, der freundschaftliche Beziehungen zu anderen Gruppen ausschließt, als auch den Bonobo, der sexuelle Beziehungen und Groomen über die Grenze hinweg zulässt. Wir haben das Glück«, schreibt de Waal, »nicht einen, sondern zwei innere Affen zu haben, die es uns zusammen ermöglichen, ein Bild von uns selbst zu zeichnen, das erheblich komplexer ist als alles, was wir in den vergangenen 25 Jahren von der Biologie gehört haben.«

Bei der Suche nach unserer Abstammung handelt es sich um eine vielfältig verzweigte Aufgabe, entscheidend ist aber, was den Menschen von den anderen Lebewesen abhebt. Genau genommen besteht die Herausforderung darin, die besonderen Eigenschaften von Menschen zu identifizieren und zu erklären, wie das, was uns auszeichnet, im evolutionären Prozess entstehen konnte.

Es gehört zu den auffallenden Fähigkeiten des Menschen, für die Zukunft planen zu können. Damit verbunden ist oftmals die Einsicht, dass man auf etwas warten muss, und viele Menschen unterscheiden sich bezüglich der Geduld, die sie dabei aufbringen. Woher kommt eigentlich die Geduld? Lässt sich diese Eigenschaft schon bei Schimpansen oder anderen Tieren beobachten oder nachweisen?

Experimente zeigen, dass es eine Art Vorläufer von Geduld gibt, nämlich so etwas wie eine Toleranzspanne, die etwa Tauben zu warten bereit sind, wenn sie zwischen den zwei Futterstückchen, die sie sofort bekommen können, und den sechs, die sie erst zu einem späteren Zeitpunkt erhalten würden, wählen können. Allerdings dürfen dabei nicht mehr als drei Sekunden vergehen, und für Ratten und einzelne Affenarten gelten vergleichbare Zahlen. Weißbüscheläffchen zeigen Geduld für 14 Sekunden, bei Schimpansen und Bonobos steigert sich die Spanne noch. Bei entsprechenden Versuchen wurde Menschenaffen die Möglichkeit geboten, zwei Fruchthälften sofort oder sechs später zu bekommen. Die Bonobos akzeptierten Verzögerungen bis zu 74 Sekunden, während Schimpansen sogar bereit waren, volle zwei

Die Teilnehmer des JP-Morgan-Chase-Firmenlaufs, Frankfurt am Main im Juni 2006, warten vor Beginn desselben auf eine freie Toilette. Das erfordert ein hohes Maß an Geduld, von der manche Menschen mehr, manche Menschen weniger besitzen.

Ein Experiment für Schokoladenliebhaber: Der Teilnehmer erhält entweder zwei Stückchen sofort oder aber fünf Stückchen zu einem späteren Zeitpunkt. Für welche Variante entscheiden Sie sich?

Eine Frau liest ihre Emails; nicht nur die Arbeit mit dem Computer, mit Sprache und Technik, zeichnet den Menschen aus, sondern zu Beginn des 21. Jahrhunderts vor allem die mögliche Kommunikation bzw. Kooperation mit (fast) allen Ländern der Erde.

Globalisierung und Internet

Die internationale Verflechtung in allen Bereichen des privaten und öffentlichen Lebens wird als Globalisierung bezeichnet. Nicht nur Wirtschaft und Politik, sondern auch Kultur, Umwelt, Sport und viele andere Bereiche finden mittlerweile auf internationaler Ebene statt – ein Trend, der sich weiter fortsetzen wird. Das fängt im privaten Bereich an, bei Freunden im Ausland, setzt sich über die internationalen Kollegen und Geschäftsbeziehungen fort, zeigt sich an Lebensmitteln, Büchern und Musik und endet längst noch nicht bei den Konferenzen der G8. Einen wesentlichen Teil dazu trägt das Internet bei, das sich seit der Gründung als rein militärisches Kommunikationsnetz 1969 zum wichtigen internationalen Wirtschaftsfaktor gewandelt hat; nicht zuletzt aufgrund des Email-Verkehrs, dem größten und meistgenutzten Dienst des Internets.

Ein Mann bewegt Symbole bzw. vollführt Arbeitsgänge auf einem großen Touchscreen, bei dem die technische Befehlseingabe für den Nutzer praktisch unsichtbar ist.

Minuten zu warten. Bereits bei unseren Vorfahren zeigt sich also die Fähigkeit, unmittelbare Bedürfnisse zurückzustellen und in die (nahe) Zukunft zu blicken (wenn eine Belohnung garantiert ist).

Doch so geduldig die Affen sich in dem engen Rahmen des Experiments auch zeigten, sie versagten fast kläglich, wenn es darum ging, altruistisch zu handeln, also einem anderen Tier zu helfen, ohne dafür direkt und unmittelbar etwas als Gegengabe zu bekommen bzw. erwarten zu können. Schimpansen sind zwar oftmals äußerst kooperativ, aber um altruistisch agieren zu können, muss noch eine Fähigkeit hinzukommen, und die Verhaltensforscher vermuten, dass diese dem menschlichen Gehirn seine besondere Stellung verleiht. Die Fähigkeit besteht darin, sich in ein Gegenüber hineinversetzen zu können und dabei Kenntnisse und Vorstellungen wahrzunehmen, die nicht den eigenen entsprechen (in Fachkreisen spricht man von einer »Theory of Mind«).

Kinder benötigen ein paar Jahre, um sich klarzumachen, dass ihre Spielkameraden etwas anderes sehen und damit auch über etwas anderes Bescheid wissen, wenn sie sich in unterschiedlichen Zimmern aufgehalten haben. Sie lernen es aber spätestens mit dem Spiel »Ich seh' etwas, was du nicht siehst«, und bald steht ihnen die gesamte Palette des menschlichen Verhaltens offen. Ob diese komplexe kognitive Fähigkeit tatsächlich eine Voraussetzung für das altruistische Verhalten ist, bleibt allerdings offen. Die Weißbüscheläffchen können jedenfalls auf eine ähnliche Weise agieren. Im Experiment verhelfen sie anderen zu Nahrungsmitteln, ohne selbst etwas bekommen zu können, und sie legen diese Großzügigkeit auch dann an den Tag, wenn es sich bei den anderen um Affen handelt, die gar nicht mit ihnen verwandt sind.

Zwei neun Wochen alte Weißbüscheläffchen auf dem Kopf der Tierpflegerin, die als Ersatzmutter fungierte und sich rund um die Uhr um die beiden kümmerte (die Milch der Mutter hatte nicht für drei Babys gereicht); aufgenommen im August 2008 im Zoo von Eberswalde, Brandenburg.

Die Menschen und Weißbüscheläffchen zeigen demnach den gleichen kooperativen Umgang mit dem Nachwuchs. Wie bei den Menschen kümmern sich nicht nur die Eltern, sondern auch Großeltern und andere Verwandte um die Kinder. Möglicherweise stellt dieses Zusammenwirken den Ursprung von altruistischem Verhalten dar, das mit dem Teilen von Nahrung beginnt und bis zu der Fähigkeit führt, die Bedürfnisse eines Anderen zu erahnen. Die Einsichtnahme in die innere (seelische) Verfassung eines anderen Lebewesens wird auch soziale Kognition genannt, sie kann beim Menschen zur Empathie werden, mit der er unmittelbar an der Gefühlslage eines Anderen teilhat. Kinder lernen dies vermutlich dann, wenn sie vor dem Spiegel stehen und erkennen, dass darin kein anderer Mensch, sondern sie selbst zu sehen sind. Schimpansen sind ebenfalls zu dieser Leistung in der Lage, und so überrascht es nicht, dass sie nicht nur jemandem helfen, der mit einem Problem alleine nicht zurechtkommt. Sie sind sogar in der Lage, sich von den Schwierigkeiten eines Anderen zum Nachdenken motivieren zu lassen. Eine weitere entscheidende Fähigkeit des Menschen ist die der Imitation, die direkt in den Bereich der Kultur führt, in dem es ja um das Erlernen und das Weitergeben von Techniken geht, die nicht unmittelbar zur Natur gehören (zum Beispiel der Gebrauch von Werkzeugen). Tatsächlich zeigen Experi-

Innovation und Tradition in Form eines Tweedjacketts mit Einlage und Kopfhörern

Die Lithografie zeigt den italienischen Mathematiker, Physiker und Astronomen Galileo Galilei (1564–1642) beim Blick durch ein Teleskop. Galilei machte zahlreiche bahnbrechende Entdeckungen auf dem Gebiet der Naturwissenschaften.

mente, bei denen ein Stock in einen Kasten zu stecken ist, um den Deckel zu entfernen und so an Essbares zu gelangen, dass Schimpansen den Trick lernen können, wenn sie einem fähigen Artgenossen dabei zuschauen. Wenn man die Kultur zunächst als soziale Weitergabe von Gelerntem und dann als soziale Vermittlung von Traditionen versteht, dann verfügen unsere Vorfahren bereits über die Fähigkeit, kulturell tätig zu werden. Dies wirft aber erneut die Frage auf, was uns denn nun einzigartig macht.

Es ist die Kombinationsfähigkeit, die die Menschen auszeichnet. Wir imitieren und probieren zugleich etwas Neues aus. In der Ökonomie ist dabei von Innovationen die Rede, und sie gelingen, wenn die passenden Teilstücke zueinander finden.

Innovationen

Wir leben in einer Zeit, die das Neue beschwört und meint, nicht mehr ohne Innovationen leben zu können. Das Wort »neu« taucht in Europa verstärkt zu Beginn des 17. Jahrhunderts auf, als bspw. Galileo Galilei eine »Sciencia Nuova«, eine »neue Wissenschaft«, konzipiert und der französische Philosoph René Descartes eine neue Methode für das Erkennen vorschlägt, als neue Instrumente – das Fernrohr und das Mikroskop – auf den Markt kommen, und vieles Neue mehr entsteht. Neu ist dabei vor allem der Gedanke, dass mit dem Einsatz von Rationalität Fortschritte für Menschen möglich werden. Wirklich neue Ideen brachte die Wissenschaft später

allerdings nur hervor, wenn sich zwei (oder mehr) Fächer zusammentaten (bspw. wurde aus der Physik und der Biologie die Molekularbiologie, die die moderne Genetik mit allen biomedizinischen Folgen hervorgebracht hat).
Die Evolution bringt Innovationen in die Welt durch Neukombination von gegebenem genetischen Material, durch Rekombination von Altem also – mit unvorhersehbaren Konsequenzen. Das Neue ist also ein gleichzeitiges Bewahren und Abschaffen, und derjenige, der verstehen will, wie das Neue in die Welt kommt, muss sich an bewährten Konzepten orientieren.

UNSERE GROSSEN GEHIRNE

Das entscheidende Organ, das uns von anderen Lebensformen unterscheidet, ist das Gewebe unter der Schädeldecke, das wir Gehirn nennen. Wer den Menschen im evolutionären Kontext verstehen will, muss verstehen, wie es seine aktuelle Form bekommen hat, und dabei ist sowohl der Umfang (Gewicht) als auch seine Asymmetrie entscheidend.

Die Evolution von Gehirnen hat mit den Würmern begonnen, bei denen Nervenzellen zu einem Knoten verbunden sind und dieses Nervengewebe – manchmal Ganglion genannt – dort angebracht ist, wo am meisten passiert, nämlich vorne. Auf diese Weise gelang es schon den Würmern, einen Kopf zu bilden, und im Verlauf der Evolution nimmt die Kopfbildung (»Cephalisation«) zu. Das Nervensystem wandelt sich bei den Wirbeltieren zu einem Gehirn um, das eine dreiteilige Struktur aus Stamm-, Zwischen- und Großhirn erkennen lässt, an die das Kleinhirn angeschlossen ist. Der Körper koordiniert seine Bewegungen mit Hilfe des Kleinhirns, er kommuniziert mit seinem Kopf über das Stammhirn, er bekommt seine Empfindungen mittels des Zwischenhirns, und er gewinnt viele Freiheiten und handelt sich ebenso viele Sorgen mit dem Großhirn ein, das vermutlich die fähigste Quelle der menschlichen Kultur darstellt.

Als das Verhalten der Wirbeltiere im Laufe der Evolution immer raffinierter wurde, nahmen allerdings nicht nur die Gehirne an Umfang zu. Auch die Körper wurden größer, und so stellt sich die Frage, welcher Anteil der wachsenden Gehirne benötigt wurde, um die zunehmenden Körperteile zu koordinieren, und wie viel für den gesunden Geist übrig bleibt. Lange Jahre ist versucht worden, eine Abhängigkeit zwischen der Hirngröße und der Körperoberfläche oder dem Stoffwechselumsatz zu finden. Wäre Letzteres evident, würde dies bedeuten, dass die Organismen sich dann ein größeres Gehirn erlauben könnten, wenn sie durch Aufnahme und Verzehr geeigneter Nahrung ihren Stoffwechsel erhöhen würden. Bei Fledermäusen lässt

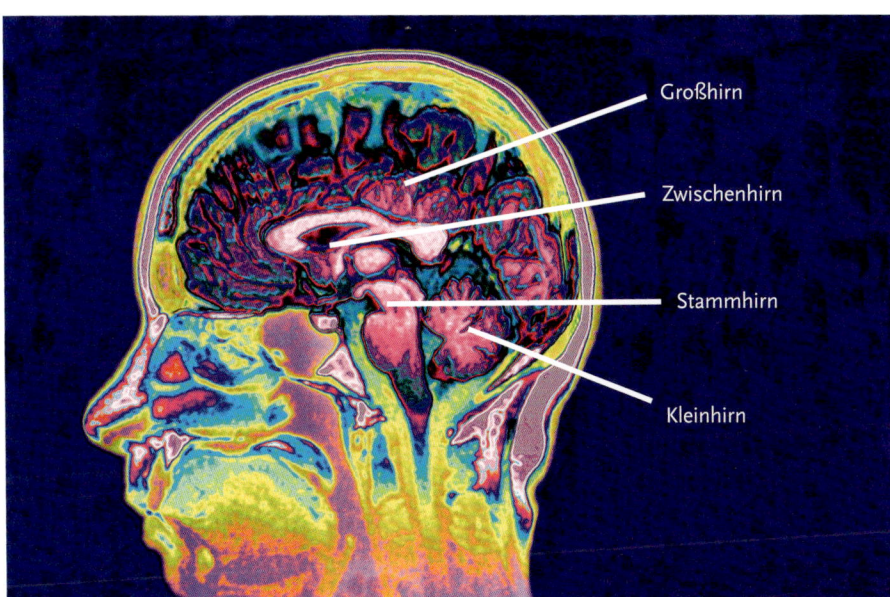

Großhirn

Zwischenhirn

Stammhirn

Kleinhirn

Der Aufbau des menschlichen Gehirns und die Aufteilung nach Großhirn, Zwischenhirn, Stammhirn und Kleinhirn; das Gehirn ist das entscheidende Organ, das uns von anderen Lebewesen unterscheidet.

sich solch ein Zusammenhang direkt nachweisen, da Exemplare, die sich von Insekten ernähren, kleinere Gehirne als ihre Artgenossen haben, die von Früchten leben. Die Insektenfresser weisen auch den wesentlich niedrigeren Stoffwechsel auf.

Wer nicht nur die Gewichtszunahme der Gehirne registrieren, sondern ihre Qualitätssteigerung erfassen will, muss eine andere Konstante als die Masse einführen, die Wissenschaft hat sich hierfür auf den sogenannten Kopfquotienten geeinigt (die Abkürzung EQ sollte nicht mit der Emotionalen Intelligenz verwechselt werden). Um diesen Quotienten zu erhalten, wird das Hirngewicht durch das Körpergewicht geteilt, das mit einer besonderen Hochzahl umgerechnet wird, um weniger die gesamte Masse eines Organismus und mehr seine Körperoberfläche bzw. seinen Stoffwechsel berücksichtigen zu können. Tatsächlich bekommt man auf diese Weise einen brauchbaren Index, den man intuitiv als relative Intelligenz verschiedener Tierarten bezeichnen könnte. Das beschränkte Raffinement der Fische, Amphibien und Reptilien spiegelt sich in ihrem Kopfquotienten von weniger als 0,1 wider. Im Vergleich dazu liegen Vögel zehnfach höher. Wir Menschen erreichen den höchsten EQ von etwa 7 und stehen damit hundertfach besser als die Reptilien dar.

Wichtig an dem Quotienten ist vor allem die Tatsache, dass sich damit die Intelligenz ausgestorbener Tierarten analysieren lässt. Das Fassungsvermögen eines Schädels (und damit das Gewicht seines Gehirns) kann ebenso aus

Der Regisseur Alfred Hitchcock (unter anderem »Die Vögel«) hinter einem mit Spinnenweben behangenen Fenstergitter zusammen mit einem Raben, Hollywood 1965. Der Kopfquotient, also die relative Intelligenz, von Vögeln ist im Vergleich zu dem von Reptilien um ein Zehnfaches höher. Im Vergleich zu dem des Menschen aber immer noch recht niedrig.

fossilen Resten abgeschätzt werden wie die Ausmaße eines Körpers. Die dabei unternommenen Rechnungen zeigen, dass die ehemaligen Reptilien sich im gleichen Intelligenzbereich aufgehalten haben wie ihre heutigen Nachfolger. Es kann demnach nicht die mangelnde Intelligenz der entscheidende Faktor für das Aussterben der Dinosaurier gewesen sein. Die Intelligenz der archaischen Vögel und Säugetiere kann im Vergleich zu den jetzigen Vertretern dieser Klassen allerdings als geringer eingestuft werden.

Die Daten der Paläontologen zeigen, dass der EQ der Säugetiere viele Millionen Jahre konstant geblieben ist und sich erst geändert hat, als die Linse erfunden wurde. Offenbar konnte sich damit hinter dem Auge das Gehirn entfalten, um sich der Bilder bedienen zu können.

Der zweite Anstieg des Kopfquotienten lässt sich mit der Bewegung der Augen aus der seitlichen in die frontale Position, die überlappende Ansichten und die Herausforderung bietet, daraus ein dreidimensionales Bild zu ermitteln, in Zusammenhang bringen. Um den letzten und größten Sprung in der Zunahme des Kopfquotienten zu verstehen, reichen die bisherigen

Das Gebiss eines 110 Millionen Jahre alten Sarcosuchus imperator, dazu im Vergleich das etwa 50 Zentimeter lange Gebiss eines noch existenten Krokodils. Unlängst in der Sahara entdeckte Fossilien ließen vermuten, dass der Sarcosuchus 50 bis 60 Jahre benötigte, um seine maximale Größe (etwa elf Meter) und sein maximales Gewicht (acht Tonnen) zu erreichen.

Der Krake ist in der Lage, ein Glas, in dem sich leckere Krabben befinden, zu öffnen, nachdem Pfleger dem Tier beigebracht haben, Futter aus verschlossenen Schraubgläsern selbst herauszuholen. Kraken sind sehr intelligente Tiere, fühlen sie sich bedroht, entleeren sie ihren Tintenbeutel und schwimmen mit einem kräftigen Rückstoß davon.

Eine Singdrossel öffnet das Gehäuse einer Schnecke. Sie bevorzugt Bänderschnecken, deren Gehäuse sie auf einem Stein – der sogenannten Drosselschmiede – zerschmettert, um an das Fleisch zu gelangen.

Erklärungen nicht aus. Die damals lebenden Vorfahren des Menschen – bekannt als *Homo habilis* – verfügten in ihrem Schädel über ein Volumen von rund 700 Kubikzentimetern. Das ist doppelt so viel wie das Volumen eines Neugeborenen heute. Während sich das Hirngewicht des ausgestorbenen *Homo habilis* nach der Geburt lediglich verdoppelte, vervierfacht es sich bei uns Menschen, wenn wir heranwachsen. Wodurch dies gelingt, bleibt eine spannende und offene Frage.

Familiensituation in den 1950er Jahren, alles lauscht gebannt den Ausführungen des Familienoberhaupts, des Vaters, der den Basler Biologen Portmann und dessen Diktum von der »physiologischen Frühgeburt« zu bestätigen scheint, wonach der Mensch generell Erziehung und Unterweisung benötigt. Nach Portmann bekommt der Mensch diese auch, obwohl niemand so recht weiß, was sie eigentlich bewirken soll.

»Die physiologische Frühgeburt« – so bezeichnete der Basler Biologe Adolf Portmann den Mensch in den 1950er Jahren. Er meinte damit, dass sich jemand um uns kümmern muss und wir Erziehung und Unterweisung brauchen, und dass wir diese tatsächlich bekommen, obwohl aber niemand weiß, wie sie genau aussehen und was sie eigentlich bewirken soll.

Menschen verfügen bei ihrer Geburt über kaum ein Viertel der Hirnmasse, die sie als Erwachsene mit sich tragen (rund 1500 Gramm). Schimpansen bringen immerhin 40 Prozent und Kälber gar 100 Prozent ihres Hirngewichts mit, wenn sie auf die Welt kommen. Da das Gehirn durch massive Schädelknochen geschützt ist, stellt die Kopfgröße den wesentlichen Risikofaktor bei der Geburt dar, und deshalb müssen wir als unfertige Babys zur Welt kommen, wenn Mütter Überlebenschancen haben wollten. Würden wir als »echtes Säugetier« geboren, müsste die menschliche Schwangerschaft etwa um ein Jahr länger dauern.

Neugeborene beziehen ihre Hauptenergie gewöhnlich aus der Muttermilch, und so kann ihr Gehirn in den ersten Wochen nach der Geburt einen raschen Gewichtszuwachs erfahren. In einer feindlichen Umgebung – der Welt der Evolution mit ihrer natürlichen Selektion – stellen Mutter und Kind nach der Geburt eine leichte Beute dar, und überlebt hat diese Einheit nur, weil sie geschützt wurde, und zwar im Rahmen der Familie bzw. der Familienbande. Die Notwendigkeit, größer werdende Gehirne gemeinsam zu versorgen, hat genau diesen Trend zur Familie und sozialen Gemeinschaft gefördert. Wir kommen vielleicht hilflos zur Welt, aber nur, um hilfreich zu werden.

Versteinerte Fußabdrücke des
Australopithecus afarensis – Mann,
Frau und Kind –, etwa 3,7 Millio-
nen Jahre alt, gefunden bei Laetoli
im Norden Tansanias, unweit der
Olduvai-Schlucht.

Ich komme, ich weiß nicht, von wo?
Ich bin, ich weiß nicht, was?
Ich fahre, ich weiß nicht, wohin?
Mich wundert, dass ich so fröhlich bin.

HEINRICH VON KLEIST

Woher kommen wir?

Die im Norden Tansanias gelegene Olduvai-Schlucht gilt als die »Wiege der Menschheit«. Sie ist etwa 50 Kilometer lang und bis zu 100 Meter tief, zahlreiche Überreste etwa des *Australopithecus,* des *Homo habilis* und *Homo erectus* wurden hier gefunden.

Seit es Menschen gibt, denken sie über die eigene Herkunft nach. Und sie werden es wohl so lange tun, so lange sie existieren. Wir wollen dem Problem »Woher kommen wir?« nicht bis in die Tiefen des Weltalls folgen und neueste Urknallvorstellungen erörtern. Uns soll der Blick auf die Erde reichen. Ein Evolutionsbiologe wird auf die Frage »Woher kommen wir?« eine überraschend klare Antwort geben: Wir kommen aus Afrika, und auf diesem riesigen Kontinent ist sogar der Ort auszumachen, an dem gleichsam die Wiege der Menschheit gestanden hat.

WIEGE UND WEGE DER MENSCHHEIT

Es dauerte einige Zeit, bis die Wissenschaft die Wiege der Menschheit entdeckt hat. Die ersten fossilen Überreste, versteinerte Knochen, von Vorläufern des Menschen wurden nämlich 1856 in der Nähe von Düsseldorf gefunden, genauer gesagt in dem bei Mettmann verlaufenden Neandertal. Von dem entdeckten Neandertaler, *Homo neanderthalensis*, weiß man inzwischen, dass er vor rund 160000 bis 30000 Jahren lebte und dass seine Artgenossen recht weit über den Erdball verteilt waren. Der Neandertaler und seine Geschichte werden derzeit mit Hochdruck erforscht, weil der *Homo neanderthalensis* und der *Homo sapiens*, das sind wir, einige tausend Jahre gleichzeitig gelebt haben. In der Presse wird immer wieder die Frage erörtert, ob es dabei Überkreuzungen gegeben haben kann, ob eine Neandertalfrau und ein moderner Mann gemeinsame Nachfahren hatten. Vielleicht geben die genetischen Daten darüber Auskunft, denn tatsächlich ist die Genetik heute in der Lage, aus den fossilen Funden genügend Material zu gewinnen, um das Neandertalgenom offenzulegen. Die Forscher stehen kurz davor und hoffen, dann mehr über die Verwandtschaft zwischen den beiden Menschenarten sagen zu können. Spekuliert wird auch, ob Mitglieder unserer seit 40000 Jahren nachgewiesenen Art *Homo sapiens sapiens* am Aussterben des Neandertalers beteiligt waren.

Diesem ersten Fund folgten viele weitere, zunächst hauptsächlich in Europa, wobei dies vor allem mit dem Vorurteil der frühen Paläontologen zusammenhängt, die selbstverständlich annahmen, dass der Neandertaler tatsächlich aus dieser Region stamme und der Ursprung der Menschen auf dem alten Kontinent zu suchen und zu finden sei. Als sich nach und nach herausstellte, dass die europäischen Fossilien nur einige Hunderttausend Jahre und somit nicht wirklich alt waren, fingen die Paläontologen erst in Südostasien und dann in Afrika an zu graben.

1924 entdeckte Raymond Dart in Südafrika ein menschenähnliches Fossil, dessen Alter man auf mehr als eine Million Jahre schätzte und für das sich die Artbezeichnung *Australopithecus* einbürgerte. Das gefundene Skelett zeigte zwar keine ausgeprägte menschliche Charakteristik, gehörte aber offenbar zu einem Lebewesen, das sich sehr wohl auf dem Weg der Menschwerdung befand, der Hominisation. Hominiden bürgerte sich als Name für diejenigen Primaten ein, die sich in Richtung des modernen Menschen entwickelten, und im Laufe des 20. Jahrhunderts wurden immer mehr Exemplare von Australopithecinen gefunden, sodass man nach und nach anfangen konnte, eine Chronologie der Menschwerdung anzufertigen.

Von den vielen Funden ist vor allem das 1974 in der Nähe von Hadar in Äthiopien von Donald Johanson gefundene Skelett berühmt geworden, das Lucy genannt und als Vertreterin der Art *Australopithecus afarensis* verstanden wird. Von Lucy und ihrem fast vollständig erhaltenen Skelett aus lassen sich Stufen hin zu uns ausmachen, wobei man vermutlich gut beraten ist, all diese Stammbäume mit ihren Verzweigungen nicht für endgültig zu halten. Es ist jederzeit möglich – vor allem, seit die Ausgrabungen in China

Paläontologie
Paläontologie ist im wörtlichen Sinne die Lehre vom »alten Seienden«, sie befasst sich mit der Evolution von Pflanzen und Tieren, von der Entstehung der einfachsten Lebensformen vor 3,8 Milliarden Jahren bis zum modernen Menschen. Als übergreifende Wissenschaft steht sie zwischen Biologie und Geologie. Einzelne Teilgebiete der Paläontologie erforschen pflanzliche (Paläobotanik), tierische (Paläozoologie) und menschliche Überreste (Paläoanthropologie).

Den beiden britischen Paläoanthropologen Mary und Louis Leakey sind einige der bedeutendsten Vormenschenfunde zu verdanken. Sie forschten überwiegend in Kenia und Tansania.

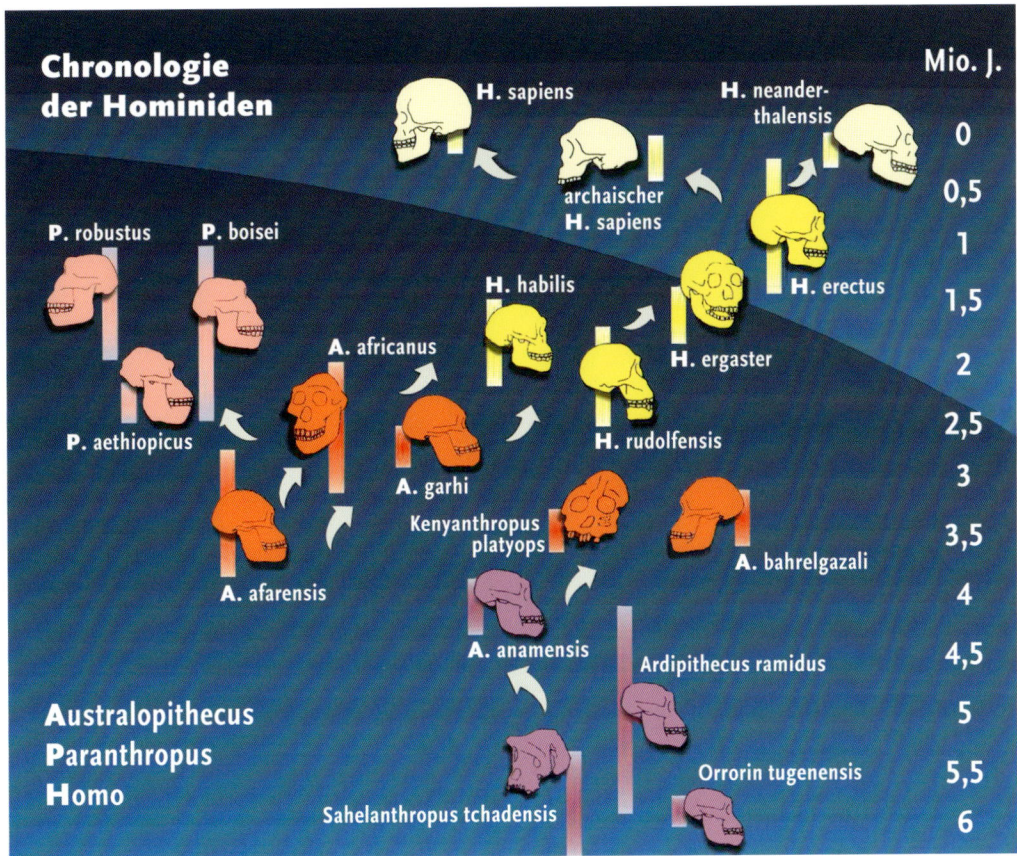

Chronologie der Hominiden

Mio. J.

H. sapiens
H. neander-thalensis
archaischer H. sapiens — 0
— 0,5
P. robustus
P. boisei — 1
H. habilis
H. erectus — 1,5
A. africanus
H. ergaster — 2
P. aethiopicus
H. rudolfensis — 2,5
A. garhi — 3
Kenyanthropus platyops — 3,5
A. afarensis
A. bahrelgazali
A. anamensis — 4
Ardipithecus ramidus — 4,5
Australopithecus — 5
Paranthropus
Orrorin tugenensis — 5,5
Homo
Sahelanthropus tchadensis — 6

Zeitliche Einordnung der wichtigsten Hominiden. Eine der großen Fragen bei der Erforschung der Menschwerdung ist nach wie vor, wer wann von wem abstammt.

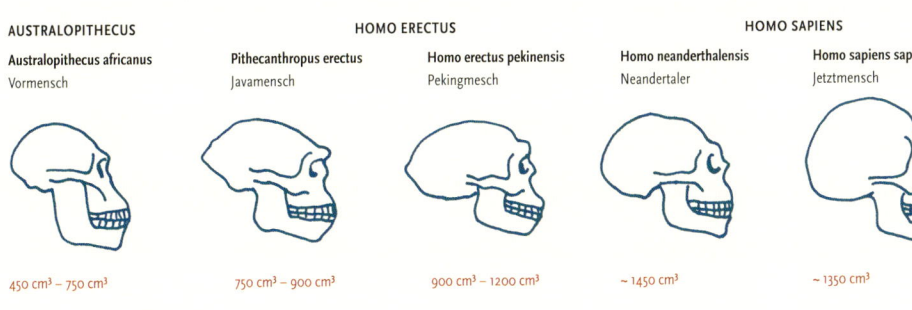

AUSTRALOPITHECUS	HOMO ERECTUS		HOMO SAPIENS	
Australopithecus africanus	Pithecanthropus erectus	Homo erectus pekinensis	Homo neanderthalensis	Homo sapiens sapiens
Vormensch	Javamensch	Pekingmesch	Neandertaler	Jetztmensch
450 cm³ – 750 cm³	750 cm³ – 900 cm³	900 cm³ – 1200 cm³	~ 1450 cm³	~ 1350 cm³

Die Entwicklungsgeschichte des Menschen kann anhand der morphologischen Veränderungen des Schädelbaus sowie des Hirnvolumens (rot) verfolgt werden.

Hominiden

Der Begriff Hominid grenzte ursprünglich die Familie der Menschen (Hominidae) von den Menschenaffen (Pongiden) ab. Wissenschaftlich ist diese Einteilung mittlerweile nicht mehr haltbar. Nach neuerer Forschung stehen Gorillas, Schimpansen und der Mensch als Hominiden allein dem Orang-Utan als Pongiden gegenüber. Außerhalb der Fachliteratur wird der Begriff aber nach wie vor verwendet.

Primaten

Primaten sind eine Ordnung der höheren Säugetiere, die unterteilt ist in Halbaffen und Affen – zu der in zoologischem Sinne auch der Mensch zählt. Kennzeichnend für Primaten sind die von der Seite nach vorne verlagerten Augen, ein eher schwacher Geruchssinn, die Schlüsselbeine und der Blinddarm. Primaten haben meist ein komplexes Sozialverhalten und leben meist in kleineren Familiengruppen oder Herden.

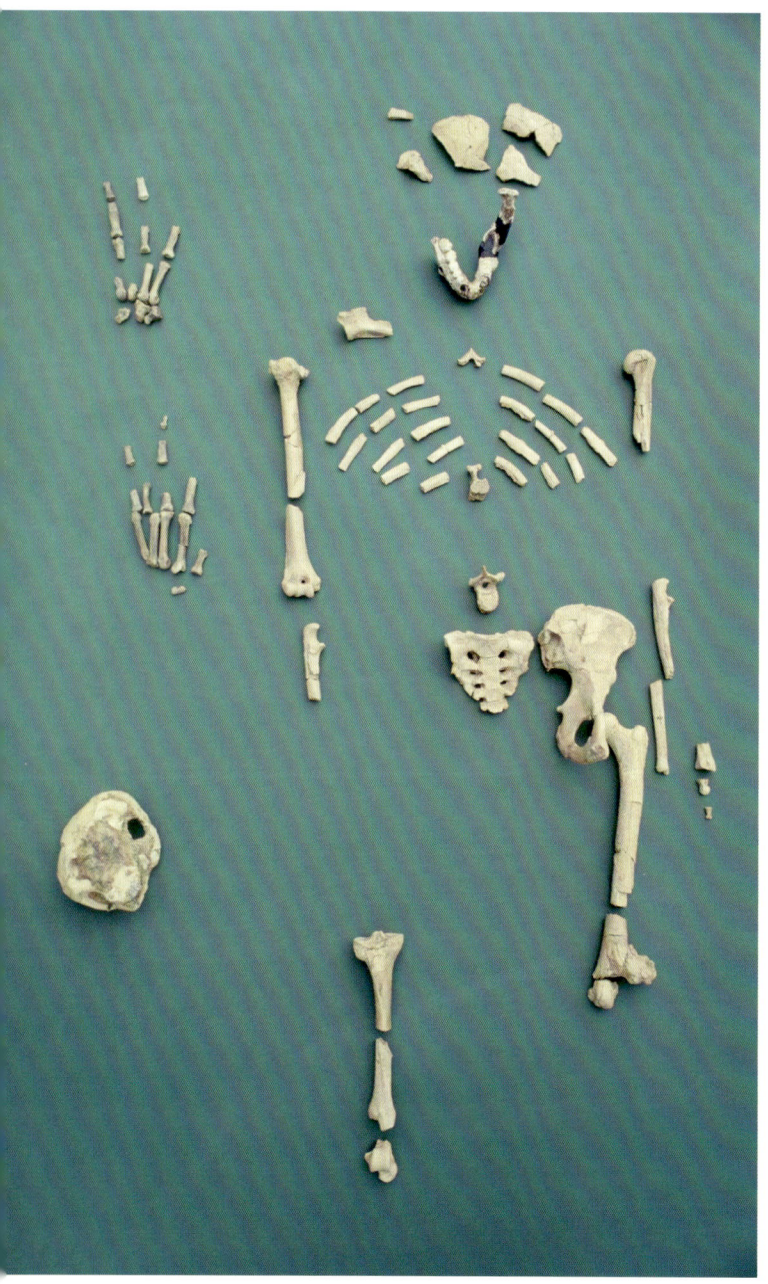

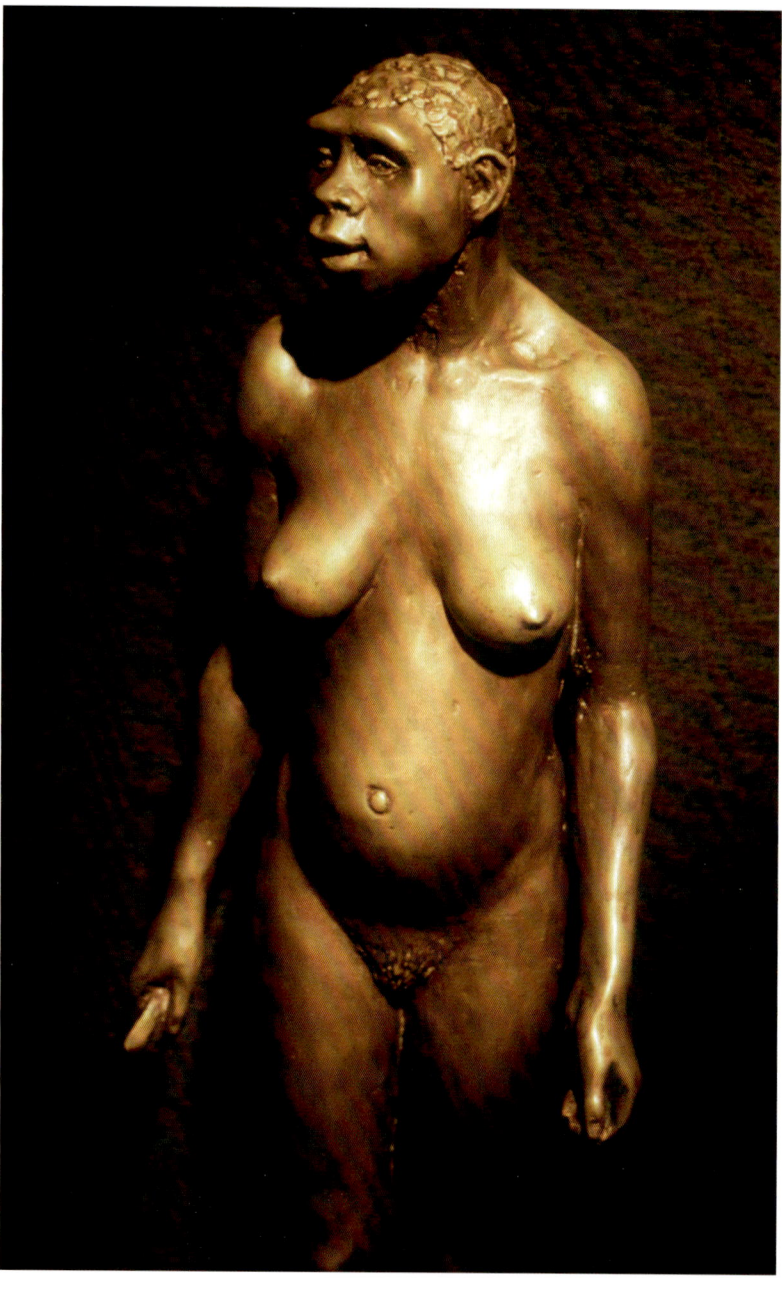

Fossilien des 1974 in Äthiopien gefundenen *Australopithecus afarensis*, der den Namen Lucy erhielt. Das Skelett ist zu 40 Prozent komplett und lässt sich auf ein Alter von 3,2 Millionen Jahren datieren.

Rekonstruktion, wie Lucy hätte aussehen können; bis 1995 war Lucy das älteste Beispiel für einen *Australopithecus afarensis*. Der Name Lucy ist im Übrigen dem Song der Beatles „Lucy in the Sky with Diamonds" angelehnt, der wohl während der Ausgrabungen des Öfteren von Band lief.

Die wissenschaftliche Rekonstruktion eines 3 bis 3,5 Millionen Jahre alten *Australopithecus afarensis*, eines männlichen Pendants zu Lucy, allerdings noch ohne Namen

Rekonstruktion der Vor- und Frühgeschichte des Menschen, drei Typen des *Australopithecus*: der besagte *A. africanus*, der *A. boisei*, der die Linie weiterführt und ein deutlich größeres Gehirnvolumen als sein Vorgänger zeigt, und zuletzt der *A. robustus*, der vor allem massivere Zähne besitzt

Australopithecus-Rekonstruktionen

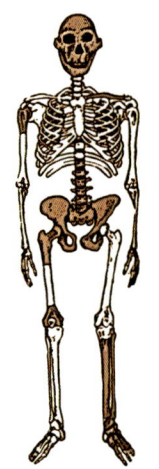

Australopithecus africanus

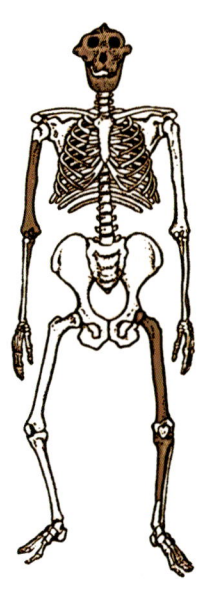

Australopithecus boisei

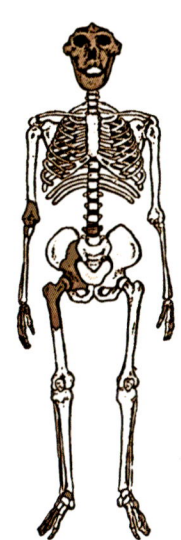

Australopithecus robustus

zunehmen –, dass neue Knochenfunde auftauchen, die ein neues Schema der Menschwerdung nahelegen. Die Fundorte der Australopithecinen zeigen also an, wo die Wiege der Menschheit tatsächlich stand, in Ostafrika. Inzwischen helfen genetische Daten, den Weg, den die Menschheit von dort genommen hat, genauer nachzuzeichnen: erst in Richtung Norden ans Mittelmeer und auf den indischen Subkontinent und dann von dort aus nach Westen bis Europa und Osten bis Indonesien und China.

Der Übergang vom *Australopithecus africanus* zum *Homo sapiens* vollzog sich wahrscheinlich über die Zwischenstufen *Homo habilis* und *Homo erectus*. Wie die Namen es ausdrücken, konnte der erste mit Werkzeugen umgehen und sie anfertigen, der zweite ging hoch aufgerichtet, und er war auf jeden Fall in der Lage, Feuer zu machen. Er nutzte diese beiden Eigenschaften offenbar, um sich neue Lebensräume außerhalb Afrikas zu erschließen. Diesen beiden Urmenschen gesellt sich durch jüngere Forschungen der als älter eingestufte *Homo rudolfensis* hinzu, von dem man annimmt, dass er vor etwa 2,5 Millionen Jahren in Afrika lebte, als es dort noch kälter als heute war. Wie die Erkundung des Klimas der Vergangenheit deutlich macht, musste *Homo rudolfensis* lernen, sich einer rauen Wirklichkeit anzupassen, in der das Nahrungsangebot vor allem aus harten Wurzeln und Nüssen bestand, und so ist es folgerichtig, dass sich sein Kauapparat verstärkte und er lernte, mit Geräten Nahrung zu zermalmen. Tatsächlich finden sich erste Steinwerkzeuge, die so alt sind wie der *Homo rudolfensis*. Er konnte sie auch deshalb einsetzen, weil er dank des aufrechten Gangs seine Hände frei hatte. Es ist übrigens der aufrechte Gang und nicht die Vergrößerung des Gehirns, mit der nach Ansicht einiger Anthropologen die Menschwerdung begann.

Welchen Selektionsvorteil mag die Bildung von Hinterbeinen haben, die länger als die Vorderextremitäten sind und den aufrechten Gang verbessern? Klar ist natürlich, dass ein aufrecht gehendes Wesen in Äquatornähe weniger direkter Sonneneinstrahlung ausgesetzt ist, und dass die Hände freiwerden, um sie anders als für die Fortbewegung zu nutzen – zum Beispiel zum Feuer-

Homo habilis

Der »geschickte Mensch« lebte vor etwa 2,5 bis 1,4 Millionen Jahren in Ostafrika. Bei 1,45 Meter Größe war sein Hirnvolumen um 30 Prozent größer als das seines evolutionsgeschichtlichen Vorgängers. Er war der erste, der Steinwerkzeuge herstellte – vor allem um seine Nahrung mit Fleisch, hauptsächlich Aas, anreichern zu können.

Homo erectus

Homo erectus, der »aufgerichtete Mensch«, lebte von vor etwa 1,8 Millionen bis vor 300 000 Jahren. Er war der erste Hominide, der Afrika verließ. Bekannte Funde stammen daher nicht nur aus Algerien und Marokko, sondern vor allem auch aus Java, China und der Türkei. Mit einem größeren Gehirn beschränkte der Homo erectus sich nicht nur auf das Sammeln von Nahrung, sondern begann zu jagen. Er nutzte auch das Feuer: nicht nur zur Wärme, sondern auch zur Zubereitung von Nahrung und zum Schutz vor Tieren. Vermutlich war der Homo erectus auch der erste Mensch ohne vollständige Körperbehaarung.

Hobbit oder Homo floresiensis

Im Jahr 2003 wurden auf der indonesischen Insel Flores menschliche Knochen gefunden, die heute als Homo floresiensis in der wissenschaftlichen Literatur aufgeführt und aufgrund der geringen Körpergröße in der Presse als Hobbit bezeichnet werden. Während es schon 40 000 Jahre her ist, dass der Homo sapiens den Lebensraum mit Neandertalern teilen musste, lebte der Homo floresiensis sogar noch vor rund 17 000 Jahren. Offenbar bot die Erde Platz für mehr als eine Menschenart.

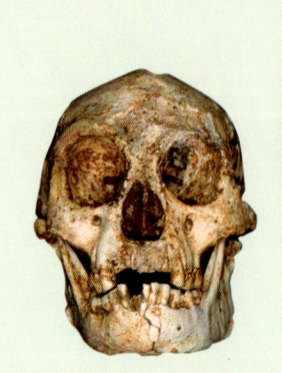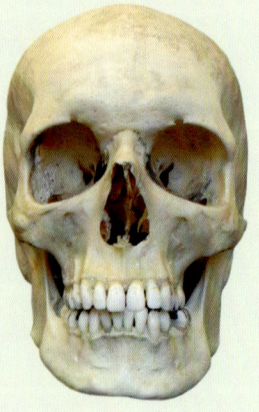

Der Schädel eines *Homo floresiensis* (links) und eines modernen Menschen.

Ain Haeech (Algerien)

Abfolge von
Casablanca (Marokko)

Omo (Äthiopien)

Goma (Äthiopien)

Melka Kunture (Äthiopien)

Gadeb (Äthiopien)

Koobi Fora (Kenia)

Chesowanja (Baringosee, Kenia)

Peninj (Natronsee, Tansania)

Olduvaischlucht (Tansania)

Laetoli (Tansania)

Sterkfontein und
Swartkrans (Südafrika)

Taung (Südafrika)

Kopf (Rekonstruktion) eines
Australopithecus boisei.
Dieser Urmensch lebte vor
ca. 2 Millionen Jahren am
Turkana-See, Kenia.

Auf der Weltkugel oben sind die
wichtigsten Fundorte der Australopithecinen in Afrika verzeichnet.
Das Schaubild rechts zeigt an,
dass die Wiege der Menschheit in
Ostafrika stand und welchen Weg
ihre Vertreter genommen haben.

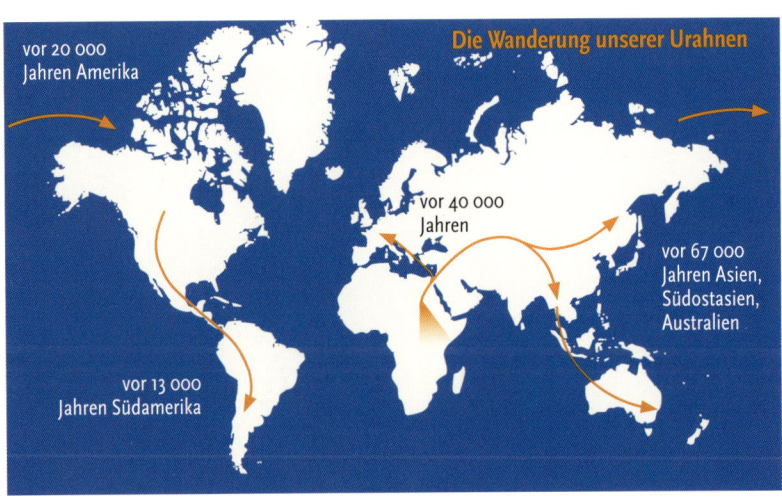

Die Wanderung unserer Urahnen

vor 20 000
Jahren Amerika

vor 40 000
Jahren

vor 67 000
Jahren Asien,
Südostasien,
Australien

vor 13 000
Jahren Südamerika

Die Abbildung zeigt den deutlichen Unterschied zwischen dem robust-untersetzten Skelett eines Neandertalers (links) und dem eines modernen Menschen.

Die Figur eines Neandertalers in der Einganshalle des Neandertal-Museums in Mettmann (nächste Seite)

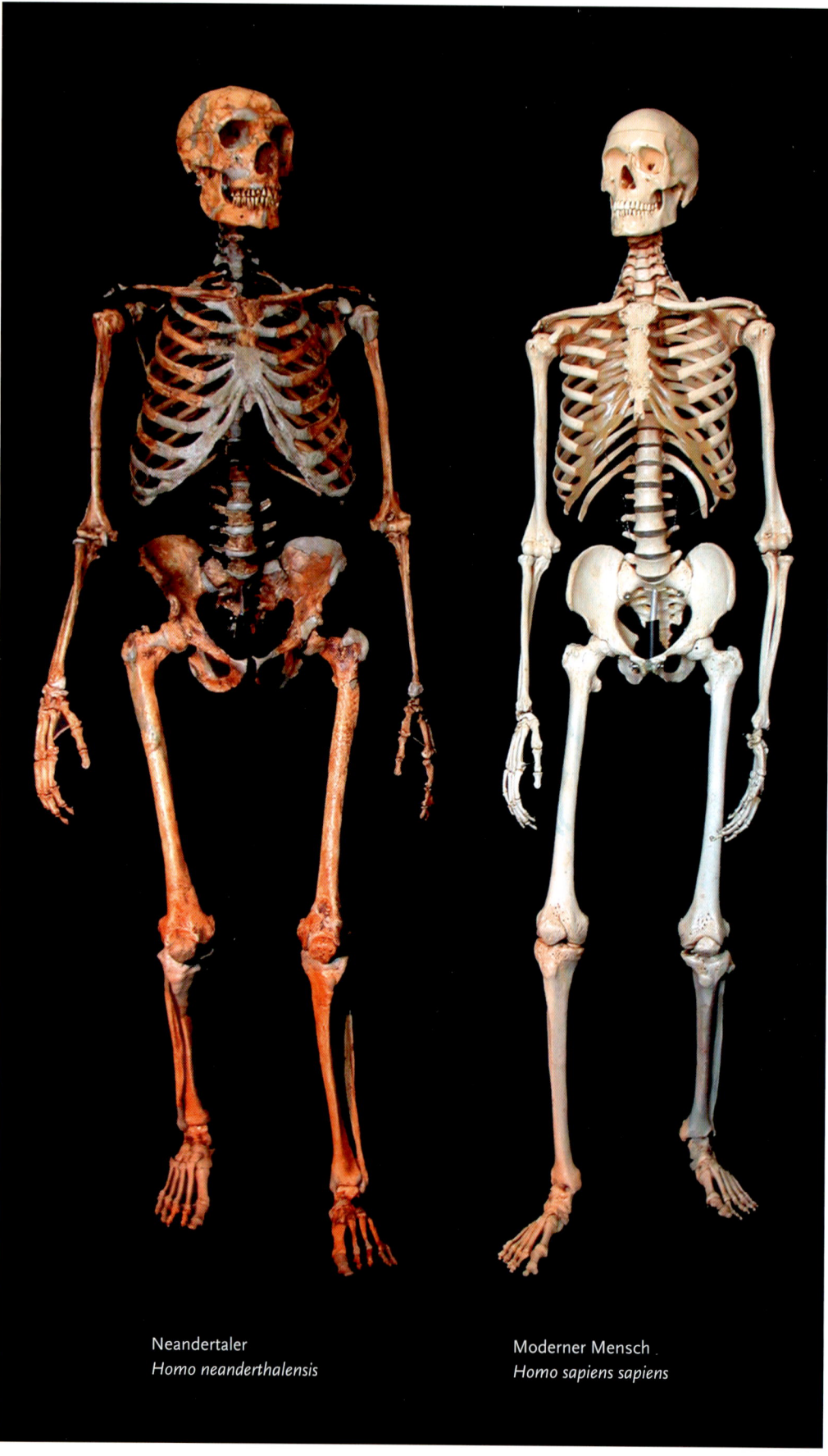

Neandertaler
Homo neanderthalensis

Moderner Mensch
Homo sapiens sapiens

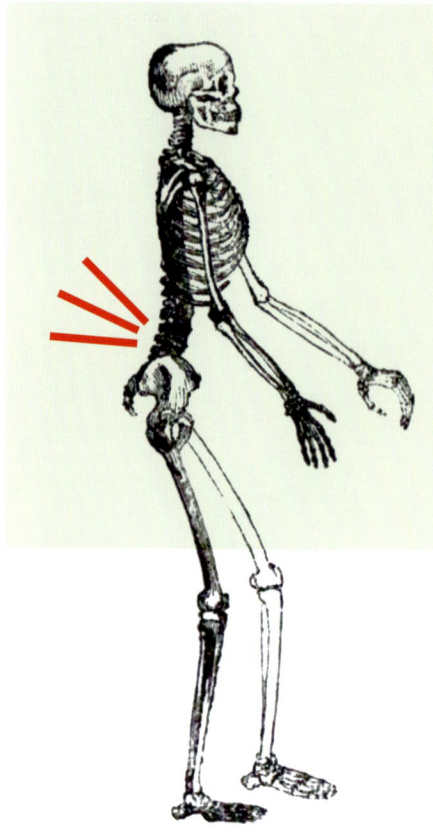

Wenn wir jemandem heute einen aufrechten Gang bescheinigen, geben wir damit ein charakterliches Urteil ab. Es gehört also zum Menschen, es stellt eine humane Qualität dar, den Kopf hochhalten zu können. Und die spannende Frage lautet, wie wir uns im Laufe der Evolution diese Eigenschaft aneignen konnten, die wir als einziges Säugetier erworben haben und die vielen Menschen bis heute Beschwerden in Form von Rückenschmerzen macht, die man gerne auf die Bandscheiben schiebt.

Der aufrechte Gang

Als einziges Säugetier hat der Mensch einen aufrechten Gang erworben, eine Eigenschaft, die häufig mit Rückenschmerzen verbunden ist. Der aufrechte Gang bereitet also nicht wenigen Menschen Beschwerden, was die Frage aufwirft, worin der Vorteil der Fortbewegung auf zwei Beinen besteht. Es ist offensichtlich, dass ein sich aufrecht haltendes Wesen in Äquatornähe weniger direkter Sonneneinstrahlung ausgesetzt ist, und dass die Hände frei werden, etwa zum Feuer machen. Klar scheint aber auch zu sein, dass sich bei aufrecht gehenden Wesen die Mund- und Rachenpartie ändern konnte, dass die Lautbildung möglich wurde. Die Entwicklung der Sprachfähigkeit stärkte ebenso das Sozialleben wie der Blick in die Gesichter, der auf zwei Beinen und in aufrechter Haltung leichter fällt als auf allen vieren. Übrigens besitzen nur wir Menschen Augen, denen man ansehen kann, wohin sie und ihr Träger blicken. Auch hier sind wir von der Evolution auf kooperatives Verhalten angelegt, was natürlich dringend erforderlich wird, wenn man sich im Gras aufrichtet und die Wahrscheinlichkeit erhöht, von außerhalb des eigenen Sozialverbandes angegriffen zu werden.

machen. Bei aufrecht gehenden Wesen konnte sich außerdem die Mund- und Rachenpartie anatomisch so ändern, dass die Lautbildung möglich wurde, eine Voraussetzung zur Entwicklung der Sprachfähigkeit, die ebenso das Sozialleben stärkte wie der Blick in die Gesichter, der auf zwei Beinen und in aufrechter Haltung leichter fällt als auf allen vieren und es gestattet, die dort ausgedrückten Stimmungen oder Emotionen wahrzunehmen. Die derzeitige Antwort der Evolutionsbiologie basiert auf der Einschätzung, dass einige Vermutungen über die ursprünglichen menschlichen Lebensräume nicht ganz zutreffend waren. Unsere Vorfahren haben sich nicht, wie bislang angenommen, vornehmlich in den afrikanischen Savannen aufgehalten, und sie haben auch nicht wie Affen auf Bäumen in Wäldern gehockt, jedenfalls nicht nur. Vormenschen bewohnten wohl vielmehr Uferbereiche und Flachwasserzonen. Die dort verfügbaren Ressourcen brachten deutliche Selektionsvorteile mit sich, allerdings nur für denjenigen, der sich gelegentlich im flachen Wasser aufhalten und dort umherschweifen konnte. Tatsächlich suchen viele Primaten – Paviane in Botswana, Makaken in Japan und Bonobos im Kongo – ebenfalls in flachen Gewässern nach Nahrung, etwa nach Krabben.

Wenn man annimmt, dass die versteinerten Überreste von frühen Hominiden deshalb fast ausschließlich in sumpfigen Gegenden gefunden werden, weil sich unsere Vorfahren bevorzugt dort aufgehalten und entwickelt haben, und wenn wir weiter zur Kenntnis nehmen, dass die nach Lucy gefundenen Exemplare des *Australopithecus* auf ein Leben am Wasser hinweisen, weshalb sie auch *Australopithecus anamensis* heißen (nach dem Turkana-Wort »anam« für »See«), dann kann man der Überlegung zustimmen, mit der das amerikanische Fachblatt »Science« unsere ostafrikanischen Vorfahren beschrieben hat: »Ein korrekteres Bild für jene Zeiten können Fischer abgeben, die in stille Seen hineinwaten, die schweigend Meeresküsten entlangpatrouillieren, auf der Suche nach Fischen, den Eiern von Meeresvögeln und anderer Meeresnahrung.« Der Selektionsvorteil längerer Beine und des

aufrechten Gangs, die Fähigkeit, im Wasser zu waten, führt unmittelbar zu einer besseren Ernährung, denn Wassertiere liefern eine große Menge jener Fettsäuren, die bei der Bildung und Reifung des Gehirns unabdingbar sind, und des lebensnotwendigen Jods, dessen Mangel bis heute im Binnenland zu einem Kropf und bei menschlichen Föten zu Minderwuchs und schlimmeren Folgen führen kann. Außerdem wissen wir alle, wo sich Menschen am wohlsten fühlen – an Uferlandschaften mit flachem Wasser. Wir fahren also in den Ferien bevorzugt dorthin, wo wir ursprünglich herkommen.

Längere Beine und aufrechter Gang und die Fähigkeit, im Wasser zu waten, führen unmittelbar zu einer besseren Ernährung.

DAS WERDEN DES MENSCHEN

Zeitraum	Hervorbringungen
40 Mio. Jahre	Erste Sozialordnungen von Anthropoiden, Zunahme des Gehirnwachstums
25 Mio. Jahre	Leben in kleinen Gruppen beginnt
15 Mio. Jahre	Manipulative Fähigkeiten nehmen zu, Rechtshändigkeit tritt auf
10 Mio. Jahre	Hominiden-Evolution durch Klimawandel
7 Mio. Jahre	Der letzte gemeinsame Vorfahre von Affe und Mensch
5 Mio. Jahre	Das Zeitalter der Australopithecinen, der aufrechte Gang
2,5 Mio. Jahre	Die ersten Steinwerkzeuge
1,5 Mio. Jahre	Afrikanische Frühmenschen entwickeln Faustkeile und nutzen regelmäßig Feuer
300 000 Jahre	Das Gehirn wiegt 1000 Gramm, Werkzeuge werden hergestellt
100 000 Jahre	Erste Bestattungen, Klingen aus Stein und farbige Gegenstände
75 000 Jahre	Erste Schmuckperlen in Südafrika (perforierte Schneckengehäuse)
35 000 Jahre	Schmuckkolliers aus Elfenbeinperlen
20 000 Jahre	Die kulturelle Diversifikation beginnt

DAS AUFKOMMEN DES SOZIALEN

Unsere Gehirne und mit ihnen die dazugehörigen Schädelvolumina haben sich im Laufe der Evolution massiv vergrößert. Ein teurer Spaß, denn die 2 Prozent an Körpermasse, die wir im Kopf herumtragen, benötigen 20 Prozent der Energie, die wir – einst mühsam genug – uns einverleiben. Wozu dient dieser Aufwand?

Die traditionelle Antwort lautete lange, und sie bleibt teilweise gültig, dass es der Evolution darum ging, möglichst viele Informationen über die Welt zu erfassen, zu berechnen und zu bewerten. Gehirne dienten zudem der Lösung von ökologischen Problemen, etwa dem Nussknacken von Cebus-Affen oder dem Termitenfang von Schimpansen, die sogar mit Stöckchen an das Mark aus den Knochen eines Beutetiers herankommen.

Doch spätestens seit den 1980er Jahren arbeiten die Verhaltensforscher mit einer neuen Hypothese, der sie inzwischen einen Namen gegeben haben, nämlich der »Hypothese des sozialen Gehirns«. Demnach verdankt sich die Größe unseres Gehirns den Anforderungen, die das Leben in gesellschaftlichen Ordnungen erfordert. Tatsächlich ist leicht einzusehen, dass sich in diesem Fall die Aufmerksamkeit eines Lebewesens ganz neuen Herausforderungen gegenübersieht. Solange es um das individuelle Überleben ging, galt es, sich auf die natürliche Umwelt zu konzentrieren, die zum einen schon länger bestand und damit vermutlich intern verankert war und die sich zum anderen eher gemächlich änderte. Sobald das Leben dazu überging, Sozialsysteme zu bilden, stellte sich neben die Außenwelt eine Innenwelt, in der es sich ebenso zu bewähren galt. Diese Innenwelt ist aber sowohl varianten- als auch abwechslungsreicher, man denke nur an die vielen Gesichter, die es auseinanderzuhalten gilt, sie stellt mehr Anforderungen an den Einzelnen und sein Gehirn – etwa dann, wenn er Netzwerke oder Seilschaften zu bilden versucht oder wenn es gilt, die betrügerischen Absichten anderer im Sozialverband zu durchschauen.

Hier setzt eine noch junge Wissenschaft an, die als Soziobiologie die Frage beantworten will, ob das Zustandekommen und das aktive Gestalten von kooperativen Sozialordnungen im Rahmen einer evolutionären – eigentlich auf individuelle Fitnesskriterien angelegten – Konzeption erklärt werden kann. Der Soziobiologie wird von ihren Gegnern vorgeworfen, bestenfalls eine Sosobiologie zu sein, weil sie gerne Verhaltensweisen plausibel macht, indem sie Geschichten darum webt.

Werfen wir zunächst einen Blick auf die bekannten Sozialsysteme bei Primaten. Die kleinen asiatischen Menschenaffen, die Gibbons und die Siamangs, leben in monogamen Familien, sie verhalten sich ähnlich, wie wir es tun, wenn ein Elternpaar ein bis zwei Nachkommen zeugt und mit ihnen einen eng umgrenzten Wohnbereich besetzt. Zu den großen asiatischen Menschenaffen gehört der Orang-Utan, bei dem ein Männchen nur während der Brunstzeit mit dem Weibchen zusammenlebt, das sich anschließend alleine um den Nachwuchs kümmert. Jedes Orang-Utan-Männchen schafft sich ein Territorium, in dem sich mehrere Mutter-Kind-Gruppen aufhalten können.

Schimpansen nutzen Stöckchen, um Termiten aus deren Bau zu »fischen«.

Afrikanische Gorillas leben in einem eigenwilligen Verband, den man »Viel-männchengruppe« nennt, weil sich in ihm mehrere erwachsene und ge-schlechtsreife Männchen mit mehreren Weibchen, Jugendlichen und Kin-dern zusammenfinden. Solche Ordnungen können mehr als 20 Mitglieder aufnehmen. Die Gruppe wird vom ältesten Männchen dominiert.

Komplizierter ist es bei den Schimpansen, die in Afrika in Gruppen mit vie-len erwachsenen Männchen und Weibchen organisiert sind. In einer einzel-nen Horde leben bis zu 40 Individuen, die sich um einen dominanten Kern gruppieren, den mehrere miteinander verwandte Männchen bilden. Sie ge-hen stabile Hierarchiebeziehungen ein und beherrschen die Weibchen, die eher einzelgängerisch mit ihrem noch jungen Nachwuchs leben. Ab und zu verlässt ein Weibchen die Gruppe, in der es geboren wurde, um sich einem anderen Verband anzuschließen. Die Männchen verhalten sich hingegen gruppentreu.

Wieder anders organisieren die afrikanischen Bonobos, früher Zwergschim-pansen genannt, ihr Zusammenleben. Viele erwachsene Männchen und Weibchen leben mit dem Nachwuchs in einer Gruppe, die sich teilen und erneut zusammenfinden kann. Im Mittelpunkt stehen die Weibchen, die zwar feste, aber keineswegs hierarchisch geordnete Beziehungen formen und die Männchen dominieren. Während Schimpansen Kriegszüge führen, verhalten sich Bonobos friedfertig. Sie haben neben dem aggressiven auch das versöhnliche Verhalten entwickelt, und sie zeigen zudem ein ausgiebiges Sexualleben, dem eine wichtige soziale Rolle zuzugestehen ist.

Warum solche Sozialverbände nur mit entsprechend großen und immer grö-ßer werdenden Gehirnen funktionieren, zeigen Winfried Henke und Har-mut Rothe in ihrem Buch über die »Menschwerdung«:

Der klügste Mensch der Welt
Als man seiner Frau und seinen Kindern erzählte, der amerikanische Physiker Richard Feynman sei doch wohl der klügste Mensch der Welt, seufzten sie unisono, »Dann braucht die Welt aber dringend Hilfe von woanders her«.

»Jedes Gruppenmitglied kennt seine Beziehung und seine Position zu jedem anderen Mitglied der Gruppe. Dieses Gesamtsystem enthält als integrierte Bestandteile zahlreiche unterschiedlich zusammengesetzte Untergliederungen wie Mutter-Kind-, Geschwister- oder Altersgenossen-Spielgruppen und andere. Es gibt zudem viele unterschiedliche soziale Rollen und Rangord-nungen ... Da jedes Gruppenmitglied insbesondere in Anwesenheit Ranghö-herer beachten muss, dass seine Handlungen zu Sanktionen führen können, ist es stets gezwungen ... sein eigenes Handeln zu kontrollieren und gegebe-nenfalls vollständig zu unterdrücken. Vorausschauendes Handeln, Planen nach abgewogenen Wahrscheinlichkeiten unter vorausschauender Einbezie-hung komplexer Situationen und Konstellationen ... sind Kennzeichen aller Mitglieder von Primatengruppen.« Und dabei gilt, was erneut das evolutio-näre Wachstum des Gehirns beschleunigt: »Soziale Kompetenz kann nur durch ständiges soziales Lernen im stabilen sozialen Umfeld erreicht wer-den. Sämtliche Primatenarten zeichnen sich gegenüber den meisten anderen Säugetieren durch eine verlängerte Kindheits- und Jugendphase aus, in der alle wichtigen Funktionen des sozialen Lebens erworben werden können und müssen ... Die im sozialen Kontext entwickelte kognitive Leistungsfä-higkeit der Primaten stellt eine grundlegende adaptive Voraussetzung für den Menschwerdungsprozess dar.«

DIE ZAHL DER KINDER

Es gehört zu den zahlreichen Aufgaben der Evolutionsbiologie, so viele Sozialordnungen wie möglich zu erklären. Dabei ist von vornherein klar, dass immer wieder unterschiedliche Aspekte zu finden und hervorzuheben sind, um zu verstehen, warum welche soziale Lebensform die Fitness im Sinne Darwins mit sich bringt, nach der das Verhalten ausgewählt wird. Wir wollen uns hier auf zwei Aspekte konzentrieren, die besonders auffällig sind. Es geht um die Zahl der Kinder, die Menschen haben, und um das grundlegende Verhalten, das zu jeder Gruppenbildung gehört und das man als uneigennützig oder altruistisch bezeichnen kann.

Was die Zahl der Kinder angeht, so steht der Tatsache, dass die menschliche Familie sich eher zurückhaltend vermehrt, die Grundidee Darwins gegenüber, dass evolutionärer Erfolg sich in starker Vermehrung zeigt. Warum führt die natürliche Selektion beim Menschen nicht zu ähnlich hohen Nachkommenzahlen, wie wir sie etwa von Mäusen, Fischen und Austern her kennen, die Tausende von Jungtieren oder sogar viele Millionen Eier im Jahr produzieren? Man könnte die Frage noch zuspitzen, wenn man darauf hinweist, dass nach dem einfachen Verständnis von Evolution doch vor allem diejenigen Arten hoch differenziert sein sollten, die viele Nachkommen und kurze Generationszeiten aufweisen. Tatsächlich ist aber das Gegenteil der Fall. Gerade diejenigen Arten sind besonders entwickelt – und wir rechnen uns dazu –, die zum einen wenig Nachkommen haben und die zum anderen viel Zeit aufwenden, um Kinder in die Welt zu setzen. Wie lässt sich diese Merkwürdigkeit im Kontext der Evolution erklären? Lässt sie sich überhaupt verstehen?

Was den zuletzt genannten Aspekt angeht, so kann er mit Hinweis auf die genetische Grundlage allen Lebens erläutert werden. Der Blick auf die Gene lässt erkennen, dass Organismen, die sich sexuell vermehren, zwei Exemplare (Allele) eines Gens tragen, die unterschiedlich sein können. Was aber erklärt das Vorhandensein von zwei Kopien eines Gens? Wenn man einmal annimmt, dass sich nicht beide Allele (Genformen) gleichzeitig ändern und nur eins von ihnen eine Variante (Mutation) mitbekommt, die für die Evolution günstig ist, dann besteht die reproduktive Aufgabe darin, ein Lebewesen in die Welt zu setzen, das zwei Kopien dieser Variante besitzt. So kann der damit verbundene Vorteil nämlich am besten zum Ausdruck kommen und von der Selektion erfasst und befördert werden. Die geeignete Strategie, um Gene mit günstigen Wirkungen nicht nur möglichst häufig zusammenzubringen, sondern danach auch möglichst beieinanderzuhalten, besteht in kleinen Fortpflanzungsgemeinschaften (Familien), wie eine mathematische Analyse der Populationsgenetik zeigt. In Riesengemeinschaften (großen Populationen) zerstreuen sich geeignete Gene dagegen sehr rasch, und zwar so lange, bis sie völlig unauffällig werden. Hier liegt der Grund dafür, dass Arten mit hohen Nachkommenzahlen nicht so komplex werden wie Arten mit weniger Nachwuchs.

Allel
Ein Allel bezeichnet eine Genvariante, den veränderbaren Zustand eines bestimmten Gens auf einem Chromosom, der zu unterschiedlichen Ausprägungen des zugehörigen Merkmals führt. So kann das Gen für die Augenfarbe in verschiedenen Allelen vorkommen, für blaue, braune oder grüne Augen.

Mutation
Mutationen sind spontane Veränderungen der Erbsubstanz eines Organismus. Dabei wird die in der DNA enthaltene Information, bzw. deren Struktur oder Quantität, verändert, was wiederum zu Veränderungen im Phänotyp, den sichtbaren Merkmalen eines Organismus, führen kann. Man unterscheidet zwischen stillen Mutationen (keine Veränderung), negativen Mutationen (z.B. Farbenblindheit, Bluterkrankheit) und positiven Mutationen, deren Dynamik die Entwicklung der Arten erst möglich gemacht hat.

Wenn nun aber die Zahl der Kinder klein ist, dies kommt als Zweites hinzu, muss jedes einzelne von ihnen möglichst gut betreut und versorgt werden. Kleine Nachkommenzahlen und langsame Generationenfolgen weisen mithin in dieselbe Richtung. Das Leben in Familien und der Abstand von ein paar Jahren, in denen wir Kinder bekommen, sind evolutionäre Strategien, die dem Ziel der höheren Komplexität dienen.

Da die Evolution jedoch nicht Quantität und Qualität zugleich erreichen kann, hat sie die Fortpflanzungsstrategien der Organismen in die beiden Kategorien aufgeteilt, die jede auf ihre Weise erfolgreich ist. Gorillas, Wale und Elefanten können trotz ihrer geringen Kinderzahl evolutionär ebenso bestehen wie Mäuse, Kaninchen und viele andere Arten, die auf hohe Nachkommenzahlen setzen, um überhaupt ein Junges durchzubekommen.

Übrigens lässt sich die Unterscheidung zwischen quantitativen und qualitativen Strategien innerhalb unserer eigenen Art wiederfinden, da wir Menschen oft schwankenden und unsicheren Verhältnissen ausgesetzt sind. Ge-

rade die deutsche Bevölkerungsgeschichte zeigt den Zusammenhang von mangelnder Lebenssicherheit und erhöhter Kinderzahl (bei reduziertem Aufwand pro Nachwuchs), wenn Pest oder Krieg für Not und Tod sorgten, reagierten die Familien mit erhöhter Fruchtbarkeit. Kinderreichtum kann sowohl der Ausdruck von Bedrohung und Sorge als auch das Ergebnis von privilegierten Lebensverhältnissen sein. Denn, so der Gießener Soziobiologe Eckard Voland, »wer es sich leisten kann, sowohl auf Qualitätssicherung des Nachwuchses zu setzen als auch viele Kinder zu haben, wird mit einiger Wahrscheinlichkeit diese Option ergreifen.« Ansonsten gilt der Normalfall: »Wer gut ausgestattete Kinder haben will, darf nicht viele bekommen.«

Zwei erfolgreiche Fortpflanzungsstrategien der Evolution: entweder viele Nachkommen, um überhaupt ein Junges durchzubekommen, oder wenige, die möglichst gut betreut und versorgt werden.

DER ALTRUISMUS

Zu den nicht nur grundlegenden, sondern weit verbreiteten Missverständnissen über die Evolution gehört die Ansicht, dass die natürliche Selektion mit ihrem »Kampf ums Dasein« nur egoistisch agierende Nutzenmaximierer hervorbringen kann. Tatsächlich sind im Laufe des darwinistischen Prozesses ganz andere Qualitäten entstanden, nämlich Nächstenliebe, Fürsorglichkeit, Freundschaft und Großherzigkeit, um nur einige der angenehmen menschlichen Züge zu nennen. Das heißt, wir müssen noch erläutern, dass diese Eigenschaften tatsächlich von der Evolution her zu erklären sind, dass das Prinzip Menschlichkeit mit zu unserer Natur gehört. Das wird deshalb nicht ganz leicht, weil Darwin selbst sich an dieser Stelle merkwürdig geäußert und in der »Abstammung des Menschen« 1871 zum Beispiel geschrieben hat:

Egoismus – Altruismus
Egoismus bezeichnet jegliches Handeln, bei dem die eigene Person im Mittelpunkt steht. Ursprünglich als Bezeichnung für Handlungen der Lebens- und Selbsterhaltung genutzt, steht Egoismus heute für rücksichtsloses Verhalten und das Verfolgen ausschließlich persönlicher Interessen, ohne Rücksicht auf andere. Dem Egoismus gegenüber steht der Altruismus, bei dem die Interessen und das Wohlergehen anderer im Zentrum des Handelns stehen.

»Es muss für alle offene Konkurrenz bestehen, und es dürfen die Fähigsten nicht durch Gesetze oder Gebräuche daran gehindert werden, den größten Erfolg zu haben«, denn »wenn die Klugen das Heiraten vermeiden, während die Sorglosen heiraten, werden die minderwertigen Glieder der menschlichen Gesellschaft die besseren zu verdrängen streben.« Für Darwin kam es fortwährend auf einen heftigen Kampf an, und er übersah, dass es selbst im Reich der Tiere oft altruistisch zugeht und viele Lebewesen ihr Können und ihre Kraft zum Wohle anderer einsetzen – zum Beispiel ein Murmeltier, das durch einen Warnruf, der es selbst gefährdet, seine Artgenossen rettet, oder wie die Antilope, die durch Hochspringen den gleichen Effekt erzielt.

Was lange Zeit nach Darwins Durchbruch rätselhaft geblieben ist, hat vor einigen Jahrzehnten einen Erklärungsansatz bekommen, und wir verdanken ihn dem britischen Biologen William Hamilton. Seine Vorstellung einer Sippenselektion greift die Beobachtung auf, dass die Wahrscheinlichkeit für das altruistische Verhalten eines Lebewesens wächst, wenn der Nutznießer der Hilfestellung mit ihm verwandt ist. Ein derart fokussiertes uneigennütziges Verhalten kann sich deshalb evolutionär durchsetzen, weil die dadurch geförderten Artgenossen wahrscheinlich Kopien derselben Gene wie der altruistisch Handelnde tragen. Konkret gesprochen heißt das: Wer in einer Gefahrensituation drei Brüder rettet, während er selbst sein Leben verliert, erhält damit mehr eigene Genen am Leben, als wenn er sich davonschleicht und die Sippschaft umkommen lässt.

Doch so schlüssig diese Erklärung scheint, bringt sie doch Probleme mit sich, und dazu gehört die Frage, an welcher Stelle die evolutionäre Kraft genau ansetzen soll. Für Darwin war es die Art, die meisten von uns sehen erst auf das Individuum und richten dann den Blick auf die Gesellschaft und ihre Institutionen. Jetzt blicken wir in die entgegengesetzte Richtung, nicht mehr nach außen, sondern nach innen auf die Gene. In der jüngsten Literatur ist erneut Streit darüber aufgeflammt, ob die von Hamiltons Idee ausgehenden soziobiologischen Erklärungen von Altruismus tatsächlich tragen – etwa um die sterilen Mitglieder von Bienen- und Ameisenstaaten zu

Wir sind Überlebensmaschinen – Roboter, blind programmiert zur Erhaltung der selbstsüchtigen Moleküle, die Gene genannt werden. RICHARD DAWKINS

Das egoistische Gen

»Das egoistische Gen« heißt der Bestseller des Oxforder Biologen Richard Dawkins, in dem er zu erklären versucht, wie die Evolution egoistisches, also selbstsüchtiges, und altruistisches, also selbstloses Verhalten hervorbringen konnte. Altruismus umschreibt er als ein Verhalten, das »das Wohlergehen eines anderen, gleichartigen Organismus auf Kosten (des eigenen) Wohlergehens steigert«. Egoistisches Verhalten dagegen beschreibt er als so angelegt, dass es einem Organismus selbst nützt. Über die Beobachtung zahlreicher Beispiele aus der Natur kommt Dawkins zum »egoistischen Gen« und definiert ein Gen als »jedes beliebige Stück Chromosomenmaterial, welches potenziell so viele Generationen überdauert, dass es als eine Einheit der natürlichen Auslese dienen kann«. Daraus folgert er über den Menschen: »Wir sind Überlebensmaschinen – Roboter, blind programmiert zur Erhaltung der selbstsüchtigen Moleküle, die Gene genannt werden.« Dawkins Überlegung ist trotz aller Vorbehalte der beste Vorschlag, den die Biologie für das altruistische Rätsel hervorgebracht hat. Er führt in seinem Buch zahlreiche Beispiele dafür an, dass es sinnvoll sein kann, von »Genen für bestimmte Verhaltensweisen« zu sprechen. Ihn stört nicht, dass »egoistisch« eigentlich eine Absicht beschreibt, etwas, das Gene auf keinen Fall haben können.

verstehen, die inzwischen als »eusozial« bezeichnet werden. In dem Wort »Eusozialität« stecken das griechische »eu« für »gut« und das lateinische »socialis« für »kameradschaftlich«, es erfasst Gemeinschaften von Tieren einer Art, die durch Arbeitsteilung das Leben ihres Staatengebildes ermöglichen. Der Streit geht etwa darum, wie denn die sterilen Mitglieder einer solchen Eusozialität ihre Verwandten erkennen können, denen sie genetisch dienen. Kann man tatsächlich sagen, dass der Verwandtschaftsgrad zum Altruismus führt und ihn verursacht?

Wie immer die richtige Antwort lautet, das Entstehen von Sozialstrukturen zeigt, Kooperieren und Teilen lohnen sich, weil diese Handlungen eine Form von Versicherung gegen die Zufälligkeiten und Fährnisse des Lebens bilden können. Dabei gibt niemand eigene Arbeitserträge freiwillig her, stattdessen wird zur kooperationsfähigen Reziprozität gegriffen, also dem Prinzip der Gegenseitigkeit. Das ist zwar einleuchtend, wirft allerdings sofort ein neues Problem auf: Wie findet man heraus, wessen Versprechen glaubwürdig und welche verlogen sind und mit Hintergedanken einhergehen?
Beobachtungen bei Schimpansen und Bonobos zeigen, dass sie ihre sozialen Tauschhandlungen bilanzieren. Sie wissen, wer abgegeben hat und wem man abgeben sollte, und sie lassen eine Tauschökonomie erkennen, in der Fellpflege (bei Schimpansen) ebenso angeboten wird wie Sex (bei Bonobos). Es ist unmittelbar klar, dass die soziale Evolution – also die Verwandlung von natürlichem Interesse an Eigennutz in den sozialen Kitt der Gruppe – dem Gehirn viel zumutet. Es muss das Einhalten der Spielregeln überwachen und Abweichler erkennen und aussondern. Dass uns dies gelungen ist, zeigen Untersuchungen, die erkennen lassen, dass wir besser Betrüger entlarven als logisch denken können.

Reziprozität

Das soziologische Prinzip der Gegenseitigkeit ist eine Grundlage des menschlichen Handelns. Menschen sind voneinander abhängig, es entstehen Beziehungen, gegenseitiges Vertrauen. In der Soziologie werden vier einzelne Reziprozitätsformen unterschieden, die einfachste ist die direkte Reziprozität: ein Geschenk wird gemacht, es wird angenommen (häufig nach bestimmten Regeln und Normen), ein Gegengeschenk erfolgt. Die Ungewissheit und die Erwartungshaltung, bis es zum Gegengeschenk kommt, beeinflussen das Verhältnis und die Beziehung sehr stark.

Es lebe der kleine Unterschied

Frauen frieren schneller als Männer, haben häufig kältere Hände und Füße. Männer hingegen haben Bartwuchs und lieben es zu grillen, zumindest viele und in der warmen Jahreszeit. Wer solchen Phänomenen, die auf den Unterschied zwischen den Geschlechtern zielen, auf den Grund gehen will, kann zwischen zwei Zugängen wählen: Man kann erläutern, wie ein beobachtetes Merkmal überhaupt entsteht und wie es in den dazugehörigen Körpern konstruiert wird. Dies ist die naheliegende Antwort. Man kann aber auch erläutern, wie es – in evolutionären Zeitläufen – überhaupt zu dem Phänomen kommen konnte, worin sein Anpassungswert besteht und wie es genetisch verankert ist. Die Wissenschaft spricht dabei von der weitreichenden oder ultimaten Antwort.

GRILLEN VERLEIHT MACHT

Stellen wir uns der Frage, warum Männer Bärte tragen. Naheliegend ist der Hinweis auf den Mechanismus, der für das Wachsen von Haaren im Gesicht sorgt und auf das Hormon Testosteron, das daran beteiligt ist. Die weitreichende Antwort wird bei Testosteron ansetzen, in dessen Namen das lateinische Wort *testes* für Hoden enthalten ist. Von diesem Hormon wissen die Biochemiker, dass es als männliches Geschlechtshormon mit Potenz zu tun hat. Und so zeigt ein Bartträger, welche Lenden- und Lebenskraft in ihm steckt, was sofort weitere Fragen der Art aufwirft, weshalb sich Männer heute rasieren.

Diese Antworten loten keinesfalls alle Möglichkeiten aus, und sie lassen noch großen Spielraum für Ergänzungen. Doch wir wollen uns auf die ultimate Dimension von Fragen konzentrieren. So betrachtet grillen vor allem Männer, weil der Umgang mit Feuer und die Verteilung des Hauptnahrungsmittels Fleisch in der Evolution eine Machtposition anzeigte und die Führungsrolle bedeutete – an der Männer interessiert waren und sind. Was das Frieren angeht, so beruht die ausgeprägte Kälteempfindlichkeit von Frauen darauf, dass in ihren Körpern zum einen das Verhältnis von Fett- zu Muskelmasse ein anderes ist als bei Männern und es die Muskeln sind, die Wärme produzieren, davon haben Frauen weniger, und dass zum anderen weibliche Haut etwas dünner als ihr männliches Pendant ist, was sie empfindlicher

Ein Bartträger zeigt, welche Lenden- und Lebenskraft in ihm steckt: Teilnehmer der Internationalen deutschen Bartmeisterschaft 2008.

reagieren lässt. Diese naheliegenden Gründe erhalten ihre ultimate Dimension durch den Hinweis, dass sie Anpassungen an die wichtigste evolutionäre Aufgabe der Frau sind, nämlich den Nachwuchs zur Welt zu bringen, und zwar gesund und munter. Das Fettpolster wird für das heranwachsende Kind angelegt, das dann durch die dünne Haut besser gespürt und wahrgenommen werden kann, wenn es da ist.

DIE ROTE KÖNIGIN

Die Formulierung vom »kleinen« Unterschied verdanken wir einer Anekdote über einen französischen Herren des 19. Jahrhunderts, der von einer Frauenrechtlerin darauf hingewiesen wurde, dass es zwischen Männern und Frauen doch nur einen kleinen Unterschied gebe. »Vive la petite différence«, soll der Adlige daraufhin ausgerufen haben, und wir stimmen beiden von Herzen zu. Es ist schön, dass Männer und Frauen so verschieden sind. Wir wollen ergründen, wie es im Laufe der Evolution dazu gekommen ist, und im Anschluss daran fragen, ob es Frauen wirklich überall hilft, wenn man ihnen die gleichen Chancen einräumt wie den Männern. Zumindest anatomisch sind die beiden Geschlechter so verschieden, dass sie zum Beispiel unterschiedlich schnell laufen, was es sinnlos macht, sie beim 100-Meter-Lauf gegeneinander antreten zu lassen.

Zunächst müssen wir grundsätzlich klären, weshalb es zwei Geschlechter gibt. Warum hat sich die Natur nicht mit den ersten Lebensformen zufriedengegeben, die sich nicht paaren, sondern lediglich teilen konnten, und das vermutlich ziemlich rasch? Am Anfang des gesamten Lebens ging es nicht sexuell, sondern vegetativ zu, und eine sich aufdrängende Frage lautet, wie und warum die geschlechtliche Weise der Vermehrung aufgetaucht ist. Wir übergehen sie jedoch, da die Wissenschaft noch keine schlüssige Antwort anbietet, und fragen nach dem Vorteil der Sexualität. Mit Blick auf Chromosomen und ihre Rekombinationsmöglichkeiten laufen letztlich alle Antworten darauf hinaus, dass der Natur damit ein Mechanismus zur Verfügung steht, der eine möglichst hohe genetische Vielfalt produziert. Um diesen Variantenreichtum geht es, und es steht fest, dass sich durch die Kombinationen der Gene, die möglich werden, wenn mütterliche und väterliche Allele zusammengefügt, ausgetauscht und neu angeordnet werden, die Resistenz des Organismus gegenüber Parasiten erhöht – und damit seine Lebenserwartung steigt. Es mag enttäuschen, dass etwas so Schönes wie Sex durch etwas so Hässliches wie Parasiten bedingt ist. Dass Sex Spaß macht, ist freilich auch schlüssig, denn es ist ja im Sinne der Evolution, wenn wir möglichst viel davon haben.

Die zur Begründung von zwei Geschlechtern angeführte – und keinesfalls überall akzeptierte – Argumentation ist in der angelsächsischen Literatur nach einer Figur von Lewis Carroll als »Hypothese von der Roten Königin« bekannt. Damit wird eine besondere Schachfigur bezeichnet, die unentwegt rennt und dabei Alice, der erstaunten Heldin aus Carrolls Romanen, erklärt, warum sie dies tun muss. Sie lebe nämlich in einer Welt, in der man

sexuell vs. vegetativ
Bei der sexuellen Fortpflanzung verschmelzen zwei – üblicherweise verschiedene – Keimzellen zu einer Zygote. Dabei werden die Gene beider Eltern zufällig gemischt weitergegeben, sodass Nachkommen einzelne, evolutionär anpassbare Individuen sind. Vegetative Vermehrung erfolgt dagegen ausschließlich durch Zellteilung. Daher gibt es keine genetischen Unterschiede zwischen Eltern- und Folgegenerationen. Das hat zur Folge, dass keine Anpassungen an sich verändernde Umwelteinflüsse stattfinden.

Rekombination
Die Umverteilung von genetischem Material, die Neuanordnung von DNA bezeichnet man als Rekombination. Daraus entstehen neue Genkombinationen, die wiederum zu neuen Merkmalen führen. Durch Rekombination (und durch Mutation) werden die genetischen Variationen hervorgerufen, ohne die die evolutionsbedingte Anpassung an veränderte Lebensumstände gar nicht möglich wäre.

Inzest

Inzest hieß früher Blutschande und bezeichnete Geschlechtsverkehr zwischen engen Verwandten, Bruder und Schwester etwa. Er wurde mit einem Tabu versehen oder als Sünde betrachtet. Wenn die familiären Bande lockerer werden, lockert sich auch das sexuelle Verbot, was unter anderem bedeutet, dass unterschiedliche Gesellschaften unterschiedlich reagieren, wenn Cousins und Cousinen ersten Grades, die gemeinsame Großeltern haben, zusammen Kinder zeugen.

Viele Gesellschaften kennen ein Inzesttabu, und es gibt Sozialwissenschaftler, die darin den fundamentalen Schritt sehen, mit dem Menschen den Übergang von der Natur zur Kultur vollziehen. Dieser schönen philosophischen Überzeugung steht ein hässliches Faktum im Weg, nämlich die Tatsache, dass es die Evolution war, die sich um die Errichtung einer Inzestschranke bemüht hat. Der Verhaltensforscher Norbert Bischof hat eine Inzestbarriere

bei Gänsen entdeckt und als universales Naturphänomen beschrieben. Er hat auch den Grund für das Ausschalten von Inzest angegeben, nämlich die Verhinderung einer genetischen Verarmung, was letztlich zur Erhöhung der entsprechenden Vielfalt beiträgt.

Die Natur versucht mit staunenswerten Tricks, Inzest auszuschließen. Wie dies wenigstens im Prinzip bei uns bewerkstelligt wird, hat der finnische Verhaltensforscher Edvard Westermarck erfasst, als er bemerkte, dass sich ein offenbar angeborener Widerwille gegen geschlechtlichen Verkehr einstellt, wenn zwei Personen in früher Jugend beisammen gelebt und miteinander gespielt haben. Wenn also Bruder und Schwester normal aufwachsen und sich als Kleinkinder beliebig nahekommen, vergeht ihnen die Lust aufeinander, wenn sie in die Teenagerjahre kommen.

Zu den Experimenten, die das Leben selbst unternimmt, gehört die israelische

Kibbuzbewegung, bei der sich Siedlerfamilien zusammenschlossen und ihre Kinder gemeinsam aufwachsen ließen. Die Hoffnung, dabei eine neue Generation von Menschen heranwachsen zu sehen, erfüllte sich nicht. Die Jungen und Mädchen, die ihre Kindertage in einem Kibbuz verbracht hatten, zeigten kein Interesse aneinander.

Ein Fall habsburgischer Inzucht: Kaiser Ferdinand I. von Österreich war unfähig, die Regierungsgeschäfte auszuüben, er litt an Epilepsie und soll geistesschwach gewesen sein. Die Eltern Ferdinands I., Kaiser Franz I. und Maria Theresia, waren zweifach Cousin und Cousine ersten Grades.

so schnell wie möglich laufen müsse, um an dem Ort bleiben zu können, an dem man sei.

Wir kennen das, wir müssen uns dauernd bewegen, um die Stellung halten zu können. Wir müssen täglich Darwins »struggle for existence« bestehen, um am Leben zu bleiben. Das Prinzip der Roten Königin bringt den evolutionären Wettkampf zwischen Menschen und Parasiten auf den metaphorischen Punkt, und mit der rennenden Dame lässt sich plausibel machen, warum die zwei Geschlechter entstanden sind, die sich zwar beim Sex vergnügen können, die offenbar aber trotzdem nicht unbedingt zueinander passen, wie immer wieder erfahren und behauptet wird.

GESCHLECHTER AUF VERSCHIEDENEN EBENEN

Unterschiedliche Chromosomen legen das genetische Geschlecht fest. Frauen besitzen zwei X und Männer neben dem einen X als zweites Geschlechtschromosom ein Y. Eine befruchtete Eizelle zeigt nur dieses genetische Geschlecht, erst um die siebte Woche der Schwangerschaft herum wird das kleine Y aktiv und versorgt einige Zellen mit dem biochemischen Signal, das die Bildung der Geschlechtsorgane einleitet. Mit der beginnenden Entwicklung der Hoden sprechen die Fachleute von dem gonadalen Geschlecht, wobei sich dieses ungebräuchliche Wort von dem Fachwort Gonaden ableitet, das für Keimdrüsen steht – Hoden oder Eierstöcke. »Weibliche« Embryonen warten etwa eine Woche länger als »männliche«, bevor sie ihre

Keimdrüsen (die Ovarien) anlegen und hier die weiblichen Hormone bilden, etwa das Östrogen.

Die weiblichen Sexualhormone tauchen auch in genetisch männlichen Embryonen auf, wenn auch in sehr kleinen Mengen, ebenso wie das Testosteron in genetisch weiblichen Embryonen, ebenfalls in winzigen Mengen. Während also die Trennung der Geschlechter zunächst einigermaßen unzweideutig ist, beginnen die Hormone, Grenzen zu verwischen: Grenzen, die Wissenschaftler gezogen haben, indem sie etwa das Östrogen erst als eindeutig weibliches Geschlechtshormon bezeichnet haben, um dann einzuräumen, dass es auch eine wichtige Rolle bei der männlichen Entwicklung übernimmt, da es offenbar für die sexuelle Orientierung eines Mannes sorgt.

Wer die Herausbildung der verschiedenen Geschlechtsmerkmale beschreiben will, tut gut daran, die Formung der Geschlechtsorgane von der Gestaltung der unterschiedlichen Hirnstrukturen zu unterscheiden. Man trennt dabei das morphologische Geschlecht vom zerebralen, mit dem allein wir uns etwas näher befassen wollen. Das Interesse gilt dabei vor allem der Ausbildung von Hirngewebe, in dem die Verhaltensweisen und Fähigkeiten angelegt sind, die Männer und Frauen so unterschiedlich machen.

Wenn sich der Fötus entwickelt, beeinflussen Hormone namens Androgene die Entstehung der Hirnstrukturen; die Psychologie, die sich an der Neurophysiologie orientiert, sieht hier die Grundlegung der verschiedenen Verhaltensmuster der Geschlechter. Tatsächlich lässt sich inzwischen nachweisen, dass Männer und Frauen für die Lösung gleicher Aufgaben unterschiedliche Areale des Gehirns benutzen. Spannend ist insbesondere die Entdeckung, dass Männer ihre beiden Hirnhälften strikter trennen, als Frauen dies tun.

DIE INNERE SELEKTION

Bislang haben wir mit proximaten Gründen den kleinen Unterschied zu erklären versucht. Wichtiger sind die ultimaten Gründe, die in der evolutionären Geschichte stecken und zeigen müssen, warum sich die Unterschiede gerade auf diese Weise manifestiert haben. Die grundlegende Ansicht der Wissenschaft besteht darin, dass die natürliche Selektion nicht ausreicht, um zu erklären, was Mann und Frau unterscheidet. Sie kann nur zu Anpassungen an die äußere Umwelt führen. Damit gemeint sind zum Beispiel das Klima, das Angebot an Nahrung, die Konkurrenz durch andere (feindlich gesinnte) Arten, die konkreten geographischen Vorgaben (wie Berglandschaft oder Seeufer, Tiefebene oder Hochplateau), die Verfügbarkeit von Materialien (wie Holz oder Steine), das Vorhandensein von geschützten Höhlen und so weiter.

Man kann sich gut vorstellen, dass für eine Lebensgemeinschaft die Anpassung nach außen weitgehend abgeschlossen sein kann und somit keine natürliche Selektion mehr stattfindet. Damit tritt aber kein Stillstand ein, vielmehr besteht die Möglichkeit der Lebenssteigerung. Für diesen Vorgang verschieben sich die Auswahlkriterien an eine andere Stelle, sie verlagern

sich nach innen. Damit ist die Lebensgemeinschaft selbst gemeint. Vor dem Ziel der Vermehrung steht bekanntlich die Hürde der Partnerwahl, und die Evolution hat zwei Möglichkeiten, hier Einfluss zu nehmen. Entweder überlässt sie das Feld den Männchen, oder sie gestattet die Auswahl den Weibchen. Männchen werden sich darum bemühen, so viele Weibchen wie möglich zu begatten, und sie erreichen dieses Ziel, indem sie die Konkurrenten angreifen und zu verjagen versuchen. Weibchen hingegen werden auf Qualität ausgerichtet sein. Wenn sich die Gelegenheit zur weiblichen Wahl ergibt, kommt derjenige Mann zum Zuge, der am besten gefällt, und hier setzen sich nicht unbedingt unbeugsame Kampfeslust und Muskelkraft durch, sondern andere Eigenschaften, die wir an Menschen schätzen und die weniger mit Auseinandersetzungen mit Feinden und mehr mit dem Zusammengehören von Familien zu tun haben.

Männchen, die entmutigt und depressiv auf Abweisung reagieren, haben wenig Aussicht, überhaupt zur Fortpflanzung zu gelangen. Sie müssen darauf eingerichtet sein, dass es nicht gleich beim ersten Mal klappt, und auch nicht beim zweiten oder fünften Mal.

DIE MENSCHWERDUNG EINES AFFEN

Die sexuelle – innen stattfindende – Selektion erlaubt übrigens eine spannende Antwort auf die Frage, warum einige Affen Affen geblieben sind, während unsere äffischen Vorfahren einen anderen Weg einschlagen konnten. Der Selektionsvorteil kann nicht in der Natur allgemein, sondern nur in der Natur des Menschen zu suchen sein, und den dazugehörenden Druck könnten die Frauen ausgeübt haben.

Um dies einzusehen, nehmen wir einmal an, die Evolution hat Bedingungen geschaffen, den Frauen die Freiheit des Wählens zu geben. Wie haben sie sich dann entschieden? So, dass das Verhalten entsteht, das sich schon bei den Neandertalern zeigt und das mit Bereitschaft zur Fürsorge verbunden ist und dem wir das Attribut der Menschlichkeit zuweisen. Die Frauen wählen solche Männer, bei denen sie Verantwortungsbereitschaft wahrnehmen, bei denen sie spüren, dass sie Mitgefühl zeigen und die Interessen anderer mit im Auge haben.

Wenn dieses Szenario zutrifft, dann wäre die Entwicklung zum Menschen möglich geworden, weil Frauen erstens gelernt hatten, Männer wahrnehmend zu bewerten, und weil sie zweitens die Macht bekommen hatten, ihren Willen durchzusetzen. Möglich wird diese Situation dadurch, dass die natürliche Selektion ihre Mittel ausgereizt haben könnte und die betroffene Art von der Umwelt mehr oder weniger unabhängig geworden war. Konkret hatte dies zu kleinen Familien mit langen Erziehungszeiten für Kinder geführt, und nun musste die Evolution dafür sorgen, bei den starken und ausdauernden Männern, die ja zur Jagd gehen mussten, um ihre Familien zu ernähren, noch die Fähigkeit des verantwortlichen und rücksichtsvollen Handelns zu entwickeln.

»VON NATUR AUS ANDERS«

Die Unterschiede zwischen den beiden Geschlechtern fangen an, sich in den Jahren zu zeigen, in denen man noch von Jungen und Mädchen spricht. Was sich da anbahnt, wird von Entwicklungspsychologen untersucht, die sich aber nicht nur für Unterschiede, sondern allgemein für das Aufkommen menschlicher Qualitäten interessieren. Dabei ist ihnen aufgefallen, dass sich bei beiden Geschlechtern etwa im Alter von 18 bis 20 Monaten ein wesentlicher Reifungsschritt vollzieht – und zwar von innen heraus und offenbar völlig unabhängig davon, ob ihn jemand von außen behindert oder befördert. Gemeint ist die Fähigkeit, beim Blick in den Spiegel sich selbst zu erkennen. Das Wunderbare an dieser Fähigkeit steckt in einer zeitlichen Kopplung mit einem Aufkommen des Mitgefühls, das Empathie heißt. Mit zunehmendem Alter – um den vierten oder fünften Geburtstag – erwerben die Kinder die Fähigkeit, sich zwischen zwei Weisen des Eingehens auf ihre Mitmenschen zu entscheiden. Sie können entweder rational vorgehen und sich auf den Standpunkt von anderen stellen. Oder sie können sich emotional orientieren und sich auf deren Gefühle einlassen – und genau hier taucht ein Unterschied zwischen den beiden Geschlechtern auf:

Wenn Vorschulkinder beiden Geschlechts mit dem Unfall eines anderen Kindes konfrontiert werden, das hingefallen ist und sich verletzt hat, reagieren Jungen und Mädchen zwar beide hilfreich, aber sie tun dies auf ihre eigene Weise. Die Jungen versetzen sich höchst nüchtern in die Perspektive des Verletzten, sie denken an seine körperlichen Wunden und schlagen vor, den

*Wer ständig gegen eine Phalanx von Rivalen anzukämp-
fen hat, der schafft das nur, wenn es längst seine Natur
geworden ist, keine noch so geringe Chance auszulassen.*

DORIS BISCHOF-KÖHLER

Krankenwagen zu rufen. Die Mädchen fangen stattdessen erst einmal an,
den Verunglückten zu trösten. Sie denken mehr an das seelische Wohlbefinden und bemühen sich voller Empathie um den Betroffenen. Wohlgemerkt –
sowohl Jungen als auch Mädchen helfen, aber Besorgtheit und Wohlwollen
zeigen sich vorwiegend bei den Mädchen.

Doris Bischof-Köhler hat diese Beobachtungen zum Anlass genommen, sich
umfassend zur Psychologie der Geschlechtsunterschiede zu äußern und das
zu erkunden, was uns »von Natur aus anders« macht. Sie argumentiert dabei auf der Basis evolutionsbiologischer Befunde, die sie für relevanter und
ertragreicher hält als Bemühungen, das Naturgegebene der Unterschiede zu
leugnen und zu behaupten, dass es nur mit Hilfe der Gesellschaft möglich
ist, zu erklären, »Warum Männer nicht zuhören und Frauen schlecht einparken«. In einem Kapitel ihres Buches stellt Bischof-Köhler explizit »Die Evolution der Geschlechtsunterschiede« vor.

Die Autorin erläutert, wie das unterschiedliche Fortpflanzungspotenzial
der Geschlechter zu asymmetrischen Selektionswirkungen führt – und zwar
schon im Tierreich. Dort zeigt sich, dass Männchen ihre sexuellen Hem-
mungen im Interesse größtmöglicher Paarungsbereitschaft weitgehend
abbauen, während sich Weibchen nur auf einen Geschlechtsakt einlassen,
wenn optimale Voraussetzungen vorliegen, was zum Beispiel heißt, dass der
gewählte Partner seine Qualifikation unter Beweis zu stellen hat. Männchen
müssen um Weibchen werben, während Weibchen darauf eingerichtet sind,
unter mehreren Bewerbern zu wählen. Dabei können sie das an den Tag
legen, was Verhaltensforscher vor 100 Jahren einmal »Sprödigkeit« genannt
haben. Da auch in der Sphäre des Menschen die Geschlechter auf eine unterschiedlich ausgedehnte parentale Investition für jeden einzelnen Nachkommen hin operieren, heißt das:

»Männer sind darauf vorbereitet, intensiver in eine längerfristige Verbindung
zu investieren, verfolgen darüber hinaus jedoch auch noch die kostengünstigere quantitative Strategie, sich auf möglichst viele sexuelle Begegnungen
einzulassen, ohne die Folgelasten auf sich zu nehmen.« Demgegenüber gilt:
»Frauen zeigen keine Präferenz für die quantitative Strategie. Wenn sie mehrere Beziehungen haben, dann in erster Linie, weil sie hoffen, auf diese Weise ›den Richtigen‹ zu finden. ›Richtig‹ heißt, dass er bereit und in der Lage
ist, für die gemeinsamen Kinder zu sorgen.«

Von besonderem Interesse sind nun zwei Charaktereigenschaften, die wir als
Misserfolgstoleranz und Selbsteinschätzung kennen. Sie unterscheiden sich
bei den Geschlechtern erheblich – mit Folgen für die Rolle der modernen

Das Grillen wird oftmals, genauso wie das Angeln und weitere Sportarten wie etwa Rugby, als Männerdomäne vereinnahmt.

Anlässlich dieses genervten, wild gestikulierenden Autofahrers stellt sich die Frage, ob eine Frau in derselben Situation ähnlich oder aber gänzlich anders reagieren würde.

Alte Väter – kluge Kinder

Der Volksmund hat schon immer gewusst, dass Kinder von älteren Eltern intelligenter werden. Wer dies überprüfen will und biographische Daten von berühmten Persönlichkeiten durchmustert, kann dies bald auf eine solide statistische Grundlage stellen: Es lohnt sich, reife Männer als Väter zu haben, allein schon deshalb, weil von Teenagern gezeugter Nachwuchs nach zahlreichen medizinischen Studien oft zu früh zur Welt kommt, ein zu geringes Geburtsgewicht hat und somit eher stirbt. Der entscheidende (genetische) Faktor, der einem Kind die Chance gibt, überhaupt heranzuwachsen, etwas zu werden und sogar eine gehobene Position im Leben zu erreichen, scheint das Alter des Vaters bzw. der Väter bei der Zeugung zu sein.

Dabei berücksichtigt die obige Mehrzahl die beiden Großväter, auf die jedes Kind zurückblicken kann. Wer zusammenzählt, in welchem Alter die drei Herren den Nachwuchs gezeugt haben, und diese Dreierzahl mit dem Intelligenzquotienten der Kinder vergleicht, findet eine signifikante Korrelation: Je höher die Dreierzahl, desto intelligenter das Kind! Da sich nun bei der gleichen Auswertung der mütterlichen Dreierzahl (berechnet aus dem Alter der Mutter und der beiden Großmütter) keinerlei Bedeutung beimessen lässt, kann man die Behauptung riskieren, dass der Mann eine maßgebliche biologische Rolle spielt.

Wer sich die in der Buchreihe Rowohlt Monographien vorgestellten Personen vor-

nimmt und ihre Dreierzahl ermittelt, wird entdecken, dass keine Dreierzahl unter 90 liegt und nur rund 15 Prozent der Väter jünger als 30 Jahre alt waren, als sie die »bedeutende Persönlichkeit« zeugten, von der es eine der erwähnten Lebensdarstellungen gibt. (Mozarts Dreierzahl liegt – wie die von Goethe – bei sagenhaften 130.) Wenn man zur Kontrolle die Zahlen für Kinder ermittelt, die von Behörden oder Medizinern als schwach begabt eingestuft werden, fallen die Dreierzahlen wesentlich geringer aus, und fast die Hälfte der Väter war unter 30 Jahre alt, als der Nachwuchs zur Welt kam, der auf künftige Berühmtheit verzichten muss.

Der junge Johann Wolfgang von Goethe überreicht seinem Vater einen Band Gedichte (links). Wolfgang Amadeus Mozart mit seinen Eltern (rechts).

Frau, die ja die gleichen Chancen im Leben hat und heutzutage mit Männern um gehobene Positionen konkurriert. Zuerst das Verhalten, das man an den Tag legt, wenn es danebengegangen und schiefgelaufen ist. Dies ist deshalb so interessant, weil dabei »der wohl folgenreichste geschlechtsspezifische Selektionsdruck« ausgeübt worden ist, und er wirkt vor allem auf das männliche Geschlecht. Männchen, die entmutigt und depressiv auf Abweisung reagieren, »haben wenig Aussicht, überhaupt je zur Fortpflanzung zu gelangen. Sie müssen darauf eingerichtet sein, dass es nicht gleich beim ersten Mal klappt, und beim zweiten und fünften Mal auch noch nicht. Ein Männchen, das nach einigen vergeblichen Versuchen mit Stresssymptomen reagiert und aufgibt, hat eine sehr geringe Chance, diese Dünnhäutigkeit an Söhne der nächsten Generation zu vererben. Was die Selektion hier machtvoll fördern muss, ist die Bereitschaft zur Verleugnung bzw. zum einigermaßen unverdrossenen Hinnehmen von Misserfolgen.«

Die zweite Eigenschaft, die Selbsteinschätzung, hängt eng mit den genannten Misserfolgen zusammen, denn wer scheitert oder versagt, möchte dafür einen Grund angeben, und es ist erstaunlich, wie sehr sich die Geschlechter in dieser Beziehung unterscheiden. Das fängt schon früh an, denn wie wir aus Erfahrung wissen und wie entsprechend angelegte psychologische Versuche verdeutlichen: Wenn Jungen Erfolg haben, schreiben sie das sich selbst zu. Wenn Jungen Misserfolg haben, suchen sie die Schuld bei den Umständen, also außen. Mädchen denken und empfinden umgekehrt. Wenn sie irgendwo scheitern, suchen sie den Fehler bei sich. Wenn sie schaffen, was sie sich vorgenommen haben, denken sie, dass sie vielleicht Glück hatten oder andere ihnen zur Hilfe gekommen sind.

Diese evolutionären Vorgaben bringen offenkundig Vorteile mit sich, wenn wir uns die frühen Menschen als Sammler (die Frauen) und Jäger (die Männer) vorstellen. Wer den Kreis der Familie verlassen hat, um in feindlicher Umwelt unter gefährlichen Umständen zu jagen, muss zum einen eine hohe Risikobereitschaft entwickeln, darf sich nicht rasch entmutigen lassen und zieht bei der Rückkehr die Aufmerksamkeit auf sich. Wer zurückbleibt, muss im Stillen wirken, kein Risiko eingehen, darf das Feuer zwar anzünden, muss es aber klein halten, und wird bei jeder ungeschickten Handlung darauf gestoßen, auf andere einzuwirken, auf die man deshalb ganz natürlich Rücksicht nimmt.

Insgesamt agieren viele Frauen daher rücksichtsvoller als die meisten Männer, die oft rücksichtslos mit dem Auto rasen, um schneller zu sein, auch wenn es sinnlos ist und man an der nächsten Ampel wieder zu warten hat und eingeholt wird, während Frauen vor allem darauf bedacht sind, sicher anzukommen. Merkwürdigerweise bewertet unsere Gesellschaft das männliche Verhalten – Bereitschaft zum riskanten Abenteuer, auffälliges Präsentieren von jeder noch so kleinen Errungenschaft – höher als die weiblichen Qualitäten, was leider auch dazu führt, dass sich Frauen, die es Männern gleichtun wollen, auf deren Territorium getestet werden – und somit gerade dort geringere Chancen haben, wo offiziell von Chancengleichheit gesprochen wird. Übrigens, so wie wir etwas allein deshalb höher bewerten, weil es von Männern gemacht wird, nehmen wir für selbstverständlich hin, was Frauen zu erledigen haben bzw. was üblicherweise zu ihren Aufgaben gehört. Man denke nur daran, wie laut Männer verkünden, wenn sie es sind, die in der Küche stehen – dann kocht dort der Chef.

Die evolutionär neue Situation, dass sich Männer und Frauen um dieselbe Stellung bemühen, nutzen vor allem Männer. Denn »allein die höhere Misserfolgstoleranz des Mannes, herangezüchtet in einer halben Jahrmilliarde des Konkurrierens um ständig rare Geschlechtspartnerinnen, setzt diesen nun also jenen Partnerinnen gegenüber in den Vorteil, wenn eine Situation eintritt, die die Evolution nicht vorhersehen konnte – dass die ehemals begehrenswerten Kampfrichterinnen zu Rivalen geworden sind«, wenn es um begehrte – mit Ansehen verbundene – Posten geht.
Bischof-Köhler entwirft dazu ein fiktives Beispiel: »Angenommen, fünf weibliche Bewerber konkurrieren mit fünf männlichen Bewerbern um eine Anstellung für eine bestimmte Tätigkeit. Es bestehen keine Vorurteile gegen

die Einstellung einer Frau. Trotz gleicher Qualifikation kann nur eine Person die Stelle erhalten. Nehmen wir an, das sei eine Frau. Vier Frauen bleiben also übrig, aber eine davon bewirbt sich nicht wieder, weil sie sich den Misserfolg zu sehr zu Herzen genommen hat. Alle fünf männlichen Bewerber hingegen versuchen es beim nächsten Mal unverdrossen wieder. Diesmal kommt vielleicht ein Mann zum Zug. Daraufhin gibt wieder eine der drei übrig gebliebenen Frauen auf, während die restlichen vier Männer im Rennen bleiben. Das Verhältnis steht jetzt also schon bei 4 zu 2. Man kann sich leicht ausmalen, dass im Endeffekt trotz völlig gleicher Chancen erheblich mehr Stellen von Männern als von Frauen besetzt sind.« Tatsächlich fühlen sich viele Frauen und Mädchen der Konkurrenzsituation mit dem männlichen Geschlecht nicht gewachsen. »Sie lähmt ihre Leistungsfähigkeit, und an der Oberfläche beobachten wir dann das Phänomen der ›Furcht vor dem Erfolg‹. Tatsächlich geraten Mädchen und Frauen aber nicht nur ins Hintertreffen, weil patriarchalisches Machtverlangen ihnen nur die Unterwerfung offenlässt, sie manövrieren sich vielmehr auch selbst ins Abseits, indem sie unangenehme Erfahrungen, die in Konkurrenzsituationen nun einmal unvermeidbar sind, scheuen und sich nicht entsprechenden Verletzungen aussetzen möchten. Hier erweist sich das phylogenetische Erbe des ›dickeren Fells‹ der Männer als der entscheidende Vorteil.«

GROSSMÜTTER UND GROSSVÄTER

Wenn oben stets deutlich zwischen Männern und Frauen unterschieden worden ist, so haben wir damit eine eher fiktive Idealsituation zugrunde gelegt, die sich in der alltäglichen Wirklichkeit anders zeigt. Viele Frauen zeigen männliche und viele Männer zeigen weibliche Züge in dem dargestellten evolutionären Sinn, und wer sich in unseren aktuellen Rangordnungen gehobene Stellungen und das damit verbundene Ansehen verschafft, hängt nicht unbedingt von dem durch eine Chromosomenanalyse feststellbaren Geschlecht ab, wie es jetzt bei den Olympischen Wettbewerben geschieht, um es zum Beispiel beim Kugelstoßen fair zugehen lassen zu können. Wie sich jemand im Detail verhält, hängt vielmehr von geeigneten Kombinationen aus männlichen und weiblichen Verhaltensmustern ab. Sie können sich durch passende Genkombinationen oder durch die dazugehörigen bzw. sich daraus ergebenden Gehirnstrukturen erklären lassen. Dass das Biologische direkt zu unterschiedlichen Hirnleistungen Anlass gibt, ist vielfach nachgewiesen – etwa dadurch, dass Frauen Männern ansehen, ob sie sich als Väter eignen, und Männer stärker reagieren, wenn sie Ähnlichkeiten zwischen sich und den Kindern wahrnehmen. Die letzte Qualität findet ihre Begründung durch die Tatsache, dass in vorwissenschaftlichen Zeiten kein Mann sicher sein konnte, der Vater der Kinder zu sein, für die es zu sorgen galt.

Die Unsicherheit bei der Vaterschaft hat viele Konsequenzen – nicht nur bei Gewalt innerhalb einer Familie, sondern bei der Ausbildung der sogenannten Matrilinie, die bei Primaten errichtet wird, wenn Töchter bei ihren Müttern bleiben, während Söhne eher abwandern. Dabei konnte eine besondere

Rolle der Großmutter entstehen, wobei allerdings zwischen der väterlichen und der mütterlichen zu unterscheiden ist. Nur die mütterlichen Großmütter verfügen über die Gewissheit, mit dem von ihr versorgten Enkel wirklich verwandt zu sein, und so spielen sie bei der Versorgung der Gesamtfamilie die größere Rolle, wie viele Einzeluntersuchungen zeigen.

Trotzdem stellen Großmütter ein evolutionäres Rätsel dar, und zwar weil sie unfruchtbar sind. Frauen kommen in die Wechseljahre, wie die Menopause im Volksmund heißt, und die Frage ist, welcher Selektionsvorteil damit erreicht wird. Schimpansinnen sterben früher oder später nach ihrem letzten Zyklus, doch Frauen leben im Alter noch Jahrzehnte weiter. Gibt es dafür einen evolutionären Grund?

Die nicht unumstrittene Antwort der Wissenschaft lautet derzeit, dass Großmütter durch ihre Hilfsbereitschaft und Einsatzfähigkeit für die Familien zum evolutionären Erfolg beitragen, und zwar mehr, als wenn sie selbst fruchtbar blieben. Großmütter liefern »als Sammlerinnen wertvolle Kalorien, mit der sie die Fortpflanzung der erwachsenen Töchter unterstützen«, wie Eckart Voland diese »Natur des Menschen« beschreibt. »Dank der Extrakalorien können Kinder früher abgestillt und auf feste Nahrung umgestellt werden, was ihre Mütter in die Lage versetzt, schneller wieder schwanger zu werden. Menschenfrauen sind deshalb die einzigen Hominiden, die verschieden alte Kinder gleichzeitig versorgen. Schimpansinnen & Co. haben jeweils nur ein Baby, und deshalb vergehen nicht selten sieben bis acht Jahre, bevor das Geschwisterkind zur Welt kommt.«

Und wo bleibt dabei der männliche Beitrag? Was ist die Rolle der Großväter? Nach den Vorstellungen der Soziobiologen kommt ihnen zumindest eine Aufgabe zu, »nämlich die Großmutter bei Laune zu halten«.

Es waren wohl die Großmütter, die mit ihrem Beitrag zur Familienversorgung den evolutionären Sonderweg des Menschen eingeleitet haben.

Ohne Menschen gäbe es gewiss keine Kultur; aber gleichermaßen gäbe es ohne Kultur keine Menschen.

Die Kultur des Alltags

Zu unserer Kultur gehört die Begeisterung für Ereignisse aller Art, ob sportliche wie etwa Fußballmeisterschaften oder musikalische wie Popkonzerte. Markant dabei ist das aufkommende Wir-Gefühl, das eine Gruppe eint und natürlich auch zu anderen Gruppen abgrenzt, und das seinen Ursprung bspw. über die Nationalität oder über den Sozialrang erhält.

Die Menschen kommen ein wenig früh und somit unfertig auf die Welt. Sie müssen erst noch heran- und in die Welt hineinwachsen, und die Fähigkeit des Lernens hilft ihnen, den Überlebenskampf durchzustehen. Die Menschen sind von Natur aus neugierig, sie können ein Leben lang lernen, sie können dem Gehirn unentwegt neue Informationen zuleiten und sie streben von Natur aus nach Wissen. Was dabei entsteht, kann man im weitesten Sinne als Kultur bezeichnen, und die Menschen haben nach ihren Zuwendungen dasselbe Verlangen wie nach der Natur in Form von Licht oder Nahrungsmitteln.

DIE KULTUR ALS NATUR DES MENSCHEN

Wenn die Kultur heranwachsenden Menschen nicht zugeführt und verweigert wird – als kommunikative Sprache, als gemeinschaftsbildendes Ritual, als Anleitung zur Ordnung, als Einübung von Verhaltensmustern, als zwischenmenschliche Zuwendung und mehr –, dann verkümmern sie, wie es beispielsweise Kaspar Hauser passiert ist. Die Kultur ist eben unsere Natur, und deshalb sollte sie in diesen evolutionären Rahmen eingefügt werden. Das Kulturelle kann dabei nicht so umfassend und detailgetreu aus Naturvorgaben abgeleitet werden, dass es vorhersagbar wäre. Wir erwarten aber, dass Menschen sich keine Kultur aneignen können, die ihrer Natur widerspricht. Eine Kultur, die sich mit der evolutionären Natur des Menschen nicht verträgt, wird man ihm vergeblich anbieten (und man sollte sie ihm auch nicht aufzwingen).

Es besteht die sozialphilosophische Ansicht, wonach mit der evolutionären Erfindung des Gehirns das Ende der Naturgeschichte eingeläutet worden sei. Die Evolution habe das Zepter an den (urplötzlich autonomen) Menschen abgegeben, der dabei zum Schöpfer seines eigenen Schicksals aufgestiegen sei und den darwinistischen Prozess mit der natürlichen Selektion hinter sich gelassen habe. Leider haben sich diese »luftigen Spekulationen« (Dieter E. Zimmer) der späten 1960er und frühen 1970er Jahre gegenüber den sehr viel besser begründeten Vermutungen der Humanethologen und Soziobiologen als hilf- und haltlos erwiesen. Wir fangen volkstümlich an, nämlich mit dem Sport. Auch wenn die meisten Ereignisse am Wochenende stattfinden –

Hier feiern spanische und deutsche Fans am 29. Juni 2008 nach dem Endspiel der Fußball-Europameisterschaft (1:0 für Spanien) in der Innenstadt von Hannover. Dass es nach einem (derart wichtigen) Fußballspiel so friedlich zugeht, ist nicht immer der Fall.

Freude und Trauer liegen nah beieinander: deutsche Fans nach der Endspielniederlage (siehe oben) auf dem Fan-Fest auf dem Heiligengeistfeld, Hamburg. Tausende Besucher verfolgten hier das Spiel der deutschen Mannschaft, und ein Großteil kann mit dem Begriff »Schlachtenbummler« treffend charakterisiert werden.

zu unserem modernen Alltag gehört die Begeisterung für Veranstaltungen, auf denen gerannt, gesprungen und überhaupt viel Wettkampf betrieben wird; besonders beliebt sind hierzulande Fußballspiele, zu denen viele Schlachtenbummler aufbrechen, ein hübsches Wort, das den »kriegerischen Schlachten« ironisch die Schärfe nimmt. Wie wir alle wissen, macht das Zuschauen vor allem in Gruppen Spaß, und zu den besonderen Vergnügungen gehört es dabei, sich über den Gegner lustig zu machen. Wenn die eigene Mannschaft ein Tor erzielt oder gar gewinnt, erhebt sich ein Triumphgeheul ohnegleichen, und wenn ein Schiedsrichter eine Fehlentscheidung trifft oder ein Gegenspieler ein Foul begeht, brüllen selbst gestandene Geschäftsleute oder sonst besonnene Akademiker laut auf vor Wut, und sie ballen erregt und drohend die Faust.

Dieses Verhalten kann man einfach hinnehmen oder zu erklären versuchen, und wenn man die zweite Wahl trifft, fällt einem der Begriff des Rudels ein. Menschen sind evolutionär in Sozialgefügen groß geworden. Der Wettbewerb hat zwischen organisierten Gruppen stattgefunden, und bei dieser existenziellen Abhängigkeit eines Einzelnen von dem Rudel, dem er als Affe zugehört, hat das auf dem Weg zum Menschen vielleicht das aufkommen lassen, was Psychologen als Wir-Gefühl bezeichnen. Das »Wir« kann alle möglichen Ursprünge haben – Volkszugehörigkeit, Sozialrang, Nachbarschaft –, aber es führt stets zu der Gewissheit, moralisch besser als die anderen zu sein, was adaptiv in dem Sinne ist, dass Mitglieder einer solchen Gruppe eher zum Kampf – zur Verteidigung ihrer Position – bereit sind.

Wir alle sind Mitglieder einer solchen Gruppe – jeder von uns kann seine Zugehörigkeit leicht bestimmen – und folglich alle mit der Bereitschaft versehen, zu ihrer Stärkung beizutragen. Allerdings besteht in der modernen Gesellschaft dazu in aller Öffentlichkeit wenig Gelegenheit – außer etwa beim Fußball. Dann darf man – in den Worten von Eckart Voland – »eine emotional tiefe und vollkommen irrationale Affinität zu einer Mannschaft ausleben«, ohne als dumm beschimpft zu werden. »Man darf uniforme T-Shirts tragen, ohne sie Uniform nennen zu müssen. Man darf sich schminken, ohne von Kriegsbemalung reden zu müssen«, und so weiter. »Kurz und gut: Man kann im Fußball sich ganz normal der Regression auf Rudelbildung hingeben – und das Ganze in wohliger Party-Laune« – eben als Schlachtenbummler.

Das Launige verfliegt allerdings sofort, wenn verloren (und getrunken) wird. Wir wollen auf die Hooligans und ihre Aggressivität aber nur hinweisen, um uns der Frage zuzuwenden, warum wir so sehr siegen wollen bzw. warum wir nur den Sieger feiern, selbst wenn der erst durch ein eher zufälliges Tor beim Elfmeterschießen ermittelt werden konnte. Warum hat sich bereits in der Antike der Zweite eines Wettbewerbs wie ein elender Hund aus dem Stadion schleichen müssen? Warum langweilen wir uns bei unentschiedenen Rennen, was hat dazu geführt, dass wir eine einzige Hundertstelsekunde über die Frage entscheiden lassen, wer einen Lauf gewonnen hat und das große Geld kassieren kann?

Kaspar Hauser
Am 26. Mai 1828 tauchte auf dem Unschlittplatz in Nürnberg ein etwa 16-jähriger Junge auf. Kaspar Hauser, wie er sich nannte, sprach kaum und wenn, dann nur in wenigen Worten, er konnte kaum lesen und schreiben und schien geistig zurückgeblieben zu sein. Er behauptete, sein ganzes Leben lang in einem dunklen Raum gefangen gewesen zu sein, bis er von einem Unbekannten freigelassen und nach Nürnberg gebracht worden ist. Dort wurde er unterrichtet und sogar in die höhere Gesellschaft aufgenommen. Zwei Attentate, ein gescheitertes im Oktober 1827 und jenes im Dezember 1833, an dessen Folgen er schließlich starb, ließen wilde Gerüchte um ihn entstehen, und der Fall erregte internationales Aufsehen: Einem zeitgenössischen Gerücht zufolge, das kurz nach seinem Tod aufkam, handelte es sich bei Hauser um den rechtmäßigen Erbprinz von Baden, der nach seiner Geburt vertauscht wurde, um eine Seitenlinie der Familie auf den Thron zu bringen. Eine eindeutige Klärung durch Genanalysen konnte bisher nicht vorgenommen worden, und so bleibt das Rätsel um Kaspar Hauser ungelöst. Hier eine Radierung aus dem Jahr 1830

Dass wir anderen den Sieg gönnen, kommt bestenfalls im (milden) Alter vor, also dann, wenn wir nicht mehr im fortpflanzungsfähigen Alter sind, und vermutlich liegt hier – in aller Kürze gesagt – der Grund, warum wir siegen wollen und nur den Ersten feiern. Nur er zählt in der Evolution. Nur er ist ja ans Ziel gelangt und hat die Möglichkeit bekommen, seine Gene in die nächste Generation zu bringen. Der Zweite und jeder Weitere hat das Nachsehen. Evolutionäre Regeln kennen nur den Gewinner und den Rest. Deshalb lieben wir die Sieger und übersehen die Anstrengungen der anderen, obwohl sie vielleicht getröstet werden wollen.

Übrigens – der mit dem Nobelpreis für Literatur ausgezeichnete Schriftsteller Elias Canetti hat sich einmal Gedanken über die Frage gemacht, warum wir so begierig Todesanzeigen lesen und so aufmerksam bei Todesnachrichten die Ohren spitzen, vor allem wenn sie das Lebensende berühmter Leute melden. Er meinte, dass wir in dem Fall das schöne Gefühl bekommen, doch noch gesiegt zu haben. Schließlich leben wir noch, und solch ein Überleben lohnt und wird belohnt – von der Evolution.

Unser evolutionäres Erbe zeigt sich im Alltag auch da – und vielleicht sogar besonders deutlich –, wo es in die Leere läuft und eher kontraproduktiv ist. Wir schrecken beispielsweise immer noch furchtbar zusammen, wenn sich uns jemand unbemerkt von hinten nähert und uns auf die Schulter klopft oder anspricht. In den Zeiten, in denen sich menschliche Gesellschaften entwickelten, drohte tatsächlich Gefahr aus dieser Richtung, und so steckt in uns ständig die Sorge vor einem Angriff. Deshalb setzen wir uns in einem

Besucher eines Restaurants mit dem Rücken zur Raummitte; es stellt sich die Frage, ob ihn nicht ein Angriff von hinten ängstigt und ihn baldigst den Platz wechseln lässt?

Restaurant auch so hin, dass wir den Rücken zur Wand richten, und wir fühlen uns nie wirklich wohl, wenn wir nur einen Tisch in der Mitte des Lokals finden.

Ein weiteres Beispiel birgt unser Essverhalten. Die Vorstellung fällt sicher nicht schwer, dass es für die Menschen der Steinzeit von Vorteil war, sich die süßesten Früchte auszusuchen, die sie finden konnten, und möglichst viele davon mitzunehmen, wenn sie im Wald etwa auf eine Ansammlung von Beeren stießen. In der heutigen Zeit durchstreifen wir einen Supermarkt mit all seinen verlockenden Angeboten an Schokolade, Pralinen und anderen Leckereien. Wir werden diesen Verlockungen einfach erliegen und uns ihnen bereitwilliger zuwenden als dem Apfel. Die Frage, warum wir durch Essen krank werden und uns nicht an einen Diätplan halten, kann ganz einfach beantwortet werden. Wir geben nur einem im Rahmen der Evolution selektionierten Verlangen nach – und das kann doch keine Sünde sein.

Man kann die Exzesse der Schlemmerei noch genauer erklären, und zwar durch die Idee des »übernormalen Reizes«, mit der die Verhaltensforscher operieren. Sie haben beobachtet, dass Gänse, denen ein Ei aus dem Nest rollt, dieses zurückholen. So gut und nützlich diese Reaktion ist, sie lässt sich verwirren, wenn man den Gänsen neben dem Ei einen Tennisball anbietet. Offenbar reizt der Tennisball die Tiere mehr als das eigene Produkt. Er übt einen »übernormalen Reiz« auf ihr Nervensystem aus und sorgt dafür, dass die Gänse ihr eigentliches Ziel – das Ei – vernachlässigen und stattdessen den Tennisball in ihr Nest rollen.

Pizza und Knabbereien gemütlich vor dem Fernseher in allen Ehren – allerdings sind schlechte Essgewohnheiten und Bewegungsmangel häufig die Ursache für Übergewicht und die daraus resultierenden Risiken für Herz und Kreislauf. Da sich die Essgewohnheiten und Verhaltensweisen von Kindern von denen der Eltern kaum unterscheiden, ähneln Tochter und Sohn auch im Körperumfang ihrem väterlichen Vorbild

Die übervollen Regale eines Supermarktes üben auf den Konsumenten oftmals einen sogenannten »übernormalen Reiz« aus, der ihn das eigentliche Ziel, die Versorgung mit Grundnahrungsmitteln, vernachlässigen bzw. den Einkauf nach dem Lustprinzip erledigen lässt.

Ohne die evolutionäre Relevanz solch eines Verhaltens im Detail zu erörtern, sollte man sich klarmachen, dass auch wir Menschen solchen Reizen erliegen, zum Beispiel dann, wenn wir ein Stück Apfeltorte lieber nehmen als den Apfel selbst. Tatsächlich lässt sich sagen, dass unsere Probleme mit dem Gewicht bzw. mit der Diät dadurch verständlich werden, dass es eine Fehlanpassung gibt zwischen dem Geschmack, der unser Überleben in der Steinzeit mit knappen Nahrungsmengen sicherte, und den Auswirkungen, die diese Neigung in der heutigen Welt voller Supermarktregale mit all ihren Verführungen hat. Es war in der Steinzeit stets adaptiv, so viel wie möglich von den lebenswichtigen Stoffen zu sich zu nehmen und dann soviel Fett, Salz und Zucker wie möglich zu essen, wenn sie zur Verfügung standen. Wenn wir heute immer noch nach fettreicher Kost lechzen, dann tun wir das aus dieser Anlage heraus, obwohl wir inzwischen längst von verstopften Arterien und Arteriosklerose bedroht sind. Unser evolutionäres Erbe wirkt zu stark nach und lässt viele gutgemeinte Ratschläge ins Leere gehen.

Die Fehler in der Ernährung wirken sich vor allem deshalb besonders nachteilig aus, weil wir nicht nur zu viel essen, sondern uns auch noch zu wenig bewegen, um an die Lebensmittel heranzukommen. Es reicht, mit dem Auto zum nächsten Supermarkt zu fahren und sich dort großzügig zu bedienen. Und diese Tendenz zur Faulheit, die jeder von uns kennt, lässt sich noch einmal unter den Bedingungen der Evolution erklären. Denn es war im Laufe unserer Entwicklung mit Sicherheit adaptiv, immer dann so wenig wie möglich zu tun, wenn die Gelegenheit sich dazu bot. Man musste Energie sparen, wo es ging, um für die harten Zeiten und die langen Jagden gerüstet zu sein, und vermutlich hat uns die Evolution gerade deshalb ein kleines Lustgefühl mit auf den Weg gegeben, wenn wir Pause machen. Früher war die Körperenergie etwas, was keineswegs vergeudet werden durfte; heute ist daraus nur die Lust geworden, im Bett liegenzubleiben, wenn es regnet, oder im Fernsehsessel zu ruhen, wenn man lieber laufen oder Sport treiben sollte.

DIE LEUTE IM FERNSEHEN

Mit den Stichworten »Lust« und »Fernsehen« sind zwei Themen angesprochen, die sich ebenfalls unter evolutionären Gesichtspunkten analysieren lassen. Gemeint sind psychische Regungen wie Vertrauen und Angst, mit denen uns die natürliche Selektion versorgt hat, allerdings nicht in Hinblick auf die Umstände, unter denen wir heute leben. Um ein paar Beispiele anzuführen, die im Rahmen unserer Fragestellung relevant sind: Die meisten Menschen, mit denen wir heute im Verlauf eines Tages zu tun haben, sind nicht mehr die vertrauten Familienmitglieder, mit denen es der Steinzeitmensch noch ausschließlich zu tun hatte. Die meisten Menschen, denen wir heute begegnen, sind uns vollkommen fremd, und so ist es eigentlich kein Wunder, dass sich so etwas wie Vertrauen nicht mehr einstellen will und Angst und Verzweiflung in zivilisierten Gesellschaften immer mehr um sich greifen.

Angst ist ganz sicher ein Produkt der Selektion. Wer sich früher ohne Angst im Dunkel der Nacht oder des Waldes bewegte, hatte keine Überlebenschance und damit keine Nachfahren. Warum aber entsteht aus dieser Qualität in unserer Welt so viel Verzweiflung? Warum werden so viele Menschen depressiv? Warum bringen sich so viele Mitglieder von hochmodernen Gesellschaften um? Warum ist der Selbstmord (neben den Autounfällen und Morden) zur dritthäufigsten Todesursache unter jungen Amerikanern geworden?

Depression
Von lateinisch für »Niederdrücken«; im psychiatrischen bzw. klinisch-psychologischen Bereich ein anhaltender Zustand der Niedergeschlagenheit, zu den Symptomen zählen innere Unruhe, Schlafstörungen, Antriebshemmungen und Stimmungseinengung. Soziokulturell kann die Depression als allgemeiner Werteverlust verstanden werden, im wirtschaftlichen Bereich ist es die Tiefphase des Wirtschaftszyklus.

Eine Treppe in Paris, düster und wenig einladend, die leicht Begriffe wie Melancholie, Angst und Depression assoziieren lässt. Angst kann natürlich auch positiv gedacht werden, als Vorsichtsmaßnahme, die uns das Überleben – wer weiß, was am Ende der Treppe lauert – sichern kann.

337

Eine Person mit 500 Fernseh-
monitoren in einem Raum, ein
mögliches Überangebot an phantastischen Lebensläufen, die die
eigene Umwelt als hoffnungslos
unzureichend erscheinen lassen
und letzten Endes die Selbstwahrnehmung massiv beeinträchtigen
können.

Natürlich kann man zerrüttete Ehen, die Auflösung der Familie und Ähnliches dafür verantwortlich machen; aber wir sollten gleichzeitig auch fragen,
ob sich darunter evolutionäre Ursachen fassen lassen. Wer solch eine Spur
aufnimmt, wird bald bei den Medien und besonders beim Fernsehen landen.
Man sollte nämlich die Hypothese sehr ernst nehmen, dass das Fernsehen
nicht zuletzt eine Störung der Selbstwahrnehmung bewirkt. Damit meinen
die Vertreter einer evolutionär zu begründenden Psychologie etwa Folgendes: Die Selektion hat uns Menschen offenbar, wie bereits beschrieben, mit
einem leichten Hang zum Wettbewerb ausgestattet. Wir wollen immer ein
wenig mehr haben und mehr sein, und viele von uns versuchen mit wach-
sendem Vergnügen, ihre Nachbarn oder Kollegen in der einen oder anderen
Form zu übertreffen.

Warum solch ein Verhalten in der Evolution sinnvoll war, braucht nicht eigens erläutert zu werden. Wohl aber sollte man die Tatsache betonen, dass
sich diese Lust am Wettstreit in den kleinen Gemeinschaften ausgebildet hat,
in die unsere Vorfahren eingebunden waren. Solange man nur mit Verwandten und Nachbarn in Konkurrenz stand, brachten diese Adaptionen keine
Probleme mit sich. Die Situation änderte sich erst mit dem Zeitalter der
Massenkommunikation und des Fernsehens, und zwar grundlegend. Jetzt
vergleicht man sein Leben nicht mehr nur mit dem der Verwandten oder
Nachbarn, jetzt starrt man auf die phantastischen Lebensläufe, die auf dem
Bildschirm vorgeführt werden. Die eigene Qualität, die eigene Umwelt kön-
nen einem hoffnungslos unzureichend vorkommen, und das entscheidende

Wort ist dabei »hoffnungslos«. Wir werden verzweifelt und unzufrieden mit uns und unserem Leben, wir können nicht mehr mithalten und beginnen, unsere Befriedigung auf andere Weise zu suchen. Die so definierte Verzweiflung der modernen Menschen hat – zumindest in den USA – genau zu der Zeit angefangen, in der das Fernsehen alle Haushalte erreicht hatte. Zeitgleich mit diesem statistischen Tatbestand fingen in den fünfziger Jahren die Frauen in den Vorstädten an, zum Alkohol zu greifen, und ihre Kinder gingen auf Diebestouren, was durch die amtlichen Zahlen nachprüfbar und korrelierbar ist.

Der hier vorgestellte evolutionäre Blickwinkel soll nicht der Ansicht das Wort reden, dass alle Probleme und alle Krankheiten in den evolutionären Vorgaben namens Genen stecken. Aber die Gene stecken in uns. Wir kommen ohne sie nicht aus, und wir sollten die Kräfte zur Kenntnis nehmen, die sie geformt haben. Die Gene bestimmen unser Leben nicht, aber es könnte sein, dass ein Leben, das gegen die Gene und ihre Herkunft geführt wird, keinen Sinn macht und uns krank werden lässt. Wahrscheinlich macht überhaupt nichts einen Sinn, wenn man es nicht im Lichte der Evolution betrachtet, zumindest dann nicht, wenn es um unser Leben geht.

EVOLUTIONÄRE ERKENNTNISLEHRE

Nach dem Körper kommt der Geist, und die Frage lautet, ob der evolutionäre Gedanke noch trägt, wenn es um unsere Erkenntnisfähigkeit geht. Hat es so etwas wie eine Evolution des Erkennens gegeben? Es gibt inzwischen viele Wissenschaftler, die darauf nicht nur positiv antworten, sondern die das philosophische Terrain durchgängig für die Biologie reklamieren und konstatieren, dass unser Erkenntnisapparat als Ergebnis der (biologischen) Evolution, als Anpassung an die reale Welt entstanden ist, um so zu unserem Überleben beizutragen.

Die erste Vorstellung, dass die kognitiven Strukturen des Menschen eine evolutionäre Erklärung bedingen, findet sich bereits in den Tagebüchern von Darwin. Er bezieht sich auf die Dialoge Platons, wonach Verstehen etwas mit seelischen Bildern (Ideen) zu tun hat, die es schon immer gegeben hat, die also vor den Menschen da gewesen sind. Im 20. Jahrhundert stellt Konrad Lorenz die Theorie auf, dass das Leben selbst im Laufe der Evolution Erkenntnisse gewinnen kann, weshalb die Denkformen, die uns ohne Erfahrung zur Verfügung stehen, mit den Erkenntnisstrukturen übereinstimmen, die sich im Laufe der Stammesgeschichte an der Erfahrung bewährt haben. Wie etwa die Denkform des Raumes ganz konkret im Verlauf der Evolution entstanden sein könnte, hat der englische Biologe George G. Simpson einmal sehr drastisch ausgedrückt: »Um es grob, aber bildhaft auszudrücken: Der Affe, der keine realistische Wahrnehmung von dem Ast hatte, nach dem er sprang, war bald ein toter Affe – und gehört daher nicht zu unseren Urahnen.«

Die evolutionäre Erklärung des menschlichen Erkenntnisvermögens kann natürlich nur in dem Bereich Sinn machen, mit dem unsere Vorfahren im

Es ist wahrlich erstaunlich, wie der Mensch die Errungenschaften, die er sich im Lauf der Evolution angeeignet hat – wie etwa das Feuer machen –, über die Jahre hinweg weiterentwickelt und neu gestaltet hat.

Unter dem Begriff »Mesokosmos«, den der Wissenschaftsphilosoph Gerhard Vollmer
geprägt hat, sind Kategorien und
Größenordnungen zu rechnen,
die wir sinnlich fassen, die wir
erkennen können. So reicht der
Mesokosmos hinsichtlich der
Geschwindigkeit in etwa vom
Gehen eines Fußgängers hin zum
Sprinten eines Profisportlers. Die
Langsamkeit einer Schnecke oder
die Schnelligkeit eines Formel-I-
Autos können wir kaum evolutionär nachvollziehen, vielmehr
bekommen wir diese Größen nur
über eine systematische Analyse
in den Griff.

Verlauf der Stammesgeschichte in Berührung gekommen sind und der ihrem Wahrnehmungsapparat zugedacht war. Mit anderen Worten, wissenschaftliche Erklärungen und die Möglichkeit einer mathematischen Theorienbildung zur Beschreibung der atomaren Bewegungen und Wandlungen sind nicht gemeint, wenn es um die Verbindung der Begriffe Evolution und Erkenntnis geht. Weder im Makrokosmos des Universums mit seinen ungeheuren Entfernungen und gigantischen Energien noch im Mikrokosmos der Atome mit ihren extrem schnellen Bewegungen und unvorstellbar dichten Packungen lassen sich Passungen finden. Sie gibt es einzig in dem Zwischenraum, in dem sich unser sinnliches Leben abspielt und für den der Wissenschaftsphilosoph Gerhard Vollmer den Ausdruck »Mesokosmos« vorgeschlagen hat. Was damit gemeint ist, kann wunderbar definiert werden: Was räumliche Entfernungen angeht, so reicht der Mesokosmos vielleicht von der Dicke eines Haares bis zu der Strecke, die man im Verlauf eines Tages zu Fuß zurücklegen kann. Werden die Abstände kleiner oder größer, können wir unseren evolutionär erworbenen Fähigkeiten – unserem gesunden Menschenverstand – nicht mehr vertrauen und benötigen die Hilfe von Wissenschaft und Technik. Weder auf die Enge der Nanometer, um die es bei Lichtwellen geht, noch auf die Weiten der Lichtjahre, die sie durcheilen, sind wir von Natur aus vorbereitet. Unser einfaches Fassungsvermögen gerät doch schon in Schwierigkeiten, wenn es um Entfernungen geht, die wir innerhalb eines Tages in einem Flugzeug zurücklegen können.

Was zeitliche Dimensionen angeht, so reicht der Mesokosmos vielleicht von der Dauer eines Herzschlags bis zum Alter, das ein langes Leben währen kann, also vom Bruchteil einer Sekunde bis zu einhundert Jahren. Alles was kürzer dauert – wie zum Beispiel der Takt eines Elektrons in einem Atom – oder was länger währt – etwa die Stammesgeschichte des Menschen –, kann der gewöhnliche Verstand nicht fassen, den die Evolution uns beigebracht hat. Unser gesundes Fassungsvermögen wird schon überschritten, wenn wir uns die vierhundert Jahre seit der Geburt der modernen Wissenschaft vorstellen sollen.

Was die Geschwindigkeiten angeht, so reicht der Mesokosmos in etwa vom Schreiten eines friedlichen Fußgängers bis zum Sprint eines professionellen Sportlers, also bis rund 40 Kilometer pro Stunde. Alles, was viel schneller ist, wie die Rennwagen der Formel I, oder was wesentlich langsamer abläuft, wie das Kriechen einer Schnecke oder das Wachsen unserer Haare, können wir nur nach rationaler und systematischer Erkundung in den Griff bekommen, denn die Evolution hat an dieser Stelle nichts für uns tun können.

Man kann dieses mesokosmische Zwischenspiel mit vielen anderen Größen fortsetzen – mit Beschleunigungen, mit Kräften, mit Energien –, um ein Gefühl für die Reichweite der evolutionären Erkenntnistheorie zu bekommen, die nicht weiterhilft, wenn Zufälligkeiten statt einfacher Kausalitäten eine Rolle spielen und/oder wenn die Komplexität und Verwebung von Systemen zunimmt und vielfältige Rückkopplungen möglich werden. Die Evolution hatte wenig Grund, uns auf unanschauliche Gegebenheiten der genannten Art vorzubereiten, und wir mussten eigens die Wissenschaft und ihre Me-

»Achsenzeit«
Der Philosoph Karl Jaspers hat die Jahre von 800 bis 200 v. Chr. als »Achsenzeit« bezeichnet und sie durch den Hinweis charakterisiert, dass damit unsere mythische Vorgeschichte abgeschlossen wird und die historische Epoche der Menschheit beginnt, die sich durch Nachdenken über die Bedingungen der eigenen Existenz auszeichnet. Dabei kommt es zu einer Trennung zwischen dem Weltlichen und dem Göttlichen, das als das Eigentliche angesehen wird. Die Menschen entdecken also die Transzendenz und werden religionsfähig. »In dieser Zeit drängt sich Außerordentliches zusammen ... In China lebten Konfuzius und Laotse, entstanden alle Richtungen der chinesischen Philosophie ... in Indien lebte Buddha, wurden alle philosophischen Möglichkeiten entwickelt ... in Palästina traten die Propheten auf, Elias, Jesaia und Jeremias ... Griechenland sah Homer, Parmenides, Heraklit, Plato und Archimedes«.

Transzendenz
Das Überschreiten von Grenzen, Verhaltensmustern und generell dem Bewusstsein hin zu Ebenen, die sich dem sinnlichen Erfahren und der Gegenständlichkeit entziehen. Transzendenz steht für das Jenseitige, für Göttlichkeit, für einen Zustand, in dem alles Materielle abgelegt wird und man sich völlig von der diesseitigen Welt löst. Ein Überschreiten auch des menschlichen Egos, sodass der Mensch nicht mehr an sich selbst gebunden und im Körper eingeschlossen, sondern stattdessen allgegenwärtig ist.

thoden erfinden, um damit umgehen zu können. Wissenschaftliche Erkenntnisse – zum Beispiel die Relativitätstheorie oder die Idee der natürlichen Selektion – können nicht im Rahmen einer evolutionären Erkenntnislehre erläutert werden, und die Frage, wie die Menschen nach ihrem natürlichen Start im Mesokosmos diesen mittleren Teil der wirklichen Welt in die beiden Richtungen, die ins Große und ins Kleine führen, verlassen konnten, bildet ein spannendes Thema der Wissenschaftstheorie, bei dessen Bearbeitung man vielleicht lernt, wie der Schritt aussieht, der in der Natur beginnt und in der Kultur endet.

DIE ERFAHRUNG DES RELIGIÖSEN

Wir wollen uns in den folgenden beiden Abschnitten zwei Themen zuwenden, die ganz zentral zum menschlichen Leben gehören, bei denen man aber doch wohl eher und unmittelbar ins Stirnrunzeln gerät, wenn sie auf unser evolutionäres Erbe bezogen bzw. gar zurückgeführt werden sollen. Gemeint sind die religiösen Überzeugungen von Menschen und ihr Empfinden von Schönheit.

Wir beginnen mit der Religion, was genauer heißen müsste, mit der kaum zu überblickenden religiösen Vielfalt, die sich in menschlichen Gesellschaften findet. Das klingt zunächst wie eine schlechte Nachricht, denn niemand wird ernsthaft den Versuch unternehmen, etwa das Erscheinen von Jesus Christus, das Herauslösen des christlichen Glaubens aus dem Judentum und sein Aufsteigen zur Staatsreligion in all seinen Details auf einen evolutionären Selektionsdruck zu reduzieren. Doch in der ungeheuren Verbreitung religiöser Überzeugungen und Praktiken steckt auch eine gute Nachricht, nämlich die, dass es sich bei Religiosität um eine »transkulturelle Universalie« handelt, die der Sprachfähigkeit verwandt ist.

Die Sprache selbst besitzt eine genetische Komponente, wobei der zufällige Ort unserer Geburt darüber entscheidet, welche Einzelsprache wir lernen und übernehmen. Ebenso entscheidet der zufällige Ort des Heranwachsens, welche konkrete Glaubensrichtung vertreten wird, aber das ändert nichts daran, dass die Fähigkeit zum Gedanken an einen Gott von der Evolution angelegt ist.

Diese Überzeugung wird verstärkt, wenn man zur Kenntnis nimmt, dass es nicht nur in aller Welt Religion gibt, sondern dass die dazugehörige geistige Fähigkeit zur Transzendenz überall etwa zu der gleichen Zeit entstanden ist (die Philosophie meint damit das 6. und 5. Jahrhundert vor Christus). Für einen Evolutionsbiologen sieht das ganz so aus, als ob sich damals eine Variante in das menschliche Erbgut einnisten konnte, die für die glaubensfähigen Strukturen im menschlichen Gehirn sorgte. Hervorzuheben ist des Weiteren, dass die unterschiedlichen Religionen eine gemeinsame Tiefenstruktur aufweisen. »Die interkulturelle Ähnlichkeit religiöser Phänomene auf der ganzen Welt ist unverkennbar«, wie der Schweizer Philologe Walter Burkert in seinem Buch »Kulte des Altertums« schreibt, in dem er ausführlich »die biologischen Grundlagen der Religion« darstellt. Zu den Grund-

Drei betende Menschen, die deutlich machen, dass es sich bei der Religion um eine »transkulturelle Universalie« handelt: ein Priester in Rom (links oben), ein Hindu im Sri Maha Mariamman Temple in Kuala Lumpur (links unten) und ein buddhistischer Mönch.

Anmerkungen zur Sprache

Die Idee eines angeborenen Sprachwissens geht auf den prominenten Sprachforscher Noam Chomsky zurück. Er ist davon überzeugt, dass es eine evolutionär entstandene »Universalgrammatik« gibt, die den Zustand der Sprachfähigkeit vor jeder sprachlichen Erfahrung festlegt. Dies beginnt mit der Fähigkeit, den Lautstrom zu unterteilen, es setzt sich über die Kenntnis von Kategorien fort – die Natur stellt uns demnach die Unterscheidung von »Hauptwort« und »Tätigkeitswort« genetisch zur Verfügung –, und es schließt auch die Fähigkeit zur Satzbildung ein.

Natürlich spricht einiges für eine »Universalgrammatik« – wenn ein in Deutschland geborener Säugling in Japan aufwächst, lernt er die dort gesprochene Sprache, wie er zu Hause Deutsch gelernt hätte, und der Vorgang vollzieht sich scheinbar mühelos und schnell. Aber es gibt auch Hinweise, dass Chomskys Konstruktion nicht ausreicht. So verwenden Kinder oft korrekte und inkorrekte Formen parallel, und irgendwie wehrt sich unser Gehirn gegen die Vorstellung, dass sprachliche Äußerungen, die wir hören, nur der Auslöser für etwas sein sollen, das sich von selbst vollzieht und dem Kind allein die Rolle zubilligt, passiver Ort der Entwicklung zu sein. Beim Spracherwerb sind vermutlich sowohl innere (genetische) als auch äußere (soziale) Mechanismen beteiligt. Eine Rolle der Gene ist allein deshalb nötig, um der Evolution die Chance zu geben, die Sprachfähigkeit zu verankern. Sprache dient natürlich der Kommunikation, sie erlaubt aber auch, den Zusammenhalt einer Gruppe zu gewährleisten (Dialekte) und überhaupt den Mitgliedern eine Identität zu geben.

Die Sprachforscher wissen inzwischen, dass sich Sprachen dann rasch geändert haben, wenn sich Gruppen gespalten haben und zu Rivalen geworden sind.

formen religiösen Verhaltens gehören beispielsweise die Opferbereitschaft von Menschen, die in Not geraten sind, das Beten bzw. der Sprachkontakt zu einem höheren Wesen, die Darbringung von Gaben, die Rituale der Taufe und des Abendmahls. Eckart Voland konstatiert, dass »religiös zusammengehaltene Lebensgemeinschaften eine signifikant längere Halbwertszeit hatten als säkular motivierte Siedlungen, etwa von Anarchisten«, was den Schluss zulässt, dass Glaube sozial zumindest konkurrenzfähig macht. In diesen Zusammenhang passt der bekannte Satz des Wirtschaftsnobelpreisträgers Friedrich-August von Hayek, dem zufolge »Religion überlebt, weil sie Kinder zeugt, nicht weil sie wahr ist«.

Und wir wollen zum Dritten andeuten, warum ein zentraler Aspekt aller Religionen, nämlich die Verehrung eines Gottes, der als ein absichtsvoll handelndes Wesen verstanden wird, einen Vorteil mit sich bringen konnte: Ein moderner Biologe erblickt darin einen Ausfluss des dem menschlichen Gehirn innewohnenden Bedürfnisses, Geschichten zu erzählen. Wir fabulieren gerne und erfinden Zusammenhänge, wo es keine gibt – einmal, um unser Erinnerungsvermögen zu verbessern, und vor allem, um Unsicherheiten abzubauen. Wir haben ein evolutionär verständliches Bedürfnis nach kognitiver Gewissheit, und es diente vermutlich dem Überleben, wenn man alles, was passierte, direkt einem Verursacher zuschob – das Rauschen von Blättern etwa einem Feind oder einem Raubtier – und nach ihm Ausschau hielt, statt nach physikalischen Gründen zu suchen. Wir haben uns dabei angewöhnt, final zu denken, und wenn wir heranwachsen, können wir das immer noch am besten. Wir fragen als Kinder nicht, wie sich Wolken bewegen, sondern wer die bewegt und mit welchem Ziel. Als Erwachsene machen manche von uns gerne so weiter. Bleibt nur zu fragen, wie wir den so entstandenen Gott von der Aufgabe befreien können, für jeden einzelnen Schritt der Evolution verantwortlich zu sein.

Auch diese beiden Abbildungen zeigen unverkennbare Ähnlichkeiten im religiösen Verhalten: ein Junge in der Wiener Synagoge (oben) und ein betender muslimischer Gefangener in Wandsworth im Süden Londons (unten).

DAS VERSPRECHEN VON SCHÖNHEIT

Wir müssen zum Ende kommen, wollen dies aber nicht tun, ohne zu fragen, ob die »höchste Manifestation der gesamten Schöpfung«, wie der französische Schriftsteller François Cheng die Schönheit nennt, ob dieses menschliche Empfinden von Schönheit auf eine evolutionäre Basis gestellt werden kann. Alle Menschen sind von einem »Verlangen nach Schönheit« beseelt oder durchdrungen, das – wie das Religiöse – über sich hinausweist und selbst Schönheit erschaffen will. Poeten wie Cheng sprechen ausdrücklich von einem menschlichen Drang, »in den ursprünglichen Drang nach Schönheit einzugehen, der das Entstehen des Universums und das Abenteuer des Lebens bestimmt hat«.

Nach solchen Worten klingt es vermessen, hier biologische Prinzipien anzurufen. Die Schwierigkeit einer Anbindung des evolutionären Denkens hat nicht zuletzt damit zu tun, dass Schönheit etwas ist, dem sich die Geisteswissenschaften zuwenden, ohne sich von den nüchternen Fakten naturwissenschaftlich ermittelter Reproduktionszahlen beeinflussen zu lassen. Zwar haben sich diese beiden Kulturen lange Zeit gegenseitig nicht zur Kenntnis genommen, aber diese Regel ist vor Kurzem durch den Literaturwissenschaftler Winfried Menninghaus durchbrochen worden, der Darwin gelesen und anschließend über »Das Versprechen der Schönheit« geschrieben hat. Der Titel bezieht sich dabei unter anderem auf die (aus der Biologie kommende) Beobachtung, dass Schönheit vor allem im Mittelmaß funktioniert. Wer durch diese Qualität so herausragt, dass er oder sie viele überragt, so zeigen Lebensläufe von Filmstars und Models, neigt zu Depression und ist von Einsamkeit bedroht. Und Auswertungen des Ansprechverhaltens in Tanzclubs ergeben immer wieder, dass attraktivere Frauen nicht so häufig kontaktiert werden wie die weniger attraktiven. Klar ist trotzdem, dass schöne Menschen Vorteile haben können:

»Süße Babies werden von ihren Eltern öfter und häufiger angelächelt … Gutaussehende Kinder und Jugendliche haben mehr Freundschaften, mehr Verabredungen, oft auch ein reicheres sexuelles Leben als die wenig Begünstigten und neigen weniger zur Eifersucht. In Notsituationen wird ihnen bereitwilliger geholfen; umgekehrt haben sie es darin leichter, dass sie ihrerseits weit seltener um Hilfe gebeten werden als weniger attraktive (Versuchs-) Personen. Lehrer mögen die Gutaussehenden lieber und bewerten ihre Leistungen besser als gleiche Leistungen weniger attraktiver Mitschüler. Ärzte widmen gutaussehenden Patienten mehr Zeit und Geduld; Psychologen verschreiben ihnen mehr Einzeltherapien und sehen auch in gravierenden Fällen bessere Heilungsaussichten. Richter neigen bei gutaussehenden Angeklagten zu milderen Strafen, Personalchefs zu einer Bevorzugung im Einstellungsgespräch und zu höherer Gehaltseinstufung.«

Es lohnt sich also, schön zu sein, und es lohnt sich auch, ästhetische Lust zu erfahren, denn sie kann sich – wie schon die deutschen Klassiker Lessing und Kant bemerkt haben – im Gegensatz zur sexuellen Lust selbst erneuern, sich weiter fortsetzen und sogar steigern, da sie den einmaligen Höhepunkt –

Das Böse in der Natur
In seinen fünf Meditationen über die Schönheit stellt François Cheng diesem bewertenden Empfinden nicht das Hässliche, sondern das Böse gegenüber. Mir scheint, dass damit der evolutionär geschulte Blick besser charakterisiert ist, denn während man die Schönheit der Natur – Gottes Schöpfung – bewundert, weiß man seit Darwin, dass es in ihr oftmals böse zugeht. Das Böse agiert dabei mit den gleichen schönen Strukturen, die wir von den guten Seiten des Lebens kennen.

»Die drei Grazien« von Jean-Baptiste Regnault aus dem Jahr 1794, Louvre, Paris; die drei Grazien sind in der römischen Mythologie die Göttinnen der jugendlichen Anmut (von lateinisch *gratia* für Anmut, Wohlgefallen), in der griechischen entsprechen sie den »Chariten«. In der bildenden Kunst sind sie ein häufiges Thema, dargestellt werden sie meist nackt oder zumindest bekränzt.

Sogar die Wissenschaft kann ohne Schönheit nicht bestehen, nicht ein Nagel würde mehr erfunden werden. FJODOR M. DOSTOJEWSKI

den Orgasmus – vermeidet. Als Darwin sich – im Rahmen seiner Überlegungen zur sexuellen Selektion – mit dem Thema beschäftigte, schienen ihm die ästhetischen Praktiken des Menschen als die in unsere Sphäre reichende Erweiterung der im Tierreich zu beobachtenden Werbung um das andere Geschlecht durch Gesang, ausgedehnte und anstrengende Tanzvorführungen und besondere Verzierung des Körpers mit Ornamenten. Die Kunst wäre demnach ein Modus von sexueller Werbung, und die Wissenschaft kann man dazurechnen. Mitstreiter aus ihren Reihen geben gerne zu, nach Erfolgen in der Forschung »in want of a woman« zu sein und zu hoffen, mit der Publikation in einem renommierten Journal auch möglichst bald bei dem anvisierten Traumpartner zum Zuge zu kommen.

In seinem oben zitierten Buch stellt der Literaturwissenschaftler Menninghaus fest, dass es für die philosophische Ästhetik an der Zeit sei, von Darwin zu lernen, der ästhetische Präferenzen und Modephänomene aus dem Partnerverhalten ableiten könne – zum Beispiel die nackte Haut der Menschen und die Nuancen der dabei sichtbar werdenden Farbe – und der darüber hinaus verdeutlichen könne, was einen Philosophen besonders interessiere, dass nämlich auffallende Schönheit mit einem erhöhten Todesrisiko einhergeht, und zwar auf jeder Altersstufe, einschließlich der blühenden Jugend. Auch müssten philosophische Ästhetiker zugeben, »dass ihre Modelle ästhetischer Täuschung an Komplexität und Einfallsreichtum von der ›Natur‹ sexuierter Körper weit übertroffen werden«. Damit bezieht sich der Autor auf die Tatsache, dass Menschenfrauen – anders als Schimpansen oder die Weibchen der Bonobos – sowohl ihren Eisprung verbergen als auch die Brust unverändert groß halten. Durch diesen »genialen weiblichen Schachzug« verstärkt die Evolution sowohl die männliche Treue als auch das Ausmaß der Investition, und sie senkt zugleich den Anreiz zu einer Vergewaltigung. »Die einzigartigen sexuellen Ornamente, auf die das Begehren der Männer evolutionär geeicht ist, sind zugleich Mittel, sie tendenziell um die Gewissheit ihres Reproduktionserfolgs zu betrügen und zu ungewöhnlich langfristigen Selbstverpflichtungen« zu bewegen.

In dem bereits skizzierten Standardmodell mit sexueller Selektion durch weibliche Wahl taucht die Schönheit der Männchen als Resultat von Entscheidungen der Weibchen auf. Aber diese Regel, dass das männliche das schöne Geschlecht ist, kehrt sich beim Menschen um. Hier geht die ästhetische Wahl primär von der männlichen Position aus. Zwar produzieren die Herren der Schöpfung nach wie vor die Kunstwerke, mit denen sie der Erfüllung ihres Verlangens näher kommen wollen, aber schön zu sein, das erwarten und verlangen wir und unsere Artgenossen vor allen Dingen von dem, was wir das schwache Geschlecht nennen. Wie kann diese Verbindung

Eine junge Frau mit auf den Rücken tätowierten Engelsflügeln (oben); man kann diese Art des Körperschmucks als Erweiterung der im Tierreich zu beobachtenden Werbung um das andere Geschlecht, als sexuelle Reklame verstehen.

Ein Pärchen mit auf dem Gesicht aufgetragenen Schlamm in der sogenannten »Lagoon of Miracles«, Peru; der Schlamm soll nicht nur der Heilung (etwa von Akne) dienen, sondern vor allem der Schönheit, für die man zwar keine Gefahr, aber doch einen etwas unangenehmen Prozess in Kauf nimmt.

zwischen Schönheit und Körperschwäche entstehen, die für Darwin selbst unverständlich bleiben muss?

In Darwins Welt entwickelt sich das schöne Geschlecht – zunächst das männliche –, um seine geringen Paarungschancen zu vermehren. Es trägt also die Last des reproduktiven Misserfolgs und damit den Druck der Selektion. Das auf Schönheit angewiesene Geschlecht ist also stets das schwache – nicht im Sinne körperlicher Kraft, sondern weil es eher verantwortlich für eine unzureichende Vermehrung im quantitativen Sinne ist.

Doch die Zeiten, in denen Lebewesen evolutionär auf eine möglichst große Zahl von Nachkommen angelegt waren, sind mit der Zivilisation an ihr Ende gekommen. Wie erwähnt, beeinflussen veränderte Umweltbedingungen die archaischen Dispositionen, und wenn sich monogam lebende Männer heute zu einem Seitensprung aufmachen, begeben sie sich auf keinen Fall mehr auf die Suche nach einer Person mit maximaler Fruchtbarkeit. Schönheit korreliert längst mit geringer Kinderzahl, und die wenigen Kleinen sollten auch genau das werden, nämlich schön, um die Vorteile zu genießen, die oben aufgezählt worden sind. Wenn wir annehmen, dass die Selektion zunächst die Attraktivität der Männer ausgereizt hat, kann sie diesen Druck nun auf die Frauen richten, für die es auch wichtig – und adaptiv – wird, nach Ehe und Mutterschaft nicht rasch physisch verbraucht zu erscheinen, um bei Verlust des Mannes Chancen auf eine neue Verbindung zu behalten.

Natürlich stoßen evolutionäre Deutungen des Ästhetischen irgendwann an ihre Grenzen, da Sexualität und Reproduktion trennbar sind und sich der Funktionskreis, den Darwin zwischen Attraktivität und Reproduktionserfolg voraussetzt, aufgelöst hat. Welche Funktion der Schönheit umfassend aus evolutionsbiologischer Sicht zukommt, bleibt daher eine offene Frage wie die, warum es die weibliche Schönheit ist, die Männer als Künstler berauscht – François Cheng spricht in seinen »Fünf Meditationen über die Schönheit« vom »Wunder der Wunder«, während das männliche Gegenstück wenig Aufmerksamkeit hervorruft. Im Chinesischen gibt es den Ausdruck »tian sheng lizhi« – die Schönheit der Frau als Geschenk des Himmels. Die Männer sollten sich dafür bei der Evolution bedanken.

WAS BRINGT DIE ZUKUNFT?

Das evolutionäre Erscheinen von Schönheit geht einher mit dem Auftreten von Kreativität; Schönheit kann somit als »die unwiderstehliche Bewegung hin zu einem offenen Leben« (Cheng) verstanden werden. Meines Erachtens kann die Welt nur in dynamisch unbestimmter Form begonnen haben. Schließlich hat die Welt doch nie etwas anderes getan, als sich zu verändern. Es ist anzunehmen, dass die irdische Evolution mit einzelligen Formen des Lebens den Anfang gemacht hat. Aus ihnen haben sich im Laufe der Zeit die Vielzeller entwickelt, wobei der Begriff der »Entwicklung« bei ihnen eine besondere Bedeutung bekommen hat, nämlich als Bezeichnung des Lebensabschnitts, in dem sich aus einer Zelle – der befruchteten Eizelle – der ganze Organismus bildet. Die Fachleute sprechen in diesem Fall von der »Ontogenese«, die sie von der umfassenden Evolution als »Phylogenese« unterscheiden. Wichtig an den Begriffen ist die gemeinsame Endsilbe »genese«, in der das griechische Wort für »Werden« steckt.

Unter einer »genetischen« Betrachtung verstand man ursprünglich eine Analyse, die das Werden erfasste. In diesem Sinne soll es hier um eine genetische Darstellung der menschlichen Natur gehen. Im Rahmen dessen lässt sich nun sagen, dass die Bewegung der Evolution keine fertigen Produkte bzw. angepassten Lebensformen hervorbringt, sondern eine neue Bewegung: Die Evolution bringt keine Menschen hervor, sondern den Vorgang (Ontogenese), durch den Menschen entstehen können. Die Bewegung der Evolution generiert die Bewegung der Entwicklung.

Dieser Prozess unterscheidet sich auf eine wohldefinierte Weise von der Evolution. Die Entwicklung verläuft nämlich nicht mehr ganz ohne Plan. In ihrem Fall gibt es die Instruktionen der Erbmoleküle, die den Vorgang einleiten und steuern. Die Gene operieren dabei nicht autonom, sie bekommen vielmehr die Möglichkeit, gezielt auf Eigenheiten der Umgebung reagieren zu können. Zu diesem Zweck werden die Zellen mit Mechanismen ausgestattet, mit denen sich Signale berücksichtigen lassen, die von der äußeren Welt kommen und nach innen gelangen.

Der noch langsamen Evolution entwächst die rascher werdende Entwicklung, die sich in sich wandelt und zuletzt ein Organ – das Gehirn – hervorbringt, dessen Formation immer stärker von der Wechselwirkung mit der sinnlich zugänglichen Welt bestimmt wird. Wer diesen Prozess der Verinnerlichung als Wissenschaftler studiert, bekommt den Eindruck, dass die Erschaffung des Gehirns weniger wie die geplante Herstellung eines Werkzeuges, sondern eher wie die Anfertigung eines Gemäldes vor sich geht. Eine entscheidende Rolle spielt die Wechselwirkung zwischen der ursprünglichen Vorgabe und ihrer Umsetzung. Während ein Maler seine Arbeit mit seiner bildhaften Vorstellung beginnt, lässt ein Organismus erst seine Gene agie-

Für die Zukunft

Wir haben an der Dominanz der Männer und der höheren Bewertung männlicher Eigenschaften nicht viel geändert; wir laufen immer noch in den Hafen der Ehe ein und praktizieren keine freie Liebe; wir halten an überlieferten Nahrungspräferenzen fest, weil sie uns Freude machen; wir ändern unsere moralischen Grundhaltungen nicht und reagieren Fremden anders als Freunden gegenüber; wir trauern kaum, »wenn hinten, weit, in der Türkei, die Völker aufeinanderschlagen«, wie es in Goethes Faust heißt, während wir uns Sorgen um die Katze des Nachbarn machen; wir streben nach Luxus und Jugend, und wir können manche unserer Verhaltensweisen selbst beim allerbesten Willen nicht ändern, auch wenn wir längst einsehen, dass wir es sollten, vor allem in Hinblick auf das gigantische Wachstum der Erdbevölkerung im Angesicht der schwindenden Ressourcen auf diesem Planeten und des bedrohlich werdenden Klimawandels. Wer Vorschläge für ein künftiges Leben bzw. Überleben der Menschheit machen will, kann das nur nachhaltig tun, wenn er oder sie den evolutionären Ursprung in der Kultur unseres Alltags berücksichtigt.

Sieht so die Zukunft aus, steril, farblos, ein Kind, das nicht mit Freunden und Stofftieren spielt, sondern alles nur virtuell erlebt und allenfalls eine »mechanische Puppe« in Händen hält?

Überschwemmungsszenarien des Rheins in Kehl an der deutsch-französischen Grenze; derartige Naturkatastrophen sind Zeichen eines gefährlichen Klimawandels innerhalb der letzten Jahre.

Nachhaltigkeit

In Zeiten des Umweltbewusstseins, der globalen Rohstoff- und Energiekrisen wird wieder häufig an das Prinzip der Nachhaltigkeit erinnert. Im engeren Sinne werden bei diesem Bewirtschaftungsprinzip natürliche Stoffe und Systeme genutzt, aber nur so weit, wie das System intakt bleibt und sich selbst regenerieren, also der Bestand nachwachsen kann. Bei Wäldern heißt das beispielsweise, dass nicht mehr Holz gefällt wird, als nachwachsen kann. Im weiteren, politischen Sinne geht das Prinzip der Nachhaltigkeit über den reinen Umweltaspekt hinaus und umfasst die ökologische (siehe oben), ökonomische (dauerhafte Wirtschaftsplanung, nicht über die Verhältnisse hinaus) und soziale Nachhaltigkeit (friedliches und ziviles Leben, keine Eskalation von Konflikten).

ren. Für Lebewesen und Künstler stellt die Grundkonzeption – entweder die Gene in der Zelle oder die Idee im Kopf – den Ausgangspunkt des bewegten Handelns dar, das anschließend von dem entstehenden und wahrgenommenen Werk mitbestimmt wird, und zwar in der Form, in der es sich nach und nach vor den Augen des Künstlers auf der Leinwand oder in der natürlichen Umgebung des wirklichen Lebens zeigt.

Die Entwicklung stellt also einen Vorgang dar, der alle Chancen hat, Kreativität in die Welt zu bringen, und im Gehirn ist dieses Potenzial reichlich genutzt worden. Diese schöpferische Qualität können wir in dem genetischen Gesamtbild als die dritte Stufe der Bewegung deuten, die aus der anfänglichen Urbewegung der Evolution entstanden ist. Kreativität ist so gesehen nichts Geheimnisvolles.

Dem fertigen Denkorgan gelingt es nun, die Instruktionen für eine Handlung und deren Durchführung zu entkoppeln. Kreative Menschen sind nämlich in der Lage, ein Konzept in der Weise vorzulegen, dass dessen Durchführung und Realisierung von anderen übernommen werden kann. Das Ergebnis kennen wir unter der eher schlichten Bezeichnung Herstellung, die auf das tätige Treiben von Menschen und den von ihnen geformten Gesellschaften hinweist, das sich am deutlichsten im Bereich der Ökonomie erkennen lässt.

In dieser Sicht der Welt ist die wirtschaftliche Produktion eine hoch entwickelte Form der Bewegung, die allein deshalb unsere Aufmerksamkeit bekommt, weil sie durch uns durchgegangen ist und aus uns herausgefunden hat. Dabei ist etwas völlig Neues entstanden, nämlich eine menschengemachte Natur, die mit der Evolution kaum noch etwas zu tun hat. Diese menschliche Natur der Wirtschaft ist bislang zwar äußerlich geblieben, aber die künftige Richtung der Bewegung scheint nach innen zu gehen. Die modernen Biowissenschaften können inzwischen die Gene verändern und entsprechend in Bewegung setzen. Lässt sich damit erkennen, wie die nächste Stufe der Leiter aussieht, die von der Evolution über Entwicklung und Kreativität zur Produktion geführt hat?

Ein entscheidender Aspekt der dargestellten Geschichte steckt in der zunehmenden Wechselwirkung zwischen dem Geplanten und dem Ausgeführten. Es kommt immer mehr darauf an, wie die geschaffene Natur auf- und wahrgenommen wird. Wir sehen zerstörte Landschaften und bedrückende Wohngebiete, um nur zwei Beispiele zu nennen, und fühlen uns unbehaglich. Die menschliche Natur meldet ihre ästhetischen Ansprüche an. Ihre genetische Geschichte hat uns mit ihrer Wahrnehmung Handlungsmöglichkeiten gebracht. Wir sind nicht nur, was wir geworden sind. Wir sehen es auch. Die nächste Bewegung hängt davon ab, wie wir damit umgehen.

An dieser Stelle taucht das Problem auf, dass wir Menschen zwar lernfähig sind, dass deswegen aber noch nicht feststeht, ob wir belehrbar sind. Wir können tatsächlich alles Mögliche lernen – Sprachen, Mathematik, Naturwissenschaften, ökonomische Prinzipien, Anstand, politische Regeln, das Ausmaß der ökologischen Zerstörung und vieles mehr –, aber es könnte sein, dass wir nur lernen, was für unsere evolutionäre Entwicklung bis zum jetzigen Zeitpunkt benötigt wurde. Es könnte darüber hinaus ja Lernprozesse geben, die wir zwar inzwischen nötig haben, um die sich die natürliche Selektion aber weder kümmern konnte noch musste. So sehen wir alle, dass die Erdbevölkerung in einem Maße wächst, das die Ressourcen des Planeten überfordert.

Wir sind so unbelehrbar wie bei dem Versuch, auf einen kurzfristigen Vorteil zu verzichten, um dafür langfristig etwas zu gewinnen, vor allem wenn wir selbst jetzt zu Gunsten von anderen später verzichten sollen. Warum soll ich etwas für meine Nachwelt tun, die hat doch auch nichts für mich getan – so kann man es ab und zu hören oder lesen, wenn auch nicht in dieser expliziten Form.

Wie lösen wir das Problem, das der Ökologe Garrett Hardin 1968 »Tragedy of the Commons« benannt hat und nach dem ein Gemeingut durch Eigeninteresse ausgebeutet und ruiniert wird. Das größte Gemeingut ist die Natur bzw. der Planet Erde, und wenn wir den Zusammenbruch der Ökosphäre verhindern wollen, müssen wir fragen, wie es gelingen kann, die unbelehrbaren Egoisten, die wir Menschen sind, zur Kooperation zu bewegen. Die Rettung der Welt kann nicht im Stillen gelingen. Man muss dafür sorgen, dass andere wissen, wenn sich jemand altruistisch verhält. »Es gibt nichts Gutes, außer man tut es«, wie es bei Erich Kästner heißt. Aber es muss auch dafür gesorgt sein, dass es bekannt wird. Zum Glück haben wir dafür die Medien. Mit ihrer Hilfe verstehen wir nicht nur die Evolution, wir sorgen auch dafür, dass sie weitergehen kann.

Der Roboter Marvin aus dem US-amerikanischen Film »Per Anhalter durch die Galaxis« (2005) nach dem gleichnamigen Roman von Douglas Adams (bis 1992 schrieb Adams vier Fortsetzungsfolgen), ein komödiantischer bzw. satirischer Blick in die Zukunft.

353

Als das Leben erfunden wurde, war der Tod nicht dabei.

ERNST PÖPPEL

Wir sind nicht zum Sterben auf der Welt. Der Tod im Bereich der Evolution

Das Herbstlaub eines Ahornbaumes; leicht assoziiert man damit Vergänglichkeit und Absterben, und es stellt sich die Frage, ob der Tod eine logische Notwendigkeit des Lebens ist.

Carl Friedrich von Weizsäcker hat 1976 in Regensburg vor Biophysikern einen Vortrag über »Evolution und Entropiewachstum« gehalten und dabei gesagt, »Der Tod der Individuen ist eine Bedingung der Evolution«.
Diese Behauptung klingt für den Common Sense höchst einleuchtend, selbst wenn man ihn paradox als »Ohne Tod stirbt das Leben« formuliert, aber schon Jahre vor dem deutschen Physiker hat der amerikanische Evolutionsbiologe George C. Williams fast das Gegenteil geschrieben. Bei Williams können wir die Feststellung lesen, »Warum die Evolution den Tod erfunden hat, bleibt ein Rätsel erster Güte. Es ging ihr sicher nicht darum, Platz für nachfolgende Generationen zu schaffen.«

Williams hatte sich bereits seit den 1950er Jahren Gedanken über die Evolution von Lebensspannen gemacht und war zu dem Schluss gekommen, dass sie von den Gefahren abhängen, die in einer Umwelt drohen. Für Leben, das sich permanent in großer Gefahr befindet, wird es sich nicht lohnen, viel Aufwand zu treiben, um die sicher immer mal wieder nötigen Reparaturen am Körper und seinen Molekülen vorzunehmen, wie Williams meinte, was ihn vorhersagen ließ, dass eine hohe von außen bedingte Mortalität kürzere Lebenslängen favorisieren sollte. Tatsächlich gibt es Arten, für die sich diese Überlegung als stimmig erweist, aber es gibt auch Tiergemeinschaften, die das Gegenteil tun und aus eigenen Kräften länger durchhalten, wenn die Bedrohung von außen wächst.

Wir werden es nicht leicht haben mit dem Sterben, wie schon in den beiden eingangs zitierten Positionen mit ihren unterschiedlichen Meinungen zum Ausdruck kommt. Während für Williams die Existenz des Todes automatisch bedeutet, dass wir es hier nicht mit einer zufälligen Nebensächlichkeit der Natur zu tun haben, sondern einen evolutionären Mechanismus am Werk sehen – wobei nicht unbedingt alle Kollegen mit der dazugehörigen Beweislage zufrieden sind –, äußert sich von Weizsäcker zwar in dieser Hinsicht zurückhaltender, aber nur, um dann dem Tod eine logische Notwendigkeit zu bescheinigen. Er wird zu einer Bedingung des Lebens, was bei Biologen ebenfalls nicht immer auf Gegenliebe stößt.

Stilleben mit Totenschädel und Sanduhr, dazu eine abgebrochene, verloschene Kerze und eine verwelkende Blume (Bayern, 18. Jahrhundert); alles Symbole, die für das Verrinnen der Zeit, für das Ende des Lebens sprechen.

Wir haben somit offenkundig eine Streitfrage vor uns, was sogleich die Aufgabe mit sich bringt, ein Experiment anzugeben, mit dem sie gelöst werden kann. So jedenfalls versteht man vielfach die Qualität der Naturwissenschaften, dass sie zwischen alternativen Möglichkeiten des Verstehens im Versuch – im *experimentum crucis* – entscheiden können. Doch an dieser Stelle muss ich Sie schon einmal enttäuschen, denn eindeutige Lösungen zu den Fragen, ob der Tod ein Produkt der Evolution ist und dazu dient, »Platz für nachfolgende Generationen zu schaffen«, oder ob da andere Faktoren eine Rolle spielen, kann ich nicht bieten; man sollte sie vielmehr nur vorsichtig anbieten, wie noch erläutert werden wird.

Die Tatsache, dass es naturwissenschaftliche Fragen gibt, die ohne Antwort bleiben, ist nicht neu, sondern vor allem in der Physik wohlbekannt, die zwar eine Menge über das Licht weiß und mit ihm umzugehen versteht, aber nicht sagen kann, was es ist (selbst wenn man bei einigen Autoren etwas anderes lesen kann). Wenn sie bereits beim Licht Schwierigkeiten haben, wird man nicht erwarten, dass die Wissenschaftler mit dem Leben leichter davonkommen, und der Tod wirkt sogar noch komplizierter. An dieser Stelle stimmen nahezu alle Kenner der Evolution mit Williams überein, dessen Formulierung impliziert, dass die Erfindung des Todes etwas anderes war als die Erfindung des Lebens und auch zu einer anderen Zeit gelungen ist. So hat sich auch der Neurobiologe Ernst Pöppel geäußert:

»Als das Leben erfunden wurde, war der Tod nicht dabei. Für die ersten Lebewesen war Unsterblichkeit ein wesentliches Kennzeichen ihrer Existenz. Der individuelle Tod kam viel später hinzu«, wie Pöppel schreibt, wobei dieses Ereignis natürlich eine eigene Erklärung verlangt. Der Tod wird als individuelles Ereignis des Absterbens gesehen, also als Eigenschaft von Lebensformen, denen man allgemein die Eigenschaft der Individualität zuweisen kann, und damit sind bei Pöppel im Detail keine Bakterien, sondern konkret solche Organismen gemeint, die sich ausschließlich sexuell vermehren können. Tatsächlich heißt es bei Pöppel:

»Tod ist erst möglich geworden durch die sexuelle Fortpflanzung. Sterben kann immer nur der Einzelne, das Individuum, und das Individuum bestimmt sich aus seinem Werden. Sexuelle Fortpflanzung führt zu Individuen, die sterben können und auch müssen, Zellteilung hingegen, wie sie als Weise der Fortpflanzung für die ersten Lebewesen, die Bakterien, typisch ist, führt zu identischen Kopien des Vorgängers: Es gibt keine Individualität und damit auch keinen individuellen Tod.«

Starke Sätze mit starken Behauptungen, die ich hier nur knapp kommentieren will, um anzudeuten, dass auch beim Sterben Quantität in Qualität umschlagen kann, denn wenn sehr viele Individuen einer Spezies sterben, ohne Nachkommen hinterlassen zu haben, dann kann eine ganze Art verschwinden. Damit können wir zum Thema der Evolution zurückkehren, die bekanntlich auch erst einmal entdeckt und erfasst werden musste, und dazu haben bekanntlich Jean Baptiste Lamarck und Charles Darwin beigetragen, wobei beide mit dem Tod beschäftigt waren. Lamarck sorgte sich um das Aussterben ganzer Arten, und Darwin erkannte, dass Leben immer zu viel Leben hervorbringt, mit der Folge, dass einige Organismen verhungern und sterben müssen. Dies ist genau die extrinsische Mortalität, über die Williams ein Jahrhundert nach Darwin nachgedacht hat. Auf sie kann die Evolution durch Variationen der intrinsischen Lebenslänge reagieren, was sie auch unterschiedlich tut.

Bleiben wir bei Darwins Grundbeobachtung: Die Natur muss für die Evolution zu viel individuelles Leben hervorbringen. Sonst könnte keine Auswahl bzw. Selektion stattfinden. Der Tod gehört somit also zum evolutionär verstandenen Leben, er ist damit aber noch nicht als Produkt der Evolution verstanden. Man stirbt bei Darwin nicht, weil man zu alt geworden ist, man stirbt bei Darwin, wenn man in einem Wettstreit bzw. in einem Kampf – dem

Die Tarotkarte »Der Gehängte« lässt denjenigen, der sie zieht und dem Spiel vertraut, Böses ahnen.

»struggle for existence« – unterlegen ist, und die Evolution mit ihren Mechanismen gibt sich große Mühe, ihren Hervorbringungen zu helfen, ihn zu gewinnen. Daher kommt der Titel dieses Exkurses, der sich einem Zitat des britischen Gerontologen und Arztes Tom Kirkwood verdankt, der in seinen Überlegungen zu der Frage, wie »Gene, Sex und Altern« sich gegenseitig beeinflussen, festgehalten hat, »Wir sind nicht zum Sterben auf der Welt, sondern zum Überleben.« »Allerdings«, so hat Kirkwood hinzugefügt, »geht das nicht unendlich lang.«

Wenn hier von Evolution die Rede ist, dann wird darunter der Vorgang verstanden, mit dem die Natur durch Mutation und Selektion die Anpassung von Individuen betreibt, die Fortpflanzungsgemeinschaften namens Arten bilden. Diese traditionelle Sicht sagt also, dass die Evolution Lebewesen hervorbringt, und die Frage lautet, ob sie dabei den Tod mit auf der Rechnung hatte oder ihn einfach gewähren lässt. Ich möchte zu bedenken geben, dass diese Sicht der Evolution vielleicht etwas zu kurz greift. Mir leuchtet mehr ein, wenn die Evolution als primärer Prozess einen zweiten Prozess generiert. Dann gingen aus ihr keine Lebewesen hervor, sondern Wege, um Lebewesen hervorzubringen. Das Ergebnis der Phylogenese wären nicht die Individuen einer Art, sondern die Ontogenese, mit der diese Individuen sicherstellen, dass die Art genügend Nachwuchs bekommt. Wie gesagt, das Sterben von Individuen gehört zur Evolution, weil es von Anfang an zuviel Leben gab. Um zu überleben, muss das Leben vor allen Dingen einen Weg gefunden haben, sich immer wieder hervorzubringen, sonst ereilt es selbst – als Ganzes – der Tod. Und auf dieses Bilden des Lebens kommt es der Evolution an, wenn sie Leben auf der Welt will.

Unabhängig davon, ob mein Vorschlag für eine Nuance im Verständnis der Evolution sinnvoll ist oder nicht, wer verstehen will, was in der Natur abläuft, kommt an dem Vorgang der sexuellen Reproduktion nicht vorbei, der uns zusätzlich mit einem Problem bestückt. Es besteht darin, dass die Biologie den evolutionären Erfolg an der Zahl der Nachkommen misst und nachweist, was bedeutet, dass die Mechanismen der Mutation und Selektion nur auf Eigenschaften Einfluss nehmen, die uns im reproduktionsfähigen Alter helfen. Wenn wir erst einmal Nachkommen gezeugt haben, steht der Evolution kein Weg mehr zur Verfügung, für uns etwas zu tun. Im Alter sind wir allein, wir bleiben von der Natur unversorgt, was den Gedanken nahelegt, dass Sterben als eine schlichte Folge von immer schlampiger und nachlässiger ausgeführten Reparaturen am Körper verstanden werden kann. Dies ist vor allem ein Problem von uns Menschen, die grob gesagt zu diesem Zweck die Medizin erfunden haben, denn wer sich in der freien Natur umschaut, wird wenig alte und noch weniger kränkelnde Tiere finden – von sterbenden Exemplaren im Zoo soll hier abgesehen werden.

Natürlich lautet jetzt die nächste Frage, warum unsere Reproduktionsfähigkeit zeitlich begrenzt worden ist, warum wir nur Jahrzehnte und nicht Jahrhunderte hindurch Nachwuchs zeugen können. Eine mögliche Antwort

Der Querschnitt durch den Baumstamm einer Europäischen Lärche (oben), der die zahlreichen Jahresringe des Baumes zeigt. Diese Datierungsmethode wird als Dendrochronologie bezeichnet (griechisch »dendron« für Baum und »chronos« für Zeit).

Das Leben in Gestalt der Reiter betrachtet den Tod (unten) und wird dabei seines eigenen Todes bewusst. Fresko des florentinischen Malers Andrea di Cione, genannt Orcagna, 14. Jahrhundert

Ein Deutsch-Kurzhaar-Mischling mit einer Halskrause nach überstandener Operation führt vor Augen, dass der Mensch zu Beginn des 21. Jahrhunderts das Leben verlängern bzw. den Tod zu überwinden trachtet.

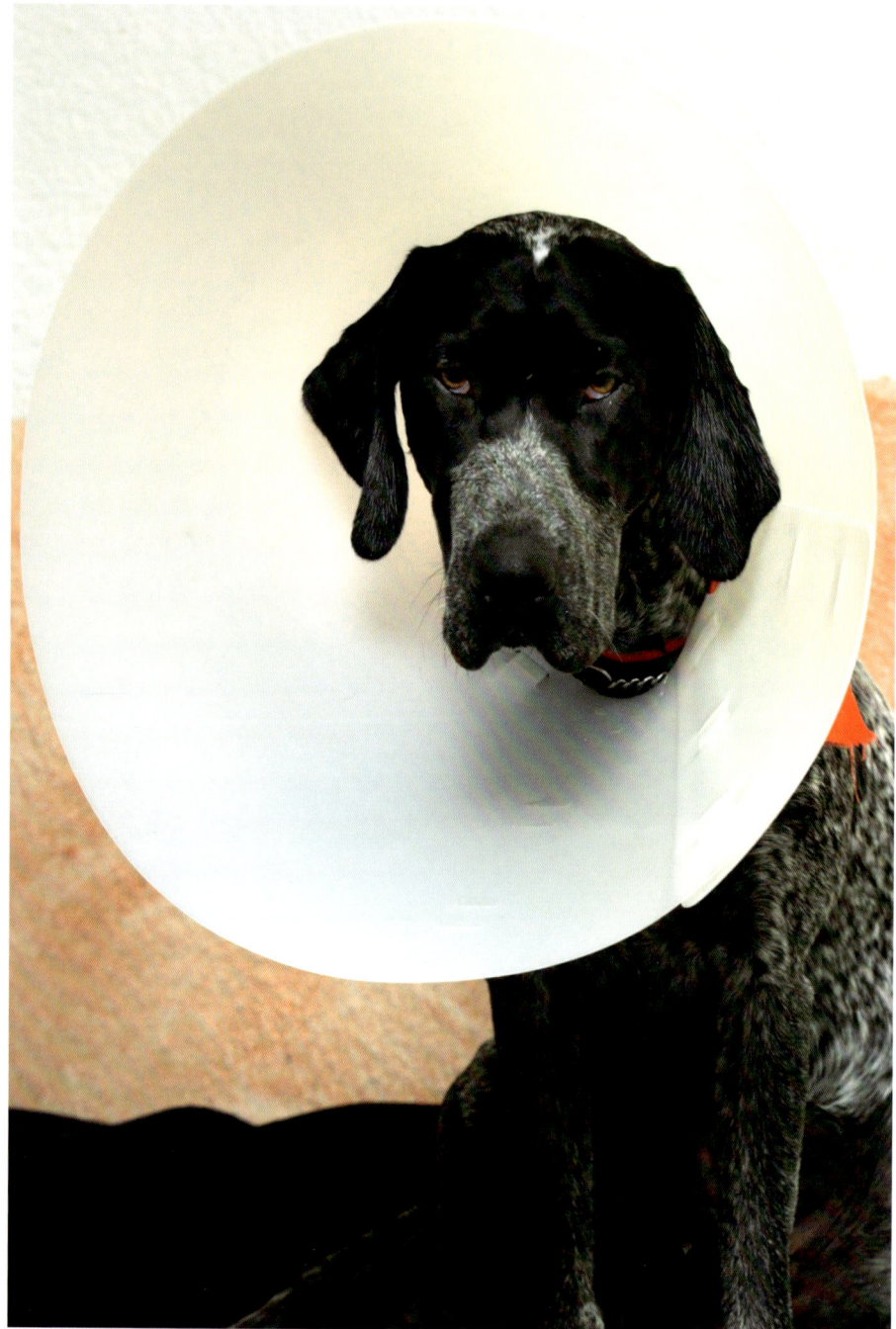

darauf lautet, dass die Natur dies bei uns zwar noch nicht erreicht hat, es in ferner Zukunft aber wird schaffen können. Eine andere mögliche Antwort lautet, dass ein Grund für diese Einschränkung in dem Aufwand steckt, den wir dafür treiben müssen – konkreter und physikalischer ausgedrückt: in der Energie, die unser Körper erzeugen und einsetzen muss, um das Leben zu erhalten bzw. für das ihm nachfolgende Leben zu sorgen. Der bereits zitierte Tom Kirkwood hat den Zusammenhang zwischen dem Bemühen für ein eigenes langes Dasein und dem Zeugen von vielen Nachgeborenen akribisch erkundet und es riskiert, seine Einsichten in dem folgenden merkwürdigen Satz zusammenzufassen:

»Wenn man fragt, ob das Altern und das Sterben der Preis für den Sex sind, den wir treiben, dann lautet die Antwort der Wissenschaft, ›irgendwie schon‹.«

»Irgendwie schon«. Spätestens jetzt werden sich einige verwundert die Augen reiben und fragen, ob hier tatsächlich von den Naturwissenschaften die Rede ist. Kann es wirklich so viel Vages und Widersprüchliches in dem Bereich des streng wissenschaftlichen Treibens geben, der sich sonst so stolz mit dem Attribut »exakt« schmückt? Die Frage muss bejaht werden, und die Antwort erklärt sich durch einen Hinweis auf einen markanten Unterschied der beiden Kulturen, die wir als Geistes- und Naturwissenschaften bezeichnen. Wenn in der Philosophie oder der Literatur vom Tod die Rede ist, dann meint man ganz selbstverständlich den Tod von Menschen und meist sogar noch konkreter den Tod eines Menschen, und damit hat man genug zu tun, da ja damit ein ganzes Universum verschwinden kann, wie oft nachzulesen ist und empfunden wird.

Trotzdem wird ein Naturwissenschaftler es als Einengung wahrnehmen, wenn man das Thema des Todes auf den Menschen begrenzt, wo es doch so viele aufregende Aspekte des Todes nicht von, sondern im Leben gibt. Blätter können sterben, wie es in jedem Herbst der Fall ist, Zellen können sterben, wenn Organismen heranwachsen, und inzwischen ist sogar von dem Gentod – »gene death« – die Rede, der eintritt, wenn ein Gen durch eine Variation seiner Sequenz so verändert wird, dass es seine ursprüngliche Funktion verliert und nur als leblose Hülse zurückbleibt und im Genom ruhig Platz nimmt.

Den Zelltod nennen die Biochemiker übrigens Apoptose, was aus dem Griechischen kommt und »Abfallen« bedeutet. Damit klingt sofort das Fallen der Blätter im Herbst an, das ein natürliches Sterben mit höchst komplizierter Biochemie darstellt (Dutzende von Genen sind daran beteiligt, die von zahlreichen Hormonen geregelt werden) und dessen Sinn von der Biologie als Stickstoff-Recycling verstanden wird. Der Zelltod – die Apoptose – ist zuerst in der Pathologie entdeckt worden, als beobachtet wurde, dass Organe eine Art Schrumpfungstod erleiden können. Inzwischen weiß man, dass der Zelltod ein höchst regelmäßig und gezielt auslösbares Phänomen des sich bildenden Lebens ist – die Zunft spricht vom programmierten Selbstmord von Zellen. Es spielt eine wesentliche Rolle in der Entwicklung (und verbindet ganz nebenbei die Entstehung des Lebens von innen mit der Außenwelt). Die Natur beginnt bereits auf dieser Ebene mit der Produktion von Überschuss. Sie bildet viel zu viele Zellen und lässt erst im Laufe der Entwicklung feststellen, welche geeignet positioniert sind und passend operieren. Wer daneben liegt oder nicht benötigt wird, erhält das Signal, mit dem die Apoptose eingeleitet wird – was nebenbei auch bedeutet, dass alle Zellen – alle Teile unseres Körpers – in sich die Möglichkeit des Todes tragen.

Metabolismus
Die Gesamtheit aller biochemischen Reaktionen im Organismus, der Stoffwechsel (aus dem Griechischen für »Veränderung«, »Wechsel«); er ist in einen sogenannten Intermediärstoffwechsel und einen äußeren Stoffwechsel (Verdauung etc.) aufgeteilt. Der Stoffwechsel wird von Enzymen durchgeführt, die als Katalysatoren und Kontrollinstanzen fungieren. Die Abläufe wiederum sind nach Enzymketten und Stoffwechselzyklen geordnet, wodurch komplexe Funktionsweisen entstehen und die Möglichkeit zur präzisen Kontrolle gegeben ist.

Recycling

Recycling
Mit diesem Begriff wird der Vorgang be-
zeichnet, bei dem aus Müll (vor allem Glas,
aber auch Kunststoffe, Batterien, Bioabfäl-
le) ein Sekundärrohstoff hergestellt wird.
Bereits in der Antike war die Problematik
der Müllentsorgung bekannt und in den
ökologischen Kreislauf integriert, im
Mittelalter verfielen die Organisationen
(Lumpensammler etc.) jedoch zum größten
Teil wieder. Mit der Industrialisierung
entstanden die ersten Mülldeponien, und
im Lauf des 20. Jahrhunderts ist die
Menge an Müll, die allein die Privathaus-
halte produzieren, vor allem aufgrund der
Verpackungen, ins Unermessliche gestiegen.

Es braucht nicht eigens betont zu werden, aber der kleine Tod von Zellen kann viel besser untersucht werden als das große Sterben von Organismen, und so stellt sich der Tod eines Menschen für die Naturwissenschaften nur als ein Aspekt von vielen dar, wenn es darum geht, die zahlreichen Sterbevorgänge zu verstehen, die sich in der Natur finden. Der Weg bis zum Menschen ist wirklich lang und braucht seine Zeit. Es dauert eben einige Forscherjahre, bis wir von Fliegen oder Würmern über Lachse und Bäume zu unserer Spezies kommen, und dann muss sehr sorgfältig auf den Gültigkeitsbereich der Ergebnisse geachtet werden, um keine falschen Schlüsse zu ziehen. Aus der Tatsache, dass Pazifische Lachse plötzlich ableben, nachdem sie sich vermehrt haben, folgt nichts für uns, sondern nur, dass das Leben dieser Fische vor allem darin besteht, alle möglichen Ressourcen zu sammeln, um sich für den großen Tag vorzubereiten, an dem alle metabolischen Reserven mobilisiert werden. Dadurch maximieren sie ihren reproduktiven Erfolg. (Der Tod unmittelbar nach Befruchtung hat wahrscheinlich vor allem den biologischen Sinn, durch diesen beschönigt als »Recycling« bezeichneten Ablauf ausreichend Nahrung für Jungtiere bereitzustellen.) Und auch aus der Beobachtung, dass Hefekulturen dann am besten mit Änderungen in ihrer Umgebung zurechtkommen und sich anpassen können, wenn es in ihren Reihen Zellen gibt, die ihr Leben opfern, die also nicht alt und älter werden, sondern zeitig sterben, folgt ebenfalls nichts für uns.

Die Evolution hat verschiedene Weisen des Lebens hervorgebracht, und dazu gehören auch verschiedene Arten des Sterbens bzw. des Todes. Wie gesagt, die Naturwissenschaften beginnen dort mit ihren Untersuchungen, wo es Modellorganismen mit einfachen Verhaltensweisen gibt, die im Experiment zugänglich sind. Schauen wir dazu kurz das Beispiel der erwähnten Hefe an, die wir doch alle des Brotes und des Bieres wegen schätzen. Eine Hefezelle teilt sich dadurch, dass sie eine Knospe bildet, die aus der Mutterzelle herauswächst, an Umfang zunimmt und sich zuletzt als Tochterzelle abschnürt. Dabei bleibt eine Narbe auf der Mutterzelle zurück, was den Gedanken nahelegt, dass eine Hefezelle sich nicht mehr teilen kann, sobald ihre Oberfläche völlig mit Narben versehen ist. Wer dies quantifiziert, wird zum einen feststellen, dass eine Hefezelle Platz für maximal 100 Narben hat, er wird aber auch bemerken, dass sie nur zwischen 15 und 25 Töchter entstehen lässt und dann stirbt, was konkret bedeutet, dass die jetzt erschöpfte Mutterzelle sich aufzulösen beginnt.

Übrigens – Hefezellen zeigen sich sowohl höchst menschlich, da sie mit zunehmendem Alter mehr Zeit brauchen, um das für die Vermehrung Notwendige zu tun, als auch eher »amenschlich«, wenn sie dafür sorgen, dass Töchter von älteren Müttern sich langsamer teilen als Töchter von jüngeren Müttern. Lassen wir diese Details unbeachtet, dann erkennen wir trotz der nicht völlig ausgenutzten Oberfläche einen Hinweis auf die Hypothese, der zufolge das biologische Sterben nach einem »Abzählprogramm« erfolgt, wie es in einigen naturwissenschaftlichen Texten zum Tod heißt. Das Konzept des Abzählens bis zum Tode gibt es tatsächlich. Es ist durch die vielfach zitierte Entdeckung des Amerikaners Leonard Hayflick aus dem Jahr 1960 populär geworden, der zuerst einen Weg gefunden hat, um menschliche Bindegewebszellen im Laboratorium auf Kulturschalen wachsen zu lassen, und der dann an diesen sogenannten Fibroblasten feststellte, dass sie sich nicht beliebig teilen konnten, sondern damit nach der fünfzigsten Verdopplung aufhörten. Man spricht seitdem vom Hayflick-Limit, das für die zeitgenössischen Zellbiologen deshalb eine Überraschung war, weil es seit dem frühen 20. Jahrhundert als experimentell gesicherte Tatsache galt, dass sich somatische Zellen in einer Kultur unbegrenzt teilen können und also niemals sterben. Abgesehen davon, dass sich an dieser Stelle erkennen lässt, wie wenig Verlass auf Tatsachen selbst in der exakten Wissenschaft besteht, lieferte Hayflick mit der Entdeckung seiner Grenze gleich mehrere Herausforderungen für die Forschung. Sie bestanden unter anderem darin, erstens den Mechanismus für die Limitierung zu finden und zweitens nach Wegen für die Überwindung der Begrenzung zu suchen.

Die Suche nach dem molekularen Mechanismus für die nicht unendliche Teilungsfähigkeit der Zellen erwies sich bald als höchst dringend, da sich herausstellte, dass es eine Sorte von Zellen gibt, für die das Hayflick-Limit eine leicht zu passierende Grenze darstellt und die sich beliebig oft teilen können, wenn sie nur gut versorgt werden. Gemeint sind Tumor- oder Krebszellen, und wenn man von dieser kleinen Beobachtung ausgehend einen verbindenden Satz riskieren darf, dann lässt sich sagen:

Das geschnitzte Holzschild weist dem Besucher in Bad Krozingen (Baden-Württemberg) den Weg zum Thermalbad »Vita Classica«, dem Jungbrunnen, der die gebeugten und mit Krücken versehenen Patienten augenscheinlich wieder gesunden lässt.

»Die Verjüngungskur«, kolorierter Holzschnitt, Ende 16. Jahrhundert; noch heute ist die Sehnsucht, dem Tod zu entrinnen und sich ewige Jugend zu verschaffen, überaus präsent, dafür sprechen nicht nur Fitnesswahn und der Boom von Schönheitsoperationen.

Zwar kann die Unsterblichkeit von Teilen gelingen – aber der Preis, der dafür gezahlt werden muss, ist hoch. Es ist der Tod des Ganzen, das wir als Person kennen. Die Unsterblichkeit von Zellen führt zum Tod des Organismus, zu dem sie gehören, wobei gleich zu ergänzen ist, dass diese Formulierung ihre Tücken hat, was verstanden werden kann, wenn mehr über den Mechanismus bekannt ist, der Zellen die Möglichkeit nimmt, sich immer weiter zu teilen.

Der Mechanismus wurde bereits in den 1970er Jahren in seinen Grundzügen beschrieben. Er hängt mit den Chromosomen von Zellen zusammen, deren Endstücke als Telomere bezeichnet werden. Wie inzwischen bekannt ist, bestehen diese Telomere aus »sinnlosen« Buchstabenfolgen, die tausendfach wiederholt werden und offenbar keine Bedeutung haben, wie man sie von den normalen Genen kennt; in Säugetieren und Pflanzen lautet die Folge von Basenpaaren (T)TTAGGG, in denen sich offenbar eine Symmetrie zeigt. Das Besondere an den Telomeren besteht darin, dass sie bei jeder Zellteilung ein Stück kürzer werden, und es ist jetzt zu vermuten, dass eine Zelle über diese Länge informiert ist, wie viele Kopien der Chromosomen sie bereits angefertigt hat. Die natürliche Selektion hat dabei Telomere hervorgebracht, die lang genug sind, um zwischen 75 und 90 Jahren halten zu können. Der Grund, warum dieser Mechanismus der schrittweise erfolgenden Verkürzung bei Krebszellen ausfällt, besteht darin, dass zu der tumorartigen Transformation das Auftreten eines Genprodukts (eines Proteins) gehört, das die Telomere nach jeder Teilung auf ihre alte Länge zurückbringt. Die Biochemiker nennen dieses molekulare Gebilde Telomerase, und nach seiner Entdeckung hat es nicht lange gedauert, bis es den Namen »Werkzeug der Unsterblichkeit« bekommen hat. Es operiert nicht nur in Tumorzellen, sondern auch in den gesunden frühen Zellen, die einen menschlichen Embryo bilden. Sie schaffen es auch, ihre Chromosomen auf konstanter Länge zu halten, und sie tun dies ebenfalls mit dem molekularen Wunderwerkzeug, das Telomerase heißt. Das ist ein Name, den man sich merken sollte, denn mit ihm verknüpft sich die Hoffnung auf Unsterblichkeit und somit auf die Überwindung des Todes.

Eine ältere Frau mit der Maske einer jüngeren; hier ist wahrscheinlich nicht nur die Verkleidung Intention, der Wunsch, einmal jemand anderes zu sein, sondern vielmehr das Bedürfnis, die Uhr noch einmal zurückdrehen zu können.

Der Telomerase ist inzwischen nicht nur ein Sachbuch mit dem Titel »Das Unsterblichkeitsenzym« gewidmet worden. Sie spielt auch die Hauptrolle, wenn der Fachjournalist Stephen S. Hall »Kaufleute der Unsterblichkeit« vorstellt. Seine »Merchants of Immortality« haben die Laboratorien verlassen, in denen sie auf genetische und andere Faktoren wie die Telomerase gestoßen sind, die der Lebensverlängerung dienen, und sich in die freie Wirtschaft begeben. Hier wollen sie diese biochemisch herstellbaren Substanzen in eigens zu diesem Zweck gegründeten Unternehmen produzieren und verkaufen. Die Gene für die Telomerase werden dabei als »Gene für ewige Jugend« angepriesen. Was die Altersforscher schon länger von den Dächern pfeifen – dass wir unter anderem dank der modernen Medizin »auf Zeit unsterblich« geworden sind –, verkünden die jungen Biotechdynamiker jetzt einen Ton höher und schriller. Wir können dank ihrer Medikamente »praktisch unsterblich« werden, so ist zu lesen, was vielleicht beim ersten Hören überzogen und überheblich klingt, was uns auf jeden Fall aber einmal einhalten und nachdenken lassen sollte. Angenommen, jemand findet tatsächlich ein wirksames Medikament, das in unseren Zellen die Telomerase geeignet aktivieren kann, und das zudem die befürchteten negativen Folgen vermeidet, die mit der Beobachtung zusammenhängen, dass sich auch Krebszellen dadurch auszeichnen, dass in ihnen die Chromosomen ihre Länge behalten. Also angenommen, es gäbe ein Medikament, das den Menschen »die Leugnung der Vergänglichkeit« erlaubt, wie würde sich dann unser Leben ändern?

Mit diesen Fragen beschäftigt sich der in Kreisen der Pharmaforschung weltweit bekannte Jürgen Drews, der in seinem Roman »El Mundo« einige der anstehenden Fragen erörtert, die vielen vielleicht noch undenkbar scheinen – etwa die, ob es für Menschen eine Altersgrenze geben soll, bis zu der sie ein Medikament für die Langlebigkeit einnehmen dürfen. Oder wird denjenigen erlaubt, ewig zu leben, bei denen der Wirkstoff, der die Telomerase aktiviert, keine Nebenwirkungen hat?

Bekanntlich rufen ja alle nach Innovationen, aber wenn wirklich etwas Neues kommt, das den Namen verdient, reagieren alle verschreckt und hilflos – jedenfalls in dem Roman von Drews. Die Forscher erfahren jedenfalls keine Hilfe, und dem Entdecker der lebensverlängernden Substanz bleibt erstens nur das Gespräch mit sich selbst – er führt Tagebuch – und der Selbstversuch. Er hat dabei Glück und bleibt jung, was aber sein Leben nicht leichter, sondern schwieriger macht. Schließlich altert seine Umgebung. Er entschließt sich, aus seiner gewohnten Umgebung auszubrechen, und wiederholt dies später, als seine neuen Nachbarn ihm erneut entgleiten.

»Es gibt kein langes Leben«, heißt eines seiner Resümees, »es gibt nur mehrere Leben, hintereinandergeschaltet«, und er lernt, dass »ein Leben zu Ende ist, wenn die Idee, die Absicht, das Gesetz, dem es folgte, erfüllt ist«.

Soma
In seiner 1932 erschienenen Zukunftsvision »Schöne neue Welt« beschreibt Aldous Huxley eine Gesellschaft, in der durch die Konditionierung des Einzelnen, durch das Fehlen tiefer Emotionen und durch die Einschränkung von Religion und Kultur »Gemeinschaft, Gleichheit, Stabilität« gewährleistet sind. Die Menschen werden durch permanenten Sex und Konsum sowie durch die Droge Soma zufrieden- und ruhiggestellt, sie verlieren dadurch das Bedürfnis zum kritischen Denken und zum Hinterfragen einiger weniger Kontrolleure. Der Name der Droge ist nicht nur der Biologie, sondern vor allem der »Phantastica« des deutschen Toxikologen Louis Lewin und der hinduistischen Mythologie (hier ist Soma ein Rauschtrank der Götter) entlehnt.

Drews ist ein viel zu guter Wissenschaftler, um sich biochemische Schwächen zu erlauben. Sein Szenarium ist zwar verspielt, aber glaubhaft. Der Roman zeigt, dass das Biomedizinische banal ist, wenn es um Unsterblichkeit geht. Die Probleme beginnen, wenn die Moleküle wirken, wobei mir klar ist, dass es gerade Geisteswissenschaftler sind, die diese Form der Belehrung nicht benötigen.

Die Biologie ist eine Lebenswissenschaft, und sie tut sich schwer mit dem Sterben. Aber sie hat einige Vermutungen. Sie denkt zum Beispiel, dass die natürliche Selektion nichts gegen Gene ausrichten kann, die sich erst spät im Leben (postreproduktiv) negativ oder gar tödlich auswirken, denn dann sind sie schon in der nächsten Generation. Sie denkt weiter, dass die Mechanismen der Evolution Wert auf Vorteile in jungen Jahren (Verkalkung von Knochen) legen, ohne sich um die Auswirkungen im Alter (Verkalkung von Arterien) kümmern zu können. Außerdem ist zu beachten, dass einem Organismus nur ein begrenztes Energiebudget zur Verfügung steht, das er zwischen der Reproduktion und dem Stoffwechsel aufteilen muss. In diesem Zusammenhang wurde darauf hingewiesen, dass das somatische Gewebe für die normale Lebensdauer in der Wildnis angelegt ist und sich eine Investition für längere Zeiträume nicht lohnt.

Wir wissen nicht, ob Sterben adaptiv oder nicht adaptiv ist, wir wissen aber, dass Molekülsorten wie Sauerstoff und Zucker sowohl lebenswichtig als auch dem Absterben förderlich sind, dass sie große Gewebeschäden verursachen können, und so bleibt der Tod auch für die Wissenschaft, was er immer schon war, nämlich ein Geheimnis. Warum wollen wir ihn eigentlich abschaffen? Ohne ihn wäre nicht nur das Leben ärmer, sondern auch die Wissenschaft.

In Mexiko feiert man an Allerheiligen ausgelassen zu Ehren der Verstorbenen, die sozusagen Urlaub vom Jenseits genießen dürfen. Wichtiger Bestandteil der Feier sind geschmückte Häuser, die abgebildeten Schädel aus Zucker, die die Auslagen der Geschäfte zieren, Aschenbecher in Sargform oder Plastikskelette, die man auf dem Marktplatz kaufen kann, und ein Gabentisch speziell für den Toten mit allerlei Dingen, die er zu Lebzeiten gernehatte.

367

Ch. Darwin

Ein Nachwort:
Herzlichen Glückwunsch, Charles, und alles Gute für Deine Idee

An dem Tag, an dem der Text zum ersten Mal bis an diese Stelle gekommen ist – am 7. Februar 2008 –, hat das in London erscheinende Wissenschaftsmagazin »Nature« begonnen, die Menschheit auf das Jubiläumsjahr 2009 vorzubereiten, wenn es den 200. Geburtstag von Charles Darwin und den 150. Jahrestag des Erscheinens seines Hauptwerkes über den Ursprung der Arten zu feiern gilt, und sich alle Welt daran beteiligen wird.

»Nature« meint, man könne die Menschen gar nicht früh genug darauf einstimmen. Man müsse ihnen immer wieder und eindringlich klarmachen, worin »Darwins dauerhaftes Vermächtnis« besteht. Das Magazin führt dazu zehn Punkte an, die zum Denken über das Leben gehören, seit Charles Darwin auf der Erde war und seine Geographie erkundet hat:

Das Konzept einer natürlichen Auswahl, das alle anfänglichen Unkenntnisse von Genetik überlebt hat; die Vorstellung eines organischen Lebensgebildes, das aus einem einzelnen Punkt entspringt; die dann gegebene Möglichkeit einer Klassifizierung der Lebensvielfalt durch ihre gemeinsame Abstammung; die dazugehörige Einsicht in selektives Aussterben von Arten; die grundlegende Akzeptanz und Nutzung einer geologischen Tiefenzeit; die biogeographische Verteilung und Diversifizierung des Lebens; die sexuelle Selektion zur Deutung von humanen Qualitäten; die gemeinsame Evolution etwa von Insekten und Pflanzen oder von Wirbeltieren und ihren Parasiten; die neuartige Idee einer Ökonomie der Natur, die wir heute mit dem damals noch nicht gebräuchlichen Begriff der Ökologie bezeichnen; und der allmähliche Wandel, der Schritt für Schritt aus einfachen Anfängen die grandiose Natur hat werden lassen, die wir alle bewundern.

»From so simple a beginning« bis zu »endless forms most beautiful«, wie es bei Darwin heißt. Von einem ganz einfachen Anfang bis zu einer Überfülle von allerschönsten Formen – so hat sich das Leben entwickelt. Darwins Idee allerdings noch nicht. Sie war zunächst keineswegs so einfach, und noch fehlt es ihr an der Schönheit, die sie für alle Menschen attraktiv macht. Wir werden daran arbeiten. Auf jeden Fall: Herzlichen Glückwunsch, Charles, und alles Gute für Deine Idee. Zum Glück kann sie nur besser werden – und wir mit ihr.

Glossar

»Das große Buch der Evolution« ist kein Lehrbuch der Evolution, es will vielmehr dafür sorgen, dass die Evolution und unsere Vorstellungen davon zur Bildung gehören. Einige der Konzepte, die nicht eigens im Text eingeführt wurden, sollen hier zusammen mit ein paar anderen Grundideen in Form eines Glossars aufgeführt werden. Dabei gilt zu beachten, dass die wissenschaftliche Entdeckung von heute der Irrtum von morgen sein kann. Als Beispiel sei auf die Vorstellung der »Kambrischen Explosion« hingewiesen, mit der die Annahme verbunden ist, dass sich das Leben zu Beginn des Kambriums (also vor mehr als 500 Millionen Jahren) geradezu explosionsartig entwickelt hat und extrem formenreich geworden ist. Die »Kambrische Explosion« gehörte bis vor Kurzem zum Standardrepertoire jeder Darstellung der Evolution. Heute hält man die Annahme für widerlegt. Eine »Kambrische Explosion« hat es nicht gegeben.

Adaptive Radiation:
Damit ist die evolutionäre Aufspaltung einer Art (Spezies) in zahlreiche andere (neue) Arten gemeint, die verschiedene Nischen innerhalb eines gegebenen geographischen Verbreitungsgebietes besetzen und sich an das dazugehörige Lebensgebiet anpassen.

Allopatrisch:
Stammesgeschichtlich eng verwandte Arten, die unterschiedliche Nischen besetzen.

Analogie:
Ähnlichkeit in der Funktion von Körperteilen, die keinen gemeinsamen evolutionären Ursprung haben. Die Flügel von Vögeln und Schmetterlingen sind zum Beispiel ebenso analog wie die Grabbeine von Insekten (Maulwurfsgrille) und Säugetieren (Maulwürfen).

Art:
Die Grundeinheit der biologischen Klassifizierung; eine Art besteht aus mehreren Populationen (Gruppen); bei Organismen, die sich sexuell fortpflanzen, zählt man diejenigen Individuen zu einer Art, die sich unter natürlichen Bedingungen paaren und fortpflanzen (und nicht mit Mitgliedern anderer Art). Bei Darwin findet sich dafür der Ausdruck »Varietät«.

Biodiversität:
Die Vielfalt der Organismen jeglicher Herkunft, die über alle Organisationsebenen hin anzutreffen ist, und die ökologischen Komplexe, zu denen sie gehört.

Darwinismus:
Die Idee, dass sich die Vielfalt des Lebens der natürlichen Selektion ver-

Angaben zur Literatur

EIN GROSSER GEDANKE
UND SEINE ERBITTERTEN GEGNER

Das Zitat von Immanuel Kant findet sich in seiner Schrift »Allgemeine Naturgeschichte und Theorie des Himmels«, die unter anderem 2005 in der Reihe Ostwalds Klassiker (Deutsch Verlag, Frankfurt am Main) erschienen ist (hg. von Jürgen Hamel); das Gedicht von Wilhelm Busch kann man in den »Gedichten« nachlesen, die 2007 im Diogenes Verlag in Zürich erschienen sind; die berühmte Aussage von Theodosius Dobzhansky findet sich in seinem Buch »Genetics and the Origin of Species«, das zum ersten Mal 1937 in New York erschienen ist und derzeit als Klassiker in der Reihe »Classics of Modern Evolution Series« vorliegt (mit einem Vorwort von Stephen J. Gould).

Die Werke von Charles Darwin sind in seiner Muttersprache vielfach verfügbar – vor Kurzem ist eine amerikanische Ausgabe der vier großen Werke von Darwin in einem Band erschienen, den James D. Watson herausgegeben hat: »Darwin – The Indelible Stamp«, Philadelphia 2005 (Inhalt: The Voyage of the Beagle, On the Origin of Species by Means of Natural Selection, The Descent of Man, The Expression of the Emotions in Man and Animals); eine deutsche Ausgabe des Hauptwerks bietet der Reclam Verlag in Ditzingen an.

»Ich hoffe, Sie haben unser gemeinsames Kind damit nicht umgebracht.«
Charles Darwin an Alfred Wallace anlässlich dessen Gottesfürchtigkeit

Die wissenschaftshistorischen Analysen und die grandiose Zusammenfassung von Darwins durchgehendem Grundgedanken verdanken sich der Lektüre des umfangreichen Werks von Ernst Mayr über »Die Entwicklung der biologischen Gedankenwelt« (Berlin 1984). Die Artbildung der Buntbarsche hat Axel Meyer unter anderem in dem von Johann Grolle herausgegebenen Buch »Evolution – Wege des Lebens« und in dem von Ernst Peter Fischer und Klaus Wiegandt edierten Band mit dem Titel »Evolution – Geschichte und Zukunft des Lebens« beschrieben. Die Anpassung des Birkenspanners ist in der Literatur unter dem Stichwort Industriemelanismus zu finden (die dunkle Färbung rührt von einer Substanz namens Melanin her). Details finden sich unter anderem bei Henry D. Kettlewell, »The evolution of melanism« (Oxford 1973) und Jerrry A. Coyne, »Evolution under pressure«, Nature 418 (2002), S. 19–20.

DARWINS VORDENKER

Die Zitate von Werner Heisenberg finden sich in seinem Aufsatz »Die Einheit der Natur bei Alexander von Humboldt und in der Gegenwart«, der im Band III der Abt. C der Gesammelten Werke 1985 beim Piper Verlag in München erschienen ist. Über Lamarck informieren Ernst Mayr (siehe oben) und ein Aufsatz von Wolfgang Lefèvre in dem von I. Jahn und M. Schmitt edierten Band I von »Darwin & Co.«. »Die Entdeckung der Tiefenzeit« hat Stephen J. Gould in seinem gleichnamigen Buch beschrieben (München 1990).

DIE POLITISCHEN FOLGEN DER EVOLUTIONSTHEORIE

Die historischen und politischen Folgen aus Darwins Gedanken kann man nachlesen bei Ernst Mayr (siehe oben) oder in Hans-Jörg Rheinbergers Aufsatz »Die Politik der Evolution«, der in dem von Ernst Peter Fischer und Klaus Wiegandt edierten Buch über die »Evolution« (siehe oben) zu finden ist; hier finden sich auch ausführliche Hinweise zur Literatur. Ernst Haeckels »Kunstformen der Natur« gibt es nicht nur in zahlreichen Ausgaben, sondern auch als elektronisches Faksimile im Internet. Zur Rezeption des Darwinismus vergleiche mein Buch »Ein Abenteuer wird besichtigt« (Hamburg 1988).

ANFANG DES 21. JAHRHUNDERTS: DIE EVOLUTION GEHT WEITER — MIT UND DURCH UNS

Das Schichtenmodell der realen Welt findet sich in dem Buch »Der Aufbau der realen Welt« von Nicolai Hartmann (Berlin 1958). Es wird ausführlich in meinem Buch über »Die andere Bildung« dargestellt (München 2001). Die Ansicht von Konrad Lorenz steht in seinem Buch über »Die Rückseite des Spiegels« (München 1976). Die Passagen von C.G. Jung finden sich in dem 1952 erschienenen (und vergriffenen) Band »Naturerklärung und Psyche«, in dem sich neben dem Text des Psychologen auch eine Arbeit des Physikers Wolfgang Pauli findet (»Der Einfluss archetypischer Vorstellungen auf die Bildung naturwissenschaftlicher Theorien bei Kepler«).

»Lasst uns hoffen, dass es nicht wahr ist; und wenn es wahr ist, lasst uns hoffen, dass es sich nicht herumspricht.«
Eine Dame im 19. Jahrhundert beim Gedanken, der Mensch stamme vom Affen ab

»Im Endergebnis führte die Eugenik zu den Schrecken von Hitlers Holocaust.«
Ernst Mayr

»Menschen sind nicht das Endergebnis eines vorhersehbaren Evolutionsfortschritts, sondern ein zufälliger kosmischer Nachzügler, ein winzig kleiner Zweig an dem unglaublich üppigen Busch des Lebens, der, würde er ein zweites Mal aus dem Samen heranwachsen, mit ziemlicher Sicherheit nicht noch einmal diesen Zweig oder überhaupt einen Zweig mit einer Eigenschaft, die wir Bewusstsein nennen könnten, hervorbringen würde.«
Stephen Gould

VÖGEL, VIELFALT UND SCHÖNHEIT

Darwins Werk (zwei Bände) über den Menschen ist 1871 erschienen: »The Descent of Man and Selection in Relation to Sex«; einen Nachdruck hat es 1981 in Princeton gegeben. Das Thema der sexuellen Selektion haben Geoffrey Miller (»The Mating Mind«, London 2000) und Matt Ridely (»The Red Queen – Sex and the Evolution of Human Nature«, New York 1993) aufgegriffen und dargestellt. Die Relevanz des Schönen habe ich in meinem Buch »Das Schöne und das Biest« (München 1999) beschrieben. Eine großartige darwinistische Ästhetik entwirft Winfried Menninghaus in seinem Buch über »Das Versprechen der Schönheit«.

»Nur Gott und die Grants können Darwinfinken unterscheiden.«
Mitarbeiter des Forscherehepaars Grant

DER UNTERGANG DER DINOSAURIER UND ANDERE KATASTROPHEN

Über das Aussterben berichten – neben den erwähnten Büchern – alle Lehrbücher zur Evolution. Das Darwin-Zitat habe ich dem Buch von Carl Zimmer entnommen. Das Experiment von Miller und seine (gar nicht so großen) Folgen findet der Leser auch in meinem Buch über »Die andere Bildung« dargestellt. Die Archaebakterien und ihre Domäne werden ebenso wie der Lebenszyklus des Schleimpilzes in jedem Lehrbuch beschrieben. Zum Burgess-Schiefer hat sich sehr oft Stephen J. Gould geäußert (zum Beispiel in »Zufall Mensch«, München). Die »Kambrische Explosion« des Lebens insgesamt nimmt sich Simon Conway Morris in einem Aufsatz aus dem Jahr 2000 vor (»The Cambrian Explosion«, Proceedings of the National Academy of Science 97). Ansonsten enthält das Kapitel Stoffe aus den Lehrbüchern.

»Was für ein winziger Unterschied entscheidet oft darüber, was überleben und was untergehen wird.«
Charles Darwin

NISCHEN UND IHRE ERFINDUNGSREICHEN BEWOHNER

Die Einführung der drei Domänen findet sich in der Literatur bei C. R. Woese et al., »Towards a natural System of Organisms – Proposal of the Domains Archaea, Bacteria, Eucaria«, Proceedings of the National Academy of Science 87 (1990). »Leben im Eis« beschreibt zum Beispiel Hauke Trinks (München 2004); man findet auch Informationen bei GEO kompakt, im ersten Heft des Jahres 2004. Die Hinweise auf die Doppelfunktionen und die Unvollständigkeit der Evolutionsidee verdankt man unter anderem den Schriften von Gerhard Vollmer.

»Endless forms most beautiful.«
Charles Darwin

DIE DYNAMISCHEN BAUSTEINE DES LEBENS

Die Darstellungen des Genetischen basieren auf den Angeboten der Lehrbücher über die Genetik – zum Beispiel »Molecular Biology of the Gene« (New York 2003, fünfte Auflage), dessen erste Auflage in den 1960er Jahren von James Watson verfasst worden ist und dem nun eine Reihe von Koautoren zur Seite stehen. Ich kann auch auf meine eigenen Bände zum »Genom« und zur »Geschichte des Gens« verweisen. Die Frage, warum aus einem Fliegenei immer nur eine Fliege hervorgeht, habe ich bereits in dem von Johann Grolle herausgegebenen Buch »Evolution« zu beantworten versucht und mich dabei gerne auf François Jacobs Buch »Die Maus, die Fliege und der Mensch« bezogen (Berlin 1998). Wichtig war auch der »Tanz der Gene« von Armand M. Leroi (München 2004). Die Idee des kreativen Vermögens der Gene entwickelt Enrico Coen in »The Art of Genes«, Oxford 1999). Die Geschichte der Homeobox erzählt Walter Gehring in seinem Buch »Wie Gene die Entwicklung steuern«.

»Obwohl ich von der Wahrheit meiner Ansicht überzeugt bin, erwarte ich keineswegs, die erfahrenen Naturalisten zu überzeugen, die ihren Kopf voller Tatsachen haben, die sie im Verlauf vieler Jahren von einem Standpunkt aus betrachten konnten, der meinem entgegengesetzt war. Ich schaue aber mit Zuversicht in die Zukunft, wenn junge und aufsteigende Naturforscher in der Lage sein werden, die beiden Sichtweisen ohne Vorurteil zu betrachten.«
Charles Darwin

NIEMAND IST ALLEINE AUF DER WELT

Die Stammbäume stehen in den Lehrbüchern. Die Symbiose-Idee hat Lynn Margulis in ihren Büchern und in einem Beitrag in der von Johann Grolle edierten »Evolution« dargestellt. Die Symbiose beim Stickstoff beschreibt Christian Kunze in dem Heft »Das Gleichgewicht der Natur«, erschienen als Ausgabe 1/88 der Schering-Reihe »Aus Forschung und Medizin« (Berlin 1988). Das »Erscheinungsbild« von Blütenpflanzen stellt Günther Osche in einem Beitrag des Mannheimer Forums 1986/87 dar (herausgegeben von Hoimar v. Ditfurth). Alles über die Bienen findet sich im »Phänomen Honigbiene« von Jürgen Tautz, den Dodo lässt David Quammen singen. Alles andere ist Lehrbuchmaterial.

»Wenn man nun diesen Vorgang Millionen von Jahren dauern und während jedes Jahres an Millionen von Individuen verschiedener Arten sich fortsetzen lässt – wird man dann nicht glauben, dass ein lebendes optisches Instrument in demselben Maße vollkommener als ein gläsernes gestaltet werden kann, wie die Werke des Schöpfers vollkommener sind als die Werke des Menschen?«
Charles Darwin

IM REICH DER SINNE

Die evolutionären Geschichten zum Auge finden sich in den zitierten Büchern von Hoimar v. Ditfurth und Max Delbrück oder in dem Lehrbuch zur Evolution von D. J. Futuyama. Die Anfänge der Wahrnehmung bei Bakterien beschreiben zum Beispiel Angelika Schimz und Eilo Hildebrand in dem von der Schering AG edierten Band »Die Elemente des Sehens«, der 1988 in der Reihe »Aus Forschung und Medizin« erschienen ist (2/88). In diesem Heft finden sich zudem zahlreiche Informationen über die Leistungsgrenzen der Augen, die Netzhaut und mehr. Bei Fragen der »Wahrnehmung« lohnt sich immer ein Blick in das Buch von Irvin Rock mit dem gleichnamigen Titel, das beschreibt, wie die Wissenschaft den Weg »Vom visuellen Reiz zum Sehen und Erkennen« zurücklegen möchte (Heidelberg 1998). Die rezeptiven Felder beschreiben John G. Nicholls et al. in ihrem Lehrbuch »Vom Neuron zum Gehirn« (Stuttgart 1995). Weitere Details zum Zusammenhang von »Gehirn und Wahrnehmung« lassen sich in dem gleichnamigen Buch von Karl R. Gegenfurtner (Frankfurt am Main 2003) nachlesen. Ansonsten verweise ich auf meine beiden Bücher »Die andere Bildung« und »Die Bildung des Menschen«.

AUF DEM WEG ZU DEN FARBEN

»Die Evolution der Farben« beschreibt Reinhard Sölch in seinem gleichnamigen Buch. Zu dem Thema lohnt das Spezialheft von Spektrum der Wissenschaft mit dem schlichten Titel »Farben«, das unter der Nummer 4/2000 erschienen ist. »Farben« nennt sich auch ein von Jakob Steinbrenner und Stefan Glasauer herausgegebener Band, der »Betrachtungen aus Philosophie und Naturwissenschaften« vereinigt (Frankfurt am Main 2007). Und unter dem gleichen Titel »Farben«, versehen mit dem Untertitel »Natur-Technik-Kunst«, gibt es das dickste Buch zu dem Thema zu kaufen. Es stammt von Norbert Welsch und Claus Chr. Liebmann (Heidelberg 2003). Ich selbst habe Bücher über Farben vorgelegt, unter anderem gemeinsam mit Klaus Stromer den Band »Die Natur der Farbe« (Köln 2006).

»Wenn man sich ein bläuliches Orange, ein rötliches Grün oder ein gelbliches Violett denken will, wird einem zu Mute wie bei einem südwestlichen Nordwind.«
Phillip Otto Runge

DIE ROLLE DES ZUFALLS

Die Komplexaugen findet man allgemein in Lehrbüchern abgehandelt oder speziell in dem von der Schering AG edierten Band »Die Elemente des Sehens«. Das Konvergenzthema wird vor allem durch Simon Conway Morris erörtert, und zwar in seinem Buch »Life's Solution« und in seinem Beitrag »Die Konvergenz des Lebens«, der in dem von mir und Klaus Wiegandt edierten Band »Evolution« zu finden ist. Den »Tinkerer« beschreibt François Jacob in seinem »Spiel der Möglichkeiten« (München 1984). Über Hitzeschockproteine informiert jedes Biochemielehrbuch, das nicht völlig veraltet ist.

DIE EINZIGARTIGKEIT DES HOMO SAPIENS

Was Immanuel Kant zum Menschen geschrieben hat, kann man in dem von Rudolf Eisler herausgegebenen Kant-Lexikon nachlesen. Die romantischen Gedanken finden sich in Isaiah Berlins Bücher über »Die Wurzeln der Romanik« (Berlin 1999) und »Wirklichkeitssinn« (Berlin 1996). Die »Theory of Mind« erklärt Norbert Bischof in seinen erkenntnistheoretischen Prolegomena im »Kraftfeld der Mythen« (München 1996). Auf die großen Gehirne gehen die Lehrbücher, Simon Conway Morris und Max Delbrück genauer ein. Von der Frühgeburt redet Adolf Portmann in seinem Buch »Zoologie und das neue Bild des Menschen« (Basel 1956).

»Der Mensch ist das einzige Tier, das erröten kann – oder sollte.«
Mark Twain

WOHER KOMMEN WIR?

Zur »Evolution des Menschen« findet sich viel Material in den Lehrbüchern und in dem von Bruno Streit herausgegebenen Buch mit gleichnamigem Titel (Heidelberg 1995). Das Aufkommen des Sozialen stellt Robin Dunbar in seinem Aufsatz »The Social Brain Hypothesis« vor, der in der Zeitschrift »Evolutionary Anthropology« erschienen und im Internet verfügbar ist. Die Sippenselektion wird von vielen Büchern erklärt, die Soziobiologie im Titel führen, zum Beispiel von Franz Wuketits in »Was ist Soziobiologie?« (München 2002). Über Eusozialität kann man in Peter Kappelers »Verhaltensbiologie« nachlesen (Berlin 2006). Eine Diskussion aus jüngster Zeit über den Altruismus findet sich in der britischen Zeitschrift New Scientist (Ausgabe vom 12. Janunar 2008).

ES LEBE DER KLEINE UNTERSCHIED

»Warum Frauen schneller frieren«, fragen Martin Borré und Thomas Reintjes (München 2005), und sie antworten auch. Von der roten Königin erzählt Matt Ridley. Zum Inzest und den angesprochenen Themen gibt es das Meisterwerk »Das Rätsel Ödipus« von Norbert Bischof. Zum Rechts und Links im Gehirn empfiehlt sich »Was Frauen und Männer so im Kopf haben« von Jeanne Rubner (München 1996). Was »Von Natur aus anders« ist, versteht Doris Bischof-Köhler. »Warum Männer nicht zuhören und Frauen schlecht einparken«, haben Alan und Barbara Pease beschrieben; das Buch liegt ebenso wie sein Nachfolger – »Warum Männer lügen und Frauen immer Schuhe kaufen« – in vielen Ausgaben vor.

DIE KULTUR DES ALLTAGS

Über die »biologischen Ursprünge menschlichen Verhaltens« gibt es das sehr schöne Buch »Unsere erste Natur« von Dieter E. Zimmer (München 1979), in dem sich auch das Zitat von Clifford Geertz findet. Wie die Menschen wurden, was sie sind, hat einmal sehr elegant Marvin Harris beschrieben (Stuttgart 1991). »Warum wir siegen wollen«, wird ausführlich in dem gleichnamigen Buch von Josef H. Reichholf (München 2001) erörtert. Alles Wissenswerte über die Evolutionäre Erkenntnislehre findet sich in den zitierten Texten von Gerhard Vollmer. Hier finden sich auch die Hinweise auf die Originalschriften von Konrad Lorenz. Das berühmte Zitat von George G. Simpson findet sich in seinem Buch »Biologie und Mensch« (Frankfurt am Main 1982). Über die biologischen Grundlagen der Religion schreibt Walter Burkert in »Kulte des Altertums« (München 1998). Zur Idee der Achsenzeit liest man am besten die Einleitung von Hans Joas zu dem Buch

»*Wer gut ausgestattete Kinder haben will, darf nicht viele bekommen.*«
Eckard Voland

»*Männer sind darauf vorbereitet, intensiver in eine längerfristige Verbindung zu investieren, verfolgen darüber hinaus jedoch auch noch die kostengünstigere quantitative Strategie, sich auf möglichst viele sexuelle Begegnungen einzulassen, ohne die Folgelasten auf sich zu nehmen. Frauen zeigen keine Präferenz für die quantitative Strategie. Wenn sie mehrere Beziehungen haben, dann in erster Linie, weil sie hoffen, auf diese Weise den Richtigen zu finden. Richtig heißt, dass er bereit und in der Lage ist, für die gemeinsamen Kinder zu sorgen.*«
Doris Bischof-Köhler

»*Um es grob, aber bildhaft auszudrücken: Der Affe, der keine realistische Wahrnehmung von dem Ast hatte, nach dem er sprang, war bald ein toter Affe – und gehört daher nicht zu unseren Urahnen.*«
George G. Simpson

»Die kulturellen Werte Europas«, das Hans Joas und Klaus Wiegandt herausgegeben haben (Frankfurt am Main 2005). Zur Sprache sollte man die Texte von Noam Chomsky – zum Beispiel »Sprache und Geist« oder »Reflexionen über die Sprache« (beide Frankfurt am Main, 1973 und 1977) – zu Rate ziehen oder sich am »Spracherwerb des Kindes« orientieren, wie ihn Jürgen Dittmann dargestellt hat (München 2002). Die »Fünf Meditationen über die Schönheit« von François Cheng sind 2008 in München erschienen. Die Werke von Voland und Menninghaus findet man bei den Angaben zur Literatur.

ESSAY

Der Essay über den Tod im Bereich der Evolution ist – in etwas anderer Form – in der Zeitschrift »Universitas« erschienen (Februar 2005). Die darin von Tom Kirkwood zitierten Passagen finden sich in dessen Aufsatz »Gene, Sex und Altern«, der in dem von mir und K. Wiegandt edierten Band »Evolution« steht.

Einige (wenige) Hinweise zur Literatur:

Charles Darwin, Die Entstehung der Arten, Stuttgart 1998
Charles Darwin, Die Fahrt der Beagle, Hamburg 2006
Charles Darwin, Sind Affen Rechtshänder?, Berlin 1998
Charles Darwin, Mein Leben, Frankfurt am Main 1993

John C. Avise, The Genetic Gods, Cambridge 1998

N. H. Barton et al., Evolution, Cold Spring Harbor 2007
Joachim Bauer, Prinzip Mitmenschlichkeit, Hamburg 2006
Norbert Bischof, Das Rätsel Ödipus, München 1985
Doris Bischof-Köhler, Spiegelbild und Empathie, Bern 1989
Doris Bischof-Köhler, Von Natur aus anders, Stuttgart 2002
Jürgen Brater, Wir sind alle Neandertaler, Frankfurt am Main 2007
Horst Bredekamp, Darwins Koralle, Berlin 2005
Augustus Brown, Warum Pandas Handstand machen, Berlin 2006
Janet Browne, Darwin's Origin of Species, London 2006
Walter Burkert, Kulte des Altertums, München 1998

Enrico Coen, The Art of Genes, Oxford 1999
Simon Conway Morris, Life's Solution, Cambridge 2003

Max Delbrück, Wahrheit und Wirklichkeit, Hamburg 1987
Adrian Desmond & James Moore, Darwin, Reinbek bei Hamburg 1994
Jared Diamond, Der dritte Schimpanse, Frankfurt am Main 1998
Jared Diamond, Arm und Reich, Frankfurt am Main 1997
Hoimar v. Ditfurth, Der Geist fiel nicht vom Himmel, Hamburg 1976
Hoimar v. Ditfurth, Das Erbe des Neandertalers, Hamburg 1992
Theodosius Dobzhansky, Genetics and the Origin of Species, New York 1937

Irenäus Eibl-Eibesfeldt, Der Mensch – das riskierte Wesen, München 1991
Manfred Eigen, Stufen zum Leben, München 1987
Nobert Elsner und Hans-Ludwig Schreiber (Hg.), Was ist der Mensch?,
Göttingen 2002

Ernst Peter Fischer, Das Schöne und das Biest, München 1999
Ernst Peter Fischer, Die andere Bildung, Berlin 2001
Ernst Peter Fischer, Die Bildung des Menschen, Berlin 2004
Ernst Peter Fischer, Geschichte des Gens, Frankfurt am Main 2003
Ernst Peter Fischer, Das Genom, Frankfurt am Main 2004
Ernst Peter Fischer und Klaus Wiegandt (Hg.), Evolution – Geschichte
und Zukunft des Lebens, Frankfurt am Main 2003
Robert Foley, Humans Before Humanity, Oxford 1995
Richard Forty, Leben – Eine Biographie, München 1999
D. J. Futuyama, Evolution, Heidelberg 2005

Stephen J. Gould, Der falsch vermessene Mensch, Frankfurt am Main 1988
Stephen J. Gould, Wonderful Life – The Burgess Shale and the Meaning of
History, New York 1989
Stephen J. Gould, Die Entdeckung der Tiefenzeit, München 1990
Stephen J. Gould, Zufall Mensch, München 1993
Stephen J. Gould, Ein Dinosaurier im Heuhaufen, Frankfurt am Main 2000
Stephen J. Gould, The Structure of Evolutionary Theory, Cambridge 2002

Walter J. Gehring, Wie Gene die Entwicklung steuern, Basel 2001
Johann Grolle, Darwins Finken – Wie der Affe zum Menschen wurde,
Berlin 1999
Johann Grolle (Hg.), Evolution – Wege des Lebens, München 2006

Ernst Haeckel, Kunstformen der Natur, München 1998
(viele andere Ausgaben)
Winfried Henke und Hartmut Rothe, Menschwerdung,
Frankfurt am Main 2003
Julian Huxley, Evolution – The Modern Synthesis, London 1942 (1963)
François Jacob, Das Spiel der Möglichkeiten, München 1984
Ilse Jahn und Michael Schmitt, Darwin & Co., 2 Bde., München 2001
Donald Johanson und Edgar Blake, Lucy und ihre Kinder, Heidelberg 1998
Steve Jones, Wie der Wal zur Flosse kam, Hamburg 1999

Martin Kuckenburg, Der Neandertaler, Stuttgart 2005

Lynn Margulis und Dorion Sagan, Geheimnis und Ritual, München 1996
Lynn Margulis und Dorion Sagan, Leben – Vom Ursprung zur Vielfalt,
Heidelberg 1999
Ernst Mayr, Die Entwicklung der biologischen Gedankenwelt, Berlin 1984
Ernst Mayr, Das ist Evolution, München 2001
Winfried Menninghaus, Das Versprechen der Schönheit,
Frankfurt am Main 2003
Jacques Monod, Zufall und Notwendigkeit, München 1970

Carsten Niemitz, Das Geheimnis des aufrechten Gangs, München 2004
Claire Nouvian, The Deep – Leben in der Tiefsee, München 2006

Jean-Baptiste de Panafieu und Patrick Gries, Evolution, München 2007

David Quammen, Der Gesang des Dodo, München 1996
David Quammen, The Reluctant Mr. Darwin, New York 2006

Josef H. Reichholf, Das Rätsel der Menschwerdung, München 1993
Josef H. Reichholf, Der schöpferische Impuls, München 1994
Josef H. Reichholf, Evolution – Die wichtigsten Antworten, Freiburg 2007
Peter J. Richerson und Robert Boyd, Not by Genes alone, Chicago 2005
Matt Ridley, The Red Queen, New York 1995
Matt Ridley, Nature via Nurture, London 2003
Michael Rose, Darwins Schatten, Stuttgart 2001
Michael Ruse, Darwinism and its Discontents, Cambridge 2006

Friedemann Schrenk, Die Frühzeit des Menschen, München 2003
Neil Shubin, Der Fisch in uns, Frankfurt am Main 2008
Reinhold Sölch, Die Evolution der Farben, Ravensburg 1998
Volker Sommer, Darwinisch denken, Stuttgart 2007
V. Storch, U. Welsch, M. Wink, Evolutionsbiologie, Berlin 2001
Bruno Streit (Hg.), Die Evolution des Menschen, Heidelberg 1995

Jürgen Tautz, Phänomen Honigbiene, München 2007

Eckart Voland, Die Natur des Menschen, München 2007
Gerhard Vollmer, Evolutionäre Erkenntnistheorie, Stuttgart 1998
Gerhard Vollmer, Was können wir wissen?, 2 Bde., Stuttgart 1995
Julia Voss, Darwins Bilder, Frankfurt am Main 2007

Frans de Waal, Der Affe in uns, München 2006
Peter D. Ward und Donald Brownlee, Unsere einsame Erde, Berlin 2001
Jonathan Weiner, Der Schnabel des Finken, München 1994
Thomas Weber, Darwinismus, Frankfurt am Main 2003
George C. Williams, Plan and Purpose in Nature, London 1996

Edward O. Wilson, Darwins Würfel, München 2000
David S. Wilson, Evolution for everyone, New York 2007
Franz M. Wuketits, Evolution – Die Entwicklung des Lebens,
München 2000
Franz M. Wuketits, Der Affe ins uns, Stuttgart 2002

Dieter E. Zimmer, Unsere erste Natur, München 1979
Dieter E. Zimmer, Experimente des Lebens, Zürich 1989
Carl Zimmer, Evolution – The Triumph of an Idea, New York 2001

Einige Lehrbücher:

EIN LESEFÜHRER ZUR EVOLUTION

Wenn jemand fragt, mit welcher Lektüre er oder sie beginnen soll, um sich im evolutionären Denken zu orientieren, dann empfehle ich weder ein Lehr- noch ein Sachbuch, sondern einen Roman, genauer den Abschnitt in »Die Bekenntnisse des Hochstaplers Felix Krull«, in dem Thomas Mann seinen Helden mit einem Professor Kuckuck im Nachtzug von Paris nach Lissabon fahren lässt. Kuckuck ist Paläontologe; er hat in Paris einen Knochen für sein Museum erworben und erklärt seinem Gegenüber nun, was das mit den Menschen zu tun hat. Krull erfährt etwa von der evolutionären Herkunft seinesgleichen, und er wird dabei so neugierig, dass er sich den Rest der Nacht über schlaflos hin und her wälzt.

Offenbar hat unseren Helden der Gedanke der Evolution gepackt, und wer erst einmal so weit ist, kann sich an die Fachliteratur wagen. Falls immer noch Vorsicht erwünscht ist, wird eine biographische Lektüre empfohlen, wobei das Spektrum sich in den kommenden Jahren erweitern wird. Von den existierenden Texten macht mir bislang der umfangreiche Band von Adrian Desmond und James Moore am meisten Spaß, der schlicht »Darwin« heißt. Wer sich knapp und kurz über Charles Darwin informieren will, sei auf mein Porträt in dem Band »Aristoteles, Einstein & Co.« verwiesen (München 2006). Natürlich ist es nie verkehrt, zum Original zu greifen, und es findet sich sicher eine wohlfeile Ausgabe der »Entstehung der Arten«, ein Werk, das sich trotz vieler Ungereimtheiten immer wieder zu lesen lohnt. Darwins Landsmann Steve Jones hat 1999 einen neuen wissenschaftlichen Blick auf den Ursprung der Arten geworfen und höchst kurzweilig erläutert, wie die Biologie seiner Zeit über die Frage denkt, »Wie der Wal zur Flosse kam«.

Wer sich mit Texten des 19. Jahrhunderts schwertut, kann auf Darwin verzichten und stattdessen Jones lesen. Wer sich danach fragt, was das alles für die Entwicklungen unserer Zivilisation besagt – in Hinblick etwa auf Landwirtschaft, Medizin, Gesellschaft und Religion –, der kann sich bestens informieren dank »Darwins Schatten«, der – wie der Autor Michael Rose in griffigen Formulierungen zeigt – überall hinreicht, wo Menschen sich betätigen.

Eine höchst souveräne und zugleich elegant formulierte Einführung in »Die Entwicklung der biologischen Gedankenwelt« bietet das gleichnamige Werk von Ernst Mayr, das seinen Lesern verdeutlicht, in welchem kulturhistorischen Rahmen sich Darwin umtat und seine Idee hervorbrachte. Wie seit Jahren beklagt, wird dabei oft Alfred Wallace übersehen. Ihm widmet David Quammen viele Seiten seiner Reise durch die Evolution der Inselwelten, in der nicht nur »Der Gesang des Dodo« zu hören ist, sondern in der auch offenherzig und direkt auf die vielen merkwürdigen Verabredungen eingegangen wird, die Darwin und seine Freunde treffen mussten, um 1858 die Priorität des evolutionären Gedankens dem richtigen Mann zukommen zu lassen.

Während Quammen leise Zweifel an einem Darwin ohne Fehl und Tadel erkennen lässt, verteidigt Stephen J. Gould den großen Briten mit jedem Wort aus seiner Feder. Gould hat allerdings so viel geschrieben, dass man sich beschränken muss, und hier werden seine Streifzüge durch die Naturgeschichte empfohlen, die unter dem Titel »Ein Dinosaurier im Heuhaufen« erschienen und deshalb so packend sind, weil Gould viele und oftmals überraschende Informationen mit pointierten Ansichten kombiniert und alles wunderbar formuliert.

Auch sehr viel zur Evolution geschrieben hat der bereits erwähnte Ernst Mayr, der uns allerdings in seinem oben zitierten historischen Werk am meisten überzeugt hat. Fast noch mehr geschrieben – und zwar auf Deutsch – haben unter anderem der Wiener Franz Wuketits und der Münchner Josef H. Reichholf. Man kann nichts falsch machen, wenn man sich ihren Ausführungen anvertraut, wobei bei Wuketits oft die starken Ansichten erstaunen und bei Reichholf die in großer Liebe zum Detail sich zeigende ungeheure Nähe zur Natur beeindruckt.

Wer sich eher naturfern – also mehr philosophisch – orientiert, findet bei Gerhard Vollmer, was er oder sie sucht. Dabei sollte man nicht nur zu seinem inzwischen vielfach aufgelegten Grundwerk über die »Evolutionäre Erkenntnistheorie« greifen, sondern möglichst auch seine beiden Bände lesen, die Essays über die Frage bieten, »Was können wir wissen?« Es geht sowohl um die Natur der Erkenntnis als auch um die Erkenntnis der Natur.

385

Vollmers Hauptwerk ist zum ersten Mal in den 1970er Jahren erschienen, als sich der in seinem Titel genannte Gedanke zu regen und durchzusetzen begann. Mitverantwortlich für dessen Entstehung ist bekanntlich Konrad Lorenz, der selbst höchst lesbare Bücher – etwa »Die Rückseite des Spiegels« – geschrieben und in ihnen die Naturgeschichte des Erkennens populär dargestellt hat. Der Bestsellerautor dieser Tage war Hoimar v. Ditfurth, der in zahlreichen Büchern den evolutionären Gedanken als Botschaft der Wissenschaft verkündet hat, von denen auf jeden Fall »Der Geist fiel nicht vom Himmel« bis heute lesbar ist.

In diesen Jahrzehnten setzte sich auch verstärkt das genetische Denken in der Erkundung der Evolution durch, und es waren die Molekularbiologen, die nun Bücher schrieben. Berühmt wurde vor allem »Zufall und Notwendigkeit«, das der Franzose Jacques Monod bereits 1970 vorgelegt hatte und in dem die materielle Basis des Lebens vorgestellt und als einzig gültige zugelassen wurde, und das in einem heute blasiert wirkenden, aber immer eleganten Stil. Monod ist mit dem Nobelpreis für Medizin ausgezeichnet worden, und zwar zusammen mit François Jacob, der Evolution als »Das Spiel der Möglichkeiten« beschreibt und damit in den 1980er Jahren eines der angenehmsten und intelligentesten Bücher zu diesem Thema überhaupt verfasst hat. Kurz nach Jacobs Titel legte der deutsche Biochemiker Manfred Eigen zusammen mit Ruthild Winkler ein Buch mit ähnlichem Titel – »Das Spiel« – vor, das unter Zuhilfenahme höchst origineller Spielereien beschreibt, wie die Naturgesetze nach Auffassung der Autoren den Zufall steuern, um auf diese Weise letztlich die Selektion und Entwicklung hervorzubringen, die wir verstehen wollen.

Es gibt eine derartige Fülle von Literatur zur Evolution, dass man spielend leicht den Rest seines Lebens mit deren Lektüre verbringen könnte. Was mir für einen Überblick wichtig erscheint, habe ich hier und in meinem Buch »Einstein, Hawking, Singh und Co.« angeführt (München 2004), in dem neben Büchern über andere Bereiche der Naturwissenschaft auch die folgenden Bände ihrer evolutionären Grundorientierung wegen beschrieben werden: Rachel Carson, »Der stumme Frühling«, Jared Diamond, »Arm und Reich«, und Richard Dawkins, »Das egoistische Gen«.
Die englische Originalausgabe von Dawkins Buch ist 1976 unter dem Titel »The Selfish Gene« in der Oxford University Press erschienen. Die deutsche Erstausgabe ist zwei Jahre später im Springer Verlag (Berlin) herausgekommen. Die Gedanken, die Dawkins in seinem Buch vorträgt, machen klar, dass altruistisches Verhalten tatsächlich vererbt wird und damit zur Evolution gehört. Er kommt dann allerdings zu dem Schluss, dass wir »Überlebensmaschinen sind – Roboter, blind programmiert zur Erhaltung der selbstsüchtigen Moleküle, die Gene genannt werden«, und er glaubt, damit die Wahrheit zu verkünden. Das ist bei aller wissenschaftlichen Raffinesse derart überzogen, dass wir von Dawkins bei aller Popularität abraten.

Ganz etwas anderes gilt für Diamonds »Arm und Reich«, das im Original »Guns, Germs and Steel« heißt und die Dinge benennt, mit denen erklärt wird, warum es den Unterschied gibt zwischen Arm und Reich. »Ich habe mir selbst die bescheidene Aufgabe gestellt«, so hat Diamond einmal in einem Interview gesagt, »die breiten Muster der menschlichen Geschichte zu erklären – auf allen Kontinenten, für die letzten 13 000 Jahre. Wieso hat die Geschichte für Menschen auf verschiedenen Kontinenten so viele unterschiedliche evolutionäre Wege eingeschlagen? Dieses Problem hat mich zwar schon seit einer langen Zeit beschäftigt, aber jetzt scheint die Zeit dafür reif zu sein, um eine neue Synthese zu versuchen.« Es lohnt sich sehr, sie zu lesen.

Schließen möchte ich mit dem »Stummen Frühling«, in dem Rachel Carson bereits zu Beginn der 1960er Jahre »das Kernproblem unseres Zeitalters« diagnostiziert, nämlich »die Verunreinigung der gesamten Umwelt des Menschen«. Diese Verunreinigung erfolgt mit Substanzen, die wir in guter Absicht als Insektizide und Pestizide einsetzen, ohne bislang zu merken, dass ihnen »eine unglaubliche und heimtückische Macht innewohnt, Schaden anzurichten«.

Diese weitsichtigen Sätze sind heute noch gültig. Wer sich an dieser Stelle für die Frage interessiert, woher die Autorin ihr Verständnis von Natur genommen und damit diesen scharfen Durchblick erlangt hat, kann eine einfache Antwort bekommen. Es ist ihr Vertrauen in den Gedanken Darwins und ihre Überzeugung, dass kein Eingreifen in die Natur irgendeinen Sinn macht, wenn man die Folge nicht unter dem Aspekt der Evolution analysiert. Immer wieder kommt Carson an entscheidenden Stellen auf Darwins Gedanken zu sprechen, zum Beispiel so:

»Wenn Darwin heute lebte, wäre er entzückt und erstaunt, wie eindrucksvoll die Insektenwelt jetzt beweist, dass seine Theorien vom Überleben der Tauglichsten richtig sind. Durch intensives Sprühen mit Chemikalien werden gerade die schwächsten Tiere einer Insektenpopulation ausgemerzt. Heute sind in vielen Gegenden und bei vielen Arten nur mehr die Starken und Tauglichsten übrig geblieben und trotzen unseren Bemühungen, sie zu bekämpfen.«

Mit anderen Worten – alles Leben bekommt nur Sinn im Lichte der Lampe, die Evolution heißt. Diese Bücher und dieses Buch wollen sie anzünden.

A

Achsenzeit 341
acidophil 155
Albino, Albinismus
35, 156, 180, 181
Allel 312
allopatrische Speziation 31
Alpha-Helix 176
Alzheimer 184
Aminosäuren 176, 177
Ammoniten 144, 147
Amöben 141, 142, 156
Androgen 320
Anpassung 29, 34, 57, 150,
154, 169, 173, 179, 193, 320
Antibiotika-Resistenz 94
Antiselektion 32
Apoptose 361
Archaebakterien 138, 216
Archaeopteryx 61, 73, 149
Archimedes 341
Aristoteles 38, 87, 217
Asteroid 50, 131, 149
Asthenosphäre 138
Atacama-Wüste 168, 169
Auerhahn 127
Auerochse 151
Aufklärung 39, 287
aufrechter Gang 308, 309
Australopithecus 298 ff.

B

Basenpaare 175, 176, 182, 188
Bateson, William 179
Baumschnüffler 200
Beatles 302
Beifußhühner 115
Berlin, Isaiah 287
Biene 173, 193, 194, 195,
201, 201 ff., 314
Biodiversität 25, 96
Biogenetisches Grundgesetz
80, 81

C

C. elegans 184
Calvaria major 207
Camera obscura 217, 218, 219
Canetti, Elias 334
Carroll, Lewis 318
Cebus-Affen 310
Cephalisation 293
Cézanne, Paul 231
Chevreul, Michel Eugène 247
Chomsky, Noam 345
Clownfische 190
Common Sense 229, 355
Conway Morris, Simon
102, 265, 266
Cuvier, Georges 73
Cyanobakterien (Blaugrünalgen)
138, 188

Birkenspanner 29
Bischof, Norbert 319
Bischof-Köhler, Doris 323, 327
Blastula, Blastulation 184, 185
Blaufußtölpel 18, 118
Bonobo 30, 37, 267, 288,
289, 308, 311, 315, 349
Bonpland, Aimé 52
Borneo 45, 164
Bosch, Hieronymus 37
Boyle, Robert 138
Brecht, Bertolt 98
Bredekamp, Horst 80
Brown, Augustus 214
Brunnenmolch 165
Büchner, Ludwig 78, 80
Buddha 280, 341
Buffon, Louis Leclerc 58
Buntbarsche (Cichliden) 31, 100
Burgess-Schiefer 142
Burkert, Walter 342
Busch, Wilhelm 13

D

Dalton, John 138
Dart, Raymond 300
Darwin, Charles 13, 25, 27,
30–56, 58 ff., 73, 75 ff., 82 ff.,
89, 91, 92, 94, 98, 115, 118, 119,
124, 126, 128, 133, 135, 142,
149, 156, 193, 196, 202, 207,
209, 217, 312, 314, 319, 339,
346, 349, 350, 357, 369
Darwin, Erasmus 40
Darwin-Finken 115 ff., 131
Dawkins, Richard 315
Delbrück, Max 220
Dendrochronologie 359
Descartes, René 292
Devon 144, 146
Dinosaurier 62, 64 ff., 131,
146 ff., 203, 295
Ditfurth, Hoimar von 216
Dobzhansky, Theodosius 27, 87
Dodo 34, 207
Dolchwespen 197
Dolly 86
Doppelfunktion 171
Doppelgänger 266
Doppelhelix 175, 176
Dostojewski, Fjodor M. 349
Drosophila 175, 179, 182, 262

E

Echolokation 206
Einstein, Albert 50, 51, 132
Eldredge, Niles 99
endolithisch 156
Engels, Friedrich 82
Entelechie 87
Eubakterien 138
Eugenik 83, 84, 85
Eukaryoten 154
Europa (Jupitermond) 158
Evo-Devo 184

F

Faraday, Michael 40
Farbenblindheit 250 ff., 312
Farbkonstanz 240, 241
Fast Food 92
Fata Morgana 253
Fennek (Wüstenfuchs) 57
Fernsehen 337 ff.
Feynman, Richard 311
Fledermäuse 164, 166, 206, 207, 293
Flügelschnecke 163
Foerster, Heinz von 229
Fortey, Richard 131, 133, 146
Fossilien 28, 58, 58, 60, 61, 73, 143, 144, 145, 206, 295
Frankenstein 271
Frisch, Max 13, 149
Fußball 331 ff.

G

Galápagosinseln 16 ff., 34, 41, 43, 115–118, 121, 123
Galilei, Galileo 292
Galton, Francis 83, 84
Gastrula, Gastrulation 184, 185
Ganymed 158
Gaudí, Antonio 223
Geertz, Clifford 331
Gegenfarben 242 ff.
Gehirn 293 ff., 301, 303, 309, 310, 320, 328, 345, 351
Gelee Royale 204
Gen 35, 81, 86, 87, 123, 129, 175 ff., 188, 204, 205, 250, 252, 262, 269, 288, 312, 314, 315, 318, 328, 334, 339, 345, 351, 352, 353, 361, 364, 366
Genetik 40, 55, 85, 87, 92, 175 ff., 250, 252, 269, 292, 300, 369
Geospiza (Bodenfinken) 116, 118, 119, 121
Gezeiten 55
Gibbon 310
Giraffe 56, 73

Goethe, Johann Wolfgang von 49, 115, 244, 245, 326, 351
Goliathkäfer 25
Gonaden 319
Gorilla 301, 311, 313
Gottesanbeterin 23, 266
Gould, Stephen J. 91, 99–102
Grant, Rosemary und Peter 115, 116, 118, 121
Grooming 288
Großer Fregattvogel 121
Guanako 168, 169
Guppys 115, 122, 123

H

HA Schult 270
Habitat 34, 149, 153, 164, 165, 266
Haeckel, Ernst 76, 79, 80, 81, 82, 88, 89
Hale-Bopp 49
halophil 155, 216
Hamilton, William D. 20, 20, 314
Hämoglobin 177
Hardin, Garrett 353
Hartmann, Nicolai 98
Hauser, Kaspar 331, 333
Hayek, Friedrich-August von 345
Hayflick, Leonard (Hayflick-Limit) 363
Henlesche Schleifen 171
Heisenberg, Werner 52, 53, 54
Heraklit 341
Herbizide 271
Hering, Ewald 242, 243
HMS Beagle 40–43, 118
Homeobox 182
homeotische Gene 179, 182, 183
Homo erectus 299, 301, 304
Homo floresiensis (Hobbit) 304
Homo habilis 297, 299, 301, 304
Homo rudolfensis 304
Homo sapiens 75, 151, 285 ff., 300, 301, 304

Homo sapiens sapiens 300
Hormon 98, 215, 317, 320
Hubble 132
Humboldt, Alexander von 51, 52, 53
Hutton, James 58
Huxley, Aldous 87, 366
Huxley, Julian 87
Huxley, Thomas Henry 76, 77, 80
Hybride 126
Hydra 184

I

Iiwi 268
Illusiat-Gletscher 157
Inselbiogeographie 34
Intelligenzquotient 326
Internet 290
Inzest 319
Ishihara-Farbtafeln 251

J

Jacob, François 269
Jaspers, Karl 341
Johanson, Donald 300
Jung, Carl Gustav 102

K

K/T-Grenzlinie 149
Kalmare 158
Kambrische Explosion 142
Kamel 29, 170, 171, 276–277
Kampf ums Dasein 27, 32, 33, 34, 44, 80, 119, 123, 188, 314, 319, 358
Kant, Immanuel 11, 55, 58, 60, 95, 285, 287, 346
Karbon 145, 146
Kartoffelpest 94
Kästner, Erich 353
Kausalität 36, 51, 53, 54, 102
Kautsky, Karl 82, 84
Kepler, Johannes 220, 222

Kibbuz 319
Kieselalgen 118, 157
Kirkwood, Tom 358, 360
Kleist, Heinrich von 299
Klima 27, 53, 119, 151, 320
Klimawandel 53, 352
Koboldmaki (Tarsius) 221
Koevolution 129, 194
Komplexauge 256
Konfuzius 341
Konvergenz
264, 265, 266, 269, 271
Kopfquotient 294, 295
Koralle 80, 143, 152, 156
Kreationismus 39, 78
Krill 157
Kristalline 269
Küchenschelle 194
Kybernetik 229

L

Lachforscher 261, 262
Lamarck, Jean Baptiste
56, 60, 357
Landwirtschaft
91, 92, 94, 270, 271
Lange, Friedrich 85
Laotse 341
Laternenfisch 162
Leakey, Mary und Louis 300
Leguan (Iguana)
19, 116, 117, 221
Leopard 30
Lewin, Louis 366
Lorenz, Konrad 339
Loriot 317
Lucy 300, 302, 303, 308
Lyell, Charles 59, 73
Lysozym 269

M

Malaria 177
Malawisee 31
Malthus, Thomas 44, 91
Margulis, Lynn 188
Marx, Karl 82
Mastodon 73
Mayr, Ernst 84
Mendel, Gregor
35, 36, 55, 86, 87, 92, 175
Menzel, Adolf 82
Mesokosmos 340 ff.
Metabolismus 361, 362
Meteoriten 27, 133, 149
Miller, Stanley
132, 133, 135, 138
Mimikry 46, 47, 196, 201
Mistel 32, 33
Mitochondrien 187, 188
Monod, Jacques 55
Mosaikgen 175
Mozart, Wolfgang Amadeus 326
Mutation 55, 87, 99, 176, 177,
179, 182, 265, 312, 318, 358

N

Nabokov, Vladimir 175
Nachhaltigkeit 352
Nacktmull 172, 173
Nationalsozialismus 83, 84, 85
Natriumlampen 240
Neandertaler
151, 300, 304, 306, 322
Nektarvogel 268
Newton, Isaac
40, 44, 51, 54, 55, 239, 244
Nietzsche, Friedrich 285
Nouvian, Claire 158
Novalis 255

O

Odum, Eugene Pleasants 153
Ontogenese
80, 81, 350, 351, 358
Opuntienfink 116, 117
Orang-Utan 310
Orchidee 23, 43, 196, 197
Östrogen 320
Owen, Richard 73

P

Pandabär 214
Parasit 78, 116, 117, 129,
177, 187, 318, 369
Parmenides 341
Pasteur, Louis 78
Penicillin 94, 270
Perm 142, 143, 146, 147
Photosynthese
138, 156, 187, 192, 215, 269
Phylogenese
80, 81, 328, 351, 358
Pigment
156, 215, 216, 236, 248, 250
Planetensysteme 50
Platon 38, 39, 60, 339, 341
Plattentektonik 134
Pöppel, Ernst 355, 357
Pontoppidan, Erich 58
Portmann, Adolf 297
Proteine 176, 177, 179, 183,
184, 187, 365
Punktualismus 99
Purpurnaschvogel 268

Q

Quammen, David 34
Quallen 111, 215
Quantenmechanik 54
Quecksilberdampflampen 240

R

radiophil 156
Ragwurz 196, 197, 198
Recycling 361, 362
Regnault, Jean-Baptiste 346
Religion
77, 80, 281, 285, 342 ff., 366
rezeptives Feld 222
Reziprozität 315
Rhodopsin 215, 216, 252
Riesenschildkröte 18, 41
Rilke, Rainer Maria 209
Röhrenwürmer 159
Rose, Michael 92
Rotalge 156
Ruderfußkrebs 162
Runge, Phillip Otto 242, 247

S

San-Andreas-Verwerfung 135
Scherengarnele 191
Schimpanse 30, 75, 286, 288,
289, 291, 292, 297, 301, 310,
311, 315, 329, 349
Schlachtenbummler 332, 333
Schleimpilz 141
Schmetterling
22, 25, 46, 198, 207, 248
Schwielensohler 171
Sedgwick, Adam 142, 146
Selektion 30, 32, 33, 36, 46,
54, 82, 83, 85, 87, 91, 92, 99,
115, 118, 119, 121, 123, 124,
126, 127, 204, 218, 265, 297,
304, 308, 314, 320 ff., 326, 329,
331, 337, 338, 342, 349, 350,
358, 367, 369
Sequenz 175, 176, 178
Shubin, Neil 288
Siamang 310
Sichelzellenanämie 177
Signalübertragung 176, 177, 216

Simpson, George G. 339
Soma 366
Sozialismus 80, 82
Spandrille 100, 101
Sprengel, Christian Konrad
187, 193, 194
Springende Gene 178
Stammbaum
79, 80, 117, 185, 188
Steinfisch 23
Sternmull 171, 173
Stromatolithen 138, 139
Symbiose
187, 188, 190, 191, 192
sympatrische Speziation 31
Synchronizität 102

T

Tanganjikasee 31
Teleologie 80
Telomere, Telomerase
364, 365, 366
Temple, Frederick 75
Testosteron 317, 320
Tethys 146
Theory of Mind 291
thermophil 155
Thomson-Gazelle 104, 105
Tiefenzeit 58, 60, 369
Touchscreen 278, 290
toxikotolerant 156
Transzendenz 341, 342
Tribulus 121
Trilobiten 143
Troglobionten 163, 164
troglophil 165
trogloxen 165
Twain, Mark 285

U

übernormaler Reiz 335, 336
Universalgrammatik 345
Urfarben 252

V

Vampirfink 116, 118
Variation 35, 36, 39, 44, 55, 86,
99, 122, 141, 173, 177, 318
Vergissmeinnicht 194
Viktoriasee 31
Vinci, Leonardo da 287
Vipernfisch 16, 162
Vogelgrippe 94
Vollmer, Gerhard 340, 341

W

Waal, Frans de 288
Walcott, Charles D. 142
Walhai 20, 21
Wallace Linie 46, 47
Wallace, Alfred 45, 46
Wedgwood, Josiah 40
Weiner, Jonathan 115
Weißbüscheläffchen 289, 291
Weizsäcker, Carl Friedrich von
355
Westermarck, Edvard 319
Wilberforce, Samuel 76, 77
Wuketits, Franz M. 288

Z

Zimmer, Dieter E. 331
Zufall
36, 54, 55, 102, 103, 255 ff.

Vorsatz vorne: Visuals Unlimited | Corbis
1   Interfoto | Fritz Pölking
2 | 3   Reuters | Corbis
4 | 5   Joseph Sohm | Visions of America | Corbis
6   Louie Psihoyos | Corbis
10   picture-alliance | ZB
12   Interfoto | Mary Evans Picture Library
14   Gail Mooney | Corbis

TEIL I

16 | 17   Frans Lanting | Corbis
18   Wolfgang Kaehler | Corbis (oben)
    W. Perry Conway | Corbis (unten)
19   Pablo Corral Vega | Corbis
20 | 21   Stuart Westmorland | Corbis
22   picture-alliance | Anthony Bannister | NHPA | Photoshot
23   Michael & Patricia Fogden | Corbis (oben)
    Marty Snyderman | Corbis (unten)
24   picture-alliance | ZB (oben)
    Gary Braasch | Corbis (unten)
25   George Steinmetz | Corbis (oben)
    DK Limited | Corbis (unten)

1. KAPITEL

26   PoodlesRock | Corbis
28   picture-alliance | united archiv
29   picture-alliance | Okapia KG
30   picture-alliance | NHPA | photoshot
31   picture-alliance | Okapia KG (links)
    Roberto Osti, Bloomfield (rechts)
33   Andrew Fox | Corbis
34   picture-alliance | maxppp
35   Interfoto | Mary Evans Picture Library (2)
37   Interfoto | A. Koch (links)
    Interfoto | Mary Evans Picture Library (rechts)
38   Interfoto | Alinari
39   Gary Braasch | Corbis
40   von links nach rechts: Interfoto | Mary Evans Picture Library, The Gallery Collection | Corbis, Bettmann | Corbis, Interfoto | Sammlung Rauch
41   picture-alliance | KPA | TopFoto (oben)
    Interfoto | Mary Evans Picture Library (Mitte), Bettmann | Corbis (unten)
42   William Perlman | Star Ledger | Corbis
43   Interfoto | Science Museum | SSPL
44   picture-alliance | united archiv
46   picture-alliance | maxppp
47   picture-alliance | dpa (oben)
    Berndt & Fischer, Berlin (unten)

2. KAPITEL

48   Visuals Unlimited | Corbis
50   Interfoto | Mary Evans Picture Library

51   Interfoto | Mary Evans Picture Library (links), Interfoto | IMAGNO | Austrian Archives (rechts)
    picture-alliance | dpa (unten)
52   picture-alliance | KPA | TopFoto
53   Interfoto | TV-yesterday (links)
    ullstein bild | Steffens (rechts)
54   picture-alliance | akg-images
55   Interfoto | NG Collection
56   picture-alliance | dpa | Becker&Bredel
57   Interfoto | Fritz Pölking (oben)
    Interfoto | Bernd Spreckels (unten)
58   Interfoto | Science Museum | SSPL
59   Interfoto | GNS Science | SSPL
60   picture-alliance | akg-images
61   Visuals Unlimited | Corbis (oben)
    Louie Psihoyos | Corbis (unten links)
    Jonathan Blair | Corbis (unten rechts)
62   picture-alliance | dpa | Xinhua | Landov
63   George H. H. Huey | Corbis (oben)
    Louie Psihoyos | Corbis (unten)
64   picture-alliance | Okapia (oben)
    Kevin Schafer | Corbis (unten)
64 | 65   Carol Abraczinskas und Paul Sereno | Project Exploration | Science 284, S. 2139 *überarbeitet von Berndt & Fischer, Berlin*
65   Louie Psihoyos | Corbis (oben)
    picture-alliance | Daniel Heuclin | NHPA | Photoshot (unten)
66 | 67   Louie Psihoyos | Corbis
68   Louie Psihoyos | Corbis
69   Louie Psihoyos | Corbis
70   Louie Psihoyos | Corbis
71   Louie Psihoyos | Corbis
72   Louie Psihoyos | Corbis
73   picture-alliance | akg-images (oben)
    Bill Stormont | Corbis (unten)

3. KAPITEL

74   DLILLC | Corbis
76   Interfoto | Sammlung
77   Interfoto | Mary Evans Picture Library (links)
    picture-alliance | united archiv (rechts)
79   picture-alliance | united archiv (links)
    William Perlman | Star Ledger | Corbis (rechts)
80   Birgit Schneider, Berlin
81   Interfoto | Science Museum | SSPL
82   Interfoto | Sammlung Rauch (links)
    Interfoto | IFPAD (rechts)
83   picture-alliance | akg-images
84   bpk | SBB | Carola Seifert
85   bpk
86   Remi Benali | Corbis
88   picture-alliance | akg-images
89   Hulton-Deutsch Collection | Corbis

4. KAPITEL

90   Corbis
92   Interfoto | imagebroker | kreutzer
93   picture-alliance | dpa | Cezaro de Luca (oben), Interfoto | ZILL (unten)
94   China Photos | Reuters | Corbis
95   Atlantide Phototravel | Corbis
96   picture-alliance | dpa | Stockfood (oben)
    Interfoto | Illustrated London News Ltd | Mary Evans Picture Library (unten)
97   Mascarucci | Corbis
99   Wally McNamee | Corbis
100   picture-alliance | Okapia KG
101   Interfoto | ZILL
102   picture-alliance | dpa
103   Sammlung Axel Gierke, Köln

TEIL II

104 | 105   Mu Xiang Bin | Redlink | Corbis
106 | 107   Visuals Unlimited | Corbis
108   Frans Lanting | Corbis
109   Visuals Unlimited | Corbis
110   Jeffrey L. Rotman | Corbis
111   Jeffrey L. Rotman | Corbis (oben)
    Rick Price | Corbis (unten)
112 | 113   Frans Lanting | Corbis

5. KAPITEL

114   Michael S. Yamashita | Corbis
115   picture-alliance | Okapia KG
116   Interfoto | Mary Evans Picture Library (oben)
    Interfoto | Science Museum | SSPL (unten)
117   Kevin Schafer | Corbis (links)
    Interfoto | Fritz Pölking (rechts)
    Berndt & Fischer, Berlin (unten)
    Nach David Lack
118   Okapia KG, Germany
119   Condé Nast Archive | Corbis
120   DLILLC | Corbis (oben)
    Peter Turnley | Corbis (unten)
122   Galvezo | zefa | Corbis
123   picture-alliance | Okapia KG
124   Interfoto | ARW (links)
    picture-alliance | NHPA | photoshot (rechts)
125   picture-alliance | NHPA | photoshot
127   picture-alliance | Okapia KG (links)
    Interfoto | Mary Evans Picture Library (rechts)
128   picture-alliance | dpa

6. KAPITEL

130   Louie Psihoyos | Corbis
132   picture-alliance | dpa | ESA (oben)
    Bettmann | Corbis (unten)
134   Naumann & Göbel, Köln (2)
135   Roger Ressmeyer | Corbis

136   Mark Downey | Lucid Images | Corbis
137   Douglas Peebles | Corbis
138   Interfoto | imagebroker
139   Frans Lanting | Corbis
140   Visuals Unlimited | Corbis
141   Visuals Unlimited | Corbis
143   Jonathan Blair | Corbis (oben)
       picture-alliance | Okapia KG (unten)
144   picture-alliance | NHPA | photoshot
145   Kevin Schafer | Corbis (oben)
       picture-alliance | Okapia KG (unten)
146   picture-alliance | dpa
147   Close Murray | Sygma | Corbis
148   picture-alliance | dpa | dpaweb (2)
150   Berndt & Fischer, Berlin
       Nach Storch, Welsch (1997)
151   Interfoto | Hermann Historica

7. KAPITEL

152   picture-alliance | dpa
154   Interfoto | Fritz Pölking
155   Kazuyoshi Nomachi | Corbis
156   Stephen Frink | Corbis
157   Interfoto | Walter Allgoewer (oben)
       Roger Tidman | Corbis (unten)
159   Robert Yin | Corbis
160   picture-alliance | Helga Lade Foto
161   National Geographic | Getty Images
162   ullstein bild | Peter Arnold
163   Kevin Raskoff | NOAA | Handout |
       Reuters | Corbis (links)
       picture-alliance | dpa (rechts)
164   Interfoto | ZILL
165   picture-alliance | Daniel Heuclin |
       NHPA | photoshot (oben)
       Herbert Kehrer | zefa | Corbis (unten)
166   picture-alliance | NHPA | photoshot
167   picture-alliance | Okapia KG
168   picture-alliance | united-archiv
169   picture-alliance | dpa (2)
170   picture-alliance | dpa (oben)
       Interfoto | imagebroker (unten)
171   Buddy Mays | Corbis (oben)
       Brigitte Sporrer | zefa | Corbis (unten)
172   picture-alliance | dpa | dpaweb (oben)
       Interfoto | Silvia (unten)
173   picture-alliance | Okapia KG

8. KAPITEL

174   Interfoto | imagebroker | Jochen Tack
175   picture-alliance | medicalpictur
176   Corbis (oben)
       picture-alliance | dpa (unten)
177   Bettmann | Corbis
178 | 179 Steve Terrill | Corbis
180   Interfoto | Franz Roth (oben)
       Paulo Whitaker | Reuters | Corbis
181   Jim Sugar | Corbis

182   picture-alliance | dpa (links)
       John Van Hasselt | Corbis (rechts)
183   Bradley Smith | Corbis
185   picture-alliance | dpa

9. KAPITEL

186   Nigel J. Dennis | Gallo Images | Corbis
188   Visuals Unlimited | Corbis
189   Interfoto | K. H. Jacobi (oben)
       picture-alliance | ZB (unten)
190   Stephen Frink | Corbis (oben)
       picture-alliance | ZB (unten)
191   Interfoto | Reinhard Dirschel (oben)
       Interfoto | Fritz Pölking (unten)
192   Berndt & Fischer, Berlin
       Nach Grolle (2005)
193   ETH-Bibliothek Zürich
194   picture-alliance (links)
       picture-alliance | Hippocampus
       Bildarchiv (rechts)
195   Gray Hardel | Corbis (links)
       picture-alliance | dpa (rechts)
196   J. Garcia | photocuisine | Corbis
197   picture-alliance | Okapia KG
       (links), picture-alliance | Klett GmbH
       (rechts oben), Interfoto | K. H. Jacobi
       (rechts unten)
198   picture-alliance | Hippocampus Bildarchiv
199   Martin Harvey | Corbis (oben)
       Michael & Patricia Fogden | Corbis (unten)
200   DLILLC | Corbis
201   Frans Lanting | Corbis (oben)
       picture-alliance | Okapia KG (unten)
202   picture-alliance | ZB
203   G. Baden | zefa | Corbis
205   Interfoto | Archiv Friedrich
206   picture-alliance (oben)
       picture-alliance | dpa (unten)

10. KAPITEL

208   Jens Nieth | zefa | Corbis
210   Gallo Images | Corbis (oben)
       picture-alliance | Okapia KG
       (unten)
211   picture-alliance | NHPA| photoshot (oben)
       picture-alliance | Okapia KG (unten)
212   picture-alliance | dpa (oben)
       Bryan F. Peterson | Corbis (unten)
213   Martin Harvey | Corbis (oben)
       Mark M. Lawrence | Corbis (unten)
214   picture-alliance | NHPA | photoshot
215   Fritz Rauschenbach | zefa | Corbis
217   Berndt & Fischer, Berlin (links)
       Nach Hoimar von Ditfurth (1993)
       picture-alliance | NHPA | photoshot (Mitte)
       David Lees | Corbis (rechts)
218   picture-alliance | dpa
221   Frans Lanting | Corbis

222   picture-alliance | medicalpictur (oben)
       picture-alliance | maxppp (unten links)
       picture-alliance | dpa | dpaweb (u. rechts)
223   picture-alliance | akg-images
225   Martin Harvey | Corbis (links)
       zefa | Corbis (rechts)
226   Eva-Lotta Jansson | Corbis
227   picture-alliance | dpa (oben)
       Trinette Reed | Corbis (unten)
228   Christian Lartillot | zefa | Corbis (oben)
       Joson | zefa | Corbis (unten)

11. KAPITEL

230   Interfoto | Science Museum | SSPL
231   picture-alliance | ZB
232   Interfoto | The Travel Library | Tom Mackie
233   Interfoto | Jamie Cooper | SSPL
234   Craig Tuttle | Corbis
235   Remi Benali | Corbis
236   Interfoto | The Travel Library | Lee Frost
237   Paul Souders | Corbis
238   Interfoto | Science Museum | SSPL
239   Interfoto | Science Museum | SSPL
241   J. Joyce | zefa | Corbis (oben)
       Interfoto | The Travel Library | Lee Frost
       (unten)
243   Berndt & Fischer, Berlin (2)
       Nach Sölch (1998)
244   picture-alliance | akg-images
245   bpk | Hermann Buresch
246   bpk | Hamburger Kunsthalle |
       Elke Walford
247   picture-alliance | akg-images
248   picture-alliance
249   Cecilia Enholm | Etsa | Corbis (oben)
       Interfoto | imagebroker |
       Alfred Schauhuber (unten)
250   Louis Laurent Grandadam | Corbis
251   Interfoto | Science Museum | SSPL (2)
253   picture-alliance | ZB

12. KAPITEL

254   Micro Discovery | Corbis
255   Interfoto | Friedrich
257   Corbis (oben)
       Visuals Unlimited | Corbis (unten)
258   Fritz Rauschenbach | zefa | Corbis (oben)
       Jim Zuckerman | Corbis (unten)
259   Fritz Rauschenbach | zefa | Corbis (oben)
       Visuals Unlimited | Corbis (unten)
260   Anthony Redpath | Corbis (links)
       Interfoto | imagebroker | Michaela
       Bergsteiger (rechts)
261   J. James | zefa | Corbis
262   Visuals Unlimited | Corbis
263   Hal Beral | Corbis
264   Robert Yin | Corbis
265   Interfoto | imagebroker | Hans Lang (links)

265 picture-alliance | Okapia KG (rechts)
267 picture-alliance | dpa (oben)
    Frans Lanting | Corbis (unten)
268 picture-alliance | dpa | dpaweb (oben)
    Frans Lanting | Corbis (Mitte)
    Kevin Schafer | Corbis (unten)
270 picture-alliance | dpa | dpaweb
271 Steve Kaufman | Corbis (links)
    Kevin Schafer | Corbis (rechts)
    Interfoto | ING Collection (unten)

TEIL III
272 | 273 Hubert Stadler | Corbis
274 | 275 Arctic-Images | Corbis
276 | 277 Frans Lemmens | zefa | Corbis
278 Louis Moses | zefa | Corbis
279 Volker Moehrke | zefa | Corbis
280 Interfoto | The Travel Library | Stuart Black
281 Sébastien Désarmaux | Godong | Corbis
282 | 283 Interfoto | ZILL

13. KAPITEL
284 Don Mason | Corbis
286 Gallo Images | Corbis
287 Interfoto | imagebroker | Bele Olmez (links)
    Interfoto | BEBA | AISA (rechts)
288 Denis Scott | Corbis
289 picture-alliance | dpa (oben)
    Interfoto | imagebroker | Crativ Studio
    Heinemann (unten)
290 Helen King | Corbis (oben)
    Thomas Roepke | zefa | Corbis (unten)
291 picture-alliance | ZB
292 Robert Levin | Corbis (oben)
    Interfoto | AISA (unten)
293 Pete Saloutos | Corbis
294 Bettmann | Corbis
295 Reuters | Corbis
296 picture-alliance | dpa (oben)
    picture-alliance | NHPA | photoshot (unten)
297 picture-alliance | dpa

14. KAPITEL
298 picture-alliance | akg-images
299 Brian A. Vikander | Corbis
300 Bettmann | Corbis
301 picture-alliance | akg-images (oben)
    Berndt & Fischer, Berlin (unten)
302 Alain Nogues | Corbis (links)
    Sophie Bassouls | Sygma | Corbis (rechts)
303 picture-alliance | dpa (links)
    picture-alliance | akg-images (rechts)
304 picture-alliance | dpa
305 picture-alliance | dpa (links)
    picture-alliance | dpa (rechts)
    Wissenschaftliche Rekonstruktion:
    W. Schnaubelt | N. Kieser (Wildlife Art) für
    Hessisches Landesmuseum Darmstadt

    Berndt & Fischer, Berlin (unten)
306 picture-alliance | dpa
307 picture-alliance | dpa
308 picture-alliance | KPA | TopFoto
309 picture-alliance | dpa
310 DLILLC | Corbis
313 John Lund | Corbis (links)
    picture-alliance | akg-images (rechts)

15. KAPITEL
316 picture-alliance | dpa | Armin Weigel
319 Fackelträger Verlag, Köln
321 picture-alliance | jazzarchiv
322 James W. Porter | Corbis
324 Interfoto | imagebroker | Markus Keller
325 Lawrence Manning | Corbis
326 picture-alliance | akg-images (2)
329 picture-alliance | dpa

16. KAPITEL
330 picture-alliance | dpa
332 picture-alliance | dpa (2)
333 picture-alliance | akg-images
334 Image Source | Corbis
335 picture-alliance | dpa
336 Interfoto | imagebroker | Egmont Strigl
337 picture-alliance | scanpix
338 Louie Psihoyos | Corbis
339 picture-alliance | dpa
340 Aaron Horowitz | Corbis (oben)
    picture-alliance | dpa (unten)
343 P. Deliss | Godong | Corbis (oben links)
    Fred de Noyelle | Godong | Corbis
    (unten links), image100 | Corbis (rechts)
344 Pascal Deloche | Godong | Corbis (oben)
    Andy Aitchison | Corbis (unten)
345 Interfoto | imagebroker | Alfred Schauhuber
347 Getty Images | The Bridgeman Art Library
348 Galvezo | zefa | Corbis (oben)
    Mariana Bazo | Reuters | Corbis (unten)
351 Daniel Rousselot | zefa | Corbis
352 Arnd Wiegmann | Reuters | Corbis
353 Interfoto | NG Collection

ESSAY
354 picture-alliance | Okapia KG
356 Interfoto | Bildarchiv Hansmann
357 Interfoto | Ziggy
359 Interfoto | Dietrich Rose (oben), Interfoto |
    Mary Evans Picture Library (unten)
360 Interfoto | MV | Thorsten Eckert
363 picture-alliance | dpa
364 Interfoto | Sammlung Rauch
365 Duncan Smith | Corbis
367 Paul C. Pet | zefa | Corbis

NACHWORT
368 Interfoto | Mary Evans Picture Library

LITERATUR
374 Firefly Productions | Corbis

396 | 397 Visuals Unlimited | Corbis
398 | 399 Interfoto | Reinhard Dirscherl
400 moodboard | Corbis
Vorsatz hinten: Gerolf Kalt | zefa | Corbis

Der Verlag hat sich bemüht, die Rechteinhaber aller Fotos und Illustrationen korrekt anzugeben, und bittet, mögliche Falschangaben zu entschuldigen.

Die Titelbilder zeigen (von links oben nach rechts unten) ein Porträt Charles Darwins, das Skelett eines Carcharodontosaurus, das Fossil einer Libelle, das Skelett eines Triceratops, das Fossil einer Schildkröte, das eines Pfeilschwanzkrebses, das eines Fisches und einen weiteren Ammoniten. Die Abbildung auf der Innenklappe vorne zeigt das Fossil zweier Libellenlarven.
Die Bilder auf dem Rückumschlag zeigen (von links oben nach rechts unten) die Handschrift Charles Darwins, das Fossil eines Nasendoktorfisches, das Fossil eines Riesenskorpions, einen versteinerten Seestern, das Fossil einer Schlange, einen Fußabdruck in der Höhle von Aldène, Frankreich (um 15 000 bis 10 000 v. Chr.), und die Entwicklung des Pferdes anhand der Hinter- und Vorderbeinknochen.

Die Bildstrecke zu Beginn des Buches zeigt eine Kultur von Pantoffeltierchen in zehnfacher Vergrößerung, eine Gruppe von Königspinguinen, eine Reihe von Langstreckenbomber des Typus Boeing B'52 und einen vollen Swimmingpool in Wuhan, China.
Die Bildstrecke am Ende des Buches zeigt zwei Tochterzellen eines Pantoffeltierchens, einen Barsch, einen Fischer am Strand und ein abhebendes Passagierflugzeug in der Abenddämmerung.

Der Verlag dankt insbesondere Frau Heide Kämmerer-Pechta und Frau Sonja Himmelberg von Corbis, Frau Andrea Depenbusch und Frau Doris Hess von dpa Picture-Alliance und Frau Beatrice Warnek von Interfoto für die hervorragende Zusammenarbeit.

Ich danke dem Fackelträger Verlag und Stefan Ulrich Meyer für die Möglichkeit, »Das große Buch der Evolution« zu schreiben. Ich danke Michael Neher für die Vermittlung und Simone Fischer für die Gestaltung des Buches. Ich danke Stefan Mayr für viele gute Arbeit am Text und Thorsten Nötges für die Mühe mit den Bildern. Das Buch ist im Laufe der Arbeit wie die Evolution geworden, nämlich immer schöner und besser.

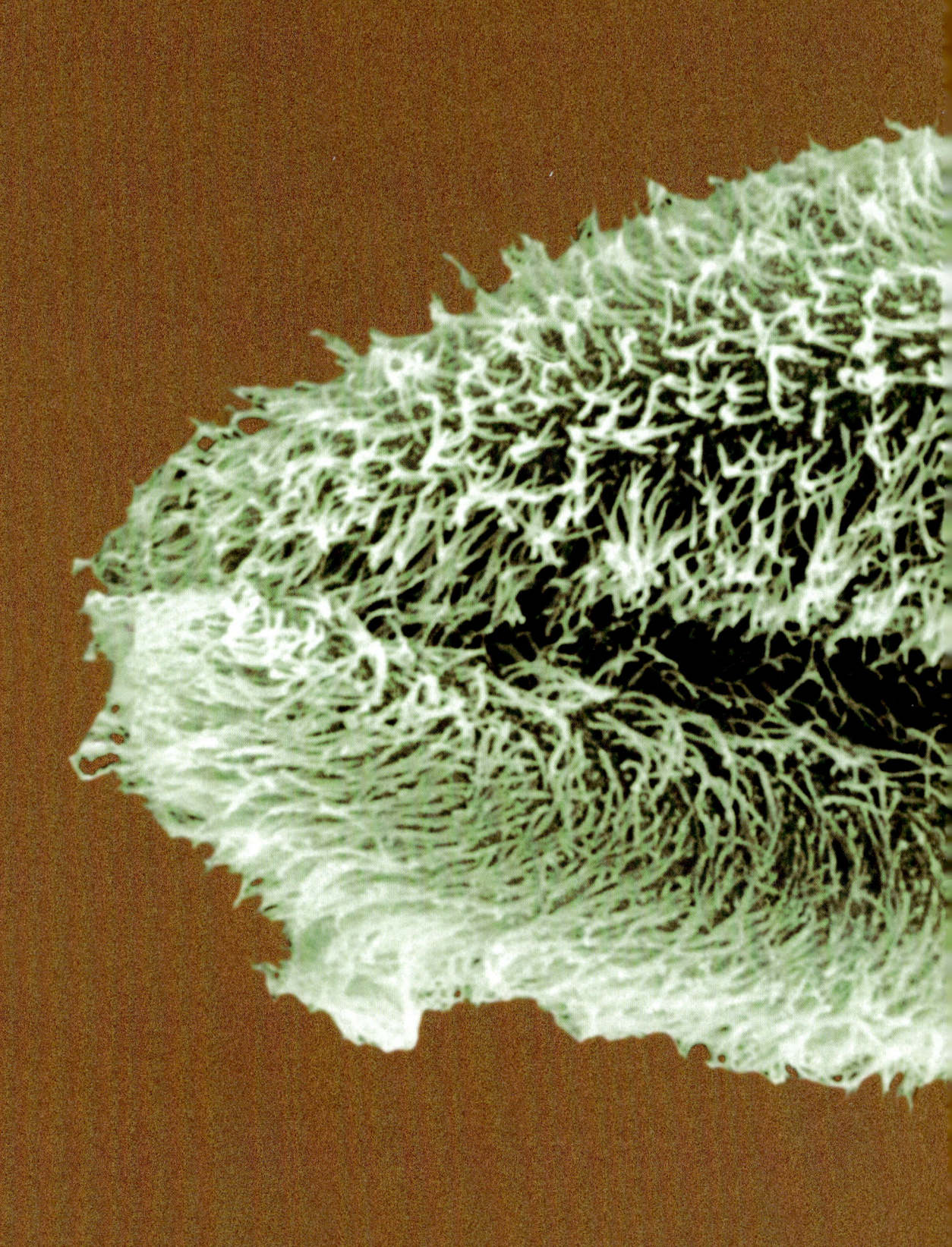

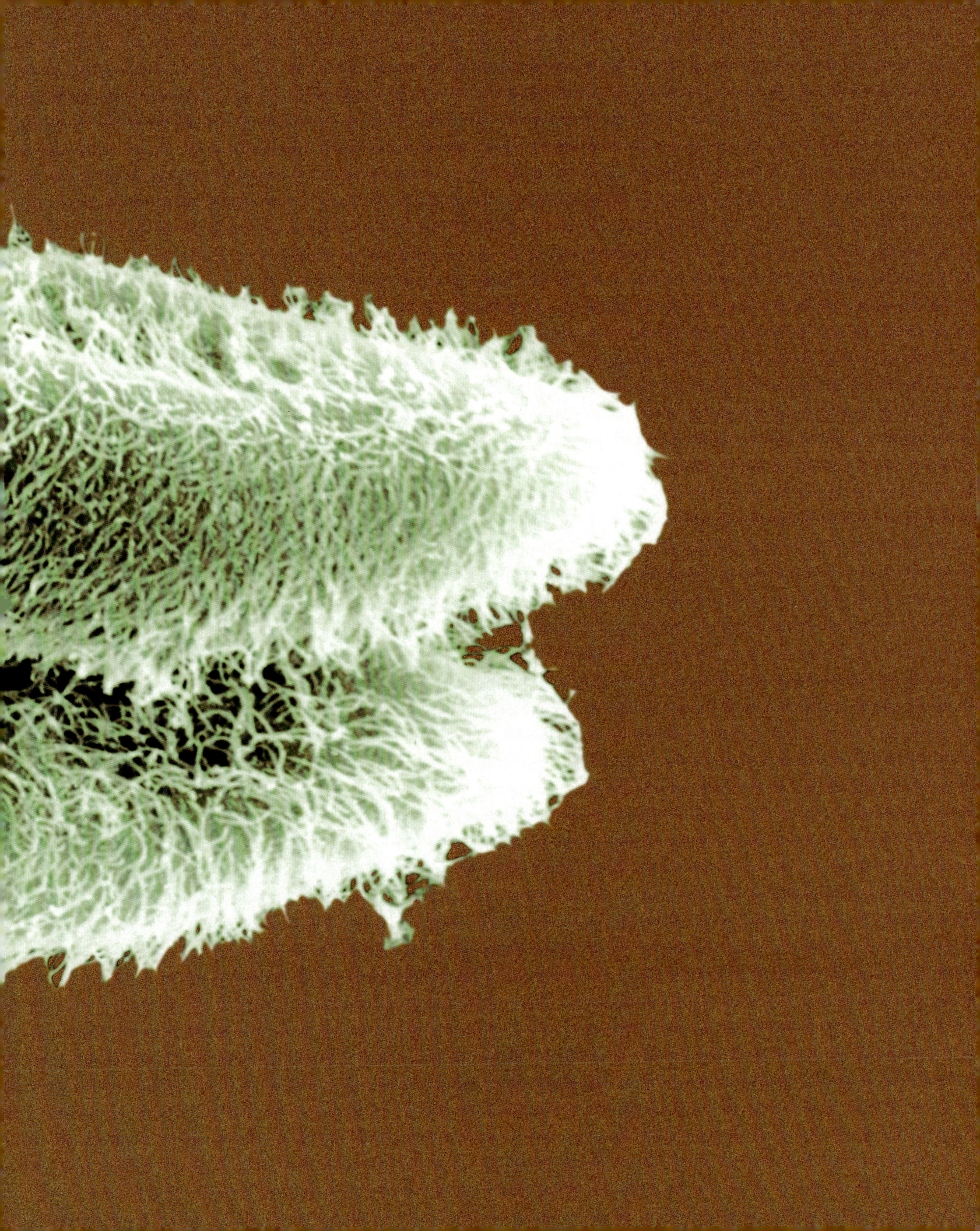